软件工程基础教程

潘广贞　杨剑　王丽芳　武瑞娟　编著

国防工业出版社

·北京·

内容简介

本书主要介绍了软件工程概述、需求分析、概要设计、详细设计及实现、软件测试与维护、Rational Rose 建模工具、面向对象方法学基础、面向对象的分析、UML 基本元素符号、类图、对象图与包图、用例图、活动图、交互图、状态机图、软件项目管理、软件工程的最新发展等内容。

本书内容循序渐进、深入浅出、概念清晰、结构条理，将软件工程的理论知识与软件工程的应用实践相结合，并配有适量的习题，帮助读者从不同的角度理解和掌握所学的知识，构建完整的软件工程知识体系。

本书可作为高等院校计算机、软件工程、通信或电子类等相关专业的本科生或高职高专院校专科生的教材，也可作为工程技术人员及计算机爱好者的自学用书。

图书在版编目（CIP）数据

软件工程基础教程 / 潘广贞等编著. — 北京：国防工业出版社，2013.10

ISBN 978-7-118-09103-8

Ⅰ. ①软… Ⅱ. ①潘… Ⅲ. ①软件工程-教材 Ⅳ. ①TP311.5

中国版本图书馆 CIP 数据核字(2013)第 225703 号

※

国防工業出版社 出版发行

（北京市海淀区紫竹院南路 23 号　邮政编码 100048）

北京奥鑫印刷厂印刷

新华书店经售

*

开本 787×1092　1/16　**印张** 18½　**字数** 454 千字

2013 年 10 月第 1 版第 1 次印刷　**印数** 1—4000 册　**定价** 34.00 元

（本书如有印装错误，我社负责调换）

国防书店：(010)88540777　发行邮购：(010)88540776

发行传真：(010)88540755　发行业务：(010)88540717

前　言

随着“十二五”规划纲要的颁布，我国软件和信息技术服务业在创新的驱动下进入了一个全新的发展阶段。新信息技术成为展示创新能力的主要平台之一，具有创新能力的软件工程人才将推动该领域技术模式、服务模式以及应用模式的全面转型，支持软件和信息技术服务业持续发展。软件工程作为指导计算机软件开发和维护的一门工程学科，自1968年被提出以来，经过四十多年的发展，已从面向机器、面向语言和面向中间件的形态，转为面向需求、面向服务和面向网络的形态，真正实现软件即服务。

在20世纪90年代初，中国计算机学会教育委员会及全国高等学校计算机教育研究会就把“软件工程”列为计算机学科中的专业必修课和主干课。现在各高校的软件工程、计算机科学与技术、网络工程、物联网工程等相关专业都将“软件工程”设为专业必修课。“软件工程”课程是一门综合性、实践性较强的课程，对培养学生的工程思维能力、实践能力、创新意识及沟通技能、团队合作精神等综合应用能力和素质起到重要作用，对培养能够应用和开发计算机软件系统，解决专业领域中实际问题的复合型人才起着不可替代的作用。

本书主要围绕传统的软件工程方法和面向对象软件工程方法两条主线组织内容，先介绍传统软件工程方法各阶段的过程、方法和工具，让学生对软件工程的实施有一个完整、清晰的认识；然后介绍面向对象软件工程方法的开发过程。这样可以使学生通过对两种开发方法的比较，理解两者的异同，理解相同的软件工程过程结合不同的软件工程方法，对软件分析、实现和维护的影响，以及对软件质量和管理发展的推动。

本书共16章，其中第1章～第5章主要介绍传统的软件工程方法，包括软件工程概述、需求分析、概要设计、详细设计及实现、测试与维护；第6章～第14章主要介绍面向对象软件工程方法，包括Rational Rose建模工具、面向对象方法学基础、面向对象的分析、UML基本元素符号、类图、对象图与包图、用例图、活动图、交互图、状态机图；第15章介绍软件项目的管理；第16章介绍软件工程的最新发展。

由于本书的内容较多，各高校任课教师可以根据本校的实际要求，对授课内容作适当删减。本书文字通俗易懂、概念清晰、实用性强，并配有相应的习题，可作为各高等学校计算机及相关专业“软件工程”课程的教材或参考书，也可作为各类计算机爱好者的自学用书。

本书第5章、第11章由潘广贞编写，第3章、第4章、第8章、第9章、第14章、第16章由杨剑编写，第1章、第2章、第6章、第7章由王丽芳编写，第10章、第12章、第13章、第15章由武瑞娟编写。全书由潘广贞、杨剑统稿。本书的编写参考了大量的相关书籍和资料（详见参考文献），在此向这些参考文献和书籍的作者表示感谢。

本书在编写过程中得到了单位领导、同事的大力帮助和热情支持，他们对本书内容的修订提出了很多宝贵的意见，在此向他们一并表示感谢。

由于编者水平有限，书中难免存在疏漏之处，欢迎广大读者和同行专家，特别是使用本书的教师和学生批评指正。

编　者

2013 年 4 月

目　录

第1章　软件工程概述

1969年,IBM公司首次宣布除操作系统继续随计算机配送外,其余软件一律作为独立商品计价出售,从此开创了软件成为商品的先河。短短几十年,从PC到笔记本电脑,从互联网到移动通信设备,从军事到人们的日常生活,计算机软件几乎无处不在、无时不在,计算机软件的重要性无可替代。现在,软件产业已成为很多发达国家的支柱产业,软件工程师已成为受人青睐的职业。

本章主要介绍软件和软工程的相关概念及软件过程的相关知识。

1.1　软件与软件危机

和计算机硬件一样,从20世纪60年代以来,软件从规模、功能等方面得到了很大的发展,同时人们对软件质量的要求也越来越高。然而,软件的规模越大、越复杂,人们的软件开发能力越显力不从心,以致软件成本失去控制,软件质量难以保证。为了扭转软件开发的这种被动局面,人们逐渐开始重视对软件的开发、工具和环境的研究。

1.1.1　软件的定义、特点及分类

1. 软件的定义

计算机系统由硬件和软件组成。硬件是躯体,软件是灵魂。硬件在软件的支持和管理下,才能完成操作。因此,软件的发展与硬件的发展是相互联系的。在现代社会中,软件应用于多个方面。典型的软件有电子邮件、嵌入式系统、人机界面、办公套件、操作系统、编译器、数据库、游戏等。同时,各个行业几乎都有计算机软件的应用,如工业、农业、银行、航空、政府部门等。这些应用促进了经济和社会的发展,提高人们的工作效率,同时提升了生活质量。

在20世纪50年代,人们认为软件就是程序。20世纪60年代,人们认为软件 = 程序 + 文档。到了20世纪70年代,人们重新定义了软件的概念,认为软件应包含:

(1) 一个或多个程序。程序执行时能够提供软件所期望的功能和性能。

(2) 一个或多个数据。满足程序开发及运行所需要的任何数据,包括初始化数据、测试数据、研发数据、运行数据、维护数据、工程数据以及项目管理数据等。

(3) 一个或多个文档。服务程序开发、测试、安装、运行、使用及维护等涵盖程序生命周期各阶段的细节描述,根据中国国家标准局颁布的《计算机软件开发规范》和《软件产品开发文件编制指南》,软件文档应包括可行性研究报告、项目开发计划、软件需求规格说明、数据需求规格说明、概要设计规格说明、详细设计规格说明、用户手册、操作手册、测试计划、测试分析报告、开发进度月报、项目开发总结报告、维护修改建议共计13种文档。

近年来随着软件在人类生活中的广泛应用,其规模与难度已经逐渐增大,上述定义已经不

能够完全表达软件的内容。1984 年,美国开始将软件定义为一个过程,该过程包括人、方法、规程、技术与工具。编制软件就是人们使用相应的方法、规程、技术、工具等原始材料转化为用户所需要的产品的活动。

2. 软件的特点

计算机系统中的软件与硬件是相互依存的,缺一不可。而软件与其他产品不同,它是一种特殊的产品,具有下列特点:

(1) 软件是一种逻辑产品。它是脑力劳动的结果,与物理产品有很大区别。软件产品是看不到、摸不着的,它以程序和文档的形式出现,保存在存储介质上,只有通过计算机的运行才能体现它的功能和作用。

(2) 软件产品的生产主要是开发。软件的开发是开发人员智慧的结晶,与硬件制造不同。硬件初期生产出试验产品,通过质量检验合格后,批量生产需要投入大量的人力、物力和财力。而软件一旦研发成功,批量生产就是进行简单的复制工作。对软件的质量控制,重在软件的研发过程中。

(3) 软件的开发和运行常受到计算机系统的限制。软件对计算机系统有不同程度的依赖性,软件不能脱离硬件而单独运行,在软件的开发和运行中必须依赖硬件提供的条件。

(4) 软件的成本昂贵。软件开发需要投入大量、高强度的脑力劳动,成本很高,风险也很大。目前软件开发的成本已远远高于硬件的成本。

(5) 软件开发尚未完全摆脱手工生产方式。虽然软件复用、构件技术已被提出,但像硬件那样基于已有零部件进行组装,实现软件生产的自动化仍有一定的难度。

(6) 软件不存在磨损和老化问题,但存在退化问题。软件不会因为磨损而老化,但软件为了适应运行环境及需求的变化需要进行维护,在维护的过程中不可避免地引入错误,导致软件失效率升高,从而出现软件退化。

3. 软件的分类

1) 按照软件的功能划分

按照软件的功能,软件可分为系统软件、支撑软件和应用软件。

(1) 系统软件:与计算机硬件紧密配合在一起,使计算机系统中的各个部件、相关的软件和数据协调、高效地工作的软件。如操作系统、数据库管理系统、设备驱动程序以及通信处理程序等。

(2) 支撑软件:协助用户开发软件的工具性软件,其中包括帮助程序人员开发软件产品的工具,以及帮助管理人员控制开发进程的工具。如编辑程序、程序库、图形软件包等。

(3) 应用软件:在特定领域内开发、为特定目的服务的一类软件,其中包括为特定目的进行的数据采集、加工、存储和分析服务的资源管理软件。如工程与科学计算软件、CAD/CAM 软件、CAI 软件、信息管理系统等。

2) 按照软件规模划分

按照软件的大小(源代码行)、开发软件所需人数和研制时间,可将软件分为微型、小型、中型、大型、甚大型和极大型 6 种。随着软件产品规模的不断增大,类别的参数指标也会发生变化,如表 1-1 所列。

表1-1 软件的分类

类别	参加人数	研制期限	软件规模(源代码行数)
微型	1	1~4周	0.5k
小型	1	1~6月	1k~2k
中型	2~5	1~2年	5k~10k
大型	5~20	2~3年	5k~500k
甚大型	100~1000	4~5年	1M
极大型	2000~5000	5~10年	1M~10M

3）按照软件工作方式划分

按软件的工作方式，可将软件分为实时处理软件、交互式软件、批处理软件和分时软件。

（1）实时处理软件：在事件或数据产生时，立即予以处理，并及时反馈信息，控制需要监测控制过程的软件，主要包括数据采集、分析、输出三部分。

（2）交互式软件：能实现人机通信的软件。

（3）批处理软件：把一组输入作业或一批数据以成批处理的方式一次运行，按顺序逐个处理完的软件。

（4）分时软件：允许多个联机用户同时使用计算机的软件。

4）按照软件服务对象的范围划分

按软件的服务对象的范围，可以将软件分为项目软件和产品软件。

（1）项目软件：也称定制软件，是受某个特定客户（或少数客户）的委托，由一个或多个软件开发机构在合同的约束下开发出来的软件。如军用防空指挥系统、卫星控制系统等。

（2）产品软件：是由软件开发机构开发出来直接提供给市场，或为成百上千个用户服务的软件。如文字处理软件、财务处理软件、人事管理软件等。

1.1.2 软件开发的演变过程

软件是由计算机程序和程序设计的概念发展演化而来的，是在程序和程序设计发展到一定规模并且逐步商品化的过程中形成的。软件开发经历了程序设计阶段、软件设计阶段和软件工程阶段的演变过程。

1. 程序设计阶段

程序设计阶段出现在1946—1955年。此阶段的特点是：尚无软件的概念，程序设计主要围绕硬件进行开发，规模很小，工具简单，开发者和用户无明确分工，程序设计追求节省空间和编程技巧，除程序清单外无文档资料，主要用于科学计算。

2. 软件设计阶段

软件设计阶段出现在1956—1970年。此阶段的特点是：硬件环境相对稳定，出现了“软件作坊”的开发组织形式。开始广泛使用产品软件（可购买），从而建立了软件的概念。随着计算机技术的发展和计算机应用的日益普及，软件系统的规模越来越庞大，高级编程语言层出不穷，应用领域不断拓宽，开发者和用户有了明确的分工，社会对软件的需求量剧增。但软件开发技术没有重大突破，软件产品的质量不高，生产效率低下，从而导致了“软件危机”的产生。

3. 软件工程阶段

自1970年起，软件开发进入了软件工程阶段。“软件危机”的产生，迫使人们不得不研究、改变软件开发的技术手段和管理方法。从此软件开发进入了软件工程时代。此阶段的特点是：硬件已向巨型化、微型化、网络化和智能化四个方向发展，数据库技术已成熟并广泛应用，第三代、第四代语言出现。

1.1.3 软件危机

20世纪中期，计算机刚被从军用领域转向民用领域使用，那时编写程序的工作被视同为艺术家的创作。当时的计算机硬件非常昂贵，编程人员追求的是如何在有限的处理器能力和存储器空间约束下，编写出执行速度快、体积小的程序。程序中充满了各种各样让人迷惑的技巧。这时的软件生产非常依赖于开发人员的聪明才智。到了20世纪60年代，计算机的应用范围得到较大扩展，对软件系统的需求和软件自身的复杂度急剧上升，传统的开发方法无法适应用户在质量、效率等方面对软件的需求。这就是所谓的“软件危机”。

最为突出的例子是美国IBM公司于1963—1966年开发的IBM/360系列机的操作系统。该软件系统花了大约5000人一年的工作量，最多时有1000人投入开发工作，写出近100万行的源程序。尽管投入了这么多的人力和物力，得到的结果却极其糟糕。据统计，这个操作系统每次发行的新版本都是从前一版本中找出1000个程序错误而修正的结果。可想而知，这样的软件质量糟糕到了什么地步。难怪该项目的负责人F·D·希罗克斯在总结该项目时无比沉痛地说：“……正像一只逃亡的野兽落到泥潭中做垂死挣扎，越是挣扎，陷得越深，最后无法逃脱灭顶的灾难，……程序设计工作正像这样一个泥潭……一批批程序员被迫在泥潭中拼命挣扎，……谁也没有料到问题竟会陷入这样的困境……”IBM/360操作系统的历史教训已成为软件开发项目中的典型事例被记入历史史册。

另一个例子发生在1963年，美国研制了一枚发射火星探测器的火箭，由于程序员将程序中的一个“，”误写为“.”，导致火箭升空爆炸，造成高达数亿美元的损失。

软件危机包含两方面的问题：如何开发软件以满足不断增长、日趋复杂的用户需求；如何维护数量及规模不断膨胀的已有软件。

1. 软件危机的表现

软件危机主要有以下几方面的表现：

1）软件成本日益增长

在计算机发展的早期，大型计算机系统主要是被设计应用于非常狭窄的军事领域。在这个时期，研制计算机的费用主要由国家财政提供，研制者很少考虑到研制代价问题。随着计算机市场化和民用化的发展，代价和成本就成为投资者考虑的最重要的问题之一。20世纪50年代，软件成本在整个计算机系统成本中所占的比例为10%～20%。但随着软件产业的发展，软件成本日益增长。相反，计算机硬件随着技术的进步、生产规模的扩大，价格却不断下降。这样一来，软件成本在计算机系统中所占的比例越来越大。到20世纪60年代中期，软件成本在计算机系统中所占的比例已经增长到50%左右。而且，该数字还在不断地递增，下面是一组来自美国空军计算机系统的数据：1955年，软件费用约占总费用的18%，1970年达到60%，1975年达到72%，1980年达到80%，1985年达到85%左右。

2）开发进度难以控制

由于软件是逻辑、智力产品，软件的开发需建立庞大的逻辑体系，这是与其他产品的生产不一样的。例如，工厂里要生产某种机器，在时间紧的情况下可以要工人加班或者实行“三班倒”，而这些方法都不能用在软件开发上。

在软件开发过程中，用户需求变化等各种意想不到的情况层出不穷，令软件开发过程很难保证按预定的计划实现，给项目计划和论证工作带来了很大的困难。

Brook 曾经提出：“在已拖延的软件项目上，增加人力只会使其更难按期完成。”事实上，软件系统的结构很复杂，各部分附加联系极大，盲目增加软件开发人员并不能成比例地提高软件开发能力。相反，随着人员数量的增加，人员的组织、协调、通信、培训和管理等方面的问题将更为严重。

3）软件产品质量差

由于缺乏工程化思想的指导，程序员几乎总是习惯性地以自己的想法去代替用户对软件的需求，软件设计带有随意性，很多功能只是程序员的“一厢情愿”而已，导致软件的可靠性差、故障率高，不能满足用户的要求。

4）软件维护困难

正式投入使用的软件，总是存在着一定数量的错误，在不同的运行条件下，软件就会出现故障，需要对软件进行维护。但是，由于在软件设计和开发过程中，没有统一的规范可以遵循，软件开发的随意性很大，没有完整的记录文档，给软件维护造成了巨大的困难。特别是在软件使用过程中，原来的开发人员可能因各种原因已经离开原来的开发组织，使得软件几乎不可维护。另外，软件修改是一项很“危险”的工作，对一个复杂的逻辑过程，哪怕做一项微小的改动，都可能引入新的问题。有资料表明，工业届为维护软件支付的费用占全部硬件和软件费用的40% ~75%。

5）软件产品开发的效率跟不上计算机硬件的发展

缺乏自动化的软件开发技术，软件生产率赶不上硬件的发展速度，更赶不上计算机应用的发展速度。软件产品进展缓慢使人们不能充分利用现代计算机硬件提供的巨大潜力。

2. 软件危机产生的原因

为了克服软件危机，需要分析导致软件危机的原因。通过软件危机的种种表现和软件作为逻辑、智力产品的特殊性可以发现，软件危机产生的原因主要有以下几方面：

1）用户需求不明确

在软件开发过程中，用户需求不明确问题主要体现在四个方面：

（1）在软件开发出来之前，用户自己也不清楚软件的具体需求。

（2）用户对软件需求的描述不精确，可能有遗漏、有二义性，甚至有错误。

（3）在软件开发过程中，用户还提出修改软件功能、界面、支撑环境等方面的要求。

（4）软件开发人员对用户需求的理解与用户本来的愿望有差异。

2）缺乏正确的理论指导

缺乏有力的方法学和工具方面的支持。由于软件不同于大多数其他工业产品，其开发过程是复杂的逻辑思维过程，其产品极大程度地依赖于开发人员高度的智力投入。由于过分地依靠程序设计人员在软件开发过程中的技巧和创造性，加剧软件产品的个性化，也是发生软件危机的一个重要原因。

3）软件的规模越来越大

随着软件应用范围的增加，软件规模越来越大。大型软件项目需要组织一定的人力共同完成，而多数管理人员缺乏开发大型软件系统的经验，而多数软件开发人员又缺乏管理方面的经验。各类人员的信息交流不及时、不准确，有时还会产生误解。软件项目开发人员不能有效地、独立自主地处理大型软件的全部关系和各个分支，因此容易产生疏漏和错误。

4）软件复杂度越来越高

软件不仅仅是在规模上快速地发展扩大，而且其复杂性也急剧地增加。软件产品的特殊性和人类智力的局限性，导致人们无力处理复杂问题。

3. 解决软件危机的途径

人们在认真地研究和分析了软件危机背后的真正原因之后，得出了"人们面临的不光是技术问题，更重要的是管理问题，管理不善必然导致失败"的结论，便开始探索用工程的方法进行软件生产的可能性，即用现代工程的概念、原理、技术和方法进行计算机软件的开发、管理和维护，于是诞生了计算机科学技术的一个新领域——软件工程。

1.2 软件工程

为了跟上硬件的发展速度、解决软件开发的进度，并实现成本可控制、质量可保证、系统可维护、过程可管理，进而缓解软件危机，1968 年 NATO 会议上首次提出"软件工程"(Soft wrae Engineeirng)的概念，提出把软件开发从"艺术"和"个体行为"向"工程"和"群体协同工作"转化。其基本思想是应用计算机科学理论和技术以及工程管理原则和方法，按照预算和进度，实现满足用户要求的软件产品的定义、开发、发布和维护的工程。

1.2.1 软件工程的定义

目前关于软件工程的定义一直都没有统一的说法，很多学者、组织机构都分别给出了自己的定义：

1. Barry Boedhm

运用现代科学技术知识来设计并构造计算机程序以及为开发、运行和维护这些程序所必需的相关文件资料。

2. IEEE 在软件工程术语汇编中的定义

软件工程包含两方面的含义：

（1）将系统化的、严格约束的、可量化的方法应用于软件的开发、运行和维护，即将工程化应用于软件。

（2）上述方法的研究。

3. Fritz Bauer 在 NATO 会议上给出的定义

建立并使用完善的工程化原则，以较经济的手段获得能在实际机器上有效运行的可靠软件的一系列方法。

4.《计算机科学技术百科全书》中的定义

软件工程是应用计算机科学、数学及管理科学等原理，开发软件的过程。软件工程借鉴传统工程的原则、方法，以提高质量、降低成本。其中，计算机科学、数学用于构建模型与算法，工程科学用于制订规范、设计范型(paradigm)、评估成本及确定权衡，管理科学用于计划、资源、质量、成本等管理。

5. CC2004 报告的定义

以系统的、学科的、定量的途径，把工程应用于软件的开发、运营和维护；同时，开展对上述过程中各种方法和途径的研究。该定义中明确提出了“把工程应用于软件”，突出了软件工程领域内的两类重要的研究和应用方向——工程学和方法学。

1.2.2 软件工程的基本原理

自“软件工程”这一术语提出以来，专家们对软件工程提出了 100 多条准则，著名软件工程专家 B. W. Boedhm（图 1－1）综合了这些专家的意见，并总结了多年来开发软件的经验，于 1983 年在一篇论文中提出了软件工程的七条基本原理，作为保证软件产品质量和开发效率的最小集合。具体如下：

1）用分阶段的生命周期计划严格管理软件工程过程

在软件开发与维护的漫长生命周期中，应该把软件生命周期划分为若干个阶段，并制订出相应的切实可行的计划，然后严格按照计划对软件的开发和维护进行管理。

2）坚持进行软件过程中的阶段评审

根据 B. W. Boedhm 的统计研究表明，设计错误占软件错误的 63%，编程错误仅占 37%，软件的大部分错误是在编程之前造成的。软件中的错误被发现和纠正得越晚，所付出的代价就越高。软件的质量保证渗透在软件开发的各个阶段，因此，每个阶段都要进行严格的评审，尽早地发现软件中的错误，通过对软件质量实施过程评审，以确保软件在每个阶段都能够具有较高的质量。

图 1－1　B. W. Boedhm

3）实行严格的产品控制

在软件开发过程中，需求的变更是不可避免的，必须使用科学的产品控制技术，其中主要是实行基准配置管理，来保证软件的一致性。基准配置是指各个阶段产生的经过阶段评审的文档或程序代码。基准配置管理是指一切有关修改软件的建议，特别是涉及对基准配置的修改，都必须按照严格的产品控制来进行，使软件产品的各项配置成分保持一致，以适应软件需求的变更。

4）采用现代开发技术进行软件的设计与开发

从结构化软件开发技术到面向对象的软件开发技术，在长期的软件开发实践中，人们充分认识到：采用先进的软件开发技术可以提高软件产品的质量，降低开发成本，增加软件的使用寿命，提高软件的开发效率。

5）应能够清楚地审查开发过程中每个工作结果

软件产品是一种看不见、摸不着的逻辑产品，软件开发人员的工作进展情况可见性差，工作进展难以准确度量和控制，使得软件产品的开发过程难以评价和管理，为了对软件开发过程进行更好的管理，项目组应根据软件开发的总目标和完成期限，制订开发小组的责任和产品标准，使所得到的结果能够被清楚地审查。

6）开发小组的成员应少而精

开发人员的素质和质量是影响软件质量和开发效率的重要因素，高素质人员的开发效率往往是低素质人员开发效率的几倍甚至几十倍。同时,随着开发组人员数目的增多,人员之间的沟通交流造成的通信开销也会急剧增加,必然会影响人员之间的相互协作和工作质量,因此少而精的开发团队是非常必要的。

7）承认不断改进软件工程实践的必要性

遵循上述六条原理,就能够较好实现软件的工程化生产。但它们只是对现有经验的总结和归纳,不能保证能跟上新技术不断发展的步伐。因此 B. W. Boedhm 提出,应把承认不断改进软件工程实践的必要性作为软件工程的第七条原理。根据这条原理,在软件工程的实践中,要不断积极地探索和使用先进的软件开发技术,对实践过程中出现的问题和错误进行统计分析,不断总结经验,以开发出高质量的软件。

1.2.3 软件工程的内容

软件工程研究的主要内容是软件开发技术和软件开发管理两个方面。在软件开发技术中,主要研究软件工程方法、软件工程过程、软件开发工具和环境;在软件开发管理中,主要研究软件管理学、软件经济学和软件心理学。

软件工程方法为软件开发提供了“如何做”的技术。它包括多方面的任务,如项目计划与估算、软件系统需求分析、数据结构、系统总体结构的设计、算法的设计、编码、测试以及维护等。软件工程方法常采用某种特殊的语言或图形的表达方法,以及一套质量保证标准。

软件工程过程是将软件工程的方法和工具综合起来以达到合理、及时地进行计算机软件开发的目的。软件工程过程定义了软件工程方法使用的顺序、要求交付的文档资料,为保证质量和适应变化所需要的管理、软件开发各个阶段完成的任务。

软件开发工具和环境为软件工程方法提供了自动的或半自动的软件支撑环境。目前,人们已经开发出了许多软件工具来支持上述软件工程方法。而且已经把诸多软件工具集成起来,使得一种工具产生的信息可以被其他的工具所使用,从而建立起一种被称为计算机辅助软件工程(CASE)的软件开发支撑系统。CASE 将各种软件工具、开发机器和一个存放开发过程信息的工程数据库组合起来,形成一个软件工程环境。

1.2.4 软件工程的目标及原则

软件工程的目标是指在给定成本、进度的前提下,开发出具有适用性、有效性、可修改性、可靠性、可理解性、可维护性、可重用性、可移植性、可追踪性、可互操作性和满足用户需求的软件产品。追求这些目标有助于提高软件产品的质量和开发效率,减少维护的困难。

软件工程的目标又可以分配到各个不同的软件开发阶段来实现,如表 1－2 所列。

表 1－2　软件的开发阶段

开发阶段	阶段目标	描　述
软件定义	可适应性	软件在不同的系统约束条件下,满足用户需求的难易程度
	有效性	软件系统在某个给定时刻根据规范程序所成功运行的比率
软件开发	可理解性	系统具有清晰的结构,能直接反映问题的需求
	互操作性	多个软件部件相互通信并协同完成任务的能力
	可重用性	软件部件适应不同应用场合的程度

（续）

开发阶段	阶段目标	描　述
软件维护	可修改性	允许对系统进行修改而不增加原系统的复杂性
	可追踪性	根据软件需求，对软件设计、程序进行正向追综，或根据软件设计、程序对软件需求进行逆向追踪的能力
	可维护性	软件交付使用后，能够对它进行修改，以改正潜在的错误，改进性能和其他属性，使软件产品适应环境的变化等
	可移植性	软件从一个计算机系统或环境移到另一个计算机系统或环境的难易程度

为了达到软件开发的目标，在软件开发过程中必须遵循软件工程的原则。具体可以概括为以下四个方面。

1. 选取适宜的开发模型

该原则与系统设计有关。在系统设计中，软件需求、硬件需求以及其他因素间是相互制约和影响的，经常需要权衡。因此，必需认识需求定义的易变性，采用适当的开发模型，保证软件产品满足用户的要求。

2. 采用合适的设计方法

在软件设计中，通常需要考虑软件的模块化、抽象与信息隐蔽、局部化、完整性、一致性以及可验证性特征。合适的设计方法有助于这些特征的实现，以达到软件工程的目标。

1）模块化

模块是程序中逻辑上相对独立的成分，是一个独立的编程单位，应有良好的接口定义。模块的大小要适中，模块过大会导致模块内部复杂性的增加，不利于模块的调试和重用，也不利于对模块的理解和修改。模块太小会导致整个系统的表示过于复杂，不利于控制系统的复杂性。模块之间的关联程度用耦合度度量，模块内部诸成分的相互关联及紧密程度用内聚度度量。

2）抽象

抽象指抽取事物最基本的特性和行为，忽略非基本的细节。采用分层次抽象的办法可以控制软件开发过程的复杂性，有利于软件的可理解性和开发过程的管理。

3）信息隐藏

信息隐藏指将模块中软件设计决策封装起来的技术。模块接口应尽量简洁，不要罗列可有可无的内部操作和对象。按照信息隐藏的原则，系统中的模块应设计成“黑箱”，模块外部只能使用模块接口说明中给出的信息，如操作、数据类型等。由于对象或操作的实现细节被隐藏，软件开发人员便能够将注意力集中于更高层次的抽象上。

4）局部化

局部化指要求在一个物理模块内集中逻辑上相互关联的计算资源。从物理和逻辑两个方面保证系统中模块之间具有松散的耦合关系，而在模块内部有较强的内聚性。这样有助于控制解的复杂性。

抽象、信息隐藏、模块化和局部化的原则支持软件工程的可理解性、可修改性和可靠性，有助于提高软件产品的质量和开发效率。

5）完整性

完整性指软件系统不丢失任何重要成分，完全实现系统所需功能的程度。在形式化开发方法中,按照给出的公理系统,描述系统行为的充分性;当系统处于出错或非预期状态时,系统行为保持正常的能力。完整性要求人们开发必要且充分的模块。为了保证软件系统的完整性,软件在开发和运行过程中需要软件管理工具的支持。

6) 一致性

一致性指整个软件系统,包括文档和程序以及各个模块均使用一致的概念、符号和术语;程序内部接口应保持一致;软件与硬件接口应保持一致;系统规格说明与系统行为应保持一致;用于形式化规格说明的公理系统应保持一致等。一致性原则支持系统的正确性和可靠性。实现一致性需要良好的软件设计工具(如数据字典、数据库、文档自动生成与一致性检查工具等)、设计方法和编码风格的支持。

7) 可验证性

开发大型软件系统需要对系统逐步分解。系统分解应该遵循系统容易检查、测试、评审的原则,以便保证系统的正确性。采用形式化的开发方法或具有强类型机制的程序设计语言及其软件管理工具可以帮助人们建立一个可验证的软件系统。

3. 提供高质量的工程支撑

"工欲善其事,必先利其器。"在软件工程中,软件工具与环境对软件过程的支持颇为重要。软件工程项目的质量与开销直接取决于对软件工程所提供的支撑质量和效用。

4. 重视软件工程的管理

软件工程的管理直接影响可用资源的有效利用,生产满足目标的软件产品以及提高软件组织的生产能力等问题。因此,仅当对软件过程予以有效管理时,才能实现有效的软件工程。

近年来,印度的软件产业迅速发展,其成功的经验是,严格按照国际规范进行科学管理。本书主要介绍软件开发技术,只在第15章讨论软件管理技术,但软件管理仍然是软件开发成功的关键。

1.3 软件工程过程

许多计算机和软件科学家尝试把其他工程领域中行之有效的工程学知识运用到软件开发工作中来,经过不断实践和总结,最后得出一个结论:按工程化的原则和方法组织软件开发工作是有效的,是摆脱软件危机的一个主要出路。

软件工程过程在ISO 9000中的定义是:把输入转化为输出的一组彼此相关的资源和活动。定义支持了软件工程过程的两个方面内涵。

第一,软件工程过程是指为获得软件产品,在软件工具支持下由软件工程师完成的一系列软件工程活动。基于这个方面,软件工程过程通常包含4种基本活动:

(1) P(Plan):软件规格说明。规定软件的功能及其运行的限制。

(2) D(Do):软件开发。产生满足规格说明的软件。

(3) C(Check):软件确认。确认软件能够完成客户提出的要求。

(4) A(Action):软件演进。为满足客户的变更要求,软件必须在使用的过程中演进。

事实上,软件工程过程是一个软件开发机构针对某类软件产品为自己规定的工作步骤,它应当是科学的、合理的,否则必将影响软件产品的质量。

第二,从软件开发的观点看,它就是使用适当的资源(包括人员、硬软件工具、时间等),为开发软件进行的一组开发活动,在过程结束时将输入(用户要求)转化为输出(软件产品)。

所以软件工程的过程是将软件工程的方法和工具综合起来，以达到合理、及时地进行计算机软件开发的目的。软件工程过程应确定方法使用的顺序、要求交付的文档资料、为保证质量和适应变化所需要的管理、软件开发各个阶段完成的任务。

1.4 软件生存周期

软件生存周期(Software Life Cycle)又称为软件生命周期，是指一个计算机软件从功能确定、设计到开发成功投入使用，并在使用中不断地修改、增补和完善，直到该软件失去使用价值消亡为止的整个过程。一般来说，整个生存周期包括计划(定义)、开发、运行(维护)三个时期，每一个时期又划分为若干阶段。每个阶段有明确的任务，这样使规模大、结构复杂和管理复杂的软件开发变得容易控制和管理。各阶段的划分如图 1-2 所示。

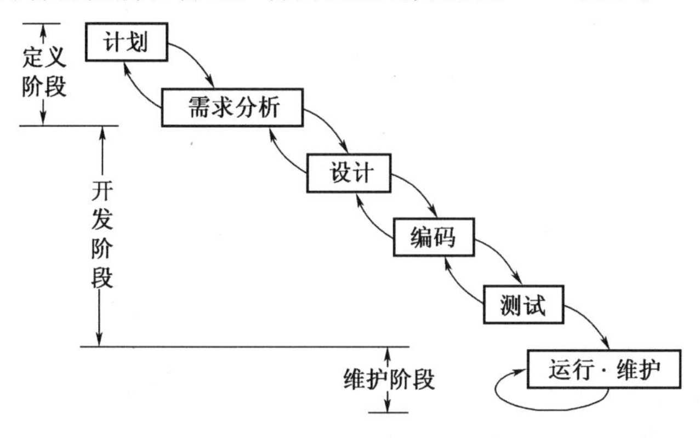

图 1-2　软件生存周期的阶段划分

(1) 计划阶段：在软件系统开发之前，首先应当制定项目开发计划，该阶段是软件生存周期的第一个阶段，该阶段的任务是明确“要解决的问题是什么?”，具体任务如下：

① 根据用户或市场需求，确定要开发软件系统的总目标；

② 确定功能、性能、可靠性以及接口等方面的要求；

③ 完成该项软件任务的可行性研究，探讨解决问题的可能方案；

④ 估计可利用的资源(软件、硬件、人力等)、成本、效益和开发进度；

⑤ 制订完成开发任务的实施计划，连同可行性研究报告，提交管理部门审查。

(2) 需求分析阶段：需求分析阶段的主要任务是完整定义系统必须“做什么”，具体任务如下：

① 向用户做需求调研，让用户提出对软件系统的所有需求；

② 对用户提出的需求进行分析、综合，给出详细的定义；

③ 编写软件需求规格说明书及初步的系统用户手册，提交管理机构评审。

(3) 设计阶段：该阶段分为概要设计和详细设计两部分，概要设计的主要任务是解决“怎么做”的问题，详细设计的主要任务是解决“如何具体地实现系统”，具体任务如下：

① 概要设计要把各项软件需求转化为软件系统的总体结构和数据结构，结构中每一部分都是意义明确的模块，每个模块都和某些需求相对应；

② 详细设计即过程设计，对每个模块要完成的工作进行具体地描述，给出详细的数据结构和算法，为编写程序代码做基础；

③ 分别编写概要设计说明书和详细设计说明书并提交评审。

(4) 编码阶段：根据详细设计说明书，把软件设计转换成以某一种程序设计语言表示的计算机可以接受的程序代码，并且要求程序的结构良好、可读性强与设计相一致。

(5) 测试阶段：在软件的分析、设计和编码过程中难免会出现错误，软件在投入正式运行之前需要通过测试来查找和排除错误，以保证软件的质量，该阶段的具体任务如下：

① 单元测试：查找各模块在功能和结构上的错误；

② 集成测试：将已测试的模块按一定顺序组装起来进行测试；

③ 有效性测试：按规定的各项需求，逐项进行测试，决定已开发的软件是否合格，能否交付用户使用。

(6) 运行(维护)阶段：是软件生命周期中持续时间最长的阶段，在软件开发完成并投入使用后，由于各种人为的、技术的、设备的原因，软件在运行过程中可能会出现一些问题，需要进行软件维护，以保证软件正常可靠地运行。

1.5 软件生存周期模型

为了高效地开发出高质量的软件产品，通常把软件生存周期中各项开发活动的流程用一个合理的框架即开发模型来清晰描述，这就是软件生存周期模型。软件生存周期模型是从软件项目需求定义直至软件经使用后废弃为止，跨越整个生存周期的系统开发、运作和维护所实施的全部过程、活动和任务的结构框架。

最早的软件生存周期模型是1970年由W. Royce提出的瀑布模型，而后随着软件工程学科的发展，相继提出了快速原型模型、增量模型、螺旋模型、喷泉模型、基于四代技术的模型。

1.5.1 瀑布模型

瀑布模型也称为软件生存周期模型或线性顺序过程模型，其核心思想是按工序将问题化简，将功能的实现与设计分开，便于分工协作，即采用结构化的分析与设计方法将逻辑实现与物理实现分开。将软件生存周期划分为制订计划、需求分析、软件设计、程序编写、软件测试和运行维护六个基本活动，并且规定了它们自上而下、相互衔接的固定次序，如同瀑布流水，逐级下落，最终得到所开发的软件产品。传统的瀑布模型如图1-3所示，该模型过于理想化，实际上，人们在开发的过程中会犯各种错误，如在设计阶段发现需求规格说明书中的错误、设计上的缺陷和错误可能会在运行的过程中暴露出来等，实际的瀑布模型是带“反馈环”的，如图1-4所示，即每项开发活动均处于一个质量环(输入—处理—输出—评审)中。只有当其工作得到确认，才能继续进行下一项活动。在图1-4中，虚线箭头表示维护过程，实线箭头表示开发过程。

瀑布模型有如下特点：

(1) 具有顺序性和依赖性。顺序性是指每一阶段工作的开始都是上一阶段工作的结束，前一阶段输出的文档是后一阶段的输入文档。依赖性是指各阶段工作的正确性都依赖于其上一阶段工作的正确性。如果某一阶段出现了问题，往往要追溯到它之前的一些阶段，必要时还要修改前面已完成的文档。

(2) 推迟实现的观点。瀑布模型明确要求在分析阶段和设计阶段只考虑系统的逻辑模型，不涉及系统的物理实现。直到设计结束，设计人员主要考虑系统的逻辑模型，将逻辑设计和物理设计分开，尽可能推迟程序的物理实现，是瀑布模型的一条重要指导思想。

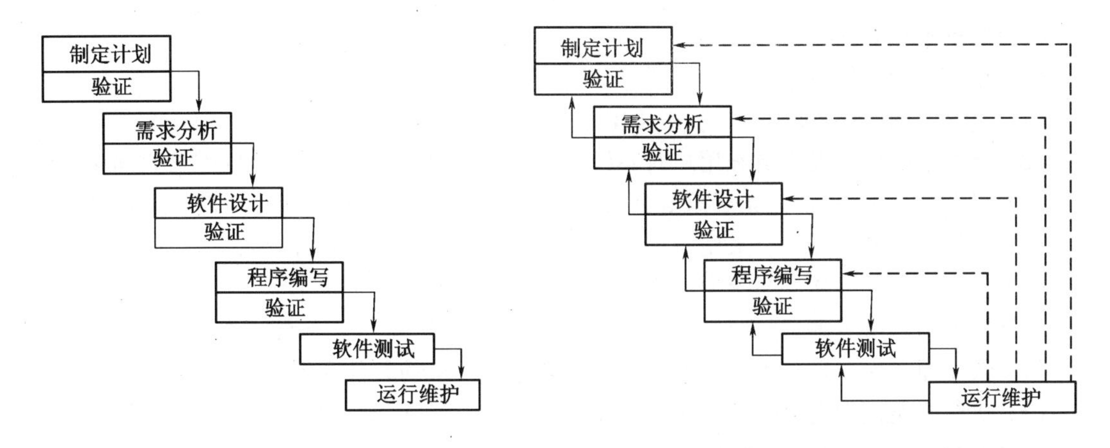

图 1-3　传统瀑布模型　　　　图 1-4　带“反馈环”的瀑布模型

在实际开发过程中,开发人员接受任务后,往往急于求成,总想早一点编写程序。实践证明,编码开始得越早,完成项目所需的时间越长。这是因为过早考虑程序的实现,常常导致逻辑设计的不充分,最后造成大量返工,甚至带来灾难性的的后果。

(3) 质量保证的观点。瀑布模型为了保证软件的质量,要求每一阶段都要完成规定的文档。每一阶段都要对已完成的文档进行复审。完整、准确的文档是开发过程中各类人员之间相互沟通的媒介,也是将来软件进行维护的重要依据。对每一阶段的文档进行复审,是为了尽早发现问题,消除隐患。越早潜在的错误,暴露的时间往往越晚,维护的代价越高。对每阶段的文档进行复审,是保证软件质量、降低开发成本的重要措施。

瀑布模型简单易用,在消除非结构化,降低软件复杂性,促进软件开发工程化方面起到了很大的作用,得到了广泛的应用,但瀑布模型在大量的软件开发实践中也逐渐暴露了它的缺点,其主要缺点如下:

(1) 各个阶段的划分完全固定,阶段之间产生大量的文档,极大地增加了工作量。

(2) 由于开发模型是线性的,用户只有等到整个过程的末期才能见到开发成果,从而增加了开发的风险。

(3) 早期的错误可能要等到开发后期的测试阶段才能发现,进而带来严重的后果。

(4) 不能适应用户需求的变化。

1.5.2　快速原型模型

瀑布模型本质上是一种线性顺序模型,存在着比较明显的缺点,各阶段之间存在着严格的顺序性和依赖性,特别是强调预先定义需求的重要性,在着手进行具体的开发工作之前,必须通过需求分析预先定义并“冻结”软件需求,然后再一步一步地实现这些需求。但是实际项目很少是遵循着这种线性顺序进行的。在系统建立之前很难只依靠分析就确定出一套完整、准确、一致和有效的用户需求,这种预先定义需求的方法更不能适应用户需求不断变化的情况。

为了克服瀑布模型的缺陷,人们提出了快速原型模型,又称为原型模型。其基本思想是:在获得一组基本需求说明后,就快速地使其“实现”,通过原型反馈,加深对系统的理解,并满足用户基本要求,使用户在试用过程中受到启发,对需求说明进行补充和精确化,消除不协调的系统需求,逐步确定各种需求,从而获得合理、协调一致、无歧义、完整、现实可行的需求说明。快速原型模型如图1-5所示。

快速原型模型的优点是:

(1) 克服了瀑布模型的局限性,减少由于需求不明确带来的开发风险。

(2) 增进了软件开发人员和用户对系统需求的理解,便于将用户的模糊需求明确化。

相对瀑布模型来说,快速原型模型更符合人类认识真理的过程和思维活动,是目前较流行的一种实用的软件开发方法。采用原型模型适合满足如下条件的软件开发。

(1) 首先得有快速建立系统原型模型的软件工具与环境。随着计算机软件的飞速发展,这样的软件工具越来越多,特别是一些第四代语言已具备较强的生成原型系统的能力。

(2) 快速原型模型适合于那些不能预先确切定义需求的软件开发。

(3) 快速原型模型适合于那些项目组成员(包括分析员、设计员、程序员和用户等)不能很好协同配合、交流或通信上存在困难的情况。

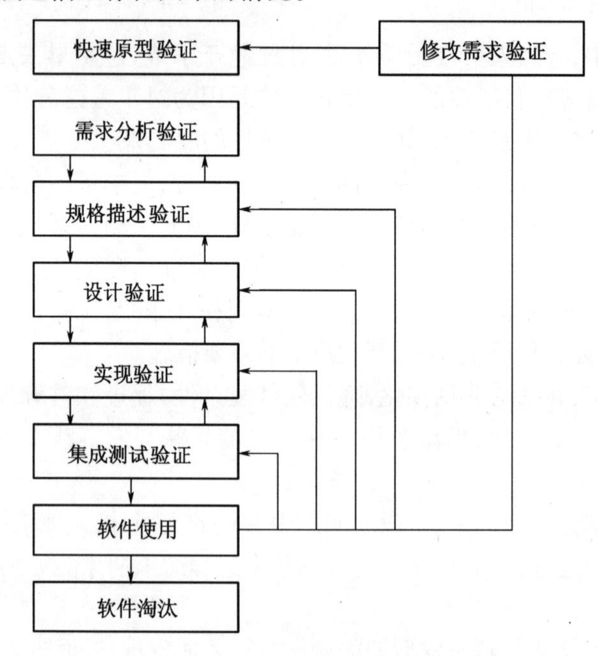

图1-5 快速原型模型

快速原型模型的缺点是:

(1) 快速建立起来的系统结构加上连续的修改可能会导致产品质量低下。

(2) 使用快速原型模型的前提是要有一个展示性的产品原型,因此在一定程度上可能会限制开发人员创新。

1.5.3 增量模型

增量模型是将一个软件产品分若干次进行提交,每一次新的软件产品的提交,都是在上次软件产品的基础上增加新的软件功能,直到全部满足客户的需求为止。

在增量模型中,开发者每次提交的软件产品都是可以正常运行的软件,而不是简单的软件模型。因此,需要在软件需求分析时,就将软件划分成不同的功能模块。第一次提交最核心的软件功能模块,然后每次添加功能模块,直到全部完成。

图1-6是增量模型的开发过程,从图中可以知道,软件的需求分析和总体设计是一次完

成的，而详细设计和实现则是多次完成的。每次完成软件的部分功能设计、实现、集成和测试，提交用户；再增加新的功能设计、实现、集成和测试工作，再提交用户。重复这个过程，直到软件的功能全部实现。

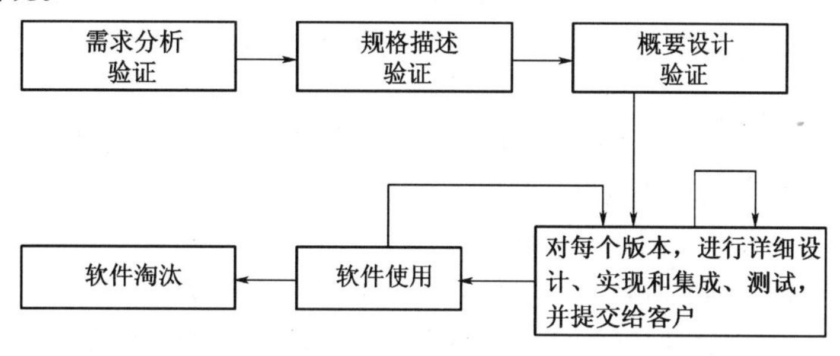

图 1-6　增量模型

采用增量模型的开发方法，要求软件是可以进行独立功能划分的。如果所有的软件模块都具有紧密的依赖关系，难以划分成不同的功能分组或层次，就只能采用瀑布模型，一次完成全部功能来实现了。

采用增量模型开发的软件，其软件结构是积木堆砌形式，这样能够保证后续软件功能模块的扩充，不会对已经完成软件模块造成大的影响。如果一个软件功能的增加总是会不断修改已有的软件功能模块，则采用增量模型就会变得十分困难，而其测试工作更会呈现爆炸式的几何增长。

增量模型可以使客户及早使用软件的核心功能，并且新功能的增加不影响已有的软件模块。但是，过多和过少的软件提交对客户都是难以接受的。如果每天给客户更新系统，会严重影响客户的正常工作。而半年或一年以上才更新一次软件功能，就可以采用瀑布模型。一个软件产品的适当提交次数在 5 ~ 25 次，而间隔的时间以几周到两个月为宜。

需要说明的是，增量模型是在软件需求分析之初就明确软件的全部功能需求，并完成软件的总体设计。以后的每次软件功能增加都是在统一的总体设计之下进行，而不是每次提交软件之后客户都可以随意增加和修改功能。

增量模型的优点有：

（1）人员分配灵活，刚开始不用投入大量人力资源。如果核心产品很受欢迎，则可增加人力实现下一个增量。

（2）当配备的人员不能在设定的期限内完成产品时，它提供了一种先推出核心产品的途径。这样即可先发布部分功能给客户，对客户起到镇静剂的作用。

（3）增量能够有计划地管理技术风险。

增量模型的缺点有：

（1）由于各个构件是逐渐并入已有的软件体系结构中的，所以加入构件必须不破坏已构造好的系统部分，这需要软件具备开放式的体系结构。

（2）在开发过程中，需求的变化是不可避免的。增量模型的灵活性可以使其适应这种变化的能力大大优于瀑布模型和快速原型模型，但也很容易退化为边做边改模型，从而使软件过程的控制失去整体性。

（3）如果增量之间存在相交的情况且未很好处理，则必须做全盘系统分析。这种将模型功能细化后分别开发的方法较适应于需求经常改变的软件开发过程。

1.5.4 螺旋模型

1988 年,巴利·玻姆(Barry Boehm)正式发表了软件系统开发的“螺旋模型”,它将瀑布模型和快速原型模型结合起来,强调了其他模型所忽视的风险分析,特别适合于大型复杂的系统。

螺旋模型基本做法是在“瀑布模型”的每一个开发阶段前引入一个非常严格的风险识别、风险分析和风险控制,它把软件项目分解成一个个小项目。每个小项目都标识一个或多个主要风险,直到所有的主要风险因素都被确定。

螺旋模型沿着螺线旋转,如图 1-7 所示,图中的四个象限分别代表四个方面的活动:

(1) 制订计划:确定软件目标,选定实施方案,弄清项目开发的限制条件。

(2) 风险分析:分析所选方案,考虑如何识别和消除风险。

(3) 实施工程:实施软件开发。

(4) 客户评估:评价开发工作,提出修正建议,制订下一步计划。

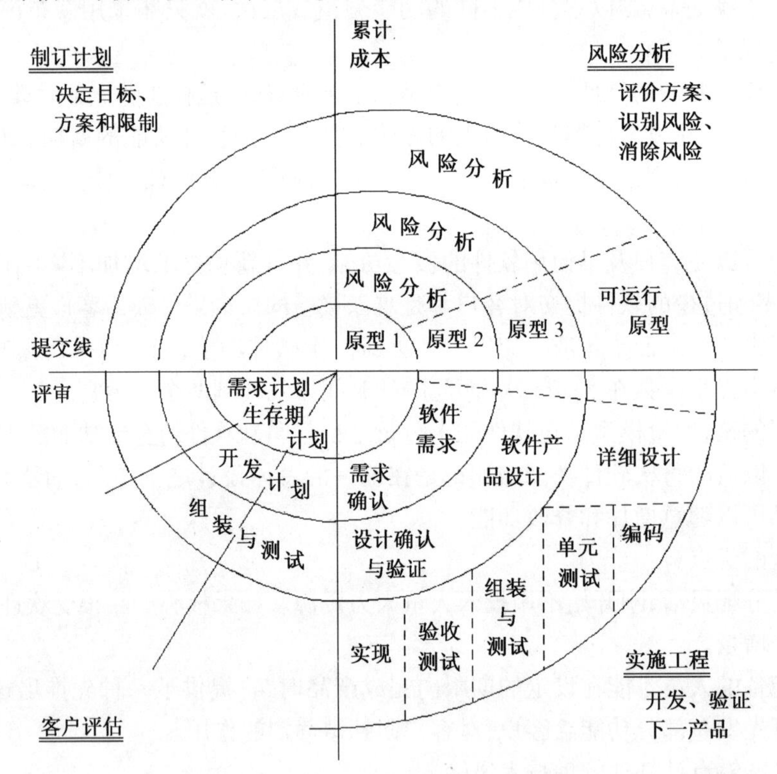

图 1-7　螺旋模型

软件开发按顺时针方向沿螺线自内向外每旋转一圈便开发出更为完善的一个新的软件版本。每一版本(即图 1-7 中的每一圈)首先是确定该阶段的目标,完成这些目标的选择方案及其约束条件,然后从风险角度分析方案的开发策略,努力排除各种潜在的风险,有时需要通过建造原型来完成。如果某些风险不能排除,该方案立即终止,否则启动下一个开发步骤。最后,评价该阶段的结果,并设计下一个阶段。

螺旋模型的优点有:

(1) 以风险驱动开发过程,强调可选方案和约束条件,从而支持软件的重用。

（2）以小的分段来构建大型系统，使成本计算变得简单容易。

（3）客户始终参与每个阶段的开发，保证了项目不偏离正确方向以及项目的可控性。

（4）关注软件早期错误的消除，将软件质量融入软件产品开发之中。

螺旋模型的缺点有：

（1）很难让用户确信这种演化方法的结果是可以控制的。

（2）建设周期长，而软件技术发展比较快，所以经常出现软件开发完毕后，和当前的技术水平有了较大的差距，无法满足当前用户需求。

（3）需要软件开发人员具备风险分析和评估的经验，否则，将会带来更大的风险。

1.5.5 喷泉模型

喷泉模型是由 B. H. Sollers 和 J. M. Edwards 于 1990 年提出的一种新的开发模型，主要用于采用面向对象技术的软件开发项目。“喷泉”一词本身体现了迭代和无间隙特性。系统某个部分常常重复工作多次，相关功能在每次迭代中随之加入演进的系统。所谓无间隙是指在开发活动，即分析、设计和编码之间不存在明显的边界，它克服了瀑布模型不支持软件重用和多项开发活动集成的局限性，如图 1－8 所示。

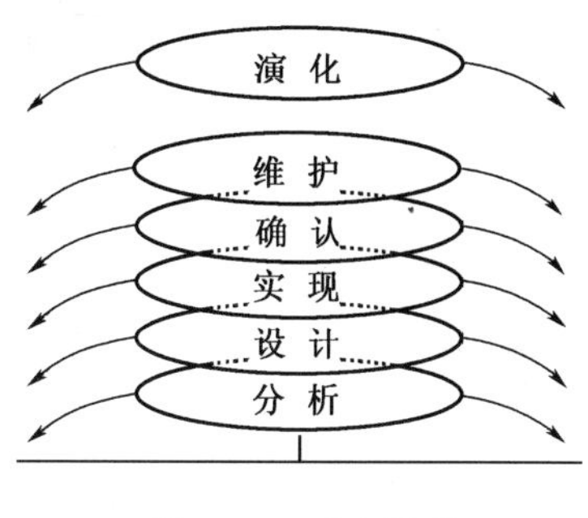

图 1－8　喷泉模型

喷泉模型是以面向对象的软件开发方法为基础，以用户需求作为喷泉模型的源泉。从图 1－8 中可以看出其有如下特点：

（1）喷泉模型规定软件开发过程有 5 个阶段，即分析、设计、实现、确认和维护。

（2）喷泉模型的各阶段相互重叠，它反映了软件过程并行性的特点。

（3）喷泉模型以分析为基础，资源消耗成塔型，在分析阶段消耗的资源最多。

（4）喷泉模型反映了软件过程迭代性的自然特性，从高层返回低层无资源消耗。

（5）喷泉模型强调增量开发，并不要求一个阶段的彻底完成，整个过程是一个迭代的逐步提炼的过程。

（6）喷泉模型是对象驱动的过程，对象是所有活动作用的实体，也是项目管理的基本内容。

（7）喷泉模型在实现时，由于活动不同，可分为系统实现和对象实现，这既反映了全系统的开发过程，也反映了对象族的开发和重用过程。

喷泉模型的优点有：

（1）具有更多的增量和迭代性质，生存期的各个阶段可以相互重叠和多次反复。

（2）由于各个阶段没有明显的界限，开发工作可以同步进行，提高了软件项目开发效率。

喷泉模型的缺点有：

（1）开发过程中大量开发人员的参与，不利于项目的管理。

（2）开发过程的反复迭代，容易造成开发过程的无序混乱。

1.5.6 智能模型

智能模型也称为“基于知识的软件开发模型”，它把瀑布模型和专家系统结合在一起，利用专家系统来帮助软件开发人员完成软件开发工作。在开发的各个阶段,采用归纳和推理机制,使维护在系统需求说明一级上进行。这种模型在实施过程中以软件工程知识为基础的生成规则构成的知识系统与包含应用领域知识规则的专家系统相结合,构成这一应用领域软件的开发系统。采用智能模型的软件过程如图 1-9 所示。

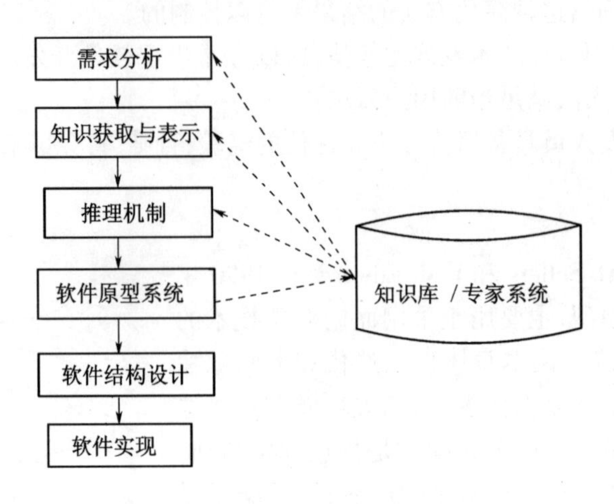

图 1-9　智能模型

从图 1-9 中可以很清楚地看到,智能模型与其他模型不同,它的维护并不在程序一级上进行,这样就大大降低了问题的复杂性。智能模型所要解决的问题是特定领域的复杂问题,涉及大量的专业知识,而开发人员一般不是该领域的专家,他们对特定领域的熟悉需要一个过程,所以软件需求在初始阶段很难定义得很完整。因此,采用原型模型需要通过多次迭代来精化软件需求。

智能模型以知识作为处理对象,这些知识既有理论知识,也有特定领域的经验。在开发过程中需要将这些知识从书本中和特定领域的知识库中抽取出来(即知识获取),选择适当的方法进行编码(即知识表示)建立知识库。将模型、软件工程知识与特定领域的知识分别存入数据库,在这个过程中需要系统开发人员与领域专家的密切合作。

智能模型开发的软件系统强调数据的含义,并试图使用现实世界的语言表达数据的含义。该模型可以勘探现有的数据,从中发现新的事实方法指导用户以专家的水平解决复杂的问题。它以瀑布模型为基本框架,在不同开发阶段引入了原型实现方法和面向对象技术以克服瀑布模型的缺点,适应于特定领域软件和专家决策系统的开发。

建立一个适合与软件设计的专家系统和一个既适合软件工程又适合应用领域的知识库都是非常困难的。目前,在软件开发中正应用 AI 技术,在 CASE 工具系统中使用专家系统,来实现测试自动化。

1.5.7　基于构件的过程模型

基于构件的过程模型是利用预先包装的构件来构造应用系统,构件是面向软件体系架构的可复用软件模块,可被用来构造其他软件。它可以是被封装的对象类、一些功能模块、软件框架(Framework)、软件构架(或体系结构 Architectural)、文档、分析件、设计模式(Pattern)等。基于构件的软件开发模型如图 1-10 所示,它包括领域工程和应用系统工程两部分。

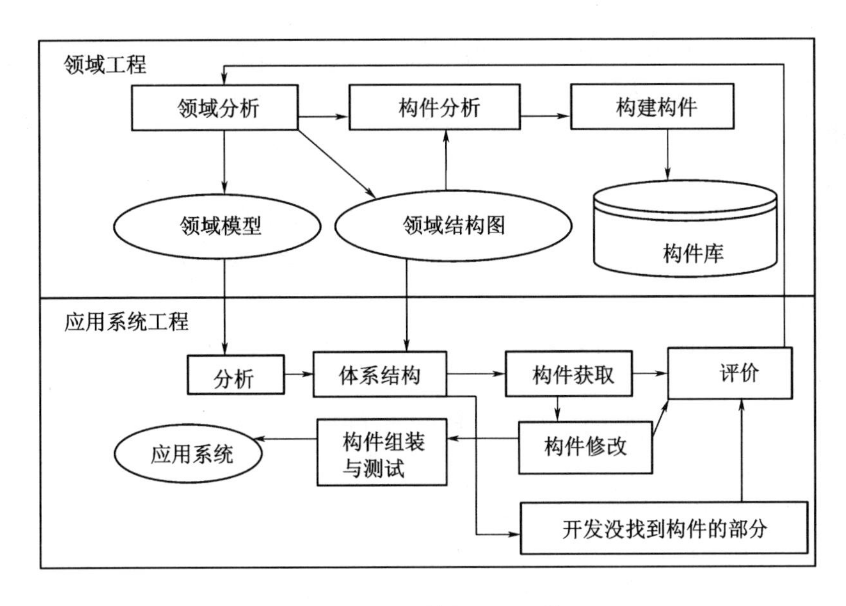

图 1-10　基于构件的过程模型

领域工程的目的是构建领域模型、领域体系结构和构件库。先进行领域分析，得出该系统的公共部分或者相似部分；标识领域的候选构件，并分析候选构件的可变性，以适应不同应用系统的需要；将经过严格测试和包装后的构件存入构件库。

应用系统工程是使用可复用的构件组装应用系统。首先分析应用系统，设计应用系统的体系结构，然后在构件库中选择合适的构件，并对这些构件进行适当的特化和修改，以适应应用系统的需要。对没有找到合适构件的应用部分，可自行开发。在整个过程中，还要对可复用的构件进行评价，以改进可复用构件，并对新开发的的部分进行评价。

基于构件的过程模型减少了需要开发的软件模块数量，缩短了软件交付周期，提高了软件的开发效率。据统计有的软件复用率高达 90% 以上，其错误率减少了 10% ~20%，开发成本减少了 15% ~70%。

基于构件的软件过程模型对软件开发的影响比较大，一些大公司纷纷提出了软件构件标准，典型的有 OMG/CORBA、Microsoft COM、Sun Javabean 等。

1.5.8　统一过程模型

RUP(Rational Unified Process)是 Rational 公司推出的软件过程模型，它是软件业界迄今为止商业化最成功的软件过程模型。

1. RUP 模型的特征

RUP 的基本特征是采用迭代的、增量式的开发过程，采用 UML 语言描述软件开发过程。

RUP 的生命周期模型不是简单的一维，而是二维。其横轴是时间维度，是开发过程展开的生命周期特征，体现开发过程的动态结构，用来描述它的术语主要包括周期、阶段、迭代和里程碑。纵轴以活动内容来组织，表示为自然的逻辑活动，体现开发过程的静态结构，用来描述它的术语包括活动、制品、工作者和工作流。

RUP 的时间轴被分解为 4 个顺序的阶段，分别是初始阶段、细化阶段、构造阶段和交付阶段。每个阶段结束于一个主要的里程碑。每个阶段本质上是两个里程碑之间的时间跨度。在每个阶段的结尾执行一次评估以确定是否已经满足这个阶段的目标。如果评估结果令人满意,允许项目进入下一个阶段。

2. RUP 的阶段目标

RUP 各阶段的目标:

(1) 初始阶段的目标是为系统建立业务案例并确定项目的边界。

(2) 细化阶段的目标是分析问题领域、建立健全的体系结构基础、编制项目计划、淘汰项目中最高风险的元素。

(3) 构造阶段的目标是所有剩余的构件和应用程序功能被开发并集成为产品,且所有的功能被详细测试。

(4) 交付阶段的目标是重点确保软件对最终用户是可用的。

3. RUP 的工作流

根据以上的思想,RUP 分为 9 个核心工作流,其中 6 个为核心过程工作流,3 个属于核心支持工作流。尽管 6 个核心过程工作流可能使人想起传统瀑布模型中的几个阶段,但 RUP 的迭代过程与传统瀑布模型是完全不同的,这些工作流在整个生命周期中一次又一次被循环遍历。9 个核心工作流在项目中轮流被使用,在每一次迭代中以不同的重点和强度被重复。下面分别介绍核心过程工作流和核心支持工作流。

1) 核心过程工作流

业务建模工作流为组织开发一个构想,并基于这个构想在业务用例模型和业务对象模型中定义组织的过程、角色和责任;需求工作流描述系统应该做什么,并使开发人员和用户就这一描述达成共识;分析设计工作流将需求转化成未来系统的设计,为系统开发一个健壮的结构并调整设计使其与实现环境相匹配,优化其性能;实施工作流的目的包括以层次化的子系统形式,定义代码的组织结构以及以组件的形式实现类、对象和将开发出的组件作为单元进行测试以及集成由单个开发者所产生的结果,使其成为可执行系统;测试工作流要验证对象间的交互作用,验证软件中所有组件的正确集成,检验所有的需求已被正确的识别、实现,找出缺陷并确认缺陷在软件部署之前被处理;部署工作流成功地生成版本并将软件分发给最终用户。

2) 核心支持工作流

配置与变更管理工作流描绘了如何在多个成员组成的项目中控制大量的制品,管理演化系统中的多个变体,跟踪软件创建过程中的不同版本;项目管理工作流平衡各种可能产生冲突的目标,管理风险,克服各种约束并成功交付使用户满意的产品;环境工作流向软件开发组织提供软件开发环境,包括过程和工具。

4. RUP 模型的特点

(1) 提高了软件团队的生产力,在迭代的开发过程、需求管理、基于组件的体系结构、可视化软件建模、验证软件质量及控制软件变更等方面,针对所有关键的开发活动为每个开发成员提供必要的准则、模板和工具指导,并确保全体成员共享相同的知识基础。它建立了简洁、清晰的过程结构,为开发过程提供较大的通用性。

(2) 在实际应用中还需要更多的支持工具。

1.5.9 形式化模型

形式化模型适用于对安全性、可靠性和保密性要求比较高的软件系统,它采用形式化的数学方法将系统描述转化成可执行的程序。

形式化模型如图 1－11 所示，该模型先将软件需求描述提炼成用数学符号表示的形式，然后经过一系列形式化转换将用数学符号表示的形式自动转换成可执行程序，最后将整个系统进行集成测试。

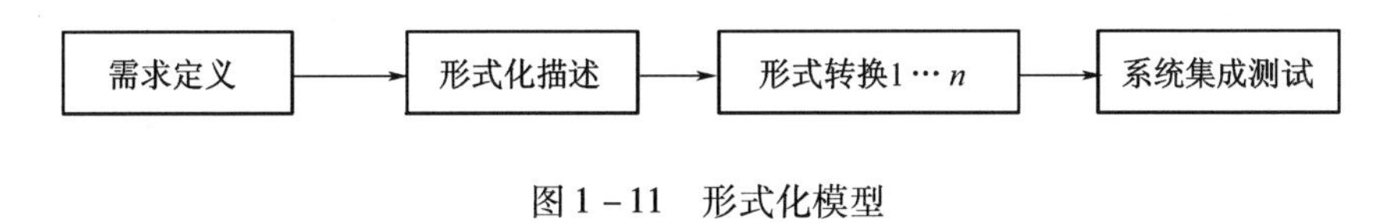

图 1－11　形式化模型

由于数学方法具有较强的严密性和准确性，使用形式化模型开发的软件系统具有较高的安全性和较少缺陷，但形势化模型在实际的软件开发中使用得比较少，主要是因为使用这种模型开发费用昂贵，开发时间长；开发人员必须具备一定技术基础才能掌握这种开发方法；现实中的软件系统大部分交互性较强，很难使用形式化方法描述。

1.6　小　结

本章主要介绍了软件与软件危机、软件工程、软件工程过程、软件生存周期及软件生存周期模型等关于软件工程的一些基本概念和基础知识。

软件是脑力劳动的结果，是一种逻辑产品。软件是在程序和程序设计发展到一定规模并且逐步商品化的过程中形成的。软件开发经历了程序设计阶段、软件设计阶段和软件工程阶段的演变过程。在软件开发的过程中，软件成本日益增长，开发进度难以控制，软件产品不能满足用户的需要，软件的维护越来越困难，导致产生了软件危机。为了解决软件危机就产生了计算机科学技术的一个新领域——软件工程。

软件工程是使用现代工程的概念、原理、技术和方法进行计算机软件开发、管理和维护的过程。软件工程的基本原理是用分阶段的生命周期计划严格管理软件工程过程；坚持进行软件过程中的阶段评审；实行严格的产品控制；采用现代开发技术进行软件的设计与开发；应能够清楚地审查开发过程中每个工作结果；开发小组的成员应少而精；承认不断改进软件工程实践的必要性。

软件工程的过程是将软件工程的方法和工具综合起来，以达到合理、及时地进行计算机软件开发的目的。软件生存周期是软件工程过程的体现。软件生存周期是指一个计算机软件从功能确定、设计到开发成功投入使用，并在使用中不断地修改、增补和完善，直到该软件失去使用价值消亡为止的整个过程。为了高效地开发出高质量的软件产品，通常把软件生存周期中各项开发活动的流程用一个合理的框架即软件生存周期模型来清晰描述。经典的、常用的软件生存周期模型有瀑布模型、快速原型模型、增量模型、螺旋模型、喷泉模型、基于四代技术的模型等。

习 题 1

1－1　简述软件的定义、特点及软件的分类。

1－2　简述软件开发的演变过程。

1-3　什么是软件危机？软件危机有哪些表现？软件危机产生的原因是什么？如何解决软件危机？

1-4　简述软件工程的定义及软件工程的基本原理。

1-5　什么是软件生存周期？软件生存周期包含哪些阶段？

1-6　什么是软件生存周期模型？有哪些主要模型？各模型各有什么优缺点？

第2章 需求分析

软件计划也称为软件定义，它是软件生存周期的第一个时期，要完成问题定义、可行性研究和需求分析三个阶段的任务。

2.1 可行性研究

2.1.1 问题定义

问题定义阶段是软件计划时期的第一个阶段，其目的是弄清用户需要计算机解决的问题是什么，以及系统所需的资源和经费。如果不知道要解决的问题是什么就试图进行开发，只会浪费人力和物力，最终得到的结果可能是毫无意义的。尽管对问题进行确切的定义是非常必要的，但在实践中却是最容易被忽视的一步。软件定义需要系统分析员深入问题现场，了解不同用户对系统的要求，调查开发背景。通过对问题的定义，系统分析员应该提出关于问题性质、工程目标和规模的书面报告，并在用户和使用部门负责人的会议上认真讨论，修改含糊不清和理解不正确的地方，最后得出一份用户和分析员一致同意的文档报告，就可以进入下一阶段的工作即可行性研究。

2.1.2 可行性研究的任务

可行性研究（Feasibility Study）是指明确问题定义的基础上，通过市场分析、技术分析和经济分析，对各种投资项目的技术可行性、操作可行性、经济可行性与法律可行性进行分析与研究，得出项目是否具有可行性结论的过程。其目的是用最小的代价在尽可能短的时间内确定问题是否能够解决，它不是解决问题而是确定问题是否值得去解、是否可解。可行性研究是压缩简化了的系统分析和设计，是在较高的层次上以比较抽象的方式得到系统的逻辑模型，然后从逻辑模型出发，探索出若干种可供选择的系统开发方案，再为每个可行的方案制订一个粗略的进度安排。可行性研究的时间依软件的规模而定，可行性研究的成本一般占软件预算总成本的5% ~10%。

可行性研究的任务一般是从经济可行性、技术可行性、操作可行性和法律可行性等方面研究能够实现系统的可供选择的方案。

1. 经济可行性

经济可行性主要研究进行系统开发所需成本的估算及可能取得效益的评估，以确定待开发系统是否值得投资开发。

进行成本—效益分析，首先需要估算待开发的基于计算机系统的开发成本，然后与可能取得的效益（有形的效益和无形的效益）进行比较权衡。有形的效益可以用货币的时间价值、投资回收期、投资回收率、纯收入等指标进行度量。无形的效益很难直接进行数量的计算，主要从性质上、心理上进行衡量。无形的效益在某些情况下可以转化成有形效益,如一个高质量、设计先进的软件可以使用户更满意,从而影响其他潜在用户在需要时也会选择它,这样使无形效益转化成有形的效益。整个系统的经济效益等于因使用新系统而增加的收入加上使用新系统可以节省的运行费用。下面主要介绍有形效益的分析。

1) 货币的时间价值

成本估算的目的是筹划对项目投资。成本估算在前,取得效益在后,应取得多少效益才合算,这就需要考虑货币的时间价值。通常用利率表示货币的时间价值。

设年利率为 i,现存入 P 元,n 年后可得钱数为 F,若不计复利,则

$$F = P(1 + i)^n$$

F 就是 P 元在 n 年后的价值。反之,若 n 年能收入 F 元,那么这些钱现在的价值是

$$P = F/(1 + i)^n$$

例如,假定开发一个库存管理系统需 10000 元,系统建成后估计每年能节约 5000 元,若该软件的生命周期为 5 年,5 年共节省 25000 元,假定利率为 3%,利用计算货币现在价值的公式,可以计算出建立该系统后,每年预计节约的费用的现在价值,如表 2-1 所列。

表 2-1 货币的时间价值

年数	将来的价值/元	$(1+i)^n$	现在的价值/元	累计的现在价值
1	5000	1.03	4854.369	4854.369
2	5000	1.0609	4712.98	9567.349
3	5000	1.092727	4575.708	14143.057
4	5000	1.125509	4442.434	18185.491
5	5000	1.159274	4313.0442	22898.5352

2) 投资回收期

通常用投资回收期衡量一个开发项目的价值。投资回收期就是使累计的经济效益等于最初的投资费用所需的时间。收回投资以后的经济效益就是利润。投资回收期越短,就越快获得利润,则该项目就越值得开发。

例如,库存管理系统两年后可以节约 9567.349 元,比最初投资少 432.651 元,因此投资回收期是两年多一点的时间。

3) 纯收入

在项目投资中,除了关注投资回收期外,另一个比较关注的参数是纯收入,这也是衡量项目价值的另一个经济指标。纯收入是指在整个生存周期之内系统的累计经济效益(折合成现在值)与投资之差。这相当于比较投资一个软件项目后预期可取得的效益与把钱存在银行里所取得的效益,看两种方案的优劣。如果纯收入为零,则项目的预期效益与在银行存款一样。如果某项目的纯收入小于零,则该项目是不值得投资的。只有当纯收入大于零,项目才值得投资。

例如,对库存管理系统来说,纯收入预计为

$$22898.5352 - 10000 = 12898.5352 \text{ 元}$$

显然,该项目是值得开发的。

2. 技术可行性

技术可行性主要研究现有的资源和技术条件能否实现系统，需要对要开发的项目进行功能、性能和限制条件的分析，确定技术风险的大小。在技术可行性研究过程中，系统分析员应充分分析现有类似系统的功能、性能，采用的技术、工具和开发过程中的成功经验和失败的教训，以便为开发现行系统提供参考。如果开发的系统很大、很复杂，就需要对系统模型进行分解，将一个大模型分解为若干个小模型，将一个小模型的输出作为另一个小模型的输入。一个成功的模型需要用户、管理人员和系统开发人员共同努力，对模型进行一系列的实验、评审和修改。技术可行性一般要考虑如下内容：

1）资源分析

分析用于开发系统的硬件设备、开发环境、所需软件等资源是否具备，用于开发软件的人员在技术和时间上是否存在问题。

2）技术分析

分析使用当前现有的技术能否支持系统的开发，要了解当前最先进的技术，要有丰富的系统开发经验，一旦评估错误将会造成很严重甚至是灾难性的后果。在技术分析的过程中，分析员收集系统的性能、可靠性、可维护性和生产效率方面的信息，分析实现系统功能、性能所需的技术、方法、算法或过程，从技术角度分析可能存在的风险，以及这些技术问题对成本的影响。

3）风险分析

在给定的限制条件范围内，能否设计出系统，能否实现必要的功能和性能。风险分析主要是考察技术方案的实用性，如果技术方案不合理，会导致开发出来的系统不能满足用户的需要。如果使用的技术不成熟或太先进，就可能导致技术风险。另外，还要考虑人员流动可能给项目带来的风险以及成本和人员估算不合理造成的预算风险等。风险分析的目的是找出风险，评价风险的大小，分析能否有效地控制和缓解风险。如果系统开发的技术风险很大，或开发模型表明当前采用的技术和方法不能实现系统预期的功能和性能，或系统的实现不支持各子系统的集成，系统分析人员就应作出停止系统开发的决定。

3. 操作可行性

操作可行性主要是研究待开发系统的框架是否符合用户的使用环境现状和管理制度，系统的操作方式是否符合用户的技术水平和操作习惯。为此，需要了解用户的分类及用户单位计算机使用情况，根据实际情况和用户使用要求，制订满足用户要求的人机交互方案。

4. 法律可行性

法律可行性主要研究开发系统过程中可能涉及的合同、侵权、责任以及各种与道德、法律相抵触的问题。我国分别于 1990 年和 1991 年颁布了《中华人民共和国著作权法》和《计算机软件保护条例》，这两部法律从思想、内容和形式上对基于计算机的系统进行全方位的保护，如果待开发的系统与市面上已有的系统在外观、整体结构、人机交互方式等方面存在雷同，将会造成侵权，产生法律纠纷。

5. 可行性方案的选择

开发一个软件系统可能有多个可行的实现方案，每个方案对时间、成本、人员、技术和设备都有不同的要求，不同方案开发出来的系统在功能、性能方面也会有所不同，因此，要在多个可行的方案中进行选择。由于系统的功能和性能受到多种因素的影响，元素之间可能存在相互联系和制约，因此需要进行折中考虑。对于大多数系统来说，一般衡量经济的可行性时，需考虑一个“底线”。项目管理人员需要在综合分析可行性研究报告的评审结果、比较分析所涉及的各种情况后做出是否开发软件项目的决策。

2.1.3 可行性研究的步骤

可行性研究最根本的任务是对后续的开发提出建议，如果发现问题没有可行的解或不值得去解，分析人员应该建议停止该系统的开发，从而避免不必要的人力、物力和财力的浪费；如果发现问题有可行解，则应推荐一个较好的解决方案，并制订一个初步的开发计划，具体步骤如下：

1. 确定系统规模和目标

分析人员需要仔细阅读和分析问题定义阶段的文档资料，并对有关人员进行调查访问，弄清楚用户想要解决的问题是什么，修改含糊或不正确的描述，清楚地描述目标系统的一切限制和约束。

2. 研究分析现行系统

用户当前使用的系统可能是一个人工系统，也可能是一个基于计算机的旧系统，因而需要开发一个基于计算机的新系统来代替现行系统。现行系统是开发新系统的重要信息来源，需要研究它的功能、性能、使用环境及存在的问题，运行现行系统的费用，对新系统功能、性能及费用的要求。弄清现行系统的工作过程，并用系统流程图加以描述，还要与用户及有关的管理人员一起审查该系统流程图是否正确。

3. 导出目标系统的逻辑模型

根据对现行系统的分析研究，逐步明确新系统的功能、处理流程以及所受的约束，参照现行系统的逻辑模型，使用建立逻辑模型的工具—数据流图和数据字典，来描述数据在系统中的流动和处理情况。可行性研究阶段不是需求分析阶段，不需要详细描述数据在系统中的流动和处理过程，只需概括地描述高层的数据处理和流动，即只需建立新系统的高层逻辑模型。

4. 复查问题定义

新系统的逻辑模型实质上描述了分析员对新系统必须做什么的认识，用户是否有同样的看法，需要用户和分析员一起复查问题的定义、工程规模、目标和约束条件，主要复查数据流图和数据字典，修改已发现的问题和错误，增补用户遗漏的要求，在此基础上重新对问题进行定义，通过不断重复上述过程，直到得到的逻辑模型完全符合用户要求为止。

5. 评价、导出可行方案

分析员根据新系统的高层逻辑模型，从技术、操作、经济、开发成本和运行费用等方面进行较全面的分析和比较，提出实现高层逻辑模型的不同方案，并由此导出相应的物理解。

导出物理解的途径是，从技术角度出发考虑不同的解决方案，排除不现实的方案，其次考虑操作方面的可行性，接下来考虑经济可行性，分析员估计每个方案的开发成本和运行费用，一般来说，只有能带来利润的系统开发方案才值得考虑。

6. 推荐可行方案

对上一步提出的各种方案进行分析比较，根据用户的具体情况，向用户推荐一种方案，并在推荐方案中说明推荐该方案的理由、对推荐的方案进行成本—效益分析和列出实现该方案的简要进度表。

7. 编写可行性研究报告并提交审查

将上述可行性研究的结果按照以下内容写成可行性研究报告：说明要求、目的、条件与限制、可行性研究方法及价值尺度；说明处理流程、运行环境和局限性；技术条件的可行性、经济条件的可行性、法律条件的可行性等，并提请用户和使用部门审查，从而决定该项目是否进行开发，是否接受可行的实现方案。

2.1.4 系统流程图

在进行可行性研究时需要了解和分析现有的系统，并以概括的形式表达对现有系统的认识，并把设想的新系统的逻辑模型转变成物理模型，因此需要描绘未来的物理系统的概貌。

系统流程图是概括地描绘物理系统的传统工具，它的基本思想是用图形符号以黑盒子形式描绘组成系统的每个部件（程序、文档、数据库、人工过程等）。系统流程图表达的是数据在系统各部件之间流动的情况，而不是对数据进行加工处理的控制过程，因此尽管系统流程图的某些符号和程序流程图的符号形式相同，但是它却是物理数据流图而不是程序流程图。系统流程图中常用的符号定义如表2-2所列。

表2-2 系统流程图符号

符号	名称	说明
	处理	能改变数据值或数据位置的加工或部件，如程序模块、处理机等都是处理
	输入/输出	指出输入或输出（或既输入又输出），是一个广义的不指明具体设备的符号
	连接	指出转到图的另一部分或从图的另一部分转来，通常在同一页上
	换页连接	指出转到另一页或由另一页图转来
←	数据流	用来连接其他符号，指明数据流动方向
	文档	通常表示打印输出，也可表示用打印终端输入数据
	联机存储	表示任何种类的联机存储，包括磁盘、软盘和海量存储器件等
	磁盘	磁盘输入/输出，也可表示存储在磁盘上的文件或数据库
	显示	CRT终端或类似的显示部件，可用于输入或输出，也可既输入又输出
	人工输入	人工输入数据的脱机处理，如填写表格
	人工操作	人工完成的处理
	辅助操作	使用设备进行的脱机工作

下面通过一个简单的例子说明系统流程图的使用。某自行车厂有一个存放自行车零件的仓库，仓库中现有的各种零件的数量以及每种零件的库存量临界值等数据记录在库存文件中。当仓库中零件数量有变化时，应该及时修改库存文件，如果哪种零件的库存量少于它的库存量

临界值,则应该报告给采购部门以便订货,规定每天向采购部门送一次订货报告。该自行车厂使用计算机处理更新库存文件和产生订货报告的任务。零件库存量的每一次变化,由放在仓库中的输入设备输入到计算机中;系统中的库存模块对库存的每一次变化进行处理,更新存储在磁盘上的库存文件,并且把必要的订货信息写在磁盘上。最后,每天由报告生成模块读一次磁盘,并且打印出订货报告。图2-1的系统流程图描绘了上述系统的概貌。

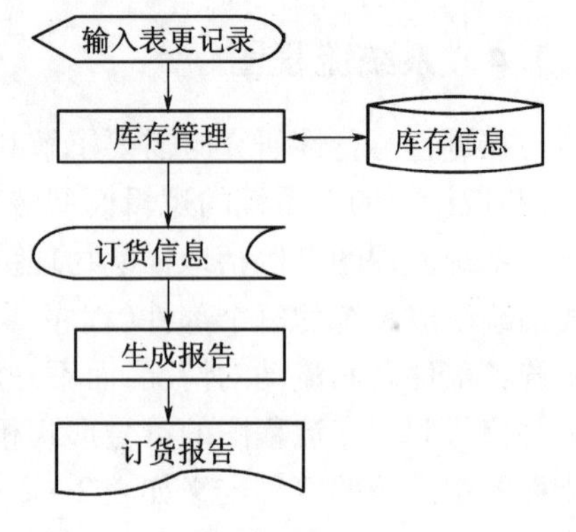

图2-1 库存清单系统的系统流程图

图2-1中每个符号用黑盒子形式定义了组成系统的一个部件,然而并没有指明每个部件的具体工作过程;图中的箭头确定了数据通过系统的逻辑路径(数据流动路径)。系统流程图的习惯画法是使信息在图中从顶向下或从左向右流动。

当开发的系统比较复杂时,一个比较好的方法是分层次地描绘这个系统。首先用一张高层次的系统流程图描绘系统总体概貌,表明系统的关键功能。然后分别把每个关键功能扩展到适当的详细程度,画在单独的一页纸上。这种分层次的描绘方法便于阅读者按从抽象到具体的过程逐步深入地了解一个复杂的系统。

2.2 需求分析

软件需求分析也称为需求分析工程,是软件生命期中重要的一步,也是软件项目开发成功的重要一步。在可行性分析阶段,对开发新系统的基本思想和过程进行了初步分析和论证,对系统的基本功能、性能及开发时间的限制,人员安排、投资情况等作出了客观的分析。在需求分析阶段,要对经过可行性分析所确定的系统目标和功能作进一步的详细论述,确定系统"做什么"的问题,并为软件项目的后续开发工作奠定基础。

2.2.1 需求的概念

"需求"是用户的需要和要求,是用户对目标系统在功能、性能、行为、设计约束等方面的期望。IEEE软件工程标准词汇表中对需求的定义如下:

(1) 用户解决问题或达到目标所需要的条件或能力。

(2) 系统或系统部件要满足合同、标准、规范或其他正式规定文档所需具有的条件或能力。

(3) 一种反映(1)和(2)所描述的条件或能力的文档说明。

由定义可知,需求包括用户解决的问题、达到的目标,以及实现这些目标所需要的条件,表现形式一般为文档形式。

2.2.2 需求的层次

软件需求可分为业务需求、用户需求、功能需求和非功能需求四个层次,不同层次从不同角度和不同程度反映着细节问题。

(1) 业务需求(Business Requirement)反映了组织机构或客户对系统、软件产品高层次的目标要求,一般由用户高层机构决定,以确定系统的目标、范围和规模。业务需求通常在项目视图与范围文档中予以说明。

(2) 用户需求(User Requirement)是用户使用软件产品必须要完成的任务。一般需调研用户具体的业务部门,了解用户详细的工作过程、当前系统的工作情况及与其他系统的接口等。用户需求是最重要的需求,也是最容易出现问题的部分。用户需求通常在使用用例文档或方案脚本中予以说明。

(3) 功能需求(Functional Requirement)定义了软件必须实现的功能。分析人员必须在充分理解用户需求的基础上,将用户需求整理成满足用户业务需求的软件功能需求。

(4) 非功能性需求(Non - Functional Requirement)是对功能需求的补充,包括软件产品必须遵从的标准、规范和约束、操作界面的具体细节和构造上的限制。

软件需求各层次之间的关系如图 2 - 2 所示。

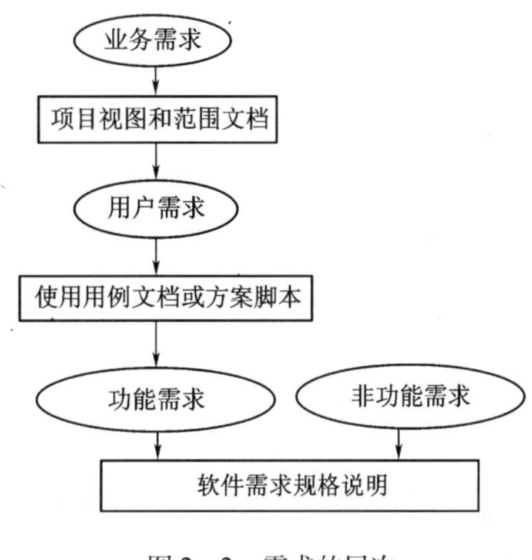

图 2 - 2 需求的层次

从需求的层次可以看出,需求一方面反映了系统的外部行为,另一方面反映了系统的内部特性,反映的最终形式是用规范的格式表达出来的文档说明及需求规格说明书。

2.2.3 需求分析的任务

软件需求分析关系到软件系统开发的成败,是决定软件产品质量的关键。只有通过需求分析才能把软件功能和性能的总体概念描述为具体的软件需求规格说明,从而奠定软件开发的基础。要在可行性分析的基础上,进一步确定用户的需求。

需求分析的基本任务是:要准确地定义新系统的目标,为了满足用户需求,回答系统“做什么”的问题。其具体任务如下:

1. 问题识别

首先系统分析人员要确定对目标系统的综合要求,即软件的需求;并提出这些需求实现的条件,以及需求应达到的标准。这些需求包括功能需求、性能需求、环境需求、可靠性需求、安全保密需求、用户界面需求、资源使用需求、软件成本消耗与开发进度需求,并预先估计以后系统可能达到的目标。此外,还需要注意其他非功能性的需求。如针对采用某种开发模式,确定质量控制标准、里程碑和评审、验收标准、各种质量要求的优先级等,以及可维护性方面的需求。

此外,要建立分析所需要的通信途径,以保证能顺利地对问题进行分析。分析所需的通信途径如图 2 - 3 所示。

2. 分析与综合

问题分析和方案的综合是需求分析第二个方面的工作。分析员必须从信息流和信息结构出发,逐步细化所有的软件功能,找出系统各元素之间的联系、接口特性和设计上的限制,判断是否存在因片面性或短期行为而导致的不合理的用户要求,是否有用户尚未提出的真正有价值的潜在要求。剔除那些不合理的部分,增加需要的部分。最终综合成系统的解决方案,给出目标系统的详细逻辑模型。

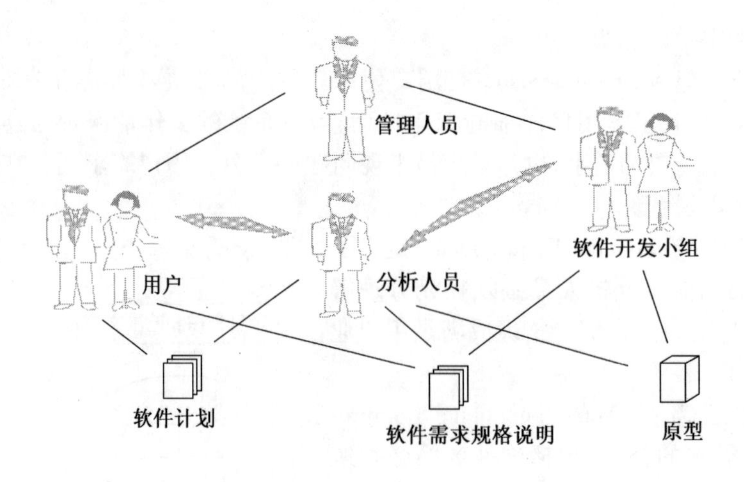

图2-3　需求分析的通信途径

3. 编制需求分析阶段的文档

已经确定下来的需求应当得到清晰、准确的描述。通常把描述需求的文档称为软件需求说明书。同时,为了确切表达用户对软件的输入输出要求,还需要制订数据要求说明书及编写初步的用户手册。

4. 需求分析评审

作为需求分析阶段工作的复查手段,应该对功能的正确性、文档的一致性、完备性、准确性和清晰性,以及其他需求给予评价。为保证软件需求定义的质量,评审应由专门指定的人员负责,并按规程严格进行。评审结束应有评审负责人的结论意见及签字。除分析员之外,用户(或需求者)、开发部门的管理者,软件设计、实现、测试的人员都应当参加评审工作。

在需求分析的过程中,对于大、中型的软件系统,很难直接对它进行分析设计,人们经常借助模型来分析设计系统。模型是现实世界中某些事物的一种抽象表示,抽象的含义是抽取事物的本质特性,忽略事物的其他次要因素。因此,模型既反映事物的原型,又不等于该原型。模型是理解、分析、开发或改造事物原型的一种常用手段。例如,建造大楼前通常先设计大楼的模型,以便在大楼动工前就能使人们对未来的大楼有一个十分清晰的感性认识,同样,大楼模型还可以用来改进大楼的设计方案。

需求分析的一般实现步骤如图2-4所示。

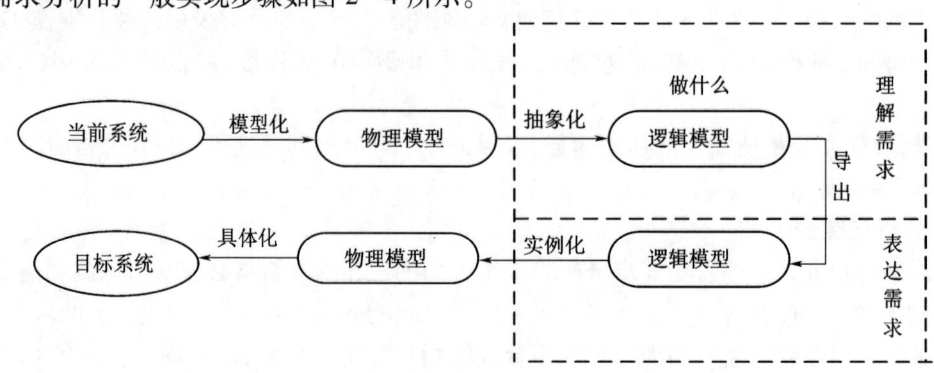

图2-4　需求分析的步骤

(1) 获得当前系统的物理模型。物理模型是对当前系统的真实写照,可能是一个由人工操作的过程,也可能是一个已有的但需要改进的计算机系统。首先是要对现行系统进行分析、理解,了解它的组织情况、数据流向、输入输出、资源利用情况等,在分析的基础上画出它的物理模型。

(2) 抽象出当前系统的逻辑模型。逻辑模型是在物理模型的基础上,去除物理模型中的实现细节和物理因素,仅保留其功能、性能和其他质量属性等反映系统外部可见行为的因素。

(3) 建立目标系统的逻辑模型。分析目标系统与当前系统在功能、性能、其他质量特性和约束条件上的差别,明确目标系统要"做什么",从而从当前系统的逻辑模型导出目标系统的逻辑模型。

(4) 补充目标系统的逻辑模型。对目标系统进行补充完善,将一些必要的因素补充进去。

(5) 建立目标系统的物理模型。基于目标系统的逻辑模型,补充实现的细节,包括目标系统的用户接口、系统的启动和结束、出错处理、系统的输入/输出和系统性能方面的需求,以及系统其他必须满足的性能和限制等。

2.2.4 需求获取的方法

需求获取也称为需求捕获,它是软件开发的第一步,是指通过调研获得清晰、准确的客户需求。需求获取是软件开发中最困难、最关键、最易出错及最需要交流的过程。

1. 需求获取中存在的问题

在获取需求的过程中常会遇到的问题有:

(1) 分析人员与用户的沟通问题。由于分析人员不了解用户的业务流程,从业务逻辑转化成软件的具体实现过程中存在问题,需要通过用户的描述来了解。而用户对应用问题的理解、描述以及他们对目标系统的要求往往具有片面性、模糊性,在很多情况下,用户往往不能正确表达他们的需求。

(2) 对用户需求的理解问题。要准确、完整地获取需求,必须对问题进行深入的理解与把握。而大多数情况下,应用领域具有一定的专业性,分析人员不是用户领域的专家,容易造成不能准确理解用户需求的问题。

(3) 用户需求的不确定性问题。应用领域与用户需求具有多样性,由于用户领域的业务不断扩展或者转移、市场竞争的要求或用户主管人员的变更等原因,使得用户的需求常常发生变化。需求的可变性就要求分析员能够使其工作适应需求的变化,给需求分析造成很大的困难。

(4) 分析方法和分析工具问题。需求分析方法和分析工具的缺乏,及其应用范围的局限是造成获取需求困难的另一个原因。

2. 需求获取的方法

需求获取是用户和开发人员之间沟通的桥梁。当进行需求获取时,要讲究方法,同时要尽量避免受不成熟因素的影响,它不是用户需求的简单复制,而是一个高度合作的活动。为了完成需求分析任务,分析人员必须掌握需求获取的方法。常用的需求获取的方法有:

1) 访谈

访谈是最早被使用的获取用户需求的方法,也是目前仍然被广泛使用的需求分析方法。采用访谈方式获取需求时分析人员的主要任务是进行问题的设计,包括探讨功能、非功能的问题。同时必须把所有的讨论记录下来,同时还要做一定的调整,并请参与讨论的用户进行审查及更正。

在访谈前，需求分析人员需要做好准备工作，包括对项目整体环境熟悉的准备工作和对具体业务进行调研前的准备工作。项目整体环境的熟悉工作需了解项目的背景、项目的目标、项目的利益相关方等信息，对项目具体业务的准备工作包括需求调研问题的准备、需求调研模板设计、需求调研时间安排等内容。

在进行访谈时，应遵循以下原则：

（1）问题应该是循序渐进的，即首先是一般性、整体性问题；然后再讨论细节性问题。

（2）所提问题不应限制用户在回答过程中进行自由发挥。

（3）提出的问题要覆盖用户对目标软件系统或其子系统在功能、行为、性能等方面的要求。

2）问卷调查

问卷调查是把需要调查的内容制成表格交给用户填写。问卷调查的目的是用一种有组织的方式获取大量人员的意见。这种方法的优点是能在花费较少代价的情况下获得可靠的信息，同时，用户有较宽裕的考虑时间和回答时间，经过仔细考虑写成的书面回答可能比被用户对问题的口头回答更准确，从而可以得到对提出问题较为准确、细致的回答。

问卷调查表由用户独立完成，然后分析人员对收回的调查表进行仔细阅读、评估和分析，再有针对性地访问一些用户，以便询问在分析调查表时发现的新问题。

采用问卷调查方法最关键的是设计调查表，在开发的早期用户与开发者之间缺乏共同语言，用户可能对表格中的内容存在理解上的偏差，因此调查表的设计应简洁、易懂、易填写。

3）实地考察

实地考察是指分析人员到用户工作的现场，实际观察用户的手工操作过程或现场观察已在运行的系统。在实际的观察过程中，分析人员必须注意系统开发的目标不是手工操作过程的模拟，同时，还必须考虑最好的经济效益、最合理的操作流程、最快的处理速度、最友好的用户界面等因素。分析人员在获取用户关于应用问题及背景知识时应结合自己的软件开发和应用经验，剔除一些不合理的、暂时性的用户需求，从系统角度改进操作流程或规范，提出新的潜在的用户需求，为将来用户使用系统的过程中提供便利。

4）情景分析

情景分析是对目标系统解决某个具体问题的方法和结果给出可能的情景描述，以获取用户的具体需求。由于很多用户不了解计算机系统，对自己的业务如何在将来的目标系统中实现没有认识，所以很难提出具体的需求。而情景分析在访问用户的过程中往往是非常有效的，情景分析的优点是它能在某种程度上演示目标系统的行为，便于用户理解，从而进一步揭示出一些分析员目前还不知道的需求。同时情景分析较容易为用户理解，使得用户能积极主动的参与需求分析工作，这对需求的获取是至关重要的。

5）构造原型

原型对于提高用户对软件的认知程度有很好的效果，它能使用户对软件有一个直观的认识，特别是一些人机交互的需求，使用原型是一个很好的方法。用户可以对原型提出建议和想法，尤其是那些对软件缺乏认识的用户。通过对原型的修改、确认可以得到稳定的原型，减少实施工作中的反复修改或者返工。

2.2.5 需求分析的原则

不同规模、不同范围的项目，其需求分析的方法和说明是各不相同的，但总的看来，无论哪种需求分析方法都适用下面的基本原则。

1. 能够表达和理解问题的信息域和功能域

所有软件开发的最终目的都是为了解决数据处理的问题,数据处理的本质就是将一种形式的数据转换成另一种形式的数据,即通过进行一系列加工将输入的原始数据转换成所需的结果数据。从数据的转换本质上来说就是程序应具有的功能或子功能,两个转换之间的数据传递就是功能间的接口。计算机处理的数据的数据域主要包括数据流、数据内容和数据结构。因此,在需求分析阶段必须明确系统中应具备的每一个加工、加工的处理对象和由加工所引起的数据形式的变化。

2. 能够对问题进行分解和不断细化,建立问题的层次结构

为了便于问题的解决和实现,在需求分析过程中对于原本复杂的问题按照某种合适的方式对功能域和数据域进行分解,分解可以是多个层次上的纵向分解,也可以是同一层次上的横向分解。每一步分解都是在原有的基础上对系统进行细化,使系统的实现和理解变得较为容易。

3. 给出系统的逻辑视图和物理视图

系统需求的逻辑视图是指系统要达到的功能要求和要处理的数据及数据之间的关系,而不涉及实现的细节。系统需求的物理视图是指处理功能和数据结构的实际表现形式,这往往是由系统中的设备本身决定的。给出系统的逻辑视图和物理视图对满足系统处理需求所提出的逻辑限制条件和系统中的其他成分提出的物理限制是必不可少的。

2.2.6 需求分析的方法

随着软件开发技术的发展,目前已形成许多需求分析方法,最为常用的需求分析方法有功能分解法、结构化分析方法、信息建模方法、面向对象分析方法和原型化方法等。

1. 功能分解法

功能分解法将系统看做若干功能模块的集合,每个功能又可以分解为若干子功能,子功能还可继续分解为若干加工步骤。功能分解法由功能、子功能和功能接口三个要素组成。它的关键策略是利用已有的经验,对新系统设定加工和加工步骤,其本质是用过程抽象的观点来分析系统需求,符合传统程序设计人员的思维习惯,分解的结果一般就是系统程序结构的雏形。

这种方法存在的问题是,它需要人工来完成从问题空间到软件功能和子功能的映射,没有将问题空间显式地、准确地表现出来,缺乏对客观世界中相对稳定的实体结构的描述,而把基点放在相对不稳定的实体行为上,难以适应需求的变化。

2. 结构化分析方法

结构化分析方法是一种以数据、数据的封闭性为基础,从问题空间到某种表示的映射方法,由数据流图(Data Flow Diagram,DFD)和数据字典(Data Dictionary,DD)表示。该方法从分析现实世界中的数据流着手,把数据流映射到分析结果中。该方法的难点是确定数据流之间的变换和控制数据字典的规模,不适用于非数据处理领域的问题。

3. 信息建模法

信息建模法是从数据的角度出发对现实世界建立模型。大型信息系统通常十分复杂,很难直接对它进行分析设计,人们经常借助模型来设计分析系统。模型是开发过程中的一个不可缺少的工具。信息系统包括数据处理、事务管理和决策支持。实质上,信息系统可以看成是由一系列有序的模型构成的,这些有序模型通常为功能模型、信息模型、数据模型、控制模型和决策模型。所谓有序是指这些模型是分别在系统的不同开发阶段、不同开发层次上建立的。建立信息系统常用的基本工具是 E - R 图。

4. 面向对象的分析方法

面向对象的分析方法(OOA)是把 E - R 图中的概念与面向对象程序设计语言中的主要概念结合在一起而形成的一种方法,该方法采用了实体、关系和属性等信息模型分析中的概念,同时采用了封闭、类结构和继承等面向对象程序设计语言中的概念。该方法的关键是识别问题域内的对象,分析它们之间的关系,并建立起三类模型:对象模型、动态模型和功能模型。

5. 原型化方法

原型是实现了目标系统某些或全部功能的一个可运行的版本。该原型可能在可靠性、用户界面的友好性或其他方面存在缺陷,建造该模型的目的是为了考察某一方面的可行性,如算法的可行性、技术的可行性,或考察是否满足用户的需求等。

原型主要有三种类型:探索型、实验型和进化型。探索型原型的目的是要弄清楚对目标系统的要求,确定希望的特性,并探讨多种方案的可行性。实验性原型主要用于考核方案的可行性和规格说明的可靠性。进化型原型的目的是将系统建造得易于变化,在改进原型的过程中逐步将原型进化成最终系统。

在建造原型的过程中有两种不同的策略:废弃策略和追加策略。废弃策略是先建造一个功能简单而质量要求不高的模型系统,经过对该模型系统的反复修改,最终设计出比较完整、准确、一致和可靠的最终系统。系统构造完后,原来的模型系统就被废弃。探索型和实验型属于废弃策略。追加策略是先构造一个功能简单而质量要求不高的模型系统,作为最终系统的核心,然后通过不断地扩充修改,逐步追加新的功能,成为最终的系统。进化型属于这种策略。

2.3 结构化分析方法

结构化分析(Structured Analysis,SA)方法最初由 Douglas Ross 提出,由 DeMarco 推广,由 Ward 和 Mellor 以及后来的 Hatley 和 Pirbhai 扩充,形成了今天的结构化分析方法的框架。

2.3.1 结构化分析方法的思想

结构化分析方法的基本思想是用抽象模型的概念,运用"抽象—分解"的基本手段,按照软件内部数据传递、变换的关系,自顶向下,逐层分解,直到找到满足功能需要的所有细节为止。面对一个复杂的问题,分析人员不可能一开始就考虑到问题的所有方面以及全部细节,采取的策略往往是分解,把一个复杂的问题划分成若干个小问题,然后再分别解决,将问题的复杂度降到可以掌握的程度。分解一般是分层进行的,先考虑问题最本质的方面,忽略细节,形成问题的高层概念,然后再逐层添加细节,即在分层过程中采用不同程度的"抽象"级别,最高层的问题最抽象,而底层的较为具体。

结构化分析方法中自顶向下的过程是分解的过程,自底向上的过程是抽象的过程。顶层抽象地描述整个系统,底层具体地画出系统的每一个细节,中间层是从抽象到具体的逐层分解。结构化方法就是采用这种自顶向下逐层分解的思想进行分析的。自顶向下逐层分解充分体现了分解和抽象的原则,随着分解层次的增加,抽象的级别越来越低,也越来越接近问题的解即具体的算法和数据结构。

图2－5是一个顶层系统为S的复杂系统，可以把它分解为1、2两个子系统，1、2两个子系统仍较复杂，再分解为下一层的子系统1.1、1.2和2.1、2.2，直到分解为各子系统能被清楚地理解为止。顶层只考虑系统外部的输入和输出，其他各层反映系统内部情况。对某一较复杂的层到底应划分为多少个子系统，不同的系统，处理也不相同。划分的原则应根据用户业务的范围、功能性质、被处理数据对象的特点。一般情况是上面层次根据业务类型来划分，下面层次根据功能来划分。

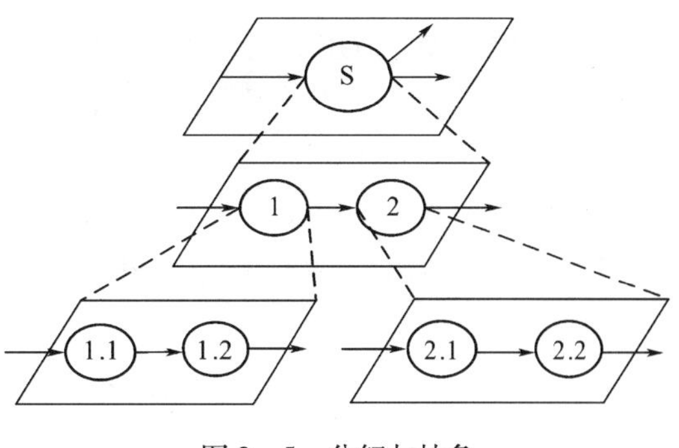

图2－5　分解与抽象

2.3.2　结构化分析方法的步骤

要对一个系统进行结构化分析，首先要对现行系统有一定的了解，明确这一阶段的任务是要“做什么”，在此基础上修改需要变化的部分以形成新系统。结构化分析方法的步骤如下：

1. 建立当前系统的物理模型

当前系统是指正在被用户运行的系统，也是需要改进的系统。当前系统可能是一个正在计算机上运行的软件系统，也可能是一个人工的处理系统。通过对现行系统的工作过程进行详细调查，将看到的、听到的、收集到的信息和资料，用图形或文字描述出来，并用一个模型将分析员对当前系统的理解反映出来。系统的“物理模型”是现实环境中当前系统的真实写照，即将当前系统用DFD图描述出来。这样的表达与当前系统完全对应，因此用户容易理解。

2. 抽象出当前系统的逻辑模型

运用抽象原则分析当前系统的物理模型，抽象出其本质的因素，排除次要因素，获得用DFD图描述的当前系统的逻辑模型。这种逻辑模型反映当前系统“做什么”的功能。本质因素是指系统固有的、不依赖运行环境变化而变化的因素，任何实现均这样做。非本质因素是非固有的、随环境不同而不同，随现实不同而不同。

3. 建立目标系统的逻辑模型

分析目标系统与当前系统逻辑上的差别，把那些要改变的部分找出来，将变化的部分抽象为一个加工，明确加工的外部环境及输入和输出，然后根据分析员的经验，采用自顶向下、逐步求精的分析方法，对“变化的部分”重新分解，确定变化部分的内部结构，从而进一步明确目标系统“做什么”，建立目标系统的逻辑模型（即修改后的DFD图）。

4. 进一步补充和优化

为了完整地描述目标系统，还要对目标系统的逻辑模型做一些补充。补充目标系统所处的应用环境及它与外界环境的相互联系、人机界面、至今尚未考虑的详细细节等。

2.3.3　结构化分析方法的描述工具

结构化分析方法提供了图形、表格和结构化语言等半形式化的描述方式来表达需求，这些描述工具有：

（1）数据流图：描述系统逻辑模型的图形工具，描述了系统的组成部分及各部分之间的联系。通常通过对系统的分解得到系统的分层数据流图。

（2）数据词典：数据流图只描述信息在系统中的流动和处理情况，而数据字典则是对数据流图图中的元素进行定义。

（3）结构化英语、判定树和判定表：详细描述数据流图中一些复杂处理的加工逻辑。

2.4 数据流图

数据流图是一种图形化技术，它描绘信息流和数据从输入移动到输出的过程中所经受的变换。在数据流图中没有任何具体的物理部件，它只是描绘数据在软件中流动和被处理的逻辑过程。数据流图是系统逻辑功能的图形表示，即使不是专业的计算机技术人员也容易理解它，因此它是分析员与用户之间极好的通信工具。此外，设计数据流图时只需考虑系统必须完成的基本逻辑功能，完全不需要考虑怎样具体地实现这些功能，所以它也是后面进行软件设计的基础。

2.4.1 数据流图的图符

数据流图的基本符号如图 2－6 所示，数据流图有 4 种基本符号：方框（或立方体）表示数据的源点或终点（汇点）；圆形（或圆角矩形）代表变换数据的处理或数据加工；两条平行横线（或开口矩形）代表数据存储；箭头表示数据流，即特定数据的流动方向。

（1）数据流（Data Flow，DF）：是数据在系统内传播的路径，由一组固定的数据项组成，表示数据的流向。除了与数据存储（文件）之间的数据流不用命名外，其余数据流都应该用名词或名词短语命名，数据流名标在数据流线上面。数据流可以从加工流向加工，也可以从加工流向文件或从文件流向加工，也可以从源点流向加工或从加工流向终点。

（2）加工（Process）：也称为数据处理，它描述输入数据流到输出数据流之间的变换。每个加工也要有名字，通常是动词短语，简明地描述完成什么加工。在分层的数据流图中，加工还应有编号，编号反映该加工在分层数据流图中的层次和位置，同时还能反映出它与其他加工的联系。加工的名称写在表示加工的处理框内。

（3）数据存储：指暂时保存的数据，它可以是数据库文件或任何形式的数据组织。流向数据存储的数据流可理解为写入文件，或查询文件，从数据存储流出的数据可理解为从文件读数据或得到查询结果。

（4）数据源点/终点（汇点）（Source/Sink）：通常指软件系统之外的人员和组织。它指出系统所需数据的发源地和系统所产生的数据的归属地。在一个软件系统中，有些源点和终点可以是同一个人或组织，可用同一个图形符号表示。数据源点和终点一般只出现在数据流图的顶层图中。

在数据流图中，如果有两个以上数据流指向一个加工，或是从一个加工中引出两个以上的数据流，这些数据流之间往往存在一定的关系。为表达这些关系，可以对这些数据流的加工标上不同的标记符号。所用符号及其含意如图 2－7 所示。

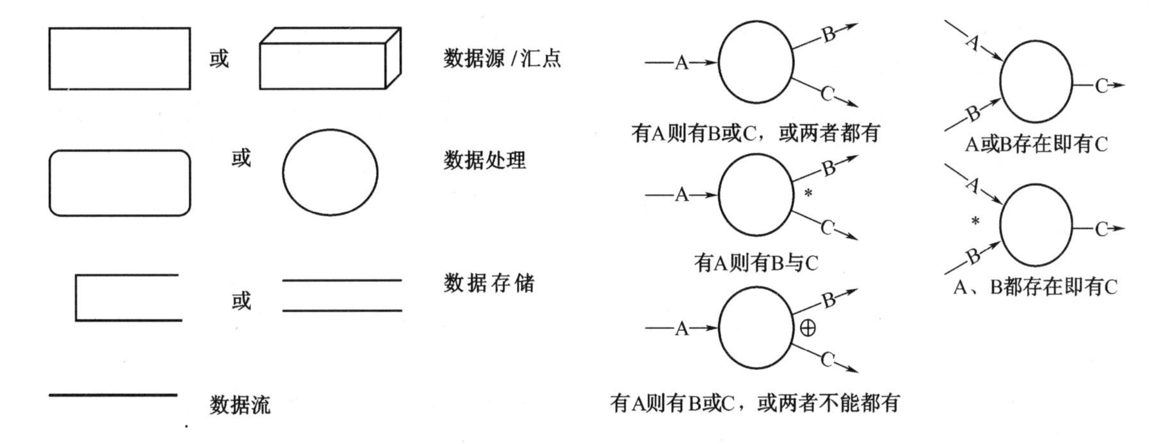

图2-6　数据流图基本符合　　　　图2-7　数据流图附加符号

2.4.2　分层数据流图

为了表达数据处理过程的数据加工情况,用一个数据流图是不够的。稍为复杂的实际问题,在数据流图上常常出现十几个甚至几十个加工。这样的数据流图看起来很不清楚。而层次结构的数据流图能很好地解决这一问题。按照系统的层次结构进行逐步分解,分层后的数据流图能反映这种结构关系,能清楚地表达整个系统。

图2-8给出分层数据流图的示例。数据处理S包括三个子系统1、2、3。顶层下面的第一层数据流图为DFD/L1。第二层数据流图DFD/L2.1、DFD/L2.2及DFD/L2.3分别是子系统1、2、3的细化。

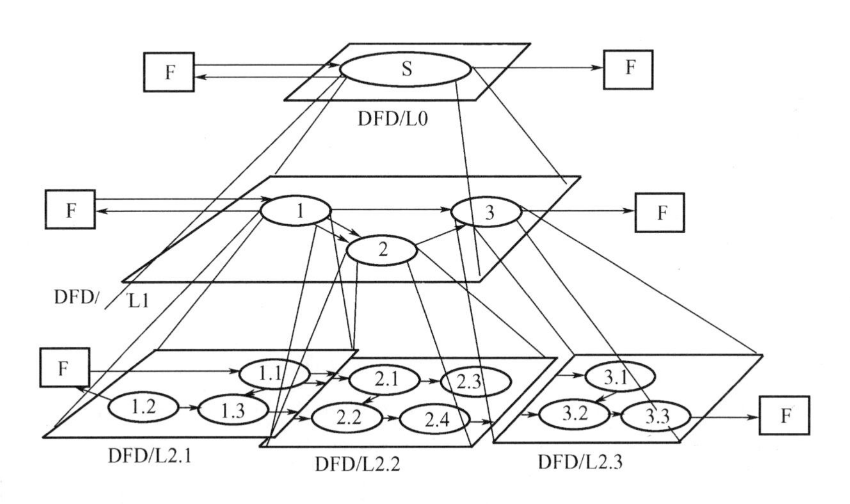

图2-8　分层数据流图

为了控制分解过程,严格表示数据流图,需要引入以下概念:

(1) 父图和子图:图2-7中顶层图是整个系统的抽象表示,如系统S分解为三个子加工1、2、3,画出相关的数据流,得到顶层的下一层数据流图,继续分解1、2、3得到其下一层数据流图。其中上一层图是其分解的下一层图的父图,下一层图是上层图的子图。父图里的加工是其相应子图的抽象表示,子图则是其父图中相应加工的细化。

(2) 分层图编号。顶层图中加工以0表示,子图中每个加工的编号=子图号+小数点+

局部加工号,在一张分层图中,每个加工的编号中所含小数点的个数,就是该图的层次数,图2-8显示了这一编号规则。

(3)父图与子图数据流的平衡性。在绘制分层数据流图时,必须注意子图与其父图中相应加工的数据接口要保持平衡,即父图中流入流出某加工的数据流,与分解后子图中流入流出加工的数据流应保持逻辑上的一致。控制分层数据流图的数据流的平衡性,是消除数据流图错误的一个重要手段。如图2-9(b)是图2-9(a)中S2的分解,父图中流入S2的数据流为M、N,流出S2的数据流为P,而在图2-9(b)中流入的数据流少了N,显然是错误的。

很多情况下父图与子图数据流的平衡不一定是数据流的名称和个数的形式一致,如图2-9(d)中,流出的数据流为J、K,从表面上看,数据流的名字和数量与图2-9(a)中流出S2的不一致,但若数据流J、K是由图2-9(a)中加工S2的数据流P分解而来的,则图2-9(a)与图2-9(d)仍是平衡的。

(4)局部文件。如果某个中间层数据流图中的数据存储不是上图中相应加工的外部接口,而只是本图中某些加工之间的信息接口,则称其为局部文件。一个局部文件只有当它作为某个加工的数据接口或某个加工的特定输入或输出时才予以标出,如图2-9中的数据存储Fj就是局部文件。局部文件的标出约定有助于信息隐蔽。

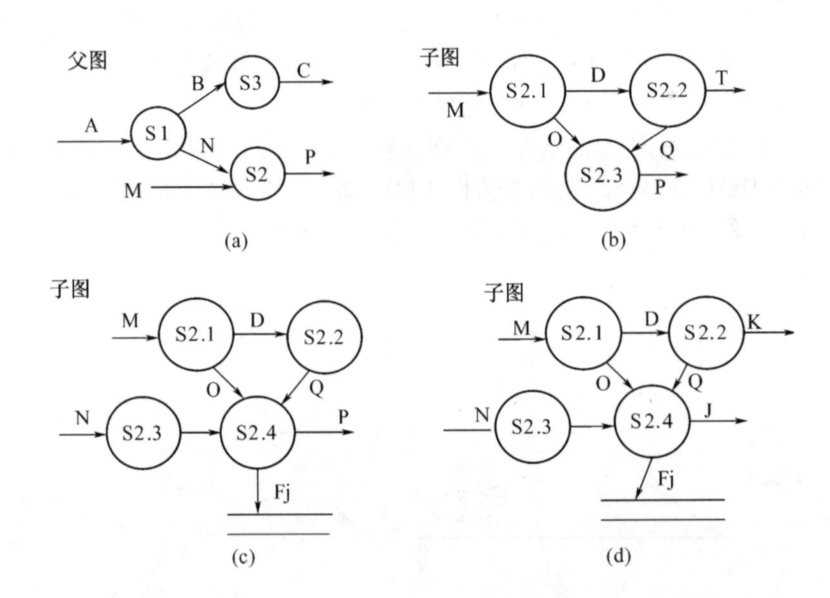

图2-9 父图与子图的平衡

构造分层数据流图的过程就是结构化的系统建模过程,其基本步骤如下:

(1)确定外部实体。以项目开发计划确定的目标为基础,经过需求获取工作,可以划定系统的边界,确定系统的数据源点和终点,进而找出外部实体的输入和输出数据流,画出顶层数据流图。

(2)再分解顶层的加工。从数据源点出发,按照系统的逻辑需要,逐步画出一系列逻辑加工,直至数据终点。自顶向下,对每个加工进行内部分解,画出分层数据流图。

(3)对数据流图进一步求精。对数据流图进行复查求精,需要分析员和用户共同参与,分析员借助数据流图向用户阐述输入数据如何一步步转变为输出结果。用户对分析员的阐述予以纠正和补充,分析员在此基础上对数据流图进一步求精。

2.4.3 数据流图的实例——销售管理系统

某企业销售管理系统的功能为：接收顾客的订货单，当库存的数量小于订购量或库存量低于某一临界值时，向供应商发出采购订单；当库存大于或等于订购量时，或者收到供应商的送货单并更新了库存后，向顾客发出提货单；向经理提供销售和库存情况的统计报表以便审查。

分析该销售系统的功能可知，系统中描述了顾客、供应商、经理与销售系统之间的数据变换过程。可以确定输入、输出数据流有：

输入数据流：订货单，送货单、查询销售及库存情况；

输出数据流：提货单、采购单、销售及库存情况。

另外，销售系统要对输入数据进行合法性检查，避免产生错误数据。因此，系统还应增加两个输出数据流：不合格订单和不合格送货单。经过上述分析，可以画出该系统的顶层数据流图，如图 2－10 所示。

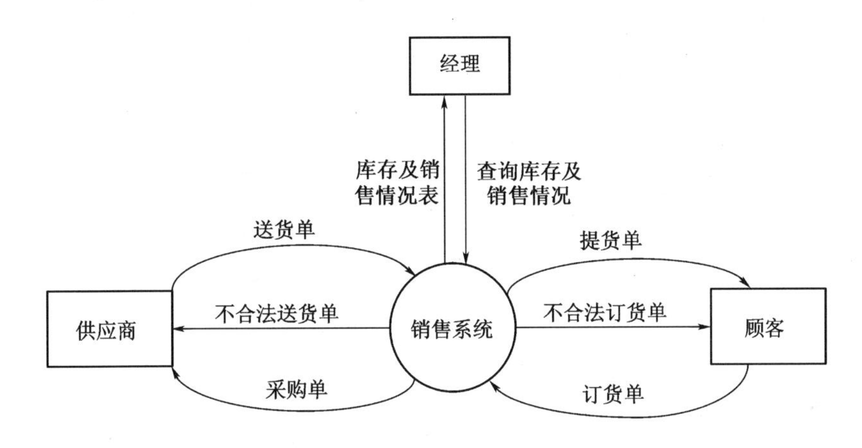

图 2－10　销售系统的顶层数据流图

分析销售系统的需求可知销售系统包含两大功能：销售和采购。当销售功能接受到顾客的订货单后，需要查看库存信息能否满足订货单要求，如果库存不足，就要向采购部门发出采购请求，经采购功能处理后，需向销售功能反馈一个到货通知，以便销售功能向顾客发出提货单，因此在销售和采购之间需增加两个数据流，一个是采购请求，另一个是到货通知。同时在销售和采购的过程中需要多次访问库存信息和缺货信息，所以在顶层数据流图的子图（1 层数据流图）中应有两个数据存储（或称文件）：库存信息和缺货信息。该销售系统的 1 层数据流图如图 2－11 所示。

分析销售系统的需求说明和 1 层数据流图，其中与销售相关的业务流程是：首先检查顾客发出的订货单，然后查询库存信息，确定可以立即发货的供货单或在库存不足时发出采购信息，发货单更新库存和销售记录信息，对新采购的到货通知进行处理，将到货信息更新到库存信息中，对销售和库存情况进行统计，以便查询。经过上述分析，销售功能可以分解为检查订货单、确定顾客订单、更新库存、处理缺到货、制作报表五个子加工。根据这五个子加工，可以确定销售功能的数据流和文件信息，得到销售功能的子数据流图，如图 2－12 所示。在图 2－12中产生了一个内部文件“销售历史”，该内部文件由“更新库存”对其写数据，由“制作报表”对其读数据。

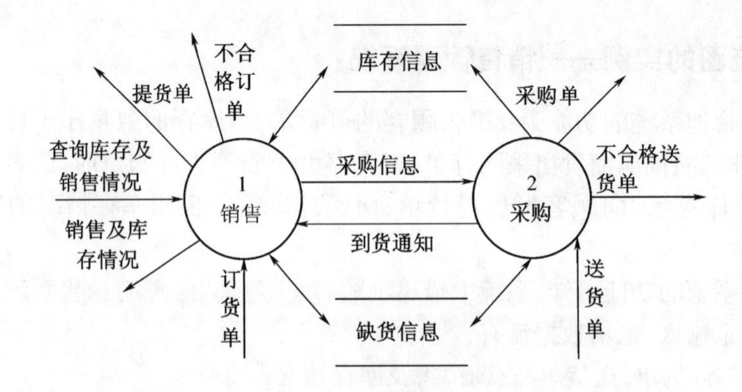

图 2-11　销售系统的 1 层数据流图

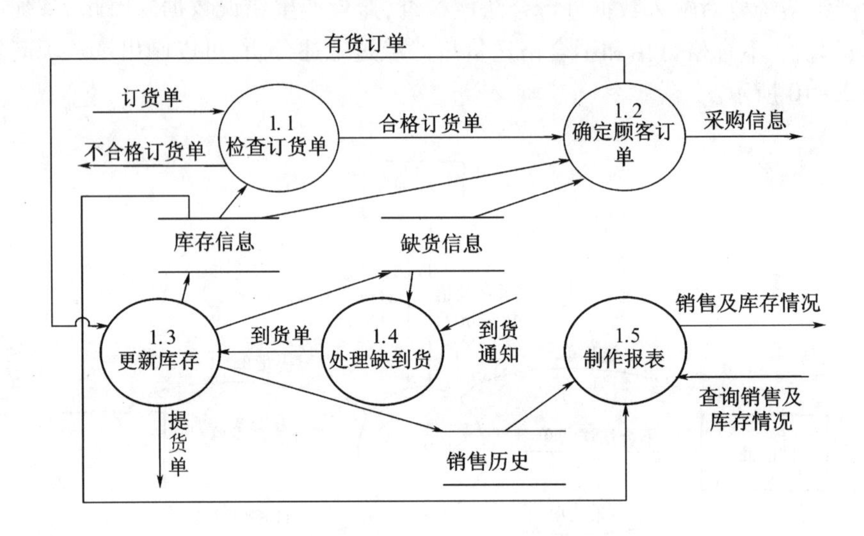

图 2-12　销售子系统的分层数据流图

同样,采购子系统根据其业务流程可将其分解为计算商品增量、按商品汇总、按供应商汇总、核对送货单四个子功能,其数据流图如图 2-13 所示。

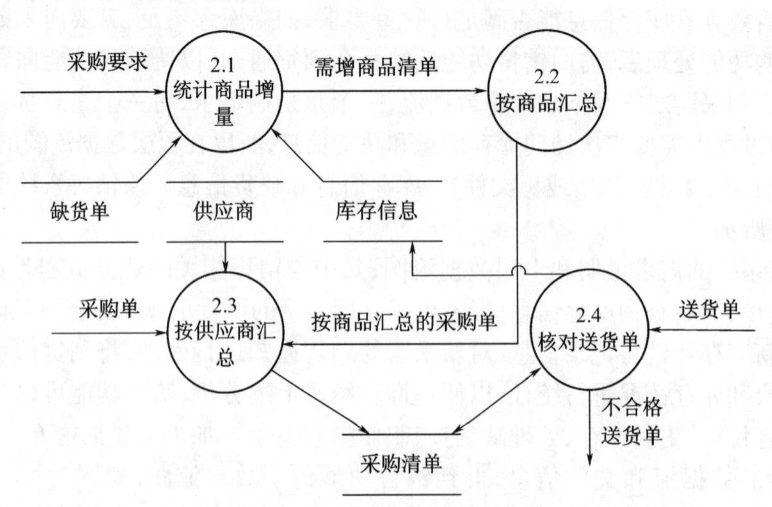

图 2-13　采购子系统的分层数据流图

2.4.4 构造分层图的一般原则

从上面的实例分析可以得出,构造分层数据流图就是自外向内,自顶向下,逐层细化,完善求精。检查和修改的一般原则是:

(1) 数据流图中所有的图形符号必须只限于前述四种基本图形元素,图中每一元素必须有良好的命名。

(2) 顶层数据流图必须包括前述四种基本元素,缺一不可,必须封闭在外部实体之间,实体可以有多个。

(3) 分解应该自然、概念清晰、合理。应使每次分解生成的数据流图上的数据流和加工都很容易确切地命名,否则说明分解欠合理,应重新考虑。

(4) 在分解的过程中,父图和子图要保持数据流的平衡性,合理利用局部文件实现信息隐蔽。

(5) 控制数据流图的复杂性。数据流图的复杂性体现在一张图上加工和数据流的数目,一个加工的下层子加工应该控制在7个以内。流入或流出同一加工的数据流也不应太多。如果太多,说明分解不恰当。

(6) 当一个加工逻辑足够简单,则分解结束。通常结束加工分解的情况有:采用结构化语言对加工进行描述时,不超过一页打印纸;加工只有一个输入数据流和一个输出数据流等。

(7) 流入、流出加工的数据流应连续。每个加工必须有输入、输出数据流,仅有输入或输出数据流的加工是不恰当的,同时流入和流出同一加工的数据流之间应具有对应关系即每个加工产生的所有数据流都能够由进入该加工的数据流导出。

(8) 初画时可以忽略琐碎的细节,以集中精力于主要数据流。如可以暂不考虑初始化、某些加工出来的错误信息、异常状态的处理等细节。

(9) 数据流图中不应有控制流和控制信息。在图2-14的数据流图中"Y≠0"是控制流,是不应该出现在数据流图中的。

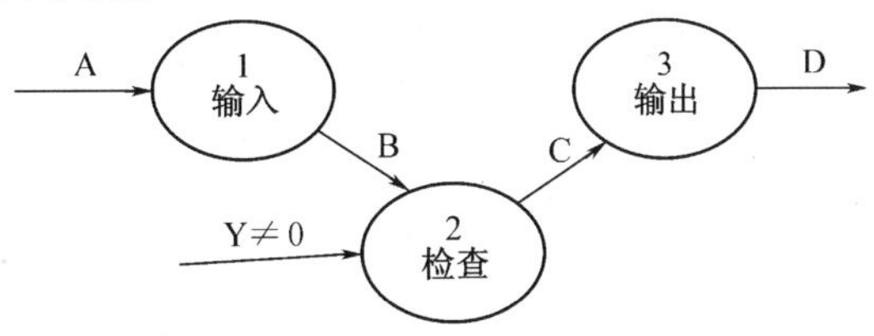

图2-14 带控制流的错误数据流图

(10) 在进行逐层分解时,应注意分解层次的均匀性。一般上层分解快些,下层分解慢些。也可以将一个系统的全部分层数据流图看做一棵树,顶层加工为树根,所有底层加工为树叶,从树根到所有树叶的路径长度之差不应该太大,理想情况是不超过2,两个底层加工的层次相差太大,说明对某个高层加工的分解可能是不适当的,某些加工已是基本加工,而另一些加工还须分解若干次。

2.5 数据字典

分层数据流图只是表达了系统的"分解",而没有对数据流图中所有的数据流、数据存储

(或文件)、底层加工进行准确、完整定义,为了完整地描述这些信息,还需借助"数据字典"对数据流图中的每个数据和加工给出解释。

数据字典是以词条的形式对数据流图中出现的所有被命名的图形元素,包括数据流、基本加工、数据文件、数据元素以及数据源点和数据终点进行详细定义。它包括4类词条:数据流词条、数据项词条、文件(或数据存储)词条和基本加工词条。在数据流图中,数据流和数据文件具有一定的数据结构,因此必须以一种清晰、准确、无二义性的方式来描述数据结构。表2-3列出了定义数据流和数据文件用到的描述数据结构的符号。

表2-3 数据词典中的符号

符号	含义	举例
=	被定义为	日期=年+月+日
+	与	例如,x=m+n,表示x由m和n组成
[…,…][..…|…]	或	例如,x=[m,n],x=[m|n],表示x由m或由n组成
{…}	重复	例如,x={m},表示x由0个或多个m组成
m{…}n	重复	例如,x=2{n}5,表示x中至少出现2次n,至多出现5次n
(…)	可选	例如,x=(m),表示m可在x中出现,也可不出现
"…"	基本数据元素	例如,x="m",表示x为取值为m的数据元素
..	连结符	例如,x=1..100,表示x可取1~100的任一值

2.5.1 数据字典中的词条

1. 数据项词条

数据项词条是不可再分的数据单位,在数据字典中,它的描述格式为:

数据项={数据项名,数据项含义说明,别名,数据类型,长度,取值范围,取值含义,与其他数据项的逻辑关系,数据项之间的联系}

其中,取值范围、与其他数据项的关系这两项内容定义了完整性约束条件,是设计数据检验功能的依据。

下面是对"商品编号"数据项的描述:

数据项名:商品编号;

别名:Product-Number;

说明:商品的统一编号,其含义为第1位~第4位表示商品编号;第5位~第7位表示规格;第8位~第9位表示类别;第10位表示进口/国产。

数值类型:字符型;

长度:10。

2. 数据流词条

数据流可以是数据项,也可以是数据结构,它表示某一处理过程中数据在系统内传输的路径。它的描述格式为:

数据流={数据流名,说明,数据流来源,数据流去向,组成:{数据结构},平均流量,高峰期流量}

其中,数据流来源表示该数据流来自哪个过程;数据流去向表示该数据流将流向哪个过程;平均流量指在单位时间(每小时、或每天、或每周、或每月、或每年等)内的传输次数;高峰期指在高峰时期的数据流量。

下面是对“订货单”数据流的描述：

数据流名称：订货单；

来源：顾客；

去向：销售系统；

说明：顾客订购商品时填写的内容；

组成：商品编号+订货日期+顾客编号+联系地址+电话+目的地+订货数量；

平均流量：1000 份/周；

高峰值流量：200 份/天。

3. 数据存储(或文件)词条

数据存储是数据结构停留或保存的地方，也是数据流的来源和去向之一。它的描述格式为：

数据存储 = {数据存储名，说明，编号，流入的数据流，流出的数据流，组成：{数据结构}，数据量，存储频度，存取方式}

其中，数据量指每次存取多少数据；存储频度指每小时(或每天、每周、每月等)存取次数，每次存取多少数据等信息；存取方式包括是批处理还是联机处理、是检索还是更新、是顺序检索还是随机检索等。另外，流入的数据流要指出其来源，流出的数据流要指出其去向。

下面是对“供应商”的数据存储描述：

数据存储名：供应商信息表；

说明：用来记录供应商的基本情况；

组成：编号+姓名+单位+电话+证件名称+证件编号；

输入：写入或查询的供应商信息；

输出：读出的供应商信息；

存取方式：写操作提供对供应商信息的修改、删除或添加；检索操作提供对供应商信息的各项内容的显示；

存取频度：100 次/天。

4. 基本加工词条

基本加工用来说明输入与输出之间的逻辑关系，同时也要说明数据处理的触发条件、错误处理等问题，它的描述格式为：

处理过程 = {处理过程名，说明，输入：{数据流}，输出：{数据流}，处理：{简要说明}}

其中，简要说明主要说明该处理过程的功能及处理要求，功能指该处理过程用来做什么，而不是怎么做，处理要求包括处理频度要求(如单位时间内处理多少事务、处理多少数据量)、响应时间要求等。这些处理要求是后面物理设计的输入及性能评价的标准。

下面是对“核对送货单”加工逻辑的描述：

处理过程名：核对送货单；

输入数据流：送货单；

输出数据流：不合格送货单；

处理说明：检查送货单的记录信息是否正确；

处理频度：根据送货的频度来确定，要充分考虑高峰期的数据流量。

2.5.2 数据字典编写的要求及使用

对数据字典中的词条进行定义时,仍遵循自顶向下、逐步细化的原则,直至给出基本数据项的定义为止。具体要求为:

(1) 对数据流图上的各种元素的定义必须明确、一致。

(2) 命名、编号应与数据流图一致。

(3) 对数据流图的成分定义与说明应无遗漏、无同名异义或异名同义。

(4) 格式规范、符号正确、文字简练。

在图2-13的数据流图中,数据文件"缺货单"的格式如表2-4所列,它在数据词典中的定义格式为:

缺货单=1{供应商+货号+品名与规格+实际库存+最后订单日期+最后销货日期+最后验收日期+备注}30

供应商名=4{字符}50

货号="0000000001"…"9999999999"(注:货号规定由10位数字组成)

品名与规格=品名+规格

品名=4{字符}30

规格="001"…"009"(注:规格由三位数字组成)

实际库存=1..500(注:库存可取1~500的任一值)

最后订货日期=年+月+日

最后销货日期=年+月+日

最后验收日期=年+月+日

备注=0{字符}300

字符=["a".."z"|"A".."Z"]

年="0001".."9999"

月="01".."12"

日="01".."31"

表2-4 缺货单

供应商	货号	品名与规格	实际库存	最后订货日期	最后销货日期	最后验收日期	备注

数据字典是为分析人员提供数据流图中各种元素的详细定义,是需求评审、系统设计及系统维护的重要依据,随着系统规模的增大,数据词典的规模和复杂性将迅速增加。为了便于使用,可将数据字典中定义的所有条目按照一定的编排方式排列起来,和普通字典一样,建立相关的索引目录,这样,就可以借助于数据字典查询某个条目的具体含义。

2.6 加工逻辑说明

在数据流图中,只简单地对每一个加工框进行了编号和命名,没有描述每个加工的详细逻辑说明。加工逻辑是对数据流图中每一个不能再分解的基本加工进行详细描述。由于复杂系统是由许多基本加工组成的,只要写出每一个基本加工的详细逻辑功能,再自底向上综合,就能完成对整个系统的全部逻辑加工的说明。对每一个基本加工的逻辑说明,主要是描述这个加工的输出流和输入流的逻辑关系,说明这个加工如何把输入流变换为输出流的加工规则,包括一些与加工有关的信息,如执行条件、优先级、执行效率、出错处理等,但不描述具体的加工过程。

对基本加工说明有三种描述方式:结构化语言、判定表和判定树。在使用时可以根据具体情况,选择其中一种方式对加工进行描述。

2.6.1 结构化语言

结构化语言是介于自然语言(英语或汉语)和形式语言之间的一种半形式语言,它是自然语言的一个受限制的子集。自然语言容易理解,但容易产生二义性,而形式化语言精确、无二义性,却难理解,不易掌握。结构化语言则综合二者的优点,在自然语言的基础上加上一些约束。

结构化语言一般分为两层结构:外层语法描述操作的控制结构,如顺序、选择、循环等,这些控制结构将加工中的各个操作连接起来;内层一般没有语法限制,主要描述"做什么"。语言的正文用基本控制结构进行分割,加工中的操作用自然语言短语表示。其特点是简单、易学、少二义性,但不好处理组合条件。外层的基本结构有:

(1)顺序结构:简单陈述句结构。

(2)选择结构:IF-THEN-ELSE;CASE-OF-END CASE。

(3)循环结构:WHILE-DO;REPEAT-UNTIL。

结构化语言举例:用结构化语言描述销售系统中"确定能否供货"的加工逻辑:

根据库存记录

IF 订单项目的数量 < 该项目库存量的临界值

THEN 可供货处理

ELSE 此订单缺货,待进货后再处理

ENDIF

2.6.2 判定表

判定表是一种二维表格,常用于较复杂的组合条件,可以处理用结构化语言不易处理的、较复杂的组合条件的问题。通常由4个部分组成,如表2-5所列,表中各项内容的含义如下:

(1)基本判定条件:列出所有的基本判定条件项,这些条件项通常与列出的次序无关。

(2)基本动作:列出所有可能采取的动作项,这些动作项通常与列出的次序无关。

(3)判定条件组合:各种条件项的取值及组合。

(4)执行动作:在各条件取值组合下所执行的操作。

在实际使用判定表时,如果表中有两条或更多的规则具有相同的动作,并且其条件项之间存在着某种关系,就可以将它们合并。

表2-5 判定表的结构

基本判定条件	判定条件组合
基本动作	执行动作

在销售系统中,假如有一加工为"优惠处理",其处理条件为:顾客的销售额大于5000,同时信誉好;或者虽信誉不好,但是10年以上的老顾客。请用判定表来描述"优惠处理"这一加工逻辑。

分析:"优惠处理",有三个条件即销售额、信誉好、10年以上老顾客,共有8种可能的条件组合情况。其判定表如表2-6所列,表中Y表示满足条件,N表示不满足条件,√表示选中判定的结论。

表2-6 判定表示例

		1	2	3	4	5	6	7	8
条件	> =5000元	N	N	N	N	Y	Y	Y	Y
	>10年	N	N	Y	Y	N	N	Y	Y
	信誉好	N	Y	N	Y	N	Y	N	Y
动作	优惠处理			√	√		√	√	√
	正常处理	√	√			√			

表2-6中,情况3、4、7、8可以合并,即无论销售额和信誉好不好,只要是10以上的老顾客都享受优惠处理。化简后的判定表如表2-7所列。

表2-7 化简后的判定表

		1	2	3	4	5
条件	> =5000元	N	N	—	Y	Y
	>10年	N	N	Y	N	N
	信誉好	N	Y	—	N	Y
动作	优惠处理			√		√
	正常处理	√	√		√	

判定表的特点是清楚、准确、一目了然,不容易发生错误和遗漏,但缺点是不能描述循环结构,不易输入计算机。

2.6.3 判定树

判定树是用一种树状的形式来表示多个条件、多个取值所应采取的动作。判定树的分支表示各种不同的条件,随着分支层次结构的扩充,各条件完成自身的取值。判定树的叶子给出应完成的动作。判定树是判定表的变种,本质完全一样,所有用判定表表达的问题都能用判定树来表达。判定树更直观,用判定树来描述具有多个条件的数据处理,更容易被用户接受。

以销售系统中的"优惠处理"为例对应的判定树为图2-14所示。

顾客
- > =10年 优惠处理
- <10年
  - 销售额 > =5000
    - 信誉好 优惠处理
    - 信誉不好 正常处理
  - 销售额 <5000 正常处理

图2-14 "优惠处理"判定表

在实际应用中,结构化语言、判定树和判定表常常被交叉使用,互相补充,因为这三种方式各有优缺点:

（1）从易学易懂的角度看，判定树最易学、易懂，结构化语言次之，决策表较难懂。

（2）判定表考虑了全部可能的处理情况，逻辑清楚，最易进行逻辑验证，结构化语言次之，判定树较难验证。

（3）判定树最直观、一目了然，易于用户讨论。结构化语言次之，判定表则不够直观。

（4）结构化语言可修改性强，判定树次之，判定表最不易修改。

所以，对于存在顺序、判定和循环执行的动作，使用结构化语言描述较好；对于不太复杂的判定条件或者使用判定表有困难时，使用判定树较好；对于存在多个条件复杂组合的判定问题，则使用判定表较好。

2.7 关系数据理论

软件系统本质上是信息处理系统，在信息处理系统的开发过程中必然要考虑“数据”和“处理”两者之间的关系，需要分析用户的数据要求和处理要求。为了简洁明了地表达用户的要求，通常需要建立数据模型。关系模型是目前最重要的一种数据模型，它是面向问题的概念数据模型，与在软件系统中的实现方法无关。表示关系模型的方法是实体—联系方法，即常用的 E－R 模型。

在软件系统中，通常有大量的需要长期存储的数据，如何对这些数据进行有效管理，减少数据的冗余，保证数据的完整性和有效性，常常需要对数据进行规范化处理。

2.7.1 关系规范化的原因

关系是一张二维表，它是涉及属性的笛卡儿积的一个子集。从笛卡儿积中选取哪些元组构成该关系，通常是由现实世界赋予该关系的元组语义来确定的。元组语义实质上是一个 n 目谓词（n 是属性集中属性的个数）。使该 n 目谓词为真的笛卡儿积中的元素（或者说凡符合元组语义的元素）的全体就构成了该关系。但由上述关系所组成的数据还存在某些问题。为了说明的方便，先看一个实例。

【例 2－1】 设有一个教学管理的关系模式 R(U)，U 是由属性 Sno、Sname、Ssex、Dname、Cname、Tname、Grade 组成的属性集合，其中 Sno 的含义为学生学号，Sname 为学生姓名，Ssex 为学生性别，Dname 为学生所在系别，Cname 为学生所选的课程名称，Tname 为任课教师姓名，Grade 为学生选修该门课程的成绩。若将这些信息设计成一个关系，则关系模式为：

Teaching(Sno, Sname, Ssex, Dname, Cname, Tname, Grade)，选定此关系的主键为(Sno, Cname)。

由该关系的部分数据（表 2－8），不难看出，该关系存在着如下问题：

表 2－8 教学关系(Teaching)部分数据

Sno	Sname	Ssex	Dname	Cname	Tname	Grade
0906301	张三丰	男	计算机系	高等数学	李新华	87
0906301	张三丰	男	计算机系	英语	林浩然	75
0906301	张三丰	男	计算机系	数字电路	周阳	90
0906301	张三丰	男	计算机系	数据结构	陈长树	88

（续）

Sno	Sname	Ssex	Dname	Cname	Tname	Grade
0906302	王晶晶	女	计算机系	高等数学	李新华	78
0906302	王晶晶	女	计算机系	英语	林浩然	97
0906302	王晶晶	女	计算机系	数字电路	周阳	84
0906302	王晶晶	女	计算机系	数据结构	王一林	78
…	…	…	…	…	…	…
0920131	李杰	男	网络系	高等数学	吴之源	97
0920131	李杰	男	网络系	英语	林浩然	76
0920131	李杰	男	网络系	离散数学	杨心	95
0920131	李杰	男	网络系	C 语言	任书强	89

1. 数据冗余(Data Redundancy)

(1) 每一个系名对该系的学生人数乘以每个学生选修的课程门数重复存储。

(2) 每一个课程名均对选修该门课程的学生重复存储。

(3) 每一个教师都对其所教的学生重复存储。

2. 更新异常(Update Anomalies)

由于存在数据冗余,就可能导致数据更新异常,主要表现在以下几个方面:

(1) 插入异常(Insert Anomalies):由于主键中元素的属性值不能取空值,如果新分配来一位教师或新成立一个系,则这位教师及新系名就无法插入;如果一位教师所开的课程无人选修或一门课程列入计划但目前不开课,也无法插入。

(2) 修改异常(Modification Anomalies):如果更改一门课程的任课教师,则需要修改多个元组。如果仅部分修改,部分不修改,就会造成数据的不一致性。同样的情形,如果一个学生转系,则对应此学生的所有元组都必须修改,否则,也出现数据的不一致性。

(3) 删除异常(Deletion Anomalies):如果某系的所有学生全部毕业,又没有在读及新的学生,当从表中删除毕业学生的选课信息时,则连同此系的信息将全部丢失。同样地,如果所有学生都退选一门课程,则该课程的相关信息也同样丢失了。

由此可知,上述的教学管理关系尽管看起来能满足一定的需求,但存在的问题太多,从而它并不是一个合理的关系模式。

不合理的关系模式最突出的问题是数据冗余。而数据冗余的产生有着较为复杂的原因。虽然关系模式充分地考虑到文件之间的相互关联而有效地处理了多个文件间的联系所产生的冗余问题。但在关系本身内部数据之间的联系还没有得到充分的解决,正如例 2-1 所示,同一关系模式中各个属性之间存在着某种联系,如学生与系、课程与教师之间存在依赖关系的事实,才使得数据出现大量冗余,引发各种操作异常。这种依赖关系称为数据依赖(Data Independence)。

关系系统当中数据冗余产生的重要原因就在于对数据依赖的处理,从而影响到关系模式本身的结构设计。解决数据间的依赖关系常常采用对关系的分解来消除不合理的部分,以减少数据冗余。例如将例 2-1 教学关系分解为三个关系模式来表达:学生基本信息(Sno,

Sname,Ssex,Dname)、课程信息(Cno,Cname,Tname)及学生成绩(Sno,Cno,Grade),其中 Cno 为学生选修的课程编号;分解后的部分数据如表2-9~表2-11所列。

表2-9 学生信息表

Sno	Sname	Ssex	Dname	Sno	Sname	Ssex	Dname
0906301	张三丰	男	计算机系	…	…	…	…
00906302	王晶晶	女	计算机系	0920131	李杰	男	网络系

表2-10 课程表

Cno	Cname	Tname	Cno	Cname	Tname
GS01101	高等数学	李新华		…	…
YY01305	英语	林浩然	GS01102	高等数学	吴之源
SD05103	数字电路	周阳	ZF02101	离散数学	杨心
SJ05306	数据结构	陈长树	SM02204	C 语言	任书强

表2-11 学生成绩表

Sno	Cno	Grade	Sno	Cno	Grade
0906301	GS01101	87	0906302	SJ05306	78
0906301	YY01305	75	…	…	…
0906301	SD05103	90	0906131	GS01102	97
0906301	SJ05306	88	0906131	YY01305	76
0906302	GS01101	78	0906131	ZF02101	95
0906302	YY01305	97	0906131	SM02204	89
0906302	SD05103	84			

对教学关系进行分解后:

(1) 数据存储量减少。经过分解后系名、教师名等信息避免了重复存储,数据量明显减少。

(2) 更新方便。插入问题部分解决:对一位教师所开的无人选修的课程可方便地在课程信息表中插入。但是,新分配来的教师、新成立的系或列入计划但目前不开课的课程,还是无法插入。要解决无法插入的问题,还可继续将系名与课程作分解来解决。

修改方便:原关系中对数据修改所造成的数据不一致性,在分解后得到了很好的解决,改进后,只需要修改一处。

删除问题也部分解决:当所有学生都退选一门课程时,删除退选的课程不会丢失该门课程的信息。值得注意的是,系的信息丢失问题依然存在,解决的方法还需继续进行分解。

虽然改进后的模式部分地解决了不合理的关系模式所带来的问题,但同时,改进后的关系模式也会带来新的问题,如当查询某个系的学生成绩时,就需要将两个关系连接后进行查询,增加了查询时关系的连接开销,而关系的连接代价却又是很大的。

此外,必须说明的是,不是任何分解都是有效的。若将表 2-8 分解为(Sno,Sname,Ssex,Dname),(Sno,Cno,Cname,Tname)及(Sname,Cno,Grade),不但解决不了实际问题,反而会带来更多的问题。

2.7.2 关系模式规范化

由上面的讨论可知,在关系模式的设计中,不是随便一种关系模式设计方案都"合适",更不是任何一种关系模式都可以投入应用。由于数据库中的每一个关系模式的属性之间需要满足某种内在的必然联系,设计一个好的关系模式的根本方法是先要分析和掌握属性间的语义关联,然后再依据这些关联得到相应的设计方案。在理论研究和实际应用中,属性间的关联表现为一个属性子集对另一个属性子集的"依赖"关系。按照属性间的对应情况可以将这种依赖关系分为两类,一类是"多对一"的依赖,另一类是"一对多"的。"多对一"的依赖最为常见,即"函数依赖"。"一对多"依赖相当复杂,就目前而言,人们认识到属性之间存在两种有用的"一对多"情形,一种是多值依赖关系,一种是连接依赖关系。基于对这三种依赖关系在不同层面上的具体要求,又将属性之间的这些关联分为若干等级,这就形成了所谓的关系的规范化(Relation Normalixation)。由此看来,解决关系模式中冗余问题的基本方法就是分析研究属性之间的联系,按照属性间联系所处的规范等级来构造关系。

1. 函数依赖

属性间关系实体间的联系有两类:一类是实体与实体之间联系;另一类是实体内部各属性间的联系。在这里主要介绍第二类。

实体内部各属性间的联系也分为 1∶1、1∶n 和 m∶n 三类。

例如,职工(职工号,姓名,身份证号码,职称,部门):

1) 一对一关系(1∶1)

设 X、Y 是关系 R 的两个属性(集)。如果对于 X 中的任一具体值,Y 中至多有一个值与之对应,反之,对于 Y 中的任一具体值,X 中也至多有一个值与之对应,则称 X、Y 两属性间是一对一关系。

如本例职工关系中职工号与身份证号码之间就是一对一关系。

2) 一对多关系(1∶n)

设 X、Y 是关系 R 的两个属性(集)。如果对于 X 中的任一具体值,Y 中可以找到多个值与之对应,而对于 Y 中的任一具体值,X 中至多只有一个值与之对应,则称属性 X 对 Y 是一对多关系。

如职工关系中职工号与职称之间就是一对多的关系。

3) 多对多关系(m∶n)

设 X、Y 是关系 R 的两个属性(集)。如果对于 X 中的任一具体值,Y 中有 n 个值与之对应,而对于 Y 中的任一具体值,X 中也有 m 个值与之对应,则称属性 X 对 Y 是多对多(m∶n)关系。

例如,职工关系中,职称与部门之间就是多对多的关系。

上述属性间的三种关系,实际上是属性值之间相互依赖与相互制约的反映,因而称为属性间的数据依赖。

2. 数据依赖

数据依赖共有三种:函数依赖(Functional Dependency,FD)、多值依赖(Multivalued

Dependency,MVD)和连接依赖(Join Dependency,JD)。其中最重要的是函数依赖和多值依赖。

函数依赖,是属性之间的一种联系。在关系模式 R 中,X、Y 为 R 的两个属性或属性组,如果对于 X 的每一个具体值,Y 都只有一个具体值与之对应,则称属性 Y 函数依赖于属性 X。或者说,属性 X 函数决定属性 Y,记为 X→Y。其中 X 称为决定因素,Y 称为被决定因素。

上述定义,可简言之:如果属性 X 的值决定属性 Y 的值,那么属性 Y 函数依赖于属性 X。换一种说法:如果知道 X 的值,就可以获得 Y 的值,则可以说 X 决定 Y。

若 Y 函数不依赖于 X,记为 X↛Y。

若 X→Y,Y→X,记为 X↔Y。

例如,学生关系(学号,姓名,性别,年龄,所在系),如果姓名不允许重名,则有:

学号→性别,学号→年龄,学号→所在系,学号↔姓名,姓名→性别,姓名→年龄,姓名→所在系,但性别 X↛Y 年龄。

如果 X→Y,但 Y 不是 X 的子集,则称 X→Y 是非平凡的函数依赖。

如果 X→Y,但 Y 是 X 的子集,则称 X→Y 是平凡的函数依赖。

例如,在选课(学号,课程号,分数) 关系中,有:

非平凡函数依赖:(学号,课程号)分数。

平凡函数依赖:(学号,课程号)→学号;(学号,课程号)→课程号。

在关系模式 R 中,如果 X→Y,并且对于 X 的任何一个真子集 X′,都有 X′↛Y,则称 Y 对 X 完全函数依赖,记为 $X \xrightarrow{F} Y$。

例如,选课表(学号,课程号,成绩)关系中,有:

完全函数依赖:(学号,课程号→成绩,学号↛成绩,课程号↛成绩,所以(学号,课程号) $\xrightarrow{F}$成绩,是完全函数依赖。

若 X→Y,但 Y 不完全函数依赖于 X,则称 Y 对 X 部分函数依赖,记为 $X \xrightarrow{P} Y$。

例如,学生表(学号,姓名,性别,班级,年龄)关系中,有:

部分函数依赖:(学号,姓名)→性别,学号→性别,所以(学号,姓名)$\xrightarrow{P}$性别是部分函数依赖。

若 X→Y(Y⊈X)并且 Y→Z,Y↛X,则称 Z 对 X 传递函数依赖,$X \xrightarrow{传递} Z$。

例如,关系 S1(学号,学院名,院长),有:

学号→学院名,学院名→院长,并且学院名↛学号,所以学号→院长为传递函数依赖。

前面学习的属性间的三种关系,并不是每种关系中都存在着函数依赖。

(1) 如果 X、Y 间是 1∶1关系,则存在函数依赖 X↔Y。

(2) 如果 X、Y 间是 1∶n 关系,则存在函数依赖 X→Y 或 Y→X(多方为决定因素)。

(3) 如果 X、Y 间是 m∶n 关系,则不存在函数依赖。

3. 范式

1) 非规范化的关系

当一个关系模式中存在还可以再分的数据项时,这个关系就是非规范化的关系。非规范化关系存在两种情况:关系中具有组合数据项(表 2-12);表中具有多值数据项(表 2-13)。

表 2-12 非规范化关系

职工号	姓名	工资		
		基本工资	地方补贴	公积金
0003	孙鹏	800	400	200

表 2-13 非规范化关系

职工号	姓名	学历	职称	所在系
0003	孙鹏	本科 硕士	讲师	网络

2) 规范化的关系

当一个关系中的所有分量都是不可再分的数据项时,该关系是规范化的。即当表中不存在组合数据项和多值数据项,只存在不可分的数据项时,这个表是规范化的。

二维关系按其规范化程度从低到高可分为 5 级范式(Normal Form),分别称为 1NF、2NF、3NF(BCNF)、4NF、5NF。规范化程度较高者必是较低者的子集,即

$1NF \supset 2NF \supset 3NF \supset BCNF \supset 4NF \supset 5NF$

(1) 第一范式(1NF)。所谓第一范式(First Normal Form)是指关系的每一列都是不可分割的基本数据项,同一列中不能有多个值,即实体中的某个属性不能有多个值或者不能有重复的属性。关系 R 满足第一范式(1NF),记为

$R \in 1NF$

1NF 是对关系的最低要求,不满足 1NF 的关系是非规范化的关系。

非规范化关系转化为规范化关系 1NF 方法很简单,只要上表分别从横向、纵向展开即可,如表 2-14 和 2-15 所列。

表 2-14 工资表

职工号	姓名	基本工资	地方补贴	公积金
1003	孙鹏	800	400	200

表 2-15 职工基本信息表

职工号	姓名	学历	职称	所在系
0003	孙鹏	本科	讲师	网络
0003	孙鹏	硕士	讲师	网络

表 2-14 和表 2-15 虽然符合 1NF,但仍是有问题的关系,表中存在大量的数据冗余和潜在的数据更新异常。原因是(职工号,学历)是表 2-15 的码,但姓名、职称、所在系却与学历无关,只与码的一部分有关。所以上表还需进一步地规范化。

(2) 第二范式(2NF)。如果一个关系 $R \in 1NF$,且它的所有非主属性都完全函数依赖于 R 的任一候选码,则 R 属于第二范式,记为 $R \in 2NF$。

说明:上述定义中所谓的候选码也包括主码,因为码首先应是候选码,才可以被指定为码。

例如,关系模式职工(职工号,姓名,职称,项目号,项目名称,项目角色)中,(职工号,项目号)是该关系的码,而职工号→姓名、职工号→职称、项目号→项目名称,所以(职工号,项目号)→职称、(职工号,项目号)→项目名称,故上述职工关系不符合第二范式要求。它存在三个问题:插入异常、删除异常和修改异常。

其中修改异常是当职工关系中项目名称发生变化时,由于参与该项目的人员很多,每人一条记录,要修改项目信息,就得对每一个参加该项目的人员信息进行修改,加大了工作量,还有可能发生遗漏,存在着数据一致性被破坏的可能。

可把上述职工关系分解成如下三个关系:

职工(职工号,姓名,职称)

参与项目(职工号,项目号,项目角色)

项目(项目号,项目名称)

上述三个关系都符合2NF的要求。

推论:如果关系模式R∈1NF,且它的每一个候选码都是单码,则R∈2NF。

符合第二范式的关系模式仍可能存在数据冗余、更新异常等问题。例如,关系职工信息(职工号,姓名,职称,系名,系办地址),虽然也符合2NF,但当某个系中有100名职工时,元组中的系办地址就要重复100次,存在着较高的数据冗余。原因是关系中,系办地址不是直接函数依赖于职工号,而是因为职工号决定系名,而系名决定系办地址,才使得系办地址依赖于职工号,这种依赖是一个传递依赖的过程。

所以,上述职工信息的关系模式还需要进一步的规范化。

(3)第三范式(3NF)。如果关系模式R∈2NF,且它的每一个非主属性都不传递依赖于任何候选码,则称R是第三范式,记为R∈3NF。

推论1:如果关系模式R∈1NF,且它的每一个非主属性既不部分依赖、也不传递依赖于任何候选码,则R∈3NF。

推论2:不存非主属性的关系模式一定为3NF。

(4)改进的3NF——BCNF(Boyee Codd Normal Form)。设关系模式R(U,F)∈1NF,若F的任一函数依赖$X \rightarrow Y(Y \not\subset X)$中X都包含了R的一个码,则称R∈BCNF。

换言之,在关系模式R中,如果每一个函数依赖的决定因素都包含码,则R∈BCNF。

推论:如果R∈BCNF,则:

① R中所有非主属性对每一个码都是完全函数依赖;

② R中所有主属性对每一个不包含它的码,都是完全函数依赖;

③ R中没有任何属性完全函数依赖于非码的任何一组属性。

如果R∈BCNF,则R∈3NF一定成立。

注意:当R∈3NF时,R未必属于BCNF。因为3NF比BCNF放宽了一个限制,它允许决定因素不包含码。例如,在通讯(城市名,街道名,邮政编码)中,有

F={(城市名,街道名)→邮政编码,邮政编码→城市名}

非主属性邮政编码完全函数依赖于码,且无传递依赖,故属于3NF,但邮政编码也是一个决定因素,而且它没有包含码,所以该关系不属于BCNF。

又如:

Teaching(Student,Teacher,Course) 简记为Teaching(S,T,C)

规定:一个教师只能教一门课,每门课程可由多个教师讲授;学生一旦选定某门课程,教

师就相应地固定。

$$F = \{T \to C, (S,C) \to T, (S,T) \to C\}$$

该关系的候选码是(S,C)和(S,T),因此,三个属性都是主属性,由于不存在非主属性,该关系一定是3NF。但由于决定因素T没包含码,故它不是BCNF。

关系模式Teaching仍然存在着数据冗余问题,因为存在着主属性对码的部分函数依赖问题。

确切地表示:

$$F = \{T \to C, (S,C) \xrightarrow{P} T, (S,T) \xrightarrow{P} C\}$$

所以Teaching关系可以分解为以下两个BCNF关系模式:

Teacher(Teacher,Course)　　　　Student(Student,Teacher)

3NF的“不彻底”性,表现在可能存在主属性对码的部分依赖和传递依赖。

一个关系模式如果达到了BCNF,那么,在函数依赖范围内,它就已经实现了彻底的分离,消除了数据冗余、插入和删除异常。一个关系如果达到BCNF则它的规范化程度已经是很高了。4NF是消除非平凡且函数依赖的多值依赖,5NF是消除连接依赖,这里不再详细讨论4NF和5NF,有兴趣的同学可以参阅其他相关书籍。

3) 关系的规范化程度

在关系数据库中,对关系模式的基本要求是满足第一范式。符合1NF的关系模式就是合法的,允许的。但是人们发现有些关系存在这样那样的问题,就提出了关系规范化的要求。关系规范化的目的,是解决关系模式中存在的数据冗余、插入和删除异常、更新繁琐等问题。

关系规范化的基本思想是消除数据依赖中不合适的部分,使各关系模式达到某种程度的分离,使一个关系只描述一个概念、一个实体或实体间的一种联系。所以规范化的实质就是概念单一化的过程。关系规范化的过程是通过对关系模式的分解来实现的。把低一级的关系模式分解为若干高一级的关系模式。规范化程度越高,分解就越细,所得关系的数据冗余就越小,更新异常也会越少。但是,规范化在减少关系的数据冗余和消除更新异常的同时,也加大了系统对数据检索的开销,降低了数据检索的效率。因为关系分得越细,数据检索时所涉及的关系个数就越多,系统只有对所有这些关系的进行自然连接,才能获取所需的全部信息。而连接操作所需的系统资源和开销是比较大的。所以不能说,规范化程度越高的关系模式越优良。

规范化应满足的基本原则是:由低到高,逐步规范,权衡利弊,适可而止。通常以满足第三范式为基本要求。规范化过程如图2-15所示。

关系模式的分解是通过投影运算实现的。而这种投影分解的方案不是唯一的。所以投影的过程还应满足下列三个条件:

(1) 分解是无损连接分解,分解后所得各关系,通过连接要能恢复出分解前的数据。不能少也不能多。

(2) 分解所得的所有关系都是高一级的范式的关系。

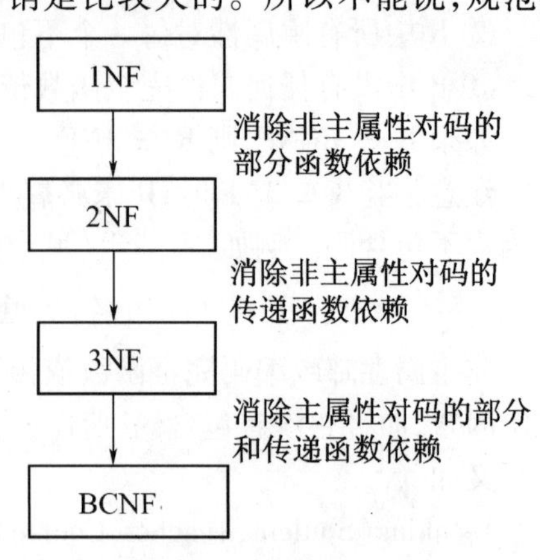

图2-15　规范化过程

(3) 分解所得关系的个数要最少。

2.7.3 E－R方法

在现实世界中，事物内部以及事物之间是有联系的，这些联系在信息世界中反映为实体内部的联系和实体之间的联系。实体内部的联系在前面已经介绍过来。实体之间的联系通常是指不同实体集之间的联系，这种联系通常有一对一、一对多和多对多三种。

两个实体型之间的联系可以分为三类：

1) 一对一联系(1∶1)

如果对于实体集A中的每一个实体，实体集B中至多有一个(也可以没有)实体与之联系，反之亦然，则称实体集A与实体集B具有一对一联系，记为1∶1。

例如，学校里面，一个班级只有一个正班长，而一个班长只在一个班中任职，则班级与班长之间具有一对一联系。

2) 一对多联系(1∶n)

如果对于实体集A中的每一个实体，实体集B中有n个实体($n \geqslant 0$)与之联系，反之，对于实体集B中的每一个实体，实体集A中至多只有一个实体与之联系，则称实体集A与实体集B有一对多联系，记为1∶n。

例如，一个班级中有若干名学生，而每个学生只在一个班级中学习，则班级与学生之间具有一对多联系。

3) 多对多联系(m∶n)

如果对于实体集A中的每一个实体，实体集B中有n个实体($n \geqslant 0$)与之联系，反之，对于实体集B中的每一个实体，实体集A中也有m个实体($m \geqslant 0$)与之联系，则称实体集A与实体集B具有多对多联系，记为m∶n。

例如，一门课程同时有若干个学生选修，而一个学生可以同时选修多门课程，则课程与学生之间具有多对多联系。

实际上，一对一联系是一对多联系的特例，而一对多联系又是多对多联系的特例。可以用图形来表示两个实体型之间的这三类联系，如图2－16所示。

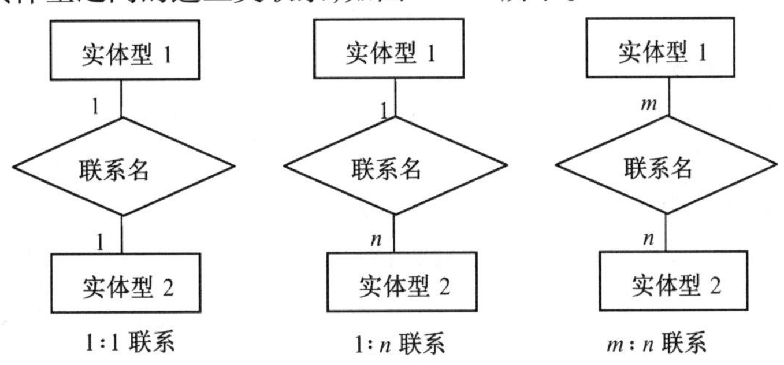

图2－16　实体型之间的三类联系

概念数据模型是对信息世界建模，所以概念模型应该能够方便、准确地表示出信息世界中的常用概念。概念模型的表示方法很多，其中最为著名最为常用的是P. P. S. Chen于1976年提出的实体—联系方法(Entity－Relationship Approach，E－R方法)。该方法用E－R图来描述现实世界的概念模型。

E－R图提供了表示实体、属性和联系的方法，其使用的基本图符如下：

(1) ▭：实体，矩形框内写明实体名。

(2) ⬭：属性，椭圆形框内写明属性名，并用无向边将其与相应的实体连接起来。

(3) ◇：联系，菱形框内写明联系名，并用无向边分别与有关实体连接起来，同时在无向边旁标上联系的类型($1:1$，$1:n$ 或 $m:n$)。需要注意的是，如果一个联系具有属性，则这些属性也要用无向边与该联系连接起来。

实体—联系方法是抽象和描述现实世界的有力工具。用 E－R 图表示的概念模型独立于具体的 DBMS 所支持的数据模型，它是各种数据模型的共同基础，因而比数据模型更一般、更抽象、更接近现实世界。作 E－R 图的步骤一般有：

(1) 确定所有的实体集合。

(2) 选择实体集应包含的属性。

(3) 确定实体集之间的联系。

(4) 确定实体集的关键字，用下划线在属性上表明关键字的属性组合。

(5) 确定联系的类型，在用线将表示联系的菱形框联系到实体集时，在线旁注明是 1 或 n(多)来表示联系的类型。

【例 2－2】 一对多关系。

实体 1：学生，具有学生学号、姓名、性别、年龄等属性；

实体 2：班级，具有班级编号、班级名称等属性。

学生班级之间的关系，即学生属于哪个班级的。画出对应的 E－R 图。

解：学生与班级之间的联系应是一对多的联系，即一个学生只能属于一个班，一个班有多名学生，其 E－R 图如图 2－17 所示。

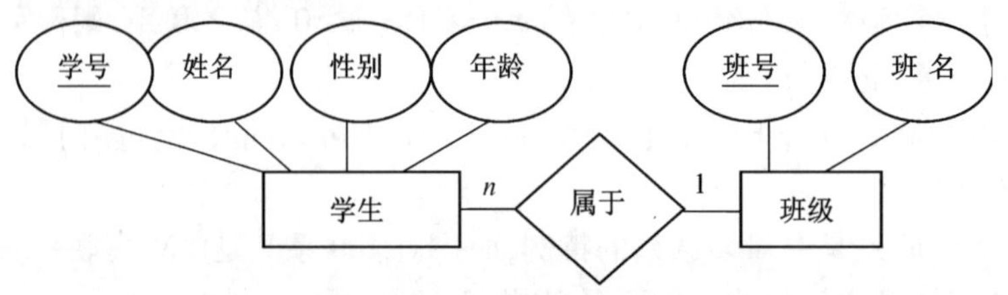

图 2－17 学生—班级 E－R 图

【例 2－3】 多对多关系。

实体 1：员工，具有员工编号、姓名、性别、年龄、工龄、所处部门号等属性；

实体 2：项目，具有项目编号、项目名称、开工日期和完工日期等属性。

考虑到员工和项目之间的多对多的联系，画出对应的 E－R 图。

解：一个员工可以参与多个项目，一个项目可以由多个员工参与，所以员工与项目之间是多对多的联系，员工与项目之间的 E－R 图如图 2－18 所示。

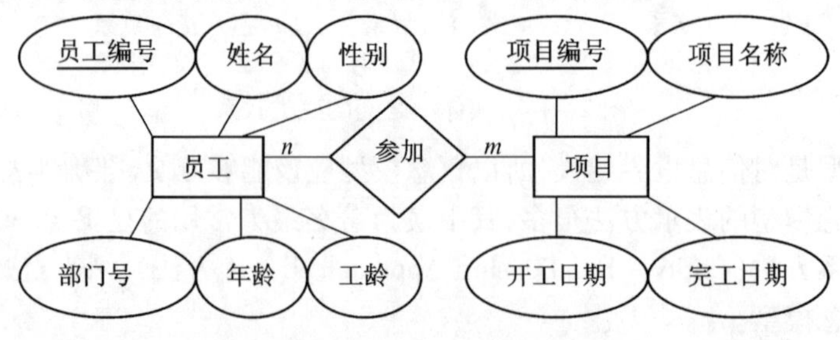

图 2－18 员工—项目 E－R 图

2.7.4 E－R 图向关系模型的转换

关系模型的逻辑结构是一组关系模式的集合。概念模型向关系数据模型的转化就是将用 E－R 图表示的实体、实体属性和实体联系转化为关系模式。

E－R 图向关系模型的转换，一般遵循如下原则：

(1) 一个实体型转换为一个关系模式。实体的属性就是关系的属性，实体的码就是关系的码。

(2) 实体间的联系根据联系的类型，转换如下：

① 1∶1的联系。一个1∶1联系可以转换为一个独立的关系模式，也可以与任意一端对应的关系模式合并。如果转换为一个独立的关系模式，则与该联系相连的各实体的码以及联系本身的属性均转换为关系的属性，每个实体的码均是该关系的候选码。如果与某一端实体对应的关系模式合并，则需要在该关系模式的属性中加入另一个关系模式的码和联系本身的属性。1∶1联系的概念模型示例如图 2－19 所示。

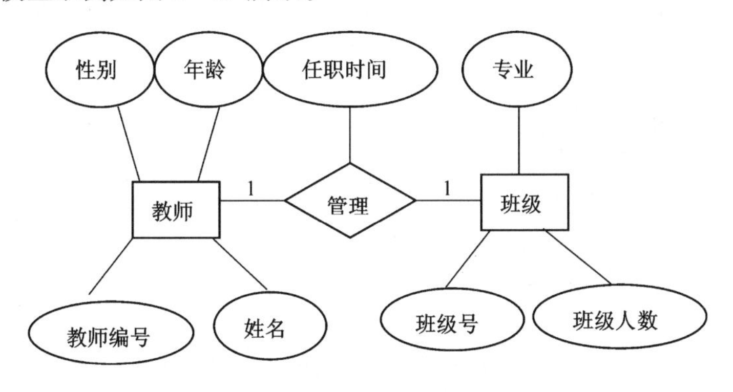

图 2－19　1∶1联系示例

图 2－18 的概念模型转化为关系模式的结果为：

R1(教师编号，姓名，性别，年龄)

R2(班级号，专业，班级人数)

R3(教师编号，班级号，任职时间)

或者：

R1(教师编号，姓名，性别，年龄)

R2(班级号，专业，班级人数，教师编号，任职时间)

或者：

R1(教师编号，姓名，性别，年龄，班级号，任职时间)

R2(班级号，专业，班级人数)

②一个 1∶n 联系。一个 1∶n 联系可以转换为一个独立的关系模式，也可以与 n 端对应的关系模式合并。如果转换为一个独立的关系模式，则与该联系相连的各实体的码以及联系本身的属性均转换为关系的属性，而关系的码为 n 端实体的码。如果与 n 端对应的关系模式合并，则把 1 端的码和联系的属性放到 n 端的实体关系模式中。1∶n 联系的概念模型示例如图 2－20所示。

图2－20 的概念模型转化为关系模式的结果为：

R1(学号，姓名，性别，宿舍号，住宿时间)

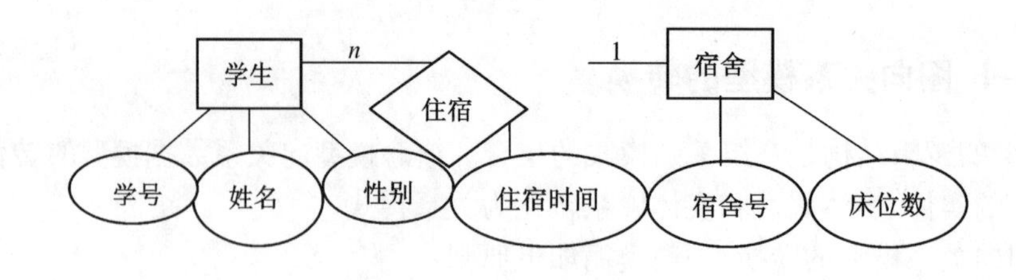

图 2-20　1∶n 联系示例

R2(宿舍号,床位数)

或者:

R1(学号,姓名,性别)

R2(宿舍号,床位数)

R3(学号,宿舍号,住宿时间)

③ m∶n 的联系。一个 m∶n 联系转换为一个关系模式。与该联系相连的各实体的码以及联系本身的属性均转换为关系的属性,而关系的码为各实体码的组合。m∶n 联系的概念模型示例如图2-21 所示。

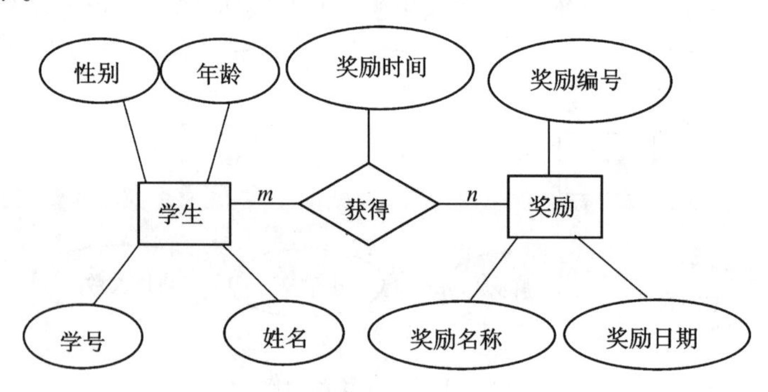

图 2-21　m∶n 联系示例

图2-20 的概念模型转化为关系模式的结果为:

R1(学号,姓名,性别,年龄)

R2(奖励编号,奖励名称,奖励日期)

R3(学号,奖励编号,奖励日期)

④ 三个或三个以上实体间的一个多元联系可以转换为一个关系模式。与该多元联系相连的各实体的码以及联系本身的属性均转换为关系的属性,而关系的码为各实体码的组合。

⑤ 同一实体集的实体间的联系,即自联系,也可按上述 1∶1、1∶n 和 m∶n 三种情况分别处理。

⑥ 具有相同码的关系模式可合并。将一个关系模式的全部属性加入到另一个关系模式中,然后去掉其中的同义属性,并适当调整属性的次序。

2.7.5　关系模型的优化

关系模型的优化是为了进一步提高数据库的性能,适当地修改、调整数据模型的结构。关系模型的优化通常以规范化理论为指导,其目的是消除各种数据库操作异常,提高查询效率,节省存储空间,方便数据库的管理。优化关系数据模型的方法为:

(1) 确定数据依赖。按照需求分析阶段所得到的语义,分别写出每个关系模式内部各属性之间的数据依赖以及不同关系模式属性之间的数据依赖。

（2）对于各个关系模式之间的数据依赖进行极小化处理，消除冗余的联系（参看范式理论）。

（3）按照数据依赖的理论对关系模式逐一进行分析，考查是否存在部分函数依赖、传递函数依赖、多值依赖等，确定各关系模式分别属于第几范式。

（4）按照需求分析阶段得到的各种应用对数据处理的要求，分析对于这样的应用环境这些模式是否合适，确定是否要对它们进行合并或分解，以提高数据操作的效率和存储空间的利用率。

值得注意的是，并不是规范化程度越高的关系就越优，因为规范化越高的关系，连接运算越多，而连接运算的代价相当高。对于查询频繁而很少更新的表，可以是较低的规范化程度。将两个或多个高范式通过自然连接，重新合并成一个较低的范式过程称为逆规范化。规范化和逆规范化是一对矛盾，何时进行规范化、何时进行逆规范化、进行到什么程度，在具体的应用环境中，需要设计者仔细分析和平衡。

2.8 小　结

本章主要介绍了可行性研究、需求分析、结构化分析方法、数据流图、数据字典、加工逻辑说明和关系数据理论等关于需求分析方面的一些基本方法和基本工具。

可行性研究是指在明确问题定义的基础上，通过市场分析、技术分析和经济分析，对各种投资项目的技术可行性、操作可行性、经济可行性与法律可行性进行分析与研究，得出项目是否具有可行性结论的过程。在进行可行性研究时需要了解和分析现有的系统，并以概括的形式表达对现有系统的认识，并把设想的新系统的逻辑模型转变成物理模型。系统流程图是概括地描绘物理系统的传统工具，它是用图形符号以黑盒子形式描绘组成系统的每个部件（程序、文档、数据库、人工过程等）。

软件需求分析是软件生命期中重要的一步，它要对经过可行性分析所确定的系统目标和功能作进一步的详细论述，确定系统“做什么”，并为软件项目的后续开发工作奠定基础。随着软件开发技术的发展，目前已形成许多需求分析方法，最为常用的需求分析方法有功能分解法、结构化分析方法、信息建模方法、面向对象分析方法和原型化方法等。

结构化分析方法是用抽象模型的概念，运用“抽象—分解”的基本手段，按照软件内部数据传递、变换的关系，自顶向下，逐层分解，直到找到满足功能需要的所有细节为止。结构化分析方法提供了图形、表格和结构化语言等半形式化的描述方式来表达需求，这些描述工具有数据流图、数据字典、结构化英语、判定树和判定表等。

关系数据理论主要研究软件系统中“数据”和“处理”两者之间的关系。在软件系统的开发过程中需要分析用户的数据要求和处理要求。为了简洁明了地表达用户的要求，通常需要建立数据模型。关系模型是目前最重要的一种数据模型，它是面向问题的概念数据模型，与在软件系统中的实现方法无关。表示关系模型的方法是实体—联系方法，即常用的 E－R 模型。在软件系统中，通常有大量的需要长期存储的数据，为了对这些数据进行有效管理，减少数据的冗余，提高数据的完整性和有效性，需要对数据进行规范化处理。规范化应满足的基本原则是：由低到高，逐步规范，权衡利弊，适可而止。通常以满足第三范式为基本要求。

习 题 2

2－1　简述可行性研究的任务和步骤。

2－2　简述需求分析的概念及需求的层次。

2－3　简述需求分析的任务及需求的获取方法。

2－4　需求分析的方法有哪些？

2－5　什么是结构分析方法？该方法使用什么描述工具？

2－6　结构化分析方法的步骤是什么？

2－7　什么是数据流图？其作用是什么？其中的基本符号各表示什么含义？

2－8　什么是数据字典？其作用是什么？数据字典中有哪些词条？

2－9　描述加工逻辑有哪些工具。

2－10　某银行的计算机储蓄系统功能是：将储户填写的存款单或取款单输入系统，如果是存款，系统记录存款人姓名、住址、存款类型、存款日期、利率等信息，并打印出存款单给储户；如果是取款，系统计算清单给储户。请用数据流图描绘该功能的需求，并建立相应数据字典。

2－11　某厂对部分职工重新分配工作的政策是：年龄在20岁以下，初中文化程度脱产学习，高中文化程度当电工；年龄20～40岁，中学文化程度，男性当钳工，女性当车工，大学文化程度都当技术员；年龄在40岁以上，中学文化程度当材料员，大学文化程度当技术员。请用结构化语言、判定表或判定树描述上述问题的加工逻辑。

第3章 概要设计

软件开发的重要过程之一就是软件设计,软件设计又分为概要设计和详细设计。概要设计(Preliminary Design)是软件设计的高层次内容,又称为总体结构设计(Architecture Design),是详细设计的基础,其注重的是软件系统中大粒度的构成部分和部分之间的关系,如子系统的划分、子系统之间的交互等,不包括硬件、网络以及物理平台的设计。

概要设计是系统开发过程中关键的一步。系统的质量及部分整体特性基本上是由这一步决定的。系统越大,总体结构设计的影响越大。而认为各个局部都很好,组合起来就一定好的想法是不切实际的。

本章主要介绍概要设计。

3.1 概要设计综述

在需求分析阶段中,系统要解决的问题是系统必须“做什么”。在概要设计阶段,系统要解决的问题是系统决定“怎么做”。就是把软件必须“做什么”的逻辑模型变换为决定“怎么做”的物理模型,也就是从总体上来说明软件系统是如何实现的,所以又称为是总体结构设计,它的任务就是根据需求分析阶段得到的逻辑模型来设计系统的物理模型。

3.1.1 概要设计的内容

结构化概要设计的过程典型的包括确定体系结构、确定系统的接口、分析数据流图、进行模块划分、制订设计规范、确定用户主界面、确定主要的算法、异常处理设计、书写概要设计说明书等步骤。

(1) 选定体系结构。先仔细阅读需求规格说明书,然后理解系统建设目标、业务现状、现有系统、客户需求的各功能说明,选择体系结构的模式是B/S结构还是C/S结构。

(2) 确定系统的外部接口和内部接口。接口设计从总体说明外部用户、软硬件环境与该系统的接口,是外部接口;已划分出的模块间接口,是内部接口。需求分析中已经确定了本系统与其他外围系统的接口,这里需对这些接口与划分出的具体模块相联系,对接口的命名、顺序、数据类型、传递形式做出更具体的规定,即将这些接口分配到具体的模块中。

(3) 分析数据流图。在需求分析阶段,已经明确了数据流图。分析数据流图,弄清数据流加工的过程,决定数据处理问题的类型是事务型问题还是变换型问题。

(4) 模块划分。通过分析,导出系统的初始结构图,完成初步的模块划分。

模块划分的原则是高内聚、低耦合,即选定一种合理的体系结构,从宏观上将系统划分成多个高内聚、低耦合的模块。

内聚,是同一个模块内部各个成分之间相关联程度的度量。

耦合,是模块之间依赖程度的度量。

内聚和耦合是密切相关的,与其他模块存在高耦合的模块通常意味着低内聚,而高内聚的模块通常意味着与其他模块之间存在低耦合。

(5) 对初始结构图进行改进和完善。所有的加工都要能对应到相应模块,消除完全相似或局部相似的重复功能,理清模块间的层次,控制关系,减少模块间信息交换量,平衡模块大小。不要模块大小差别太大。对模块划分进行合理调整。

(6) 对需求分析阶段的数据字典修改补充和完善,导出逻辑数据结构和每种数据结构上的操作,这些操作应当归属于某个模块。将接口数据分配给具体的模块。

(7) 确定系统包含哪些应用服务系统、客户端、数据库管理系统;确定每个模块放在哪个应用服务器或客户端的哪个目录、哪个文件(数据库内部建立的对象),落实体系结构。

(8) 对每个筛选后的模块进行列表说明,同时对逻辑数据结构进行列表说明。

(9) 进行主要的算法设计。在系统中确定主要的算法。一个高效率的程序主要基于良好的算法,而不是基于编程技巧。

(10) 进行异常处理设计。异常处理是任何设计都不可忽略的问题,它是系统能否安全运行的关键。

(11) 制订设计规范。包括命名约定、界面约定、程序编写规范、文档书写规范。

(12) 制订测试计划。为了保证软件的可测试性,软件设计一开始就要考虑软件测试,主要是针对结构、接口、界面等的测试。

(13) 编写概要设计文档。应该用正式的文档记录总体设计的结果。在这个阶段应该完成的文档主要包括概要设计说明书、用户手册、测试计划、详细的项目实现计划和数据库设计结果。

(14) 审查与复审概要设计文档。召开全体会议,对概要设计的结果进行严格的技术审查,修改其中的缺陷和不足之处。在技术审查通过之后再由客户从管理的角度进行复审。

3.1.2 软件体系结构

软件体系结构的思想最早是由 Dijsktra 等人提出的,又由 Shaw、Perry、Wolf 等人在 20 世纪 80 年代末作了进一步的发展和研究。虽然软件体系结构已经成为软件工程的研究重点,但是许多研究人员都是基于自己的经验从不同角度和不同侧面对体系结构来进行刻画的。

Perry 和 Wolf 等人认为软件体系结构是由一组具有特定形式的体系结构元素组成,包括处理元素、数据元素和连接元素三种。

Garlan 和 Perry 指出,软件体系结构由一个系统的构件结构、构件间的相互关系、控制构件设计和演化的原则和规范等三个方面所组成。

Shaw 和 Garlan 认为,体系结构是对构成系统的元素、及这些元素间的交互、它们的构成模式,及这些模式之间的限制的描述。

目前一个相对比较统一的定义是:软件体系结构是一个系统的高层结构共性的抽象,是建立系统时的构造模型、构造风格、构造模式。

目前在商业软件开发中采用的一些常用软件体系结构主要有层次结构、C/S 结构和 B/S 结构。

1. 层次体系结构

所谓层次结构,就是将软件的实现分成多个层次,低层的模块实现相对单一的功能,多个低层模块组合成一个较高层的模块,实现相对多的功能,最后所有的模块组合起来构成整个软件的功能。

层次系统规定上层子系统使用下层子系统的功能,而下层子系统不允许使用上层子系统的功能。一般下层每个程序接口执行当前的一个简单的功能,而上层通过调用不同的下层子程序,并按不同的顺序来执行这些下层程序,层次体系结构就是以这种方式来完成多个复杂业务功能的。层次体系结构主要用于单机系统。如图 3-1 所示是一个计算机网络的层次结构。

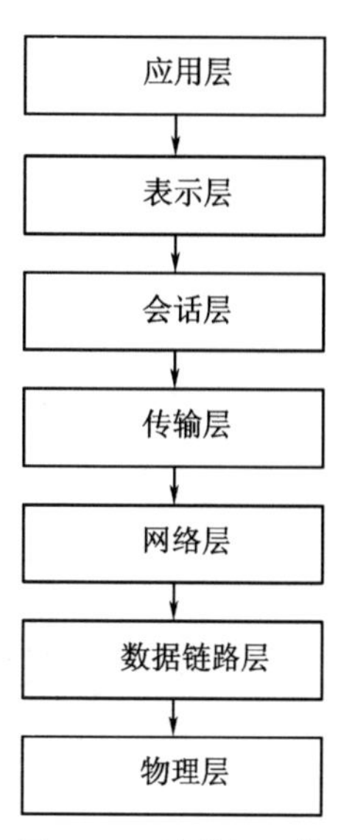

图 3-1 计算机网络的层次结构

2. C/S 结构

客户机/服务器结构,简称 C/S 结构或两层体系结构,由服务器提供应用(数据)服务,多台客户机进行连接,如图 3-2 所示。

客户机/服务器应用模式的特点是大都基于“肥客户机”结构下的两层结构应用软件。客户端软件一般由应用程序及相应的数据库连接程序组成,服务器端软件一般是某种数据库系统。当前实际应用中多数服务器就是一台数据库服务器。

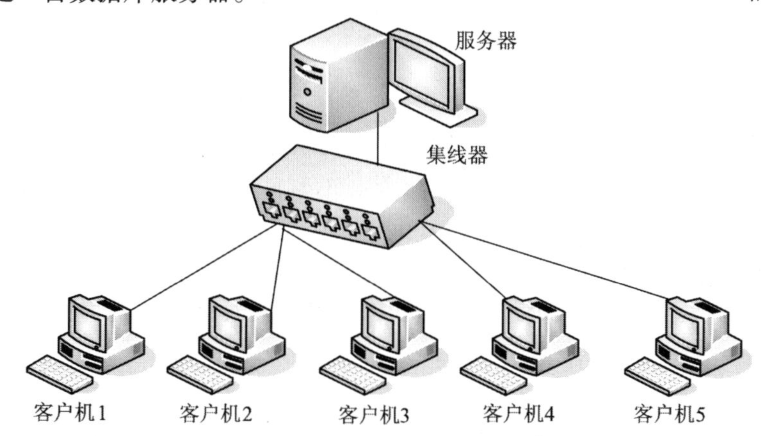

图 3-2 客户机/服务器模式

3. B/S 结构

浏览器/服务器结构,简称 B/S 结构,如图 3-3 所示。

在这种结构下,主要事务逻辑在服务器端(Server)实现,极少的一部分事务逻辑在前端浏览器(Browser)实现。客户端统一采用浏览器,用户工作界面是通过 WWW 浏览器来实现的。

这种结构最大的优点是:客户机全部采用浏览器,这不仅使用户使用变得方便,而且使得客户机不存在安装维护的问题。当然软件开发和维护的工作不是自动消失了,而是转移到了 Web 服务器端。在 Web 服务器端,程序员使用脚本语言编写响应页面。

4. B/S 和 C/S 比较

1) 响应速度

C/S 结构的软件系统比 B/S 结构的软件系统在客户端响应方面速度要快,能够充分发挥客户端的处理能力,很多工作可以在客户端处理后再提交给服务器。由于 C/S 结构的软件系统在逻辑结构上比 B/S 结构的软件系统少一层,所以对于相同的任务,C/S 完成的速度总比 B/S 快,因此 C/S 结构的软件系统利于处理局域网内的大量数据,B/S 结构的软件系统利于处

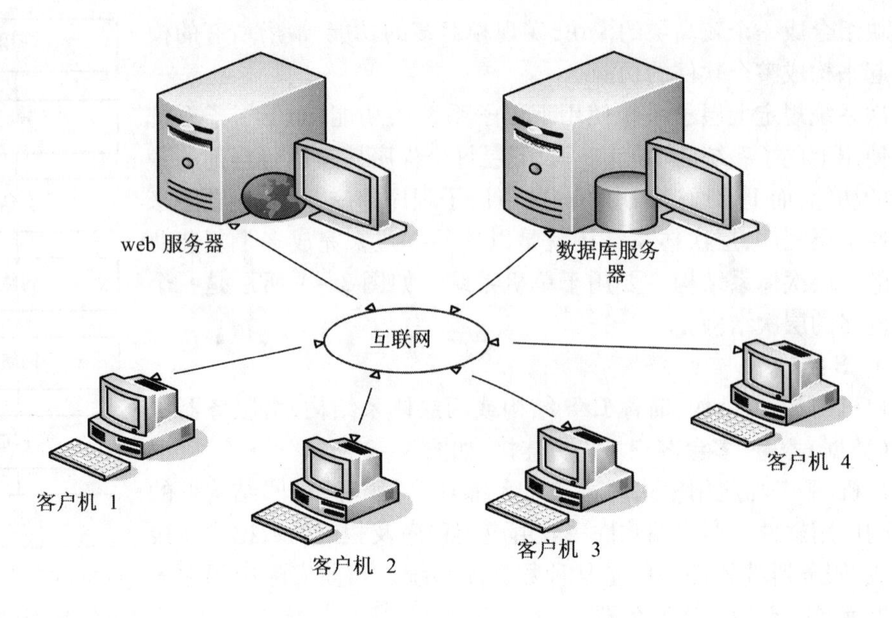

图 3-3　浏览器/服务器模式

理远程信息查询业务。

2）交互性

B/S 结构的软件系统只需在客户端(除操作系统软件外)安装一个浏览器即可,由于浏览器和 HTML 页面的交互性都比较差,因此 B/S 结构的软件系统没有 C/S 结构的软件系统的交互性好。

3）打印和 I/O 接口的处理能力

C/S 结构的软件系统在软件处理打印和计算机接口方面比 B/S 结构的软件系统方便,例如打印报表、RS-232 异步通信口的控制等。

4）维护费用

C/S 结构的软件系统在系统维护方面没有 B/S 结构的软件系统方便。B/S 结构的客户端需要安装专用的客户端软件,属于“胖客户端”。在系统软件升级时,每一台客户机需要重新安装,其维护和升级成本非常高。

而 B/S 结构的软件系统属于“瘦客户端”,软件工程师维护软件系统不需要在不同地域之间来回奔跑,只需要在服务器端进行维护即可。

5）安全性

C/S 结构提供了更安全的存取模式。由于 C/S 结构是配对的点对点的结构模式,采用了局域网安全性比较好的网络协议,安全性可以得到好的保证。而 B/S 结构采用一点对多点、多点对多点这种开放的结构模式,并采用 TCP/IP 这一类运用于 Internet 的开放性协议,其安全性只能靠数据服务器上管理密码的数据库来保证。

3.2　软件结构设计的概念和原理

经过几十年的发展和实践,软件设计逐步形成了许多基本概念和原理,成为各种设计方法的基础,同时也是对软件设计的技术质量进行衡量的标准之一。

3.2.1 模块和模块化

模块是软件结构的基础，是软件元素，是能够单独命名、独立完成一定功能的程序语句的集合，而且有一个总体的标识符代表它，如高级语言中的过程、函数、子程序等。广义地说，面向对象方法学中的对象也是模块，对象内的方法也是模块。模块是构成程序的基本构件。

模块化就是把程序划分成独立命名且可独立访问的模块，每个模块完成一个子功能。模块化是指解决一个复杂问题时自顶向下逐层把软件系统划分成若干模块的过程。模块化的目的是为了降低软件复杂性，使软件设计、测试、维护等操作变得简单。运用模块化技术还可以防止错误蔓延，从而可以提高系统的可靠性。关于模块可以降低软件复杂性的事实，可以根据人类解决问题的一般规律，对上面的结论加以论证。

设 C(x)是定义问题 x 的复杂度函数，E(x)是解决问题 x 所需要的工作量(时间)。对于 P1 和 P2 两个问题：

如果 C(P1) > C(P2)，即问题 Pl 比 P2 复杂，显然有 E(Pl) > E(P2)，即问题越复杂，所需要的工作量越大。

根据人类解决一般问题的经验，另一个有趣的规律是 C(P1 + P2)) > C(P1) + C(P2)，也就是分解后的复杂性总是小于分解前的复杂性。

即如果一个问题由 P1 和 P2 组合而成，那么它的复杂程度大于分别考虑每个问题时的复杂程度之和。从而得到下列不等式：

$$E(P1 + P2) > E(P1) + E(P2)$$

由此可知，模块划分得越小，花费的工作量就越少，其复杂性也就降得越低。这个不等式导致“各个击破”的结论，即把复杂的问题分解成许多容易解决的小问题，原来的问题也就容易解决了。但并不等于说软件模块化“一定能降低复杂性”，因为论证是在 C(P1 + P2) > C(P1) + C(P2)的前提下推出的，并未考虑到由于模块划分小而导致模块之间的接口所需要的工作量的提高。模块总数增加，与模块接口有关的工作量也随之增加，从而得到如图 3-4 所示的总成本曲线。

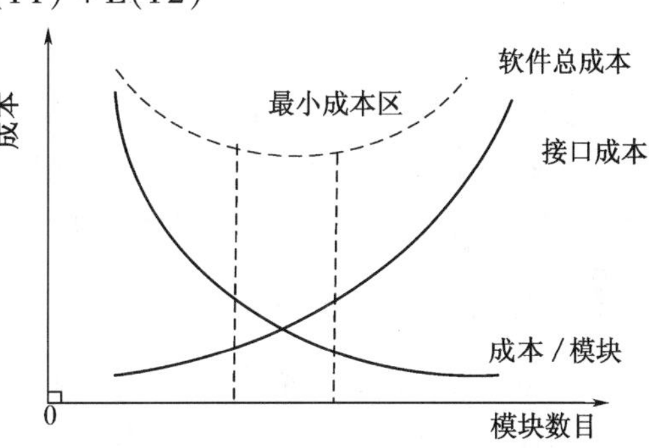

图 3-4 模块化和软件成本

从图 3-4 得知，每个程序都相应地有一个最适当的模块数目，使得系统的开发成本最小。所以要模块化但应避免模块性不足或者超模块性。模块与外部联系多，模块的独立性差；模块与外部联系少，则模块独立性强。

3.2.2 抽象

模块最重要的特征有两个：一是抽象；二是信息隐蔽。抽象是人类认识自然界中的复杂现象的过程中使用的最强有力的思维工具。客观世界中的事物形形色色，千变万化。但是人们在实践中发现，不同的事物、状态之间存在着某些相似或共性的方面，把这些相似或共性的方面集中或概括起来，暂时忽略其他次要因素，这就是抽象。简单地讲，抽象就是抽出事物本质的共同特性而暂时忽略它们之间的细节。

模块反映了数据和过程的抽象。在模块化问题求解时，可以提出不同层次的抽象，在抽象的最高层，可以使用问题环境语言，以概括的方式叙述问题的解。在抽象的较低层，则可采用过程性术语，在描述问题解时，面向问题的术语与面向实现的术语结合起来使用。最终，在抽象的最底层可以用直接实现的方式来说明。实际上，软件工程过程的每一步都是对软件抽象层次的一次细化。在系统问题定义过程中，把软件作为计算机系统的一个整体来对待。在软件需求分析时，软件的解是使用问题环境内熟悉的方式描述的。当从总体设计向详细设计过渡时，抽象的程度也就随之减少。最后，当源代码写出时，也就达到了抽象的最底层。

随着对抽象的不同层次的进展，建立了过程抽象和数据抽象。过程抽象是一个命名的指令序列，它具有一个特定的和受限的功能。数据抽象则是一个命名的说明数据对象的数据集合。

3.2.3 信息隐蔽和局部化

应用模块化原理可以降低软件设计复杂度和减少软件开发成本，那么应当如何分解一个软件才能得到最佳的模块组合呢？信息隐蔽原理指出：设计和确定模块原则，应该使得包含在模块内的信息（过程和数据），对于不需要这些信息的模块是不能访问的。

信息隐蔽意味着有效的模块化可以通过定义一组独立的模块来实现，这些模块彼此之间仅仅交换那些为了完成系统功能所必须交换的信息。

局部化概念和信息隐蔽是密切相关的。所谓局部化是指把一些关系密切的软件元素物理地放得彼此靠近。在模块中使用局部数据就是局部化的一个例子。显然，局部化有助于实现信息隐蔽。

信息隐蔽原理使得软件在测试以及以后的维护期间软件维修时变得简单。这样规定和设计的模块会带来极大的好处。因为绝大多数的数据和过程对于软件其他部分是隐藏的。所以模块在修改期间由于疏忽而引入的错误传播到其他软件部分的可能性极小。

3.2.4 模块独立性及其度量

模块独立性的概念是模块化、抽象、信息隐蔽和局部化概念的直接结果。模块独立性是通过开发具有单一功能和与其他模块没有太多交互作用的模块来达到的。即希望所设计的软件结构中，每个模块都能完成一个相对独立的特定功能，并且和其他模块之间的接口相对很简单。

模块的独立性是一个好的软件设计的关键。具有独立模块的软件容易开发，这是由于能够对软件的功能加以分割，而且接口可以简化，可以由一组人员分工合作来开发。由于模块互相独立，比较容易测试和维护。相对来说，在各自设计和修改代码时工作量就比较小，错误传播范围小。

模块的独立性可以由两个标准来度量，即模块之间的耦合和模块本身的内聚。耦合是指模块之间相互独立性的度量，内聚则是指模块内部各个成分之间彼此结合的紧密程度的度量。

1. 耦合

软件结构内模块之间的互连程度用耦合来进行度量，耦合的强弱取决于模块相互之间接口的复杂程度，即进入或访问一个模块的点，及通过接口的数据。在软件设计中应该追求尽可能松散耦合的系统。这样的程序容易测试、修改和维护。而且，当某一个模块出现错误时，蔓延到整个系统的可能性很小。因此，模块之间的耦合程度对系统的可理解性、可测试性、可靠性和可维护性有很大的影响。

模块的耦合性有以下6种类型。

1）无直接耦合

如果两个模块分别被不同模块的控制与调用，它们之间不传递任何信息，没有直接的联系，彼此完全独立，耦合程度最低，则称这种耦合为无直接耦合。但是，在一个软件系统中所有的模块之间不可能没有任何联系。

2）数据耦合

如果两个模块彼此间有调用关系，而且相互传递的信息以参数的形式给出，传递的信息仅仅只有数据，则称这种耦合为数据耦合。

3）特征耦合

如果两个模块之间传递的是数据结构，而且被调用模块作为参数传递过来的是整个数据结构中的部分元素，则称这种耦合为特征耦合。

4）控制耦合

当一个模块调用另一个模块时，传递的信息中有控制信息，虽然以数据的形式出现，但是仍然控制了该模块的功能，则称这种耦合为控制耦合。也就是被调用的模块内有多个功能，根据控制信息有选择地执行块内某一功能。属于中等程度的耦合，增加了系统的复杂程度。当经历模块分解以后可以使用数据耦合来替代。

5）公共环境耦合

两个或多个模块通过一个公共的数据环境相互作用，该耦合称为公共环境耦合。公共环境可以是全程变量、共享的通信区、内存的公共覆盖区、物理设备等。

公共环境耦合的复杂程度随耦合模块个数的增加而显著增加。在只有两个模块有公共环境耦合的情况下，则这种耦合有以下两种可能：一个模块给公共环境送数据，另一个模块从公共环境取数据，这是数据耦合的一种方式，是比较松散的耦合；两个模块都既往公共环境送数据，又从里面取数据，这种耦合比较紧密，介于数据耦合和控制耦合之间。如果两个模块共享的数据很多，都通过参数传递可能很不方便，这时可以利用公共环境耦合。

6）内容耦合

发生下列情况之一，属于内容耦合：一个模块直接访问另一个模块的内部数据；一个模块不通过正常入口而转到另一个模块内部；一个模块有多个入口；两个程序有部分程序代码重叠。内容耦合属于最高程度的耦合，也是最差的耦合，应避免使用。

总之，在设计模块时尽量做到把模块之间的联系降低到最小程度，模块环境的任何变化都不应引起模块内部发生改变。既然耦合是影响软件复杂程度的一个重要因素，那就应该遵守下述设计原则：尽量使用数据耦合，少使用特征耦合和控制耦合，限制公共环境耦合的范围，完全不用内容耦合。

2. 内聚

模块内部各个元素彼此之间联系的紧密程度称为内聚。它是决定软件结构的另一个重要因素，而且它是从功能角度来度量模块内的联系，也可以说是度量一个模块能完成一项功能的能力。因此又称模块强度。我们总是希望内聚性越高越好，模块强度越强越好，模块的内聚性有以下6种类型。

1）偶然内聚

如果一个模块完成一组任务，这些任务之间即使有联系，也是很松散的，称为偶然内聚。

例如,一些没有联系的处理序列在程序中多处出现,例如:

```
Move e TO f;
Read disk File;
Movc x TO y;
```

这些语句是一组没有独立功能定义的语句段,将它们组成一个模块,目的是为了节省存储,那么这个模块就属于偶然内聚。这种模块不仅不易修改,而且无法定义它的功能,因此增加了程序的模糊性,这是最低的内聚情况,故一般是不采用的。出现错误的概率也比其他类型的模块高得多。

2) 逻辑内聚

将逻辑上相同或相似的一类任务放在同一个模块中(一个模块由传送给模块的参数来确定该模块应完成的某一功能),这就是逻辑内聚。例如,对某一个数据库中的数据可以按各种条件进行查询,这些不同的查询条件所用的查询方式也不相同,设计时,不同条件的查询放在同一个"查询"模块中。

3) 时间内聚

把需要同一时间段儿执行的动作(例如,模块完成各种初始化工作,同时打开若干个文件,或同时关闭若干个文件)组合在一起形成的模块就称为时间内聚模块。

4) 通信内聚

如果模块中所有元素都使用相同的输入数据或者产生相同的输出数据,就称为通信内聚。例如,利用同一数据生成各种不同形式报表的模块就具有通信内聚性。

5) 顺序内聚

一个模块中各个处理元素和同一个功能密切相关,且必须顺序执行,则称为顺序内聚。例如,求解一元二次方程的根,先输入三个系数,再求解,最后输出方程的解,这些处理都与求解有关,必须顺序执行。通常一个处理元素的输出数据将作为下一个元素的输入数据。

6) 功能内聚

模块内所有元素如果属于一个整体,共同完成一个单一的功能,则称为功能内聚。

例如,一个模块只完成打印统计报表这样的具体任务,则该模块就具有功能内聚性。

功能内聚是最高程度的内聚。

如果按照内聚程度来分,则分为低内聚、中内聚、高内聚。偶然内聚、逻辑内聚和时间内聚属于低内聚,通信内聚属于中内聚,顺序内聚和功能内聚属于高内聚。在具体设计软件时我们尽可能做到高内聚,并且能够辨认出低内聚的模块,从而通过修改设计提高模块的内聚性,降低模块之间的耦合程度,提高模块的独立性,为设计高质量的软件结构奠定基础。

3.3 软件结构设计的准则

长期以来,人们在计算机软件开发的实践中积累了丰富的经验,总结这些经验可以得出以下 6 个软件结构设计准则。

1. 降低模块之间的耦合性,提高模块的内聚性

设计出软件的初步结构之后,为了提高模块的内聚性,应该审查并分析软件结构,通过分解和合并模块,降低耦合提高内聚。例如,多个模块公有的一个子功能可以分解为一个内聚程度较高的公共子模块,由这些模块调用;有时还可以将耦合程度高的模块进行合并,从而降低接口的复杂程度。

2. 模块的深度、宽度、扇出和扇入应适当

深度指的是软件结构中模块控制的层数，在一定意义上往往能粗略地反映系统的大小规模和复杂程度。如果深度太大，则表示软件结构中控制层数太多，应该检查结构中某些管理模块是否过分简单了，应考虑能否合并。

宽度指的是同一层次中模块总数的最大值。一般情况下，宽度越大，则系统结构越复杂。影响宽度的最大因素是模块的扇出。

扇出是一个模块直接调用(控制)的模块数目。经验证明，一个好的典型系统结构的平均扇出数一般是3~4，最大不能超过5~9。扇出太大，意味着模块太过复杂，缺乏中间层次，可以适当增加中间层次的控制模块；扇出如果太小(总是1)也不好。这时可以考虑把下级模块进一步分解成若干个子功能模块，或者合并到它的上级模块中去。当然这种分解或合并不能影响模块的独立性。

扇入指有多少个上级模块直接调用它。一个模块的扇入越大，说明共享该模块的上级模块数目越多，这是有好处的。但是，不能违背模块独立性原理，单纯追求高扇入。

观察大量软件系统后，得到结论设计得比较好的软件结构，一般顶层扇出高，中层扇出较少，底层模块有高扇入。

3. 模块的作用域应该在控制域内

模块的作用域指受该模块内一个判断影响的所有模块的集合。模块的控制域是指模块本身以及其所有直接或者间接从属于它的模块集合。

在设计得好的软件结构中，所有受判断影响的模块都从属于做出判定的那个模块。最好局限于做出判断的那个模块本身及它的直属下级模块。这样可以降低模块之间的耦合性，并且可以提高软件的可靠性和可维护性。

4. 降低模块接口的复杂程度

模块接口的复杂是软件出错的主要原因之一。接口的设计应尽量使信息传递简单，并和模块的功能一致。如果模块的接口复杂或不一致，则有可能产生紧耦合、低内聚的软件结构，就需要重新划分该模块的独立性。

5. 模块规模要适中

在考虑模块独立性的同时，为了增加可读性，模块规模不宜太大。根据经验，模块规模最好能够写在1页纸内，源代码行数在60行的范围内是比较合适的。当一个模块包含的语句数超过30行以后，模块的复杂程度就高了。

过大的规模往往是由于分解不充分，如果做进一步分解，也必须符合问题结构，但是，分解后仍然不应该降低模块的独立性。

6. 设计功能可预测的模块

设计的模块的功能应该能够预测，但是也要防止模块的功能过分局限。如果把一个模块当作一个黑盒子，不管其内部如何处理细节，只要外部输入数据相同，就会产生同样的输出数据，则这个模块的功能就可以预测的。

以上介绍的软件结构设计准则是人们经过长期的软件开发实践总结出来的，对改进设计，提高软件的质量往往有很重要的参考价值。但是它们不是设计的目标，也不是在设计时必须普遍遵循的原理。所以，在实际应用时应根据系统的大小、难易程度加以灵活应用。

3.4 概要设计工具

3.4.1 IPO 图

IPO 图是输入/处理/输出图的简称,其功能就是用来描绘输入数据、对数据的处理即输出数据的之间层次关系。层次图中的一个矩形框代表一个模块,方框间的连线表示调用关系而不像层次方框图那样表示组成关系。层次图的一般格式如图 3-5 所示。

一个 IPO 图只能够描述单个处理功能的输入数据、数据处理和输出数据之间的关系,对整个软件的总体结构不能进行清晰的描述。因此层次图主要使用于自顶向下设计软件的过程中。

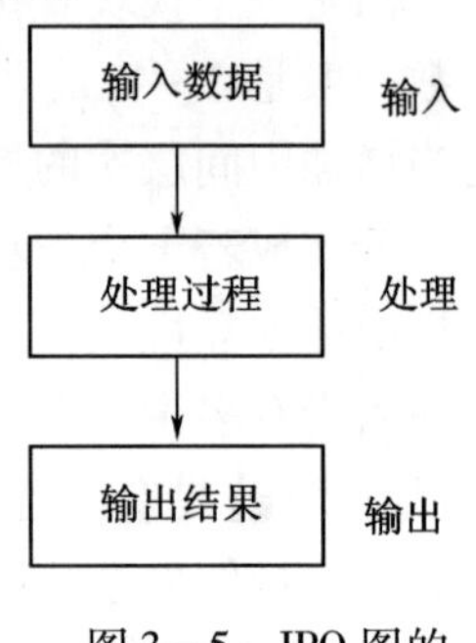

图 3-5 IPO 图的一般格式

3.4.2 HIPO 图

HIPO 图是美国 IBM 公司于 20 世纪 70 年代中期在层次图的基础上推出的,又称为“分层的 IPO 图输”。主要用于描述系统结构和模块内部处理功能的一种工具。为了能使 HIPO 图具有可追踪性,在 H 图(层次图)里除了最顶层的方框之外,每个方框都加了编号。如图 3-6 所示是图书检索系统的 HIPO 图。

HIPO 图中的每张 IPO 图内都应该明显地标出它所描绘的模块在 H 图中的编号,以便追踪了解这个模块在软件结构中的位置。

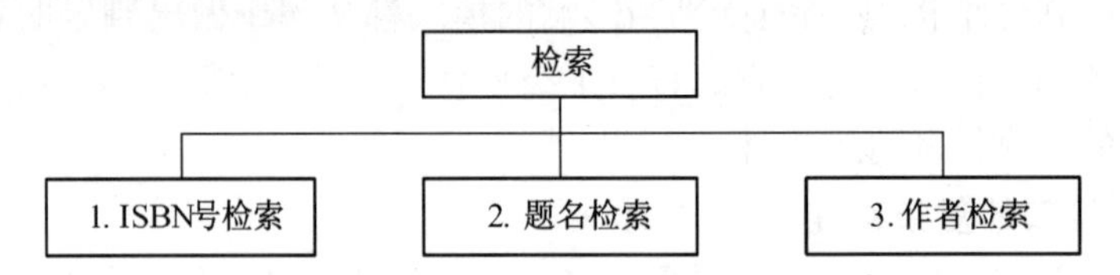

图 3-6 图书检索系统的 HIPO 图

3.4.3 软件结构图

软件结构图是 20 世纪 70 年代由 Yourdon 等人提出的结构图是进行软件结构设计的另一个有力工具。结构图和层次图类似,也是描绘软件结构的图形工具。结构图的主要内容有以下三个:

(1) 模块。用方框来表示,框内注明模块的名字或主要功能。

(2) 模块的调用关系。用方框之间的箭头(或直线)表示模块的调用关系。按照惯例总是图中位于上方的方框代表的模块调用下方的模块,即使不用箭头也不会产生二义性。为了简单起见,可以只用直线而不用箭头表示模块间的调用关系。在结构图中通常还用带注释的箭头表示模块调用过程中来回传递的信息。箭头指明传送的方向,如图 3-7 所示。

以上介绍的是结构图的基本符号,也就是最经常使用的符号。

(3) 辅助符号。目的就是用来表示模块的选择调用或循环调用。图 3-8 表示模块 A 循环调用模块 B、C 和 D。图 3-9 表示当模块 M 中某个判定为真时调用模块 T1,为假时调用模块 T2。

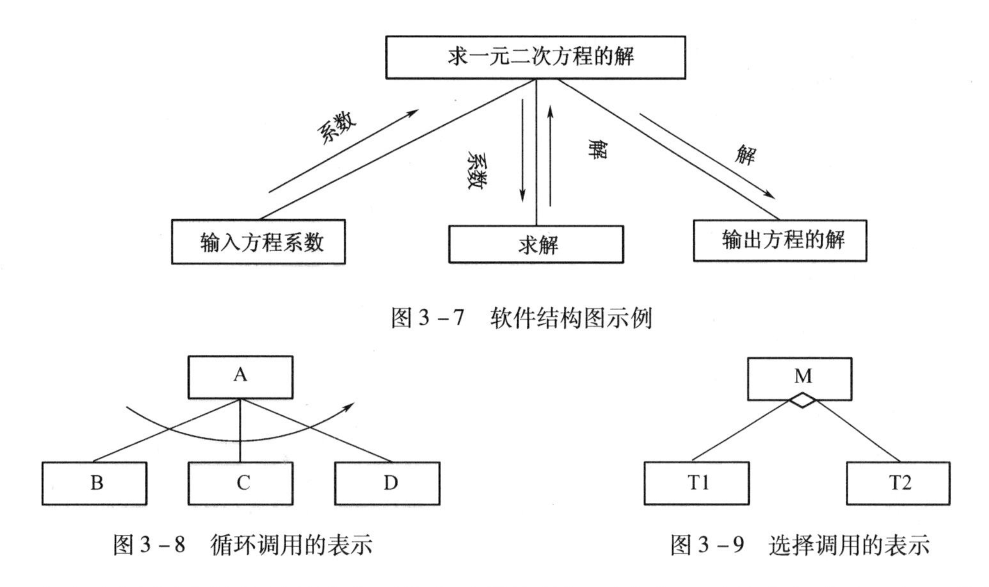

图 3 – 7　软件结构图示例

图 3 – 8　循环调用的表示

图 3 – 9　选择调用的表示

注意，层次图和结构图并没有严格表示模块的调用次序。虽然大部分人习惯于按调用次序从左到右画模块，但是并没有这种规定，出于其他方面的考虑（如为了减少交叉线），也完全可以不按这种次序画。此外，层次图和结构图也没有指明什么时候调用下层模块。通常上层模块中除了调用下层模块的语句之外还有其他语句，究竟是先执行调用下层模块的语句还是先执行其他语句，在图中丝毫没有指明。

3.5　结构化设计的方法

结构化设计方法就是把在需求分析阶段得到的数据流图映射为软件结构图的一种基于数据流的设计方法。通常利用数据流图描绘信息在系统中的加工和流动情况。结构化设计方法首先定义了一些不同的"映射"，利用这些映射再把数据流图变换成软件结构图。它的目标是给出设计软件结构的一个系统化的途径。

3.5.1　数据流图的类型

结构化设计方法是以数据流图为基础，设计出系统的软件结构。无论数据流图多么庞大和复杂，经过对数据流图中的数据流进行分析，按照数据流图的性质可以将数据流图分成两种基本型：变换型和事务型。数据流图一般是这两种类型的混合型，即一个系统可能既有变换型，也含有事务型。

1. 变换型

变换型数据流图基本呈线性形状的结构，由输入流、变换流、输出流三部分组成。变换流是系统的变换中心。变换输入端的数据流为系统的逻辑输入，输出端为逻辑输出，而系统输入端的数据流为物理输入，输出端为物理输出，如图 3 – 10 所示。

2. 事务型

当一个数据项到达处理某个处理模块时，将有多个动作产生，这就是事务型的。这种类型的数据流图常呈辐射状，也就是"以事务为中心的"，即数据沿着输入通路到达下一个处理 T，这个处理根据输入数据的类型，选择执行若干个动作序列中的某一个来执行。这类数据流就划分为一类特殊的数据流,称为事务流。如图 3 - 11 所示。

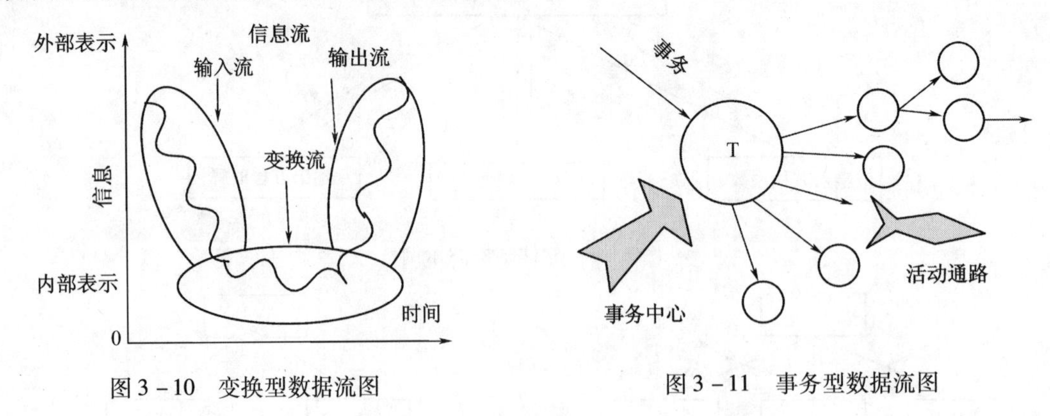

图 3 - 10　变换型数据流图　　　　图 3 - 11　事务型数据流图

事务处理中心 T 要完成三项基本任务,首先接受事务(又称为输入数据),然后分析每个事务以确定其类型,最后根据事务类型选取一条活动通路。

3.5.2　设计过程

基于数据流的设计方法可以很方便地将数据流图中表示的数据流映射成软件结构,其设计过程如图 3 - 12 所示。

对主要经历的过程进行描述:

(1) 复审数据流图,必要时可进行修改或精化。

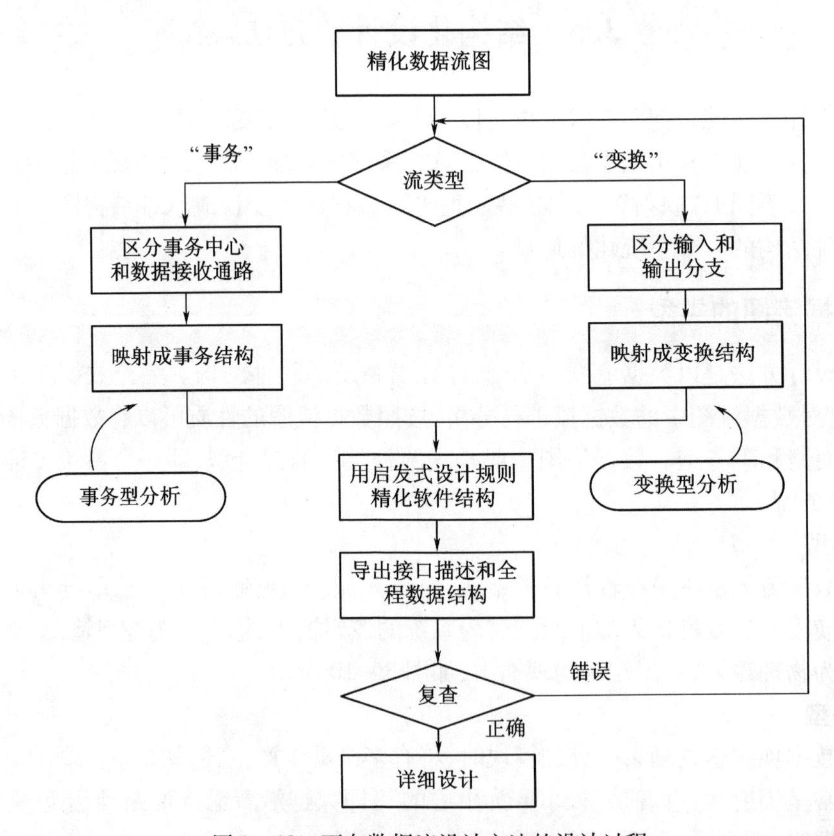

图 3 - 12　面向数据流设计方法的设计过程

（2）确定数据流图中数据流的类型。如果是变换型，确定逻辑输入和逻辑输出的边界，找出变换中心，映射为变换结构的顶层和第一层；如果是事务型，确定事务中心和活动路径，映射为事务结构的顶层和第一层，建立软件结构的基本框架。

（3）分解上层模块，设计中下层模块结构。

（4）根据软件结构设计准则对软件结构求精并改进。

（5）导出接口描述和全程数据结构。

（6）复审。如果有错，转入修改完善，否则进入下一阶段详细设计。

3.5.3 设计优化

考虑设计优化问题时应该记住，“一个不能工作的‘最佳设计’的价值是值得怀疑的”。软件设计人员应该开发能够满足所有功能和性能需求，而且按照设计原理和启发式设计规则来衡量是值得开发的软件。

应该在设计的早期阶段尽量对软件结构进行精化。据此导出不同的软件结构，然后对它们进行评价和比较，争取得到“最好”的结果。这种优化的可能，是把软件结构设计和过程设计分开的真正优点之一。

注意：结构简单通常既表示设计风格优雅，又表示效率高。设计优化应该力求做到在有效的模块化的前提下使用最少量的模块，以及在能够满足信息要求的前提下使用最简单的数据结构。

对于时间是决定性因素的应用场合，可能有必要在详细设计阶段，也可能在编写程序的过程中进行优化。软件开发人员应该意识到，程序中相对来说比较小的部分（10% ~20%），通常占用全部处理时间的大部分（50% ~80%）。用下述方法对时间起决定性作用的软件进行优化是合理的。

（1）在不考虑时间因素的前提下开发并精化软件结构。

（2）在详细设计阶段选出最耗费时间的那些模块，仔细地设计它们的处理过程（算法），以求提高效率。

（3）使用高级程序设计语言编写程序。

（4）在软件中孤立出那些大量占用处理机资源的模块。

（5）必要时重新设计或用依赖于机器的语言重写上述大量占用资源的模块的代码，以求提高效率。

上述优化方法遵守了一句格言：“先使它能工作，然后再使它快起来。”

3.6 小　结

概要设计又称为总体结构设计，在这个阶段需要解决的问题是系统决定“怎么做”。在这一部分详细描述了概要设计的综述，软件结构设计的原理、准则、工具和方法。其中在综述部分主要学习如何确定体系结构、确订系统的接口、分析数据流图、进行模块划分、制订设计规范、确定用户主界面、确定主要的算法、异常处理设计、书写概要设计说明书等步骤。

在软件设计原理部分详细介绍了模块和模块化，信息隐藏和局部化，还有模块独立性的衡量标准：耦合和内聚。抽象是人类解决复杂问题时最常用、最有效的方法，由抽象到具体的构造出软件的层次结构。

在软件设计准则主要介绍了计算机软件开发的实践中积累的丰富的经验,总结这些经验得出一些很有参考价值的启发式规则,它们能对如何改进软件设计给出宝贵的提示。在软件开发过程中,既需要充分重视和利用这些启发式规则,又要从实际情况出发,避免发生生搬硬套的情况。

在软件设计的工具主要介绍了 IPO 图,HIPO 图和软件结构图。结构化设计方法就是把在需求分析阶段得到的数据流图映射为软件结构图的一种基于数据流的设计方法。通常利用数据流图描绘信息在系统中的加工和流动情况。结构化设计方法首先定义了一些不同的“映射”,利用这些映射再把数据流图变换成软件结构图。它的目标是给出设计软件结构的一个系统化的途径。最后是站在全局的高度对软件结构进行优化,这个时期的优化付出的代价不高,但是可以使软件质量得到重大改进。

习 题 3

3-1 结合本章内容,查阅相关资料,阐述结构化设计的主要思想。

3-2 什么是模块独立性?

3-3 什么是耦合?为每种类型的模块耦合举一个例子。

3-4 什么是内聚?为每种类型的模块内聚举一个例子。

3-5 概要设计的基本任务是什么?

第4章　详细设计及实现

详细设计阶段的根本目标就是确定应该怎样具体实现所要求的系统，即经过这个阶段的设计工作后，应该得出对目标系统的精确描述，具体就是为概要设计阶段的每一个模块确定所采用的算法和数据结构，从而在编码阶段可以把这个描述直接翻译成用某种程序设计语言书写的源程序。

详细设计阶段的任务还不是具体地编写程序，而是要设计出程序的“蓝图”，以后程序员将根据这个蓝图写出实际的程序代码。因此，详细设计的结果基本上决定了最终的程序代码的质量。考虑程序代码的质量时必须注意，程序的“读者”有两个，即计算机和人。在整个软件的生命周期中，设计测试方案、诊断程序错误、修改和软件维护等都必须先读懂程序。实际上对于长期使用的软件系统，读程序的时间可能比写程序的时间还要长得多。因此，衡量程序的质量不仅仅是看它的逻辑是否正确，性能是否满足要求，更主要的是要看它是否易读、易理解。详细设计的目的不仅仅是在逻辑上正确实现每个模块的功能，更重要的是设计过程应该尽可能的简明易懂。结构化程序设计技术是实现上述目标的关键技术，因此它是详细设计的逻辑基础。

4.1　结构化程序设计

结构化程序设计的概念最早由 E. W. Dijkstra 在 1965 年召开的 IFIP(国际信息处理联合会)会议上指出的。1966 年 Boehm 和 Jacopini 证明，只用三种基本的控制结构就能实现任何单入口单出口，且无死循环、死语句的程序。这三种基本的控制结构是“顺序”“选择”和“循环”，它们的流程图分别如图 4－1(a) ~ (d)所示。

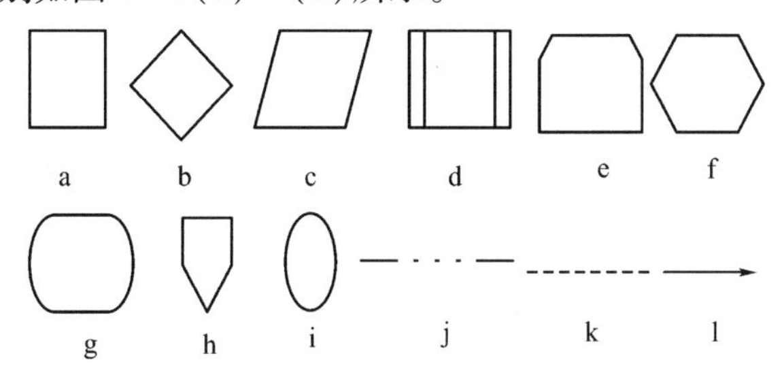

图 4－1　程序流程图的三种基本控制结构

(a) 顺序结构；(b) 选择结构；(c)“当型”循环；(d)“直到型”循环。

这种结构化程序设计方法是详细设计中采用的一种典型的方法。其中顺序结构是实现过程步骤的算法说明的基础。选择结构提供按照某些逻辑发生选择处理的条件。循环结构提供循环处理。这三种结构对于结构化程序设计是最基本的，也是软件工程领域中一种重要的设计技术。

结构化程序设计采用自顶向下,逐步求精的设计方法和单入口单出口的控制结构。逐步求精在总体设计阶段中可以把一个复杂的问题分解和细分成由许多模块组成的层次结构。

4.2 用户界面设计

用户界面是在人和计算机之间创建一个有效的通信媒介,是控制计算机或进行用户和计算机之间的数据传送的系统部件。用户界面是用户直接接触的软件部分,它的质量直接影响到用户对软件的使用,直接影响用户对软件产品的评价,从而影响软件产品的竞争力和寿命。

人机交互界面是给用户使用的,为了设计好人机交互界面,设计者需要了解用户界面应具有的特性,除此之外,还应该认真研究使用软件的用户,包括用户的类型、用户界面的设计思想、用户界面设计的原则以及用户界面设计的类型等。

4.2.1 用户类型

通常,用户可以分为以下4种类型:

(1) 外行型:第一次使用计算机或者以前从未使用过计算机系统的用户。他们根本不熟悉计算机的操作,对系统很少或毫无意识。只需要基本功能来完成简单的任务。

(2) 初学型:这类用户尽管对新的系统不熟悉,但对计算机还有一些经验。由于他们对系统的认识不足或者经验很少,因此需要相当多的支持。新系统的大多数用户都是以初学型开始的,随着经验的积累,就会越来越熟练。但是如果在一个时期不使用,他们有可能又退回到初学型的状态。

(3) 熟练型:对一个系统有相当多的经验,能够熟练操作的用户。经常使用系统的用户随着时间的推移就逐渐熟练,要求的是高效的操作。与初学者相比,他们需要的界面可以提供较少支持,但要更直接迅速地进入运行、更经济。熟练型的用户不了解系统的内部结构,因此,他们不能纠正意外错误,不能扩充系统的能力,他们擅长操作一个或多个任务。

(4) 专家型:这一类用户与熟练型用户相比,他们了解系统的内部构造,有关于系统工作机制的专业知识,具有维护和修改基本系统的能力。专家型需要为他们提供能够修改和扩充系统能力的复杂界面。

4.2.2 用户界面的设计思想

用户界面设计的目标是增加系统的可用性、界面友好化。所以友好的界面应该至少具备以下特征:操作简单易学,易掌握;界面美观,操作符合一般用户的操作习惯;快速反应,响应合理;用语通俗,语义一致。

为了设计一个用户认为质量好的界面,就需要遵循下面的用户界面设计思想:

(1) 以用户为中心。

(2) 非精确。精确交互技术是指能用一种技术来完全说明用户交互目的的交互方式,键盘和鼠标都需要用户精确输入。而人们的动作或思想往往并不精确。

(3) 高带宽。现在计算机输出的内容已经可以快速、连续地显示彩色图像,其信息量非常大。而人们的输入却仍然是使用键盘一个一个地敲击,因而,计算机的输入带宽是很低的。新一代的用户界面应该支持高的输入带宽,快速、大批量地输入信息。话音、图像等的输入是今后的发展方向。

（4）多通道。多通道界面旨在充分利用一个以上的感觉和通道的互补特性来捕捉用户的意向，从而增进人机交互中的自然性。有效利用人的感官和运动，将听、说和手、眼等协同操作，采用多通道，以自然方式交互，可以实现高效人机通信。既加快了操作速度又减少了等待的时间。

4.2.3 用户界面设计的原则

用户界面设计主要依靠设计者的经验。总结众多设计者的经验得出的设计原则，有助于设计者设计出友好、高效的人机界面。下面介绍4类人机界面设计指南。

1. 用户界面友好的设计原则

（1）在同一用户界面中，所有的菜单、命令输入、数据显示和其他功能应保持风格的一致性。

（2）坚持要求用户确认，如提问“你确定要……？”等，对大多数的动作允许回复，对用户出错采取宽容的态度，不允许责备。

（3）用户界面能对用户的决定做出及时的响应，提高对话、易懂和思考的效率，最大可能地减少击键次数，缩短鼠标的移动距离。

（4）人机界面应该提供上下文敏感的求助系统，让用户及时的获得帮助，尽量用简短的动词和动词短语作为提示命令。

（5）合理划分并高效使用显示屏。只显示上下文有关的信息，允许用户对可视环境进行维护：可放大或缩小图像；用窗口分隔不同种类的信息，只显示有意义的出错信息。

（6）保证信息显示方式与数据输入方式的协调一致，尽量减少用户的输入操作，隐藏当前状态下不可选用的命令，允许用户自选输入方式，能够删除无现实意义的输入，允许用户控制交互过程。

（7）允许用户保持可视化的语境。如果对所显示的图形进行缩放原始的图像应该一直显示着（以缩小的形式放在显示屏的一角），以使用户知道当前看到的图像部分在原图中所处的相对位置。

（8）坚持图形用户界面设计原则：界面直观、对用户透明，用户接触软件后对界面上对应的功能一目了然。

2. 一般交互原则

一般交互原则涉及信息显示、数据输入和系统整体控制，因此，这类指南是全局性的，忽略它们将承担较大风险。

（1）保持一致性。应该为人机界面中的菜单选择、命令输入、数据显示以及众多的其他功能，使用一致的格式。

（2）提供有意义的反馈。应向用户提供视觉的和听觉的反馈，以保证在用户和系统之间建立双向通信。

（3）允许取消绝大多数操作。曾经UNDO或REVERSE功能使众多终端用户避免了大量时间浪费。因此每个交互式系统都应该能方便地取消已完成的操作。

（4）减少在两次操作之间必须记忆的信息量。不要期望用户能记住在下一步操作中需使用的一大串数字或标识符。应该尽量减少记忆的信息量。

（5）允许用户犯错误。系统应该能保护自己不受严重错误的破坏。

（6）按功能对动作分类，并据此设计屏幕布局。下拉菜单的一个主要优点就是能按动作类型组织命令。实际上,设计者应该尽力提高命令和动作组织的“内聚性”。

(7) 提供对用户工作内容敏感的帮助设施。

(8) 用简单动词或动词短语作为命令名。过长的命令名难于识别和记忆,也会占用过多的菜单空间。

3. 信息显示原则

如果人机交互界面显示的信息是不完整的、含糊的或难于理解的,则该应用系统显然不能满足用户的需求。就需要借助不同方式,如用文字、图形和声音等来显示信息。下面是关于信息显示的设计原则。

(1) 只显示与当前工作内容有关的信息。用户在获得有关系统的特定功能的信息时,不必看到与之无关的数据、菜单和图形。

(2) 应该借助便于用户迅速吸取信息的方式来表示数据,而不是使用数据将用户包围。例如,可以用图形或图表来取代庞大的表格。

(3) 使用一致的标记、标准的缩写和可预知的颜色。显示信息的含义应该非常明确,用户无须参照其他信息源就能理解。

(4) 产生有意义的出错信息。

(5) 使用大小写、缩进和文本分组以帮助理解。人机界面显示的信息大部分是文字,文字的布局和形式对用户从中提取信息的难易程度有很大影响。

(6) 使用窗口分隔控件分隔不同类型的信息。利用窗口用户能够方便地“保存”多种不同类型的信息。

(7) 使用“模拟”显示方式表示信息,以使信息更容易被用户提取。例如,显示炼油厂储油罐的压力时,如果简单地用数字表示压力,则不易引起用户的注意。但是,如果用类似压力计的方式来表示压力,用垂直移动和颜色变化来指示危险的压力状况,就容易引起用户的警觉,因为这样做为用户提供了绝对和相对两方面的信息。

(8) 高效率地使用显示屏的显示空间。当使用多个窗口时,应该有足够的空间使得每个窗口至少都能显示出一部分。此外,屏幕大小应该选得和应用系统的类型相配套(这实际上是一个系统工程问题)。

4. 数据输入/输出指南

用户的大部分时间用在选择命令、输入数据和系统向外输出的数据。下面是关于数据输入/输出的设计指南。

(1) 尽量减少用户的输入动作。最重要的是减少击键次数,这可以用下列方法实现:用鼠标从预定义的一组输入中选一个;用“滑动标尺”在给定的值域中指定输入值。

(2) 保持信息显示和数据输入之间的一致性。

(3) 人机交互输入时,详细地说明可用的选择范围或边界值。

(4) 使在当前动作语境中不适用的命令不起作用。这可避免由于误操作导致系统出错。

(5) 对所有输入动作都提供帮助。

(6) 输出报表的设计要符合用户的要求,输出数据尽量表格化、图形化。

(7) 给所有的输出数据加以标志,并加以注释。

(8) 当程序设计语言对输入/输出格式有严格要求时,应保持输入格式与输出语句的要求一致。

4.3 过程设计的工具

描述程序处理过程的工具称为过程设计的工具,它们可以分为图形、表格和语言三类。不论是哪类工具,对它们的基本要求都是能提供对设计准确、无歧义的描述,也就是应该能指明控制流程、处理功能、数据组织以及其他方面的实现细节,从而在编码阶段能把对设计的描述直接翻译成程序代码。

目前应用于详细设计阶段的工具和手段也非常多,主要介绍程序设计流程图、N－S 图、PAD 图、过程设计语言(PDL)。

4.3.1 程序设计流程图

程序流程图又称为程序框图,它是一种最古老、使用最广泛的描述过程设计的工具,然而它也是最具有争议的一种工具。4.1 节中已经给出程序流程图常用的控制结构,图 4－2 中列出了程序流程图中使用的各种符号。

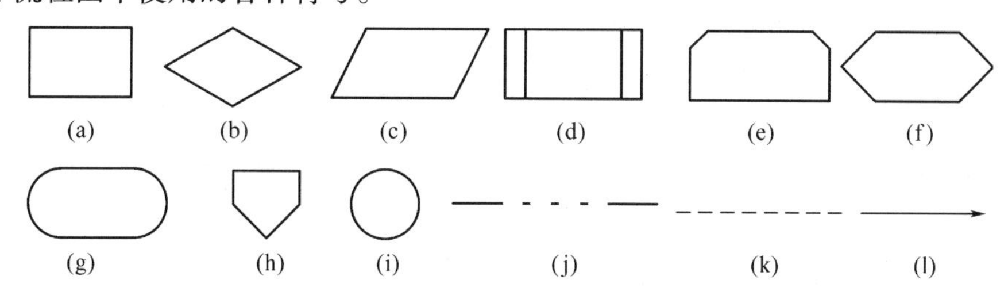

图 4－2 程序流程图常用的符号

(a) 处理;(b) 选择;(c) 输入输出;(d) 预定义处理;(e) 循环界限;
(f) 准备;(g) 开始或停止;(h) 换页连接;(i) 连接;(j) 省略符;(k) 虚线;(l) 控制流。

从 20 世纪 40 年代末到 70 年代中期,程序流程图一直是软件设计的主要工具。它的主要优点是对控制流程的描绘很直观,便于初学者掌握。由于程序流程图历史悠久,为人们所广泛熟悉,尽管它有种种缺点,许多人建议停止使用它,但至今仍在广泛使用着。不过总的趋势是越来越多的人不再使用程序流程图了。

程序流程图的主要缺点如下:

(1) 程序流程图本质上不是逐步求精的好工具,它诱使程序员过早地考虑程序的控制流程,而不去考虑程序的整体结构。

(2) 程序流程图中用箭头代表控制流,因此程序员不受任何约束,可以完全不顾结构程序设计的精神,随意转移控制,易造成非结构化的程序结构。

(3) 程序流程图不容易表示出数据结构和层次结构。

4.3.2 N－S 图

为了克服流程图在描述程序逻辑时的随意性等缺点,1973 年,Nassi 和 Sllneideman 发表了题为"结构化程序的流程图技术"的文章,提出用盒式图来代替传统的流程图,又称 N－S 图,它的主要特点就是只能描述结构化程序所允许的标准结构。图 4－3 给出了结构化控制的盒图表示。

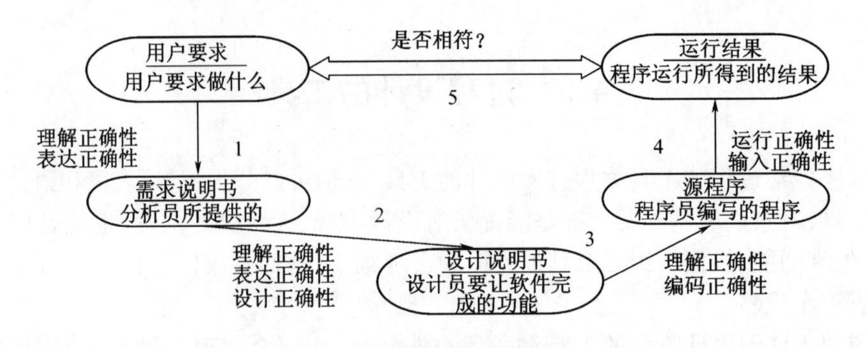

图4-3　盒图的基本符号

N-S图的优点如下：

（1）功能域（即一个特定控制结构的作用域）明确，功能域从盒式图上一眼就看出来。

（2）很容易确定局部和全局数据的作用域。

（3）盒图没有箭头，因此不允许随意转移控制。

（4）很容易表达模块的层次结构，并列或嵌套关系。

（5）让软件设计人员遵守结构化程序设计的规定，逐步地养成良好的程序设计风格。

4.3.3　PAD图

PAD（Problem Analysis Diagram，问题分析图）是日本日立公司于1973年提出的一种算法描述工具，已经得到一定程度的推广。它采用一种由左向右展开的二维树形结构的图来表示程序的控制流。用PAD图描述程序的流程能使程序一目了然，翻译成程序代码比较容易，而且都会得到风格相同的源程序。PAD图的基本控制结构如图4-4所示。

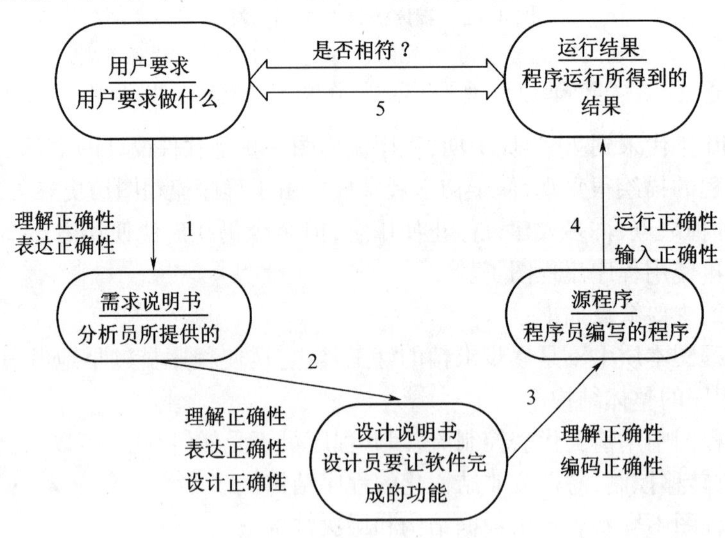

图4-4　PAD图的基本符号

PAD图的主要优点如下：

（1）使用表示结构化控制结构的PAD符号设计出来的程序必然是结构化程序。

（2）PAD图所描绘的程序结构十分清晰。图中最左面的竖线就是程序的主线，即第一层结构。随着程序的层次增加，PAD图逐渐向右延伸，每增加一个层次，图形向右扩展一条竖线。PAD 图中竖线的总条数就是程序的层次数。

(3) PAD 图的符号支持自顶向下,逐步求精的方法的使用。左边层次中的内容可以抽象,然后利用 def 逐步增加细节,直至完成详细设计。

(4) 用 PAD 图表示的程序逻辑,易读、易懂、易记。它是二维的树形结构,程序从图中最左端竖线上开始执行,自上而下,从左到右,遍历所有的节点。

(5) 既可表示程序逻辑,也可用于描绘数据结构。

(6) 可自动生成高级语言的源程序。利用软件工具自动完成,从而省去了人工编码工作,有利于提高软件的可靠性和软件生产率。

4.3.4 过程设计语言

过程设计语言(Process Design Language,PDL),又称为伪码,是一种描述模块算法设计和处理细节的语言。一方面,PDL 具有严格的关键字外部语法,用于定义控制结构和数据结构;另一方面,PDL 表示实际操作和条件的内层语法,通常又是灵活自由的,可以适应各种工程项目的需要。所以,PDL 是一种混杂语言,它在使用一种语言(通常是某种自然语言)词汇的同时又使用另一种语言(某种结构化程序设计语言)的语法。PDL 与编程的高级程序设计语言的区别在于: PDL 的语句中含有自然语言的叙述,故 PDL 是不能被编译的。

1. PDL 的特点

(1) 所有关键字都有固定语法,方便提供结构化的控制结构、数据说明和模块化的特征。

为了使结构清晰和可读性好,通常在所有可能嵌套使用的控制结构的头和尾部都加有关键字。

(2) 描述处理过程的说明性文字没有严格的语法限制。

(3) 具有数据说明机制,一方面包括简单的数据结构(如简单变量和数组),另一方面又包括复杂的数据结构(如栈、链表或层次的数据结构)。

(4) 具有模块定义和调用机制,故开发人员应根据系统编程所用的语种,说明过程设计语言表示的有关程序结构。

2. PDL 程序的结构

先学习用 PDL 表示的程序的三种基本结构以外,再学习 PDL 拥有的出口结构和扩充结构等。

1) 顺序结构

采用自然语言描述顺序结构如下:

```
处理 a1
处理 a2
:
处理 an
```

2) 选择结构

IF - ELSE 选择结构如下:

```
IF 条件
    处理 a1
ELSE
    处理 a2
```

ENDIF

IF－ORIF－ELSE 选择结构如下：

```
  IF 条件 1
    处理 al
  ORIF 条件 2
    处理 a3
ELSE 处理 an
ENDIF
```

3）循环结构

FOR 循环结构如下：

```
  FOR i = 1 to m
    循环体
  ENDFOR
```

WHILE"当型"循环结构如下：

```
  WHILE 条件
    循环体
  ENDWHILE
```

UNTIL"直到型"循环结构如下：

```
  REPEAT
    循环体
  UNTIL  条件
```

4）出口结构

ESCAPE 结构如下：

```
WHILE 条件
处理 a1
CYCLE  L IF 条件
处理  a2
ENDWHILE
  L：……
```

CYCLE 结构如下：

```
L：WHILE 条件
    处理  a1
CYCLE  L  IF  条件
    处理 a2
ENDWHILE
```

5）扩充结构

模块定义：

```
    PROCEDURE  模块名(参数)
RETURN
     END
```

模块调用定义：

CALL 模块名(参数)

数据定义：

DECLARE　属性　变量名,……

注：属性也就是数据类型,如整型、实型等。

输入/输出的定义：

GET(输入变量表)

PUT(输出变量表)

3. PDL 应用实例

例如：

```
If  9 点以前  then
Do  私人事务；
   Else  9 点到 18 点之间 then
      工作；
   Else
      下班；
End if
```

这样的伪代码可以达到文档的效果,同时可以节约时间,更重要的是使结构比较清晰,表达方式更加直观。

4.4　程序设计语言及设计风格

程序设计语言是人与计算机通信的媒介,不同的程序设计语言具有不同的语言特性和适应范围。程序设计语言的选择不但会影响到程序员的思维和解决问题的方式以及其他人阅读和理解程序的难易程度,而且也是决定软件运行效率的主要因素之一。因此编码首要的工作就是要选择适当的程序设计语言。

4.4.1　程序设计语言的发展与分类

到目前为止,世界上公布的程序设计语言已有上千种,其中绝大多数用于特定的项目开发,只有少部分得到了广泛的应用。程序设计语言从发展的过程可以分为 4 代：机器语言、汇编语言、高级语言和第四代语言。

1. 机器语言

自从有了计算机,就有了机器语言。它是由机器指令代码组成的语言,指令无须翻译和解释,可以直接执行,所以程序执行速度很快。但是这种由二进制码组成的程序序列太长、不直观,且机器语言往往与其运行的特定机器相对应。语言指令与机器的硬件操作有一一对应的关系,不同的计算机系统,机器语言也不同。因此人们编写程序的出错率也高。

2. 汇编语言

汇编语言是第二代语言,属于低级程序设计语言。它是为了改善机器语言的不直观性而发展起来的基于助记符的语言,每个操作指令通过特定易于理解的助记符来表达。因此汇编语言比机器语言直观。汇编语言与机器指令之间有对应关系,又增加一些宏汇编语言的宏指令、符号地址等,以表达某些常用的操作。汇编语言也是面向机器,能直接识别,因此程序要经过翻译,转换成机器可以识别的机器语言才能运行。由于汇编语言要涉及机器的硬件细节,容易出错,且无法移植,不易维护,因此目前只有在高级语言无法满足设计要求时,或者不具备某种特定功能的技术性能时,才使用汇编语言。

3. 高级语言

高级语言在20世纪50年代开始出现的,它们的特点是用途广泛,具有大量的软件库,而且已被大多数人所熟识和接受。其运行需要有一种特殊的程序来解释其每一个语句的含义(即解释程序),或是把高级语言翻译成机器语言的程序(即翻译程序)。目前开发工具的发展趋势具体有如下几个方向:

(1) 统一的接口,提供可移植性。计算机技术发展很快,所以要求产品也能适应各种软、硬件环境,即应具有良好的可移植性。

(2) 更注重用户界面的设计。用户在使用开发工具开发出的系统时,首先接触的是界面,而界面设计得好坏直接影响用户使用的积极性,所以界面的设计要能最大限度地方便用户,并且顺应发展潮流。

(3) 更多考虑维护要求。维护是一项非常重要的工作,对开发者而言需要消耗大量的时间而又无实际的效益,而用户一方又由于运行过程中各类变化和要求离不开维护。所以考虑到维护,软件才会具有更强大的生命力。

4. 第四代语言(Fourth Generation Language,4GL)

第四代语言是以数据库提供的功能为核心,进一步构造了开发高层软件系统的开发环境。它兼有过程性和非过程性的两重特性。程序员规定条件和相应的动作是过程性的部分,并且指出想要的结果,这是非过程部分。然后,由第四代语言系统运用它专门的领域的知识来填充过程细节。

第四代语言可以划分为以下几类:

(1) 数据库查询语言:是数据库管理系统的主要工具,它提供用户对数据库进行查询的功能,有的查询语言(如SQL)还提供定义、修改、控制功能。

(2) 报表生成器:为用户提供的自动产生报表,他提供非过程化的描述手段,让用户能够很方便的根据数据库中的数据生成报表。

(3) 其他:如图形语言、形式化规格说明语言等。

第四代语言应具有以下特征:

(1) 语言是面向应用,为最终用户(程序的使用者)设计的一类程序设计语言。

(2) 能提供一组高效、非过程化的命令基本语句,编码时用户只需用这些命令说明“做什么”,而不必描述具体的实现细节。

(3) 具有很强的数据管理能力,能对数据库进行有效的存取、查询和相关操作。

(4) 是多功能、一体化的语言,除必须含有控制程序逻辑和实现数据库操作的语句外,应有报表生成处理、表格处理、图形图像处理,能够实现数据运算和统计分析功能的语句,以适应多种应用开发的需要。

4.4.2 程序设计语言的选择

为某个特定开发项目选择程序设计语言时,既要从技术角度、心理学角度评价和比较各种语言的适用程序,又必须考虑现实可能性。有时需要做出某种合理的折中。通常在程序设计

语言的选择上,主要应考虑以下几个方面的问题:

（1）软件的应用领域。所谓的通用程序设计实际上并不是对所有的应用领域都适用,因此在选择时应根据应用的领域发挥各种语言的专长。如 Cobol、Basic 语言适用于商务领域; C 语言适合系统软件开发;Ada 语言适用于实时应用领域;FoxBase、SQL 语言在大量的数据库操作方面有优势;Lisp、Prolog 语言适合于人工智能应用领域。

（2）过程与算法的复杂程度。有些语言如 Cobol,数据库语言 SQL、FoxBase 只能支持简单的数值运算,而 Fortran、Basic 等则在算法上有优势。

（3）数据结构和数据类型的考虑。C、Ada 语言有较完备的数据结构和丰富的数据类型,而 Fortran、Basic 语言只提供简单的数据结构,且数据类型较少。

（4）编码及维护的工作量与成本。一般选用适当的专用语言可以导致较少的编码工作量,但编码量少,有时会使程序的可读性下降,造成维护困难。应避免单纯追求编码量少,还要看到给今后的系统维护所带来的工作量。

（5）软件兼容性的要求。通常,用户可能拥有不同的机器、不同的系统,这样就存在不同系统之间的兼容问题,一定要尽量选择兼容性好的语言来开发新的系统。

（6）有多少可用的支撑软件。不同的程序设计语言所具有的支持软件设计与开发工具有所不同,有的语言有众多编码支持工具以使编程工作量减少,有的语言有支持软件开发周期多个阶段的软件工具。

（7）系统用户的要求。如果所开发的系统的维护由用户负责,用户一般会要求开发者使用用户熟悉的语言来编写程序。

（8）程序员的知识。要考虑程序人员对语言的熟练程度和实践经验 ,虽然对于有经验的程序员而言,学习一种新语言并不困难,但是要完全掌握一种新语言却需要实践。因此和其他标准不矛盾的情况下,应该选择一种已经为程序员所熟悉的语言。

（9）程序设计语言的特性。要对程序设计语言的各方面特性如数学运算、字符处理、数据类型、文件管理、交互方式等进行全面的分析和比较,以扬长避短,充分利用程序设计语言的特性。

（10）系统规模。有些程序设计语言如 BASIC,虽然使用方便,但缺陷是不适合于开发大规模的系统。

（11）系统的效率要求。高级语言易学易用,编码速度快,且易于维护,但这种软件编码生产率的提高的代价可能使系统运行效率降低,即运行时间长,占用存储空间大。如果系统在运行效率上确实有某种特殊要求,如实时系统,则可以考虑用选定的高级语言与高效率的汇编语言、C 语言等进行混合编写,从而满足系统的效率要求。

程序设计语言没有绝对的好与差之分,每种语言都有自己的特点和适应范围,应根据软件开发项目的特点和实际需求,选择最合适的语言,以编写出符合需要的程序。

4.4.3 程序设计的风格

程序主要是供机器和人阅读的。特别是在软件生存期中,人们要经常阅读程序。特别是在软件测试阶段和维护阶段,编写程序的人和参与测试、维护的人都要阅读程序。人们意识到,阅读程序是软件开发和维护过程中的一个重要组成部分,而且读程序的时间往往比写程序的时间还要多。因此,程序也就像文章一样供认阅读,既然如此,就有一个文章的风格问题。20 世纪 70 年代初,有人提出应该使程序具有良好的编写风格。这个想法很快就为人们所接受。人们认识到,程序员在编写程序时,应当认识到今后会有很多人反复地阅读这个程序,并沿着程序员的思路去理解程序的功能。所以应当在编写程序时多花些工夫,讲求程序的编写风格,这将在以后节省人们读程序的时间。

程序设计的风格主要考虑4个方面,即源程序文档化、数据说明标准化、语句构造和输入/输出方法。从编码原则的角度探讨提高程序的可读性、改善程序质量的方法和途径。

1. 源程序文档化

源程序文档应该包括标识符、适当的注解和程序的书写格式等。

标识符的命名应尽量具有实际意义。选取含义鲜明的名字,使它能正确地提示程序对象所代表的实体,这对于帮助阅读者理解程序是很重要的。

程序应添加注释。对于书写注释要注意:描述一段程序,而不是每一个语句;合理使用缩进和空行,使程序与注释容易区别;注释必须正确;有合适的、有助于记忆的标识符和恰当的注释,可以得到比较好的源程序内部的文档;设计的说明,也可作为注释嵌入源程序体内。

一个源程序如果写得密密麻麻,别人是很难理解的。应使用统一、标准的格式来书写源程序清单,有助于提高程序的可读性。常用的方法有:用分层缩进的写法显示嵌套结构层次;在注释段周围加上边框;注释段与程序段、以及不同的程序段之间插入空行;每行只写一条语句;书写表达式时适当使用空格或圆括号做隔离符。

2. 数据说明标准化

为了使程序中数据说明更易于理解和维护,在编写程序时,需要注意数据说明的风格。具体需要注意以下几点:

(1) 数据说明的次序应当规范化,使数据属性容易查找,也有利于测试、查错和维护。原则上,数据说明的次序与语法无关,其次序是任意的。但出于阅读、理解和维护的需要,最好使其规范化,使说明的先后次序固定。例如,可以按照以下次序对变量进行说明:常量说明、简单变量类型说明、数组说明、公用数据块说明、所有的文件说明。

在类型说明中还可进一步要求。例如,可按如下顺序排列:整型量说明、实型量说明、字符量说明、逻辑量说明。

(2) 当多个变量名用一个语句说明时,应当对这些变量按字母顺序排列。例如,将

```
int size, length, width, cost, price
```

写成

```
int cost, length, price, size, width
```

(3) 对于程序中复杂的数据结构,应当使用注释对其进行详细说明。

3. 语句构造

编码阶段的任务是构造单个语句。每个语句都应该简单而直接,不能为了提高效率而使语句变得过分复杂。语句构造应该遵循的原则:

(1) 简单直接,使用规范的语言,在书写上要明确含义,使用标准的控制结构。

(2) 不要一行书写多个语句,造成阅读的困难。

(3) 不同层次的语句采用缩进格式,使程序的逻辑结构和功能特征更加清晰。

(4) 尽可能使用库函数。

(5) 注意减少 goto 语句的使用。

(6) 要避免复杂、嵌套的判定条件,避免多重的循环嵌套。

(7) 对于大的程序,要分块编写、测试,最后再集成。

（8）确保所有变量在使用前都进行初始化，遵循统一的标准等。

4. 输入输出规范化

与用户的使用直接相关的是输入/输出信息。输入/输出的方式和格式应当尽可能方便用户的使用，避免因设计不当给用户带来麻烦。在软件需求分析阶段和设计阶段，就应基本确定输入/输出的风格。系统能否被用户接受，有时就取决于输入/输出的风格。

输入/输出的风格随着人工干预程度的不同而有所不同。例如，对于批处理的输入和输出，总是希望它能按逻辑顺序要求组织输入数据，具有有效的输入/输出出错检查和出错恢复功能，并有合理的输出报告格式。而对于交互式的输入/输出来说，更需要的是简单而带提示的输入方式，完整的出错检查和出错恢复功能，以及通过人机对话指定输出格式和输入/输出格式的一致性。

此外，不论是批处理的输入/输出方式，还是交互式的输入/输出方式，在设计和程序编码时都应考虑下列原则：

（1）对所有的输入数据都要进行检验，从而有效的识别出错误的输入，以保证每个数据的有效性。

（2）检查输入项的各种组合的合理性，必要时报告输入状态信息。

（3）使得输入的步骤和操作尽可能简单，并保持简单的输入格式。

（4）输入数据时，应允许使用自由格式输入，且允许值缺省。

（5）输入一批数据时，最好使用输入结束状态标志，而不要由用户来指定输入数据的个数。

（6）在以交互式输入/输出方式进行输入时，要在屏幕上使用提示符明确提示交互输入的请求，指明可使用选择项的种类和取值范围。同时，在数据输入的过程中和输入结束时，也要在屏幕上给出提示的状态信息。

（7）当程序设计语言对输入/输出格式有严格要求时，应保持输入格式与输入语句的要求一致。

（8）给所有的输出加标志，并设计输出报表格式。

输入/输出风格还受到许多其他因素的影响。如输入/输出设备（例如终端的类型，图形设备，字化转换设备等）、用户的熟练程度以及通信环境等。

4.5 程序设计的算法与效率

4.5.1 程序设计的算法

任何事情都有一定的步骤，为解决一个问题而采取的方法和步骤，就称为算法。

算法的特点如下：

（1）有穷性，算法应包含在有限的操作步骤完成而不能是无限的。

（2）确定性，算法中每一个步骤应当是确定的，而不应当是含糊的、模棱两可的。

（3）有零个或多个输入，有一个或多个输出。

（4）有效性，算法中每一个步骤应当能有效地执行，且能得到确定的结果。

解决同一问题，当采用不同的算法时，程序的运行效率也会有所不同。对于程序设计人员而言，采用对计算机运行来讲正确、高效的算法，是进行高效的程序设计的关键。下面是一个简单的算法改进的例子：

求 1×2×3×4×5。

最原始方法：

步骤 1：先求 1×2，得到结果 2。

步骤 2：将步骤 1 得到的乘积 2 乘以 3，得到结果 6。

步骤 3：将 6 再乘以 4，得 24。

步骤 4：将 24 再乘以 5，得 120。

这样的算法虽然正确，但太繁杂，是一种不太好的算法。

对上述算法可以进行如下改进：

S1：使 t=1

S2：使 i=2

S3：使 t×i，乘积仍然放在变量 t 中，可表示为 t×i→t

S4：使 i 的增加，即 i+1→i

S5：如果 i<6，返回重新执行步骤 S3，以及其后的 S4 和 S5；否则算法结束。

如果计算 100！只需将 S5 的 i<6 改成 i<101 即可。该算法不仅正确，而且是计算机较好的算法，因为计算机是高速运算的自动机器，实现循环轻而易举。算法的设计实际上是软件设计阶段中处理过程设计时要做的工作。

算法的设计实际上是软件详细设计阶段中处理过程设计时要做的工作。对算法的描述有程序流程图、N-S 图、PAD 图等工具，这些工具的具体应用在前面也已经讲解过，再此就不在详细介绍了。

例如，对于给定的题目(用自然语言法)描述程序设计算法：

判断一个数能否被 3 和 7 同时整除。

```
Input  n
Flag =0
If mod(n,3) 不等于 0 then flag = -1
If mod(n,7) 不等于 0 then flag = -1
If flag =0 then
    打印“能被 3 和 7 同时整除”
Else
    打印“不能被 3 和 7 同时整除”
End if
```

4.5.2 程序的运行效率

效率主要是指对计算机的工作时间和存储器空间的使用效率。好的算法、好的编码可以提高效率，反之，不好的算法、不好的编码在同等条件下解决同样的问题，效率也会降低。对效率的追求要记住以下原则：效率是属于性能的要求，因此在需求分析阶段就要确定对效率目标的要求；追求效率应该建立在保证程序正确性、稳定性、可读性和可靠性的基础上；选择良好的设计方法才是提高程序效率的根本途径，好的程序设计和程序的简单程度是一致的，设计良好的数据结构与算法，都是提高程序效率的重要方法。

虽然程序效率的提高不能完全靠编码来解决，但在编码时要想提高程序的运行效率必须注意下面一些原则：

（1）选用好的算法，写程序之前先简化算术表达式和逻辑表达式。

（2）尽量避免使用多维数组，避免使用指针和复杂的链表，减少嵌套循环的使用。

（3）使用执行时间短的算术运算，不要使用不同的数据类型间的混合运算。

（4）尽量使用整数运算和布尔表达式。

（5）所有输入输出都应该有缓冲区，以减少用于数据间通信的额外开销。

（6）对二级存储器（如磁盘）应选用最简单的访问方法，即二级存储器的输入输出应该以信息组为单位进行访问等。

（7）允许使用语言环境提供的函数。

（8）使用有良好优化特性的编译程序，以提高目标代码的生产效率。

总之，在编码时要善于积累编程经验，培养和学习良好的编程风格，使程序清晰易懂，易于测试与维护，从而提高软件的质量。

4.6 小　结

这一部分主要是关于详细设计和实现，其中详细设计阶段的根本目标就是确定应该怎样具体实现所要求的系统，任务还不是具体地编写程序，而是要设计出程序的“蓝图”，以后程序员将根据这个蓝图写出实际的程序代码。这一部分中主要介绍了结构化程序设计，用户界面设计，过程设计的工具，程序设计的语言和程序设计的风格，程序设计的算法和效率。

在结构化程序设计中主要介绍三种基本的控制结构是“顺序”“选择”和“循环”，任意程序都可以使用这三种结构实现。用户界面设计中首先介绍用户类型，而后是用户界面设计的思想和原则。过程设计工具中先学习经典的程序流程图和 N－S 流程图，而后学习 PAD 图和伪码对程序进行描述。程序设计语言风格中主要有程序设计语言选择遵循的准则和程序设计的风格，程序设计语言的选择与程序实现编程的效率密切相关。程序设计的算法和效率中介绍算法的概念，不同的问题有多中不同的解决方法，每种方法都有优劣。程序运行效率主要是指对计算机的工作时间和存储器空间的使用效率。

习 题 4

4－1　系统流程图的作用是什么？

4－2　传入数据流与传出数据流有什么区别？

4－3　某厂对部分职工重新分配工作政策是：年龄在 20 岁以下，初中文化程度脱产学习，高中文化程度当电工；年龄 20～40 岁，中学文化程度，男性当钳工，女性当车工，大学文化程度当技术员；年龄在 40 岁以上，中学文化程度当材料员，大学文化程度当技术员。请用 PAD 图描述上述问题。

4－4　根据伪代码画出对应的 N－S 流程图。

Begin

A；

B；

```
If x then
{
    D;
    If y then E;
    F;
} else {
    H;
    Do
    I;
    Until G;
    }
End
```

4-5　程序中的注释是否越多越好？

4-6　如何提高程序的可读性？

4-7　请对下面代码的布局进行改进，使其符合规范更容易理解。

```
For (i=1;i<n-1;i++){
    t=i;
    For(j=i+1;j<n;j++)
        If(a[j]>a[t])   t=j;
        If(t!=i){
        temp=a[t];
        a[t]=a[i];
        a[i]=temp
    }
}
```

第5章　测试与维护

在软件开发的一系列活动中，为了保证软件的可靠性，人们研究了很多种方法进行分析、设计及编码实现。但是由于软件产品自身的无形、复杂、知识密集等特性，使得软件产品中会隐藏着各种各样的错误和缺陷，因此，就需要测试查找错误，保证软件质量。在这些错误中，有些甚至是致命的，如果不排除，就会导致财产乃至生命的重大损失。例如，早在1963年美国发生了这样一件事：一个FORTRAN程序的循环语句

Do　5　I = 1,3

被误写为

Do　5　I = 1.3

由于在FORTRAN编译程序中，空格没有任何实际意义，所以误写的语句被当做了赋值语句Do5I = 1.3。

这里“,”被误写为“.”，系统运行后程序中这个“一点之差”致使飞往火星的火箭爆炸，造成1000万美元的损失。这种情况迫使人们意识到软件测试的重要性。

5.1　测试的基础

5.1.1　软件测试的概念

所谓的软件测试就是在软件投入生产性运行之前，对软件需求分析、设计规格说明和编码的最终复审，是软件质量控制的关键步骤。软件测试的定义有以下两种描述：

（1）软件测试是为了发现错误而执行程序的过程。

（2）软件测试是根据软件开发各阶段的规格说明和程序的内部结构而精心设计的一批测试用例（即输入数据及其预期的输出结果），并利用这些测试用例去运行程序，以发现程序错误的过程，即执行步骤。

为了保证软件的质量和可靠性，在整个软件生命周期，人们都力求在分析、设计等各个开发阶段结束之前，对软件进行严格的技术评审。但是即使如此，由于人们本身能力的局限性，审查还不能发现所有的错误和缺陷。尤其在编码阶段还会引进大量的错误。这些错误和缺陷如果在软件交付后且投入生产性运行之前不能加以排除的话，在运行中迟早会暴露出来。但是如果到那时，不仅改正这些错误的代价更高，而且往往还附带的造成很严重的后果。

大量统计资料表明，软件测试工作量占整个项目开发工作量的40%以上，而且投入到软件测试之中的事例越来越多。特殊情况下，如果测试关系到人的生命安全，如飞行控制、核反应堆监控软件等，其测试费用和工作量甚至高达所有其他软件工程阶段费用和工作量之和的3～5倍。

5.1.2 软件测试的目标

不同的立场,存在着两种完全不同的测试目的。从心理学的角度出发,用户一般希望通过软件测试检验软件中隐藏的错误和缺陷,以考虑是否可以接受该产品。而软件开发者则希望测试成为表明软件产品中不存在错误的过程,验证该软件已正确地实现了用户的要求,确立人们对软件质量的信心。因此,程序的编写者自己测试自己的程序不恰当,他们会选择那些导致程序失效概率小的测试用例,回避那些易于暴露程序错误的测试用例。这样的测试对提高软件质量毫无价值。在选取测试用例时,考虑那些易于发现程序错误的数据。G. J. Myers 给出了一些关于测试目标的观点:

(1) 软件测试是为了发现错误而执行程序的过程。

(2) 一个好的测试用例在于能发现至今未发现的错误。

(3) 一个成功的测试是发现了至今未发现的错误的测试。

综上所述,设计测试的目标是想花费最少的时间和人力找出软件中潜在的各种错误和缺陷。如果成功地实施了测试,就能够发现软件中的错误。但是测试一般不可能发现程序中所有的错误,只能说明软件中存在错误。它可附带的收获有两个,一是它能够证明软件的功能和性能与需求说明相符合;二是实施测试收集到的测试结果数据为可靠性分析提供了依据。

5.1.3 软件测试的原则

要达到软件测试的目标,人们就要采用合理的科学的方法,经过实践的不断总结,人们发现在软件测试过程中一般遵循的原则应该是:

(1) 应当把"尽早地和不断地进行软件测试"作为软件测试者的座右铭。由于软件本身的复杂性和抽象性,软件开发各个阶段工作的多样性,以及参加开发的各种层次人员之间工作的配合关系等因素,使得开发的每个环节都可能产生错误。所以不应把软件测试仅仅看做是软件开发的一个独立阶段的工作,而应当把它贯穿到软件开发的各个阶段中。坚持在软件开发的各个阶段进行技术评审和验证,这样才能在开发过程中尽早发现和预防错误,杜绝某些隐患和缺陷,以提高软件质量。只要测试在生命周期中进行的足够早,就能够提高被测试软件的质量,这是预防性测试的基本原则。

(2) 测试用例不仅要选用合理的输入数据,还应选择不合理的输入数据。而且测试用例应由测试输入数据及与之对应的预期输出结果两部分组成。这样可以提高发生错误的概率,提高程序的可靠性,同时还可测试出程序的排错能力。

(3) 程序员应该避免检查自己的程序。基于心里因素,人们认为揭露自己程序中的错误总是一件不愉快的事,不愿否认自己的工作;而且由于思维定势,也难于发现自己的错误。因此程序员应尽可能避免测试自己编写的程序,程序开发小组也应尽可能避免测试本小组开发的程序。如果条件允许,最好建立独立的软件测试小组或测试机构。另外,程序员对软件规格说明理解错误而引入的错误则更难发现。但这并不是说程序员不能测试自己的程序,而是说由别人来测试可能会更客观、更有效,并更容易取得成功。

(4) 穷举测试是不可能的。在有限的时间和资源下进行完全测试找出软件所有的错误和缺陷是不可能的,软件测试不能无限进行下去,应适时终止。因为输入量太大,输出结果太多,路经组合太多。对每一种可能的路经都执行一次的穷举测试是不可能的。测试也是有成本的,越到测试后期付出的代价越大,所以软件测试要在符合软件质量标准的情况下停止。

(5) 充分注意测试中的群集现象。经验表明,测试后程序中残存的错误数目与该程序中发现的错误数目或检错率成正比,所以应当对错误群集的程序段进行重点测试,以提高测试投资的效益。在所测试的程序段中,若发现错误数目多,则残存错误数目也比较多。这种错误群集现象在很多实际项目中被证实。

(6) 严格执行测试计划,排除测试的随意性。软件测试应该是有组织、有计划、有步骤地进行,严格的按照计划,形成标准的测试文档。既便于今后测试工作经验的积累,也便于以后系统的维护。对于测试计划,要明确规定,不要随意解释。

(7) 应当对每一个测试结果作全面检查。有些错误的征兆在输出实测结果时已经明显地出现了,但是如果不仔细全面地检查测试结果,就会把这些错误遗漏掉。所以必须对预期的输出结果明确定义,对实测的结果仔细分析检查,抓住征兆特征,暴露错误。

(8) 把 Pareto 原理应用到软件测试中,即 80/20 原则。80/20 原则是指 80% 的软件缺陷存在于软件 20% 的空间里,即错误出现的"群集性"现象。这个原则告诉我们,如果想使软件测试更有效,记住常常光临其高危多发"地段",在那里发现软件缺陷的可能性会大得多。但关键问题是如何找出这些可以的模块。

以上是软件测试时必须遵守的几条基本原则,除了这些基本原则之外还有一些前人总结出的测试准则,如应该在真正的测试工作开始之前很长时间内,就根据软件的需求和设计来制定测试计划;应该从"小规模"单个程序模块测试开始,并逐步进行"大规模"集成模块和整个系统测试;长期保留测试数据,将它留作测试报告与以后的反复测试用,重新验证纠错的程序是否有错等等。

5.1.4 软件测试的对象

软件测试不同于程序测试。软件测试应贯穿于软件定义与开发的整个期间。因此,需求分析、概要设计、详细设计以及程序编码等各阶段所得到的文档资料,包括需求规格说明、概要设计规格说明、详细设计规格说明以及源程序,都应成为软件测试的对象。软件测试不应仅局限在程序测试的狭小范围内,而应该是整个系统的测试。

在软件过程中,也清楚了定义与开发各个阶段都是相互衔接的,前一阶段工作中发生的问题如未及时解决,很自然要影响附带到下一阶段。从源程序的测试中找到的程序错误不一定都是程序编写过程中造成的。因此不能把程序中的错误全都简单的归罪于程序员。据美国一家公司的统计表明,在查找出的软件错误中,属于需求分析和软件设计的错误约占 64% ,属于程序编写的错误仅占 36% 。

事实上,到程序的测试为止,软件开发工作已经经历了许多环节,每个环节都可能发生问题。为了把握各个环节的正确性,人们需要进行各种确认和验证工作。

所谓确认(Validation)指的是为了保证软件确实满足了用户需求而进行的一系列活动。其目的是想证实在一个给定的外部环境中软件的逻辑正确性。确认测试必须有用户的参与,或者以用户为主进行。为了使用户能够积极主动的参与确认测试,特别是为了使用户能有效的使用这个系统,应该先对用户进行培训。在确认测试中,通常使用的是黑盒测试方法。确认测试有两种可能结果,一是功能和性能与用户要求一致;二是功能与性能与用户要求的有差距。而且在这个阶段发现的问题往往与需求分析阶段的差错有关,因此解决起来比较困难。

所谓验证(Verification)指的是保证软件正确的实现了某个特定要求的一系列活动,如图 5-1 所示。它指出软件生命周期中各个重要阶段之间所要保持的正确性。它们是验证工作主要考虑的

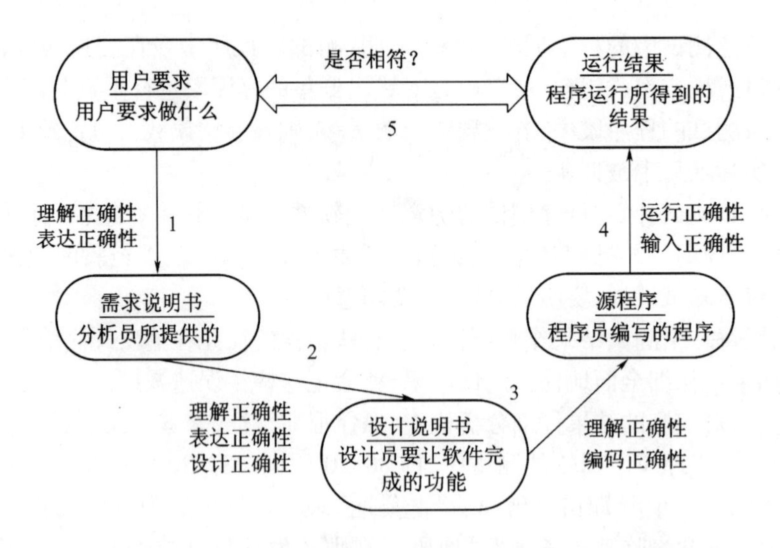

图 5-1　软件生命周期中各个阶段之间需保持的正确性

内容。

确认与验证工作都属于软件测试。都是在对软件需求理解与表达的正确性、设计与表达的正确性、实现的正确性以及运行的正确性的验证中,任何一个环节上发生了问题都可能在软件测试中表现出来。

5.2　测试的方法

根据 Myers 的定义,测试就是运行程序的过程,即要求被测程序在机器上执行。事实上,不在机器上运行程序也可以发现程序的错误。因此,一般把在机器上运行被测程序称为“动态测试”,不在机器上运行被测程序称为“静态测试”。广义地讲,它们都属于软件测试。故软件测试的方法一般分为动态测试和静态测试。而动态测试方法中又根据测试用例的设计方法不同,分为黑盒测试法和白盒测试法两大类。

5.2.1　静态测试与动态测试

1. 静态测试

静态测试就是静态分析,是指被测程序不在机器上运行,当用于特性分析时,对模块的源代码进行研读,查找错误或收集一些度量数据,借助于人工检测和计算机辅助静态分析手段来完成。

1) 人工测试

人工测试是指不依靠计算机而完全靠人工审查程序或评审软件。人工审查程序偏重于编码风格、编码质量的检验,除了审查编码,还要对各阶段的软件产品进行检验,人工测试可以有效地发现软件的逻辑错误和编码错误,发现计算机不容易发现的错误。

2) 计算机辅助静态分析

计算机辅助静态分析是指利用静态分析工具对被测程序进行特性分析,从程序中提取一些信息,以便检查程序逻辑的各种缺陷和可疑的程序构造。如错误使用全局变量和局部变量、不匹配的参数、循环嵌套和分支嵌套使用不当,潜在的死循环和死语句等。静态分析中还可以用符号代替数值求得程序结果,以便对程序进行运算规律检验。

2. 动态测试

动态测试是指通过机器运行程序来发现错误。一般提到的测试,大多指的是动态测试。为了使测试能够发现更多的错误,需要运用一些有效的方法。测试任何产品都有两种方法:如果已经知道了产品应该具有的功能,可以通过测试来检验是否每个功能都能正常使用;如果知道产品的内部工作过程,可以通过测试来检验产品内部动作是否按照规格说明书的规定正常进行。前一种方法称为黑盒测试法,后一种方法称为白盒测试法。对软件产品进行动态测试时,就是使用黑盒测试法与白盒测试法来完成。

5.2.2 黑盒测试法与白盒测试法

1. 黑盒测试法

黑盒测试着重测试软件功能,也称为功能测试。它不考虑程序内部结构和处理过程,把被测程序看做一个黑盒子,完全不考虑程序内部的结构和处理过程。只在程序接口处进行测试,依据程序的需求规格说明书,检查程序是否满足它的功能要求。每个功能是否都能正常使用,是否满足用户的要求,程序是否能适当地接收输入数据并产生正确的输出信息,并且保持外部信息(如数据库或文件)的完整性。

通过黑盒测试力图发现以下错误:

(1) 是否有不正确或遗漏了的功能。

(2) 在接口上,能否正确地接收输入数据,能否产生正确的输出信息。

(3) 访问外部信息和数据结构是否有错。

(4) 是否有性能上的错误。

(5) 界面是否有错,是否美观、友好,符合一般用户的操作习惯。

(6) 是否有初始化或终止性的错误。

因此,用黑盒测试法进行测试时,用黑盒测试法进行测试时,必须在所有可能的输入条件和输出条件中确定测试数据,检查程序是否能都能产生正确的输出。

现在假设一个程序 P 有输入量 X 和 Y 和输出量 Z,如图 5-2 所示;在字长为 32 位的计算机上运行。如果 X 和 Y 只取整数,考虑把所有的 X,Y 都作为测试数据,按照黑盒法进行穷举测试。这样可能采用的测试数据组为(X,Y),不同的测试数据组合最大可能数目为

$$2^{32} \times 2^{32} = 2^{64}$$

如果程序组 P 测试一组数据需要 1ms,同时假定一天工作 24h,一年工作 365 天,要完成 2^{64} 组测试,需要 5 亿年。

再加上输入的一切不合法的数据,因此要遍历所有输入数据进行完全测试是不可能的。

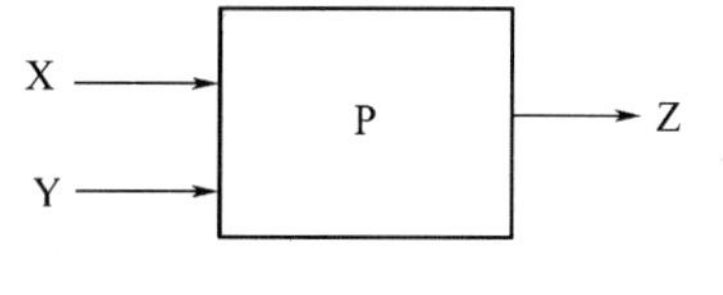

图 5-2 黑盒子

2. 白盒测试法

白盒测试也称为结构测试或逻辑驱动测试。白盒测试法与黑盒测试不同,测试人员把测试对象视为一个透明的白盒子,需了解程序的内部结构和处理过程,以检查处理过程的细节为基础,要求对程序的结构特性做到一定程度的覆盖,对程序中的所有逻辑路径进行测试,并检验内部控制结构是否有错,确定实际的运行状态与预期的状态是否一致。

同样白盒测试法也不可能进行完全的测试,要企图遍历所有的路径往往是不可能做到的。

例如，要测试一个循环 20 次的嵌套的 IF 语句，循环体中有 5 条路径。测试这个程序的执行路径约为 10^{14} 条可能的路径。如果每毫秒完成一条路径的测试，测试这样一个程序需要 3170 年。所以要遍历所有路径进行完全测试是不可能的。

以上情况表明，实行穷举测试，由于工作量过大，需要的时间过长，实施起来是不现实的。在测试阶段既然穷举测试不可行，就必须精心设计测试用例，黑盒法、白盒法是设计测试用例的基本策略，从数量极大的可用测试用例中精心地挑选少量的测试数据，使得采用这些测试数据能够达到最佳的测试效果，或者说它们能够高效率地把隐藏的错误尽可能多地揭露出来。

5.3 白盒技术测试用例的设计

测试用例指的是测试数据和预期的输出结果。测试用例设计的基本目标是确定一组最有可能发现某个错误或某类错误的测试数据，好的测试用例可以在测试过程中重复使用。目前已经研究出许多设计测试数据的技术，这些技术也各有优缺点，没有哪一种是最好的，更没有哪一种可以代替其余所有技术；同一种技术在不同的应用场合效果差别可能很大，因此，往往需要联合使用来设计测试数据。

由于白盒测试是以程序的结构为依据的，所以被测对象基本上是源程序，以程序的内部逻辑结构为基础设计测试用例。

5.3.1 逻辑覆盖

逻辑覆盖是对一系列测试方法的总称。这组测试方法的测试过程逐渐进行越来越完整的通路测试。从覆盖源程序语句的详尽程度分析，大致又可以分为语句覆盖、判定覆盖、条件覆盖、判定—条件覆盖、条件组合覆盖和路径覆盖这些不同的覆盖标准。

1）*语句覆盖*

语句覆盖的基本思想是：设计足够多的测试用例，运行被测程序，使程序的每条可执行语句至少执行一次。例如，图 5-3 所示的程序流程图是一个被测模块的处理算法。

其中有两个判断，每个判断都包含复合条件的逻辑表达式。为了满足语句覆盖，程序的执行路径应该是 sacbed，选择测试用例为 A=2，B=0，X=4（实际上 X 可以是任意实数）。

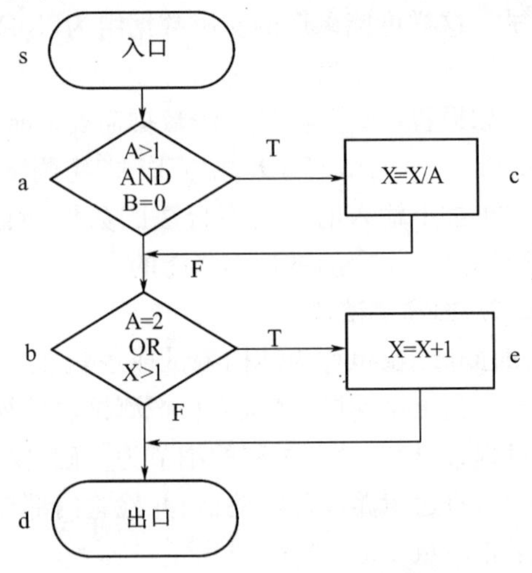

图 5-3　被测试模块的流程图

从语句覆盖的角度来看，好像全面地检验了每条语句。实际上，在上面的例子中只测试了判断条件为真的情况，如果条件为假时处理有错误，显然不能被发现。如果程序中第一个判定表达式的 AND 错写成 OR，或把第二个判定表达式中的条件 X>1 误写成 X<1，仍然使用上面的测试数据进行测试，不能发现错误。

综上所述，语句覆盖测试很不充分，是很弱的逻辑覆盖标准。

2）*判定覆盖*

判定覆盖又称分支覆盖，它的基本思想是：

设计足够的测试用例，运行被测程序，不仅使得被测程序中每条语句至少执行一次，而且每个判定表达式的每一个分支都至少被执行一次。

对于上述例子来说，设计的测试用例只要通过路径 sacbed 和 sabd，或者 sacbd 和 sabed，就满足判定覆盖标准。

例如，选择下面两组测试数据，就可以做到判定覆盖：

A = 3，B = 0，X = 3　　（覆盖 sacbd）

A = 2，B = 1，X = 2　　（覆盖 sabed）

对于多分支（嵌套 IF，CASE）的判定，判定覆盖要使每一个判定表达式获得每一种可能的值来进行测试。

判定覆盖比语句覆盖强，但是对于程序逻辑的覆盖程度仍然不高，上面的测试数据只覆盖了程序全部路径的一半。如果将第 2 个判定表达式的"X > 1"错写成"X ≤ 1"，仍查不出错误。

3）条件覆盖

条件覆盖的基本思想是：设计足够多的测试用例，不仅每条语句至少执行一次，而且使判定表达式中的每个条件都能取到各种可能的结果。

图 5－3 的例子共有两个判定表达式，每个表达式中有两个条件，共有 4 个条件：

$$A>1, B=0, A=2, X>1$$

要选择足够多的数据，使得图 5－3 中在 a 点和 b 点两判定表达式中分别有下述两种结果出现：

a 点：$A>1, A\leq 1, B=0, B\neq 0$

b 点：$A=2, A\neq 2, X>1, X\leq 1$

才能达到条件覆盖的标准。

为满足上述要求，选择以下两组测试数据：

A = 2，B = 0，X = 4（满足 A > 1，B = 0，A = 2 和 X > 1 的条件，执行路径 sacbed）

A = 1，B = 1，X = 1（满足 A ≤ 1，B ≠ 0，A ≠ 2 和 X ≤ 1 的条件，执行路径 sabd）

可以看出，以上两组测试用例不但满足了条件覆盖标准，而且同时满足了判定覆盖标准，因此条件覆盖比判定覆盖强，因为它使判定表达式中的每个条件都取到了两个不同的结果，判定覆盖只关心整个判定表达式的值。但是，也有例外情况，如另外选取两种数据：

A = 2，B = 0，X = 1（满足 A > 1，B = 0，A = 2 和 X ≤ 1 的条件，执行路径 sacbed）

A = 1，B = 1，X = 2（满是 A ≤ 1，B ≠ 0，A ≠ 2 和 X > 1 的条件，执行路径 sabed）

则只满足了条件覆盖标准，并不满足判定覆盖标准（第二个判定表达式的值总为真）。所以满足条件覆盖并不一定满足判定覆盖。为了解决这个问题，需要对条件和分支同时进行考虑。

4）判定/条件覆盖

判定/条件覆盖实际上是前两种方法结合起来的一种设计方法，它是判定和条件覆盖的交集，即设计足够的测试用例，使得判定表达式中的每个条件都能取到所有可能的取值，并使每个判定表达式也都取到各种可能的结果。对于图 5－3 的例子，下述两组测试数据满足判定/条件覆盖标准：

A = 2，B = 0，X = 4

A = 1，B = 1，X = 1

但是，两组测试数据也就是为了满足条件/覆盖标准最初选取的两组数据，因此，有时判定/条件覆盖也并不比条件覆盖更强。

从表面上看,判定/条件覆盖测试了所有条件的所有可能结果,但实际上做不到这一点,因为复合条件的某些条件都会抑制其他条件。例如,在含有“与”运算的判定表达式中,a&b&c第一个条件 a 为“假”,则这个表达式中后边的 b,c 条件都不起作用了。同样地,如果在含有“或”运算的判定表达式中,a ‖ b ‖ c 第一个条件 a 为“真”,则后边其他 b,c 条件也不起作用了。因此,后边其他条件即使写错了也测试不出来。

5) 条件组合覆盖

条件组合覆盖是更强的覆盖标准,基本思想是:设计足够多的测试用例,使得每个判定表达式中条件的各种可能组合都至少出现一次。对于图 5-3 的例子,两个判定表达式共有 4 个条件,因此有 8 种可能的条件组合:

① $A>1,B=0$

② $A>1,B\neq0$

③ $A\leqslant1,B=0$

④ $A\leqslant1,B\neq0$

⑤ $A=2,X>1$

⑥ $A=2,X\leqslant1$

⑦ $A\neq2,X>1$

⑧ $A\neq2,X\leqslant1$

要覆盖 8 种条件组合,并不一定需要设计 8 组测试数据,条件组合⑤~⑧中的 X 值是指在程序流程图第二个判定框(b 点)的 X 值。因此下面 4 组测试用例就可以满足条件组合覆盖标准。

$A=2,B=0,X=4$(针对①⑤两种组合,执行路径 sacbed)

$A=2,B=1,X=1$(针对②⑥两种组合,执行路径 sabed)

$A=1,B=0,X=2$(针对③⑦两种组合,执行路径 sabed)

$A=1,B=1,X=1$(针对④⑧两种组合,执行路径 sabd)

显然,满足条件组合覆盖标准的测试数据,也一定满足判定覆盖、条件覆盖和判定/条件覆盖标准。因此,条件组合覆盖是前述几种覆盖标准中最强的。但是,条件组合覆盖设计方法也有缺陷,从上面的测试用例中可以看到,满足条件组合覆盖不能保证所有的路径都被执行。例如 sabcd 这条路径被漏掉了,如果这条路径有错,将不能被测出。

6) 路径覆盖

路径覆盖的含义是:设计所有的测试用例,来覆盖程序中所有可能的执行路径。

对于图 5-3 的例子,选择以下测试用例覆盖程序中的 4 条路径。

$A=1,B=1,X=1$(执行路径 sabd)

$A=1,B=1,X=2$(执行路径 sabed)

$A=3,B=0,X=3$(执行路径 sacbd)

$A=2,B=0,X=4$(执行路径 sacbed)

可以看出,路径覆盖没有覆盖所有的条件组合覆盖。

通过前面的例子可以看出,采用其中任何一种方法都不能完全覆盖所有的测试用例,因此,在实际的测试用例设计过程中,可以根据需要和不同的测试用例设计特征,将不同的方法组合起来,一般以条件组合覆盖为主设计测试用例,然后再补充部分用例,以达到路径覆盖测试标准，以实现最佳的测试用例输出。

5.3.2 循环覆盖

循环是绝大多数如那件算法的基础，企图覆盖含有循环结构的所有路径测试同样是不可能的，但可通过限制循环次数来测试。在结构化程序设计中，只有单循环、嵌套循环、串接循环，如图 5－4 所示。下面分别讨论这三种循环的测试方法。循环测试是一种白盒测试技术，

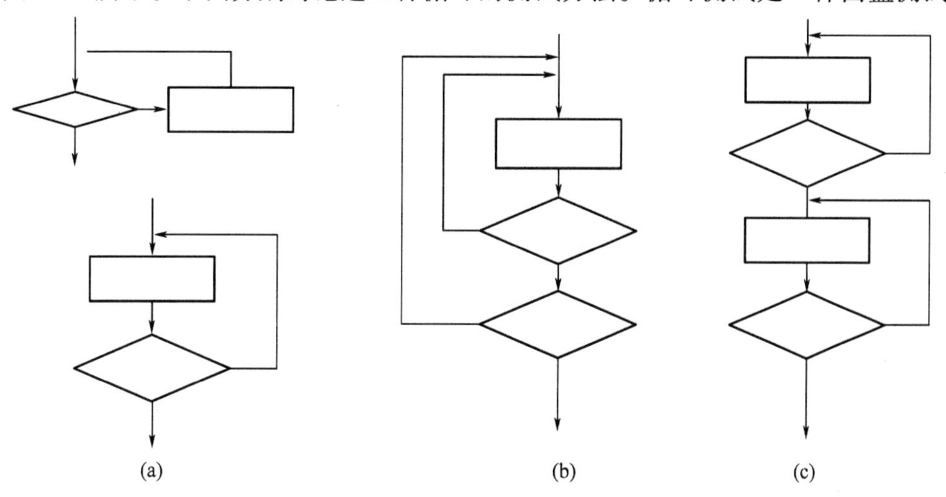

图 5－4　三种循环

(a) 简单循环；(b) 嵌套循环；(c) 串接循环。

它专注于测试循环结构的有效性。

1）简单循环

设 m 为可允许执行的循环次数，可以从以下 4 个方面来考虑测试用例的设计：

(1) 跳过循环。

(2) 只通过循环一次。

(3) 行循环 n 次，$n<m-1$。

(4) 执行循环 $m-1$ 次、m 次、$m+1$ 次。

2）嵌套循环

如果把简单循环的测试方法直接应用到嵌套循环，可能的测试数就会随嵌套层数的增加按几何级数进行增长，这会导致不切实际的测试数目。B. Beizer 提出了一种能减少测试数目的方法。

(1) 从最内层循环开始测试，把所有其他循环都设置为最小值。

(2) 对最内层循环使用简单循环测试方法，而使外层循环的迭代参数（如循环计数器）取最小值，并为越界值或非法值增加一些额外的测试。

(3) 由内向外，对下一个循环进行测试，但保持所有其他外层循环为最小值，其他嵌套循环为“典型”值。

(4) 继续进行下去，直到测试完所有循环。

3）串接循环

如果串接循环的各个循环都彼此独立，则可以使用前述的测试简单循环的方法来测试串接循环。但是，如果两个循环串接，而且第一个循环的循环计数器值是第二个循环的初始值，

则这两个循环并不是独立的。当循环不独立时，建议使用测试嵌套循环的方法来测试串接循环。

5.3.3 基本路径测试

基本路径测试是 Tom McCabe 提出的一种白盒测试方法，是在程序控制流程图的基础上，通过分析控制结构的环路复杂性导出基本可执行路径集合，从该基本集合导出的测试用例，可以保证程序中每条语句至少执行一次，而且每个条件在执行时都将分别取真、假两种值。使用基本路径测试技术设计测试用例的步骤如下。

（1）根据详细设计结果或源程序画出相应的流图（也称为程序图），流图实质上是简化了的程序流程图，它仅仅反映程序的控制流程。在流图中用小圆圈表示节点，一个圆圈代表一条或者多条语句。程序流程图中的一个顺序的处理框序列和一个菱形框映射成流图中的一个节点。有箭头的连线称为边，表示控制流。由边和节点围城的面积称为区域。

例如，图 5－5(a)所示一个流程图，可以将其转换成图 5－5(b)所示的流图。在转换时要特别注意：一条边必须终止于一个节点。

（2）计算程序图 G 的环形复杂度 $V(\mathrm{G})$。环形复杂度定量度量程序的逻辑复杂性。有了描述程序控制流的程序图之后，可以用以下三种方法中的任何一种来计算环形复杂度。

① 流图的环形复杂度等于程序图中区域的个数，还应包括图外部未被包围起来的那个区域。

② 程序图的环形复杂度 $V(\mathrm{G}) = E - N + 2$，其中 E 是程序图中的边（弧）数，N 是节点数。

③ 程序图 G 的环形复杂度 $V(\mathrm{G}) = P + 1$，其中 P 是程序图中判定节点的个数。

用以上三种方法计算图 5－5(b)程序图的环形复杂度 $V(\mathrm{G}) = 4$。

（3）确定线性独立路径的基本集合。所谓独立路径是指至少引入程序的一个新处理语句集合或一个新条件的路径，从程序图来看，一条独立路径至少包含一条在定义该路径之前不曾用过的边。

从程序的环路复杂度可导出程序基本路径集合中的独立路径条数。这是确定程序中每个可执行语句至少执行一次所必需的测试用例数目的上界。对于图 5－5(b)所示的流图中，环形复杂度为 4，因此共有 4 条独立路径。

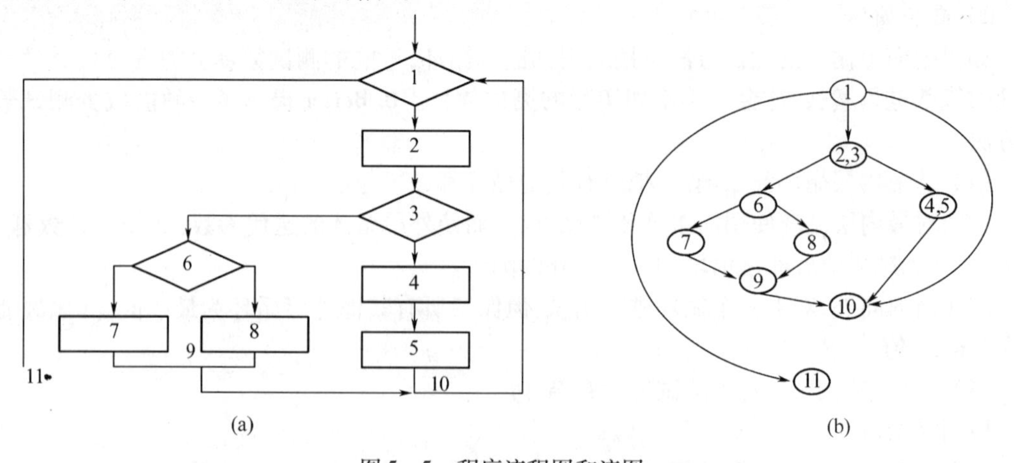

图 5－5 程序流程图和流图

(a) 程序流程图；(b) 流图。

路径 1：1—11

路作 2：1—2—3—4—5—10—1—11

路径 3：1—2—3—6—8—9—10—1—11

路径 4：1—2—3—6—7—9—10—1—11

这四条路径构成了图 5 - 5(b)所示的测试用例的数目。只要测试用例确保这些基本路径被执行，就可以说明程序中相应的源代码和程序逻辑是正确的。

通常在设计测试用例时，识别出判断节点很重要。本例中节点 1，(2. 3)，6 是判定节点。

(4) 导出测试用例。通过程序流程图的基本路径导出基本的程序路径的集合，这个过程和前面所述的逻辑覆盖法类似。

(5) 准备测试用例，确保基本路径集中的每一条路径的执行。

5.4 黑盒技术的测试用例的设计

黑盒技术着重测试软件功能。并不能取代白盒测试，它是与白盒测试互补的测试方法，它很可能会发现白盒测试不容易发现的其他类型的错误。用黑盒技术设计测试用例一般有等价划分、边界值分析、因果图三种方法，但三种方法没有一种能提供一组完整的测试用例来检查程序的全部功能。因此，在实际测试中应该把各种方法结合起来使用。

5.4.1 等价类划分法

等价类划分是一种典型的黑盒测试方法，也是一种非常实用的重要测试方法。

前面曾经说过，不可能用所有的可以输入的数据来进行程序测试。因此，只能选取少量最有代表性的输入数据作为测试数据，用较小的代价暴露出较多的程序错误。等价类划分法将不能穷举的测试过程进行合理分类，从而保证设计出来的测试用例具有完整性和代表性。从而减少必须设计的测试用例的数目。

1. 划分等价类

等价类划分法是把极多的输入数据(有效的或无效的)划分成若干个等价类。所谓等价类就是某一个输入域的集合，在该集合中，各个输入数据对于揭露程序中的错误都是等效的。也就是说，如果从某个等价类中任选一个测试数据未发现程序错误，该类中其他数据也不会发现程序的错误。相反地，如果一个测试用例检测出一个错误，那么，这个等价类中的其余测试用例也能发现同样的错误。因此，就可以把全部的输入数据合理的划分成若干等价类，在每一个类中取一个数据作为测试的输入，这样可以用少量代表性的数据，达到测试的要求。

在划分等价类时，可以将其划分为两类：

(1) 有效等价类是指输入完全满足程序输入的规范说明、合理的、有意义的输入数据所构成的集合。利用有效等价类可以检验程序是否满足规格说明书所预先规定的功能和性能。

(2) 无效等价类是指完全不满足程序输入的规格说明、不合理的、无意义的输入数据所构成的集合。使用无效等价类可以检查程序中功能和性能的实现是否有不符合规格说明的情况。

划分等价类是一个比较复杂的问题，需要经验。在划分时，可以使用以下几条原则：

(1) 如果某个输入条件规定了取值范围或者输入数据的个数，则可划分出一个有效等价类(输入值在此范围之内)和两个无效等价(输入值小于最小值或大于最大值)。

(2) 如果输入条件规定了输入数据的一组值,而且程序对不同输入值做不同处理,则每个允许的输入值是一个有效等价类,此外还有一个无效的等价类(任一个不允许的输入值)。

(3) 如果规定了输入数据必须遵循的规则,则可以划分出一个有效等价类(符合规则)和若干个无效等价类(从各种不同的角度违反规则)。

(4) 如果规定了输入数据为整型,则可以划分为正整数、零和负整数等三个有效等价类。

(5) 如果在已经划分出的等价类中各个元素在程序中的处理方法不同,则应在将该等价类进一步划分为更小的等价类。

2. 确定测试用例

在确定了等价类以后,可以建立等价类表,列出所有将划分出的等价类:

输入数据	有效等价类	无效等价类
…	…	…
…	…	…

在从划分的等价类中,设计测试用例:

(1) 为一个等价类规定一个唯一的编号。

(2) 设计一个新的测试用例,使其尽可能多的覆盖尚未被覆盖的有效等价类,重复这一步,直到所有的有效等价类都被测试用例覆盖为止,即将有效的等价类分隔到最小。

(3) 设计一个新的测试用例,使它覆盖一个而且只能覆盖一个尚未被覆盖的无效等价类,重复这一步,直到所有无效的等价类都被覆盖为止。

等价类划分法显然比随机选择测试用例好得多,但这个方法的不足之处是没有注意选择某些效率较高且能发现更多错误的测试用例。如果结合使用下面介绍的边界值分析法则可以弥补它的不足。

5.4.2 边界值分析法

1. 边界值分析法的考虑

实践表明,大量的错误是发生在程序输入或输出范围的边界上,而不是在输入范围的内部。边界情况指相对于输入等价类和输出等价类而言,稍高于其边界值或稍低于边界值的特殊情况。因为在测试过程中,可能会忽略边界值的条件,导致大量的错误是发生。因此,设计使程序运行在边界情况的测试用例,查出程序错误的可能性更大一些。

使用边界值分析方法设计测试用例时,首先应分析边界情况。通常测试输入等价类和输出等价类的边界情况是需要认真考虑的,应该选取刚好等于、刚刚小于或大于边界值的数据来进行测试,有较大可能发现错误。而不是选取等价类中的典型值或任意值作为测试数据。

2. 选取测试用例的原则

在实际的软件设计过程中,会涉及到大量的边界值条件和过程。用边界值分析法设计测试用例时,提供以下一些设计原则供参考。

(1) 如果输入条件规定了值的范围,则选择刚好等于边界值的数据作为合理的测试用例,同时还要选择刚好超过边界的数据作为不合理测试用例。如输入值的范围是[1…10],可选取刚好等于边界的1、10作为测试用例,还有刚超过边界的0、11作为测试用例。

(2) 如果输入条件规定了输入值的个数,则按最大个数、最小个数、比最大个数多1、比最小个数少1等情况分别设计测试用例。例如,规定某个输入条件可能包括1~5个记录,则测试数据可分别选择 1 和 5、0 和 6 等值进行测试。

(3) 对每个输出条件分别按照上述两条原则确定输出值的边界情况。例如,某学生成绩管理系统规定,只能查询在校学生和 2006 级本科生的各科成绩,那么,在设计测试用例时,不但要设计查询范围内某一届或四届学生的学生成绩的测试用例,还需要设计查询 2006 级学生成绩的测试用例(考虑设计不合理输出等价类)。

(4) 如果程序的输入或输出范围是有序集合,则应选取集合的第一个元素和最后一个元素作为测试用例。

(5) 分析规格说明,找出其他可能的边界条件。

5.4.3 因果图法

等价类划分法和边界值分析法都只是孤立地考虑各个输入数据的测试功能,而没有考多个输入数据的组合引起的错误,因果图法能有效地检测输入条件的各种组合可能会引起的错误,即在测试中使用因果图,可提供对逻辑条件和相应动作的简洁表示。因果图的基本原理是通过画因果图,把因果图转换为判定表,然后为判定表的每一列至少设计一个测试用例。

综上所述,每种测试方法各有所长。使用某一种测试方法设计出的一组测试用例,可能发现某种类型的错误,但可能对另一类型错误发现不了。因此,在实际测试中,经常是联合使用各种测试方法,通常是选用黑盒法设计基本的测试用例,再用白盒法来补充一些必要的测试用例。

5.5 测试的过程

通常软件测试过程,按照测试的先后次序可分为 5 个阶段,即单元测试、集成测试、确认(有效性)测试、系统测试和验证测试。如图 5 -6 所示。

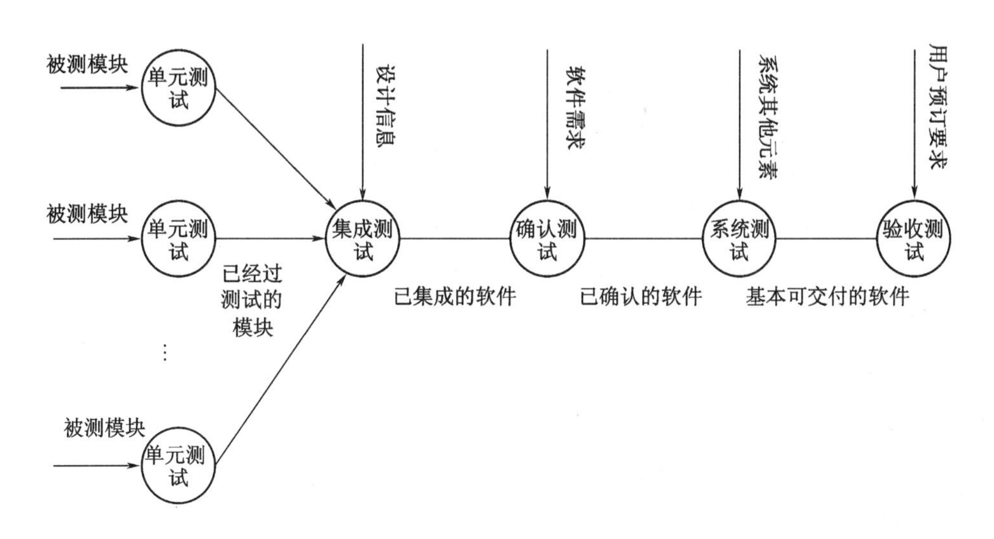

图 5 -6 软件测试的步骤

单元测试是对软件基本组成单元的测试。检查每个模块是否能正确的实现功能为目标。单元测试所发现的往往是编码和详细设计阶段中的错误,各模块经过单元测试后,接下来需要做的是集成测试。

集成测试是对已分别通过测试的模块按照设计要求进行组装再进行的测试。这项测试的目的在于检测单元之间的接口问题。同时,检查与软件设计相关的程序结构问题。在这个阶段发现的往往是软件设计中的错误,也有可能是需求中的错误。

确认测试的检验所开发的软件能否满足需求规格说明书所确定的功能和性能的需求。在这个阶段发现的问题往往是需求分析阶段的错误。

系统测试是在完成确认测试后,应属于合格软件产品,但为了检验它能否与系统的其他部分(如硬件、数据库和操作人员)协调工作,还需要进行系统测试。

验收测试是检验软件产品质量的最后一道工序。验收测试主要突出用户的作用,同时软件开发人员也应有一定程度的参与。

5.5.1 单元测试

单元测试的对象是程序中最小的单元——模块。即检查模块有无错误,它是编码完成后必须进行的测试工作。单元测试以详细设计的说明的指导,一般由程序开发者自行完成。因而单元测试大多是从程序内部结构出发设计测试用例,力求在模块范围内发现错误。单元测试总是采用白盒测试方法,当有多个程序模块时,可并行独立开展测试工作。

单元测试的主要任务是测试5个方面的问题:模块接口、模块局部数据结构、独立路径、边界条件和错误处理。

1. 模块接口

在进行其他测试之前,先对模块接口进行测试,检查进出程序单元的数据流是否正确。因为如果不能确保数据正确地输入输出,所有的测试都是没有意义的。测试的重点是:检查调用和被调用模块之间的参数个数、次序、属性等是否一致;当模块通过文件进行输入/输出时,要检查文件的具体描述,包括文件的定义、记录的描述、文件的处理方式是否正确;全局变量的定义和用法在各模块中是否一致。

2. 局部数据结构

在模块工作过程中,必须测试其内部的数据能否保持完整性,包括内部数据的内容、形式及相互关系不发生错误。应该说。模块的局部数据结构是经常发生错误的源头。对于局部数据结构,应该在单元测试中注意发现以下几类错误:

(1) 不正确的或不一致的类型说明。

(2) 错误的初始化或默认值。

(3) 变量无初值,错误的变量名,如拼音错误或缩写错误。

(4) 下溢、上溢或者地址错误。

除局部数据结构外,在单元测试中还应弄清全程数据对模块的影响。

3. 路径测试

在单元测试中,最主要的测试是针对路径的测试。测试用例必须能够发现由于计算错误、不正确的判定或不正常的控制流而产生的错误。常见的错误有:

(1) 不正确的算术优先级。

(2) 混合模式的运算。

(3) 错误的初始化。

(4) 精确度不够精确。

(5) 表达式的不正确符号表示。

针对判定和条件覆盖,测试用例还需要能够发现如下错误:

(1) 不同数据类型的比较。

(2) 不正确的逻辑操作或优先级。

(3) 应当相等的地方由于精确度的错误而不能相等。

(4) 不正确的判定或不正确的变量。

(5) 不正确的或不存在的循环终止。

(6) 当遇到分支循环时不能退出。

(7) 不适当地修改循环变量。

4. 边界条件

经验表明,软件常在边界处发生问题。例如,处理长度为的数组,在第 n 个元素时容易出错;循环执行到最后一次循环执行体时也可能出错。边界测试是单元测试的最关键的一步,必须采用边界值分析法来设计测试用例,认真仔细地测试为限制数据处理而设置的边界处,看模块是否能够正常工作。

5. 出错处理

测试出错处理的重点是当模块在工作中发生了错误时,其出错处理后采取的设施是否有效。程序运行中出现错误时正常的,但是良好的设计应该预先估计到投入运行后可能发生的错误,并给出相应的处理措施。检验程序中的出错处理可能面对的情况有:

(1) 所报告的错误与实际遇到的错误不一致。

(2) 出错后,在错误处理之前就引起系统的干预。

(3) 例外条件的处理不正确。

(4) 提供的错误信息不足,以至于无法找到出错原因。

在一般情况下,单元测试常常是和代码编写工作同时进行的,在完成了程序编写、复查和语法正确性的检查后,就应该进行单元测试用例的设计。在对每个模块进行单元测试时,不能完全忽视它们与周围模块之间相互关系。为模拟这一联系,在进行单元测试时,需要设置一些辅助测试模块。

5.5.2 集成测试

每个单元都测试后,关键是把它们组装起来。集成测试是指每个模块完成单元测试后,需要按照设计时确定的结构图,将它们连接起来,进行集成测试,集成测试也称为组装测试。在所有模块都通过了单元测试后,各个模块工作都很正常。那为什么把它们组装在一起还要进行测试呢?实践表明,软件系统的一些模块能够单独地工作,但并不能保证连接之后也肯定能正常工作。这主要是因为模块相互调用时接口会引入许多新问题,如数据经过接口时可能会丢失;一个模块可能会破坏另一个模块的功能;各个模块的功能组装起来可能不满足所要求的主功能;全局数据结构会出现问题;单个模块可以接受的误差,组装起来不断积累达到不可接受的程度等。程序在某些局部反映不出的问题,在全局上都有可能暴露出来,影响软件功能的实现。因此,必须进行集成测试来发现与模块接口有关的错误,最终组装成一个符合设计要求的软件系统。

集成测试有两种不同方法,即渐增式测试和非渐增式测试。

渐增式测试是把下一个要测试的模块同已经测试好的模块结合起来进行测试。测试一个增加一个,即在组装过程中边组装边测试。

非渐增式测试是先分别测试各个模块,再把所有模块按设计要求组装在一起进行的测试。实际测试中,软件错误纠正越早,代价越低。因此,采用渐增式测试方法较好。有时在测试中采用两种方法的混合测试,兼有两种方法的优点,如果使用得当,效果会更好。

当使用渐增式测试方法时,有自顶向下和自底向上两种集成方法。集成测试阶段是以黑盒测试为主。在自底向上集成的早期,以白盒测试为主,集成测试的后期,黑盒测试占主导地位。

1. 自顶向下集成方法

在实际中,自顶向下这种渐增集成软件结构的方法用得比较多。这种方法不需要驱动模块,但需要设计桩模块。其步骤是从顶层模块开始,沿着软件的控制层次向下移动,逐步把各个模块结合起来。在组装过程中,有深度优先和宽度优先两种结合方式,如图 5-7 所示。

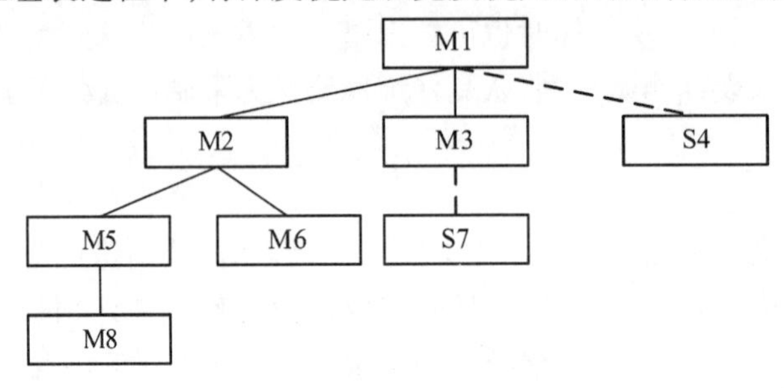

图 5-7　自顶向下结合的示意图

深度优先的结合方法是首先把软件结构的一条主控制路径上的模块一个个结合起来进行测试。主控制路径的选择决定于软件的应用特性。图 5-7 中选择最左边的路径为主控制路径,先结合模块 M1、M2 和 M5,然后是 M8。如果 M2 的某个功能需要的话,可结合 M6。接着再结合中间和右边的路径。

宽度优先的方法是逐层结合直接下属的所有模块,即把每一层同一水平线的模块结合起来。对于图 5-7 的例子,先结合模块 M2、M3 和 S4,然后结合 M5、M6 和 S7 这一层,如此继续进行下去,直到所有模块都被结合为止。

结合过程可归纳为以下具体步骤:

(1) 对主控制模块进行测试,测试时用桩模块代替所有直接附属于主控模块的模块。

(2) 根据选择的结合方式(深度优先或宽度优先),每次用一个实际模块替换一个桩模块。每次替换时为了检查接口的正确性,都要进行测试。即在结合下一个模块的同时进行测试。

(3) 为了保证加入模块不引进新的错误,可能需要进行回归测试,即全部或部分地重复以前做过的测试。

这一方法从第(2)步开始连续进行,直到模块都结合为止。

自顶向下集成方法的主要优点是:它可以自然做到逐步求精,一开始就能让测试者看到系统的框架。它的主要缺点是需要提供桩模块,并且输入/输出模块接入系统以前,在桩模块中表示测试数据有一定困难。因为桩模块不能模拟数据,一些模块的测试数据便难以生成。同时,观察和解释测试的输出常常也比较困难。

2. 自底向上集成方法

自底向上集成方法是从软件结构的最低层模块开始装配和测试,这种方法常用在软件开发阶段的早期。与自顶向下集成方法相反，它需要驱动模块，不需要桩模块，其具体步骤为：

（1）把底层模块组合成实现一个特定软件子功能的模块族。如图5-8所示的模块族由1、2和3组成。

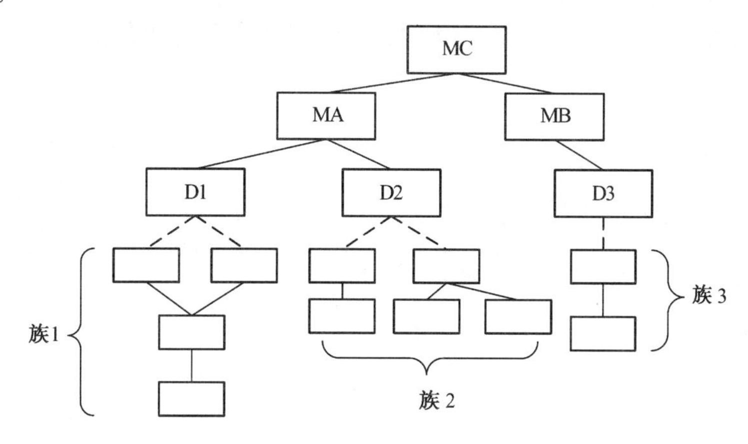

图5-8　自低向上结合示意图

（2）每一族要一个驱动模块，作为测试的控制程序来协调测试用例的输入和输出。如图5-8所示的模块D1、D2、D3分别是各个族的驱动模块。

（3）对由模块组成的子功能族进行测试。

（4）去掉驱动模块，沿软件结构自底向上移动，把子功能族组合起来形成更大的子功能族。

这一过程从第(2)步开始连续进行，直至完成。

这种自底向上集成方法，随着结合向上移动，驱动模块逐渐减少。实际中，如果对软件顶部两层用自顶向下的结合方法，可以明显地减少驱动模块的数目，同时簇的组合也会大大简化。

自底向上集成方法的主要优点是：由于驱动模块模拟了所有调用参数，故生成测试数据没有困难。如果关键的模块是在结构图的底部，那么自底向上测试具有优越性。它的主要缺点在于，直到最后一个模块被加进去之后才能看到整个程序的框架，上层模块的错误发现得晚。

集成测试方法的选择决定于软件的特点，有时也决定于任务的进度。一般来说，工程上常将两种方法结合起来使用，即对软件结构的较上层模块采用自顶向下的集成方法，对下层模块采用自底向上的集成方法。

5.5.3　确认测试

在集成测试完成之后，分散开发的各个模块将连接起来，从而构成完整的程序。其中各模块之间接口存在的各种错误都已消除，此时可以进行系统工作的最后部分，即确认测试。确认测试是检验所开发的软件是否能够按用户提出的要求进行。若能够达到用户提出的要求，则认为开发的软件是合格的。因此确认测试也称为合格性测试。

1. 确认测试的准则

软件确认要通过一系列的证明软件功能和要求一致的黑盒测试来完成。在需求规格说明书中可能作了原则性的规定，但在测试阶段需要更详细、更具体的测试规格说明书作进一步的说明，列出要进行的测试种类，应该对开发的软件给出结论性的评价。

(1) 经过检验的软件功能、性能及其他要求已满足需求规格说明书的规定，因而可被认为是合格的软件。

(2) 经过检验发现与需求说明是有相当的偏离，得到一个各项缺陷清单。对于这种情况，往往很难在交付期之前将发现的问题校正过来。这就需要开发部门与用户进行协商，找出解决的办法。

2. 配置审查的内容

确认测试过程的重要环节就是配置审查工作。其目的在于确保已开发软件的所有文件资料均已编写齐全，并得到分类编目，足以支持运行以后的软件维护工作。这些文件资料包括用户所需的以下资料：

(1) 用户手册。

(2) 操作手册。

(3) 设计资料，如设计说明书、源程序以及测试资料(测试说明书、测试报告)等。

5.5.4 系统测试

系统测试是将经过单元测试、集成测试、确认测试以后的软件作为计算机系统中的一

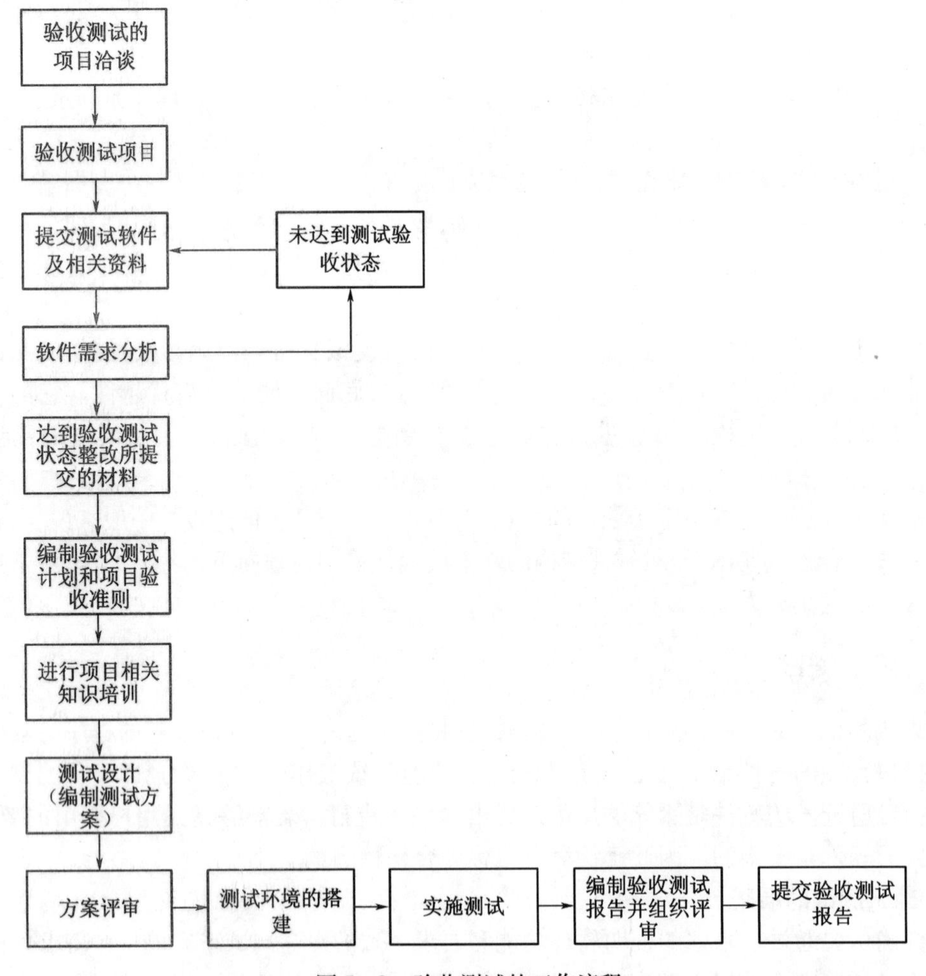

图5-9 验收测试的工作流程

个组成部分，需要与系统中的硬件、外部设备、支持软件、数据及操作人员结合起来，在实际运行环境下对计算机系统进行一系列的严格有效的测试来发现软件中潜在的问题，以保证各组成部分不仅能单独地正常运行，而且在系统各部分统一协调下也能正常运行。

系统测试不同于功能测试。功能测试主要是验证软件功能是否符合用户需求，并不考虑各种环境以及非功能问题，如安全性、可靠性、性能等，而系统测试是在更大范围内进行的测试，着重对系统的性能、特性进行测试，以保证各组成部分不仅能单独地得到检验，而且在系统各部分协调工作的环境下也能正常工作。

5.5.5 验收测试

验收测试的目的是确保软件准备就绪，并且可以让最终用户将其用于执行软件的既定功能和任务。验收测试是以用户为主的测试，软件开发人员和 QA（质量保证）人员也都参加。它是检验软件产品的最后一道工序，由用户参加设计测试用例，使用户界面输入测试数据，并分析测试输出的结果，一般使用生产中的实际数据进行测试。

验收测试的工作流程如图 5－9 所示。

5.6 软件维护的分类

软件维护是软件生命周期的最后一个阶段，就是在软件交付使用之后，在新版本产品升级之前这段时间里，软件厂商向客户提供的服务工作。该阶段的所有活动都发生在软件交付并投入运行之后。其目的在于提高用户和客户对于软件产品的满意度，保证软件在一个相当长的时期内能够正常运行。

一般来说，软件维护活动可以根据起因分为改正性维护、适应性维护、完善性维护和预防性维护。

1. 改正性维护

改正性维护，又叫纠错性维护，是为诊断和改正软件系统中潜藏的错误而进行的活动。在软件交付使用后，因开发时测试的不彻底、不完全，必然会有部分隐藏的错误遗留到运行阶段。这些隐藏下来的错误在某些特定的使用环境下就会暴露出来。测试也不可能排除大型软件系统中所有的错误，软件交付使用之后，用户将成为软件的新的测试人员，在使用过程中，一旦发现错误，他们会向开发人员报告并要求维护。

例如，用户可能反映打印报告时一页上会出现太多的打印行，以至于打印到边框上。程序员判断，这个问题可能是由于打印机驱动程序的设计故障引起的。作为应急措施，小组成员告诉用户，打印前怎样在报告菜单上通过设置参数来重置每页的行数。最后，维护小组重新设计、编码，并且重新测试打印机驱动，以便它能正确地工作而不用用户再自行处理，此类维护就属于纠错性维护。

2. 适应性维护

适应性维护是为适应系统环境（软件、硬件等）的变化而修改软件的活动。一般应用软件的使用寿命较长，但是其运行的环境却不断变化，硬件、操作系统不断地推出新版本，外部设备和其他系统元素也频繁地升级和变化，因此适应性维护是十分必要且经常发生的。

下面的几个例子表明了适应性维护发生的情况。

(1) 假设有一个数据库管理系统，它是一个大的软硬件系统的一部分，这个数据库管理系统要升级为一个新版本。在这个过程中，编程人员发现，磁盘处理例程需要一个额外的参数。增加这个额外参数的适应性改动并不是纠正错误，只是使它们适应系统的演化。

(2) 适应性维护也可能在硬件变动或环境变动中进行。如果最初设计在干燥稳定的环境中工作的系统，现在安装在坦克或潜水艇中，则该系统必须被适应性维护，以便能够对付移动、磁场以及潮湿环境。

3. 完善性维护

完善性维护是在使用系统的过程中，根据用户提出的一些建设性的意见而对其进行的维护活动。在一个应用系统成功提交之后，用户也可能请求增加某些新功能、建议修改已有功能或提出一些改进意见。完善性维护通常占所有软件维护工作量的一半以上。例如，

(1) 杀毒软件病毒库的升级，就是完善性维护，在病毒库中增加新的病毒代码。

(2) 论坛留言原本只能使用系统提供的头像，想改为允许用户自己上传的头像。这两个小例子都属于完善性维护。

4. 预防性维护

预防性维护是为了进一步改善软件系统未来的可维护性和可靠性，并为以后的进一步改进奠定基础而修改系统的维护活动。目前这项维护活动相对比较少，如增加检查类型和扩充故障处理。其目的是提高软件的可靠性。

国外的统计数字表明，完善性维护大概占全部维护活动的50%，适应性维护25%，改正性维护占21%，预防性维护4%。图5-10是四种维护类型在取得维护中所占的比例。

软件的维护原则：尽可能少发生改动；低风险情况下进行改动；必要的情况下进行改动。因为软件维护阶段的特殊性——正在运行的软件，所以对软件进行修改是有风险的，对于一个处于运行状态的软件做出改动，要比处于开发状态的软件做出改动困难得多。尽可能少地进行改动，软件维护相对保守，只允许必要的改动，强烈反对有风险的行为，另外也要考虑软件产品的整体性和架构的稳定，因此要尽量少改动。

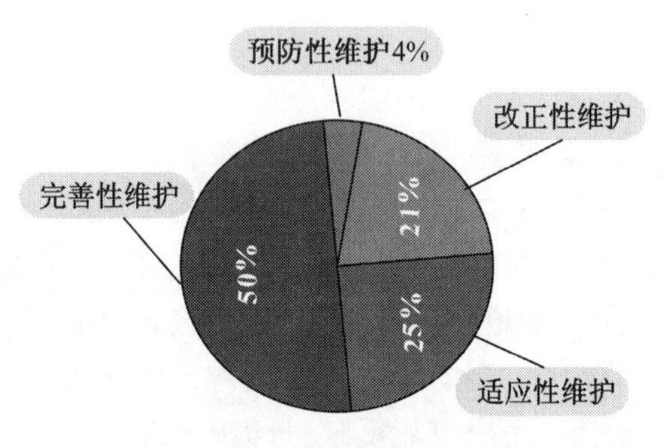

图5-10　四种维护所占比例

5.7　软件维护的特点

尽管软件维护需要的工作量非常大，但是，长期以来，软件维护工作依然受到软件设计工作者们的重视。与软件开发阶段相比，有关软件维护的资料相对比较少，相应的技术手段也很缺乏。为了更好地理解软件维护的特点，可以从结构化维护与非结构化维护的关系、软件维护的代价、软件维护中存在的问题这几个方面来讨论。

5.7.1 结构化维护与非结构化维护

1. 结构化维护

如果软件配置的唯一成分是程序代码，那么维护活动就从艰苦的评价程序代码开始，而且常常由于程序内部文档不足而使评价更困难，对于软件结构、全程数据结构、系统接口、性能或设计约束等经常会产生误解，而且对程序代码所做的改动的后果也是难以估量的：因为没有测试方面的文档，所以不可能进行回归测试（即指为了保证所做的修改没有在以前可以正常使用的软件功能中引入错误而重复过去所做过的测试）。非结构化化维护需要付出很大代价，这种维护方式是没有使用良好定义的方法开发出来的软件的必然结果。

2. 结构化维护

如果有一个完整软件配置，那么维护工作从评价设计文档开始，确定软件的重要的结构特点、功能特性和接口特点；并确定所要求的修改或校正的影响，计划一种维护处理的方法；然后修改设计并进行复审。接下来编制新的源程序，使用在测试说明书中包含的信息进行回归测试；最后把修改后的软件再次交付使用，这就是“结构化维护”。这种维护方法会大大减少维护工作量，且维护质量较高。

通过图5－11可以看出，基于软件工程方法设计的软件和只有程序代码的传统的软件在维护过程上是不一样的。显然，是否按照软件工程的方法来开发软件系统、软件配置以及文档是否完整和齐全，对软件维护有着重大的影响，虽然并不能保证维护中没有问题，但是确实极大地提高了维护效率。因此，必须按照软件工程学的方法来开发软件，这样才能降低维护成本，提高软件维护的效率和质量。

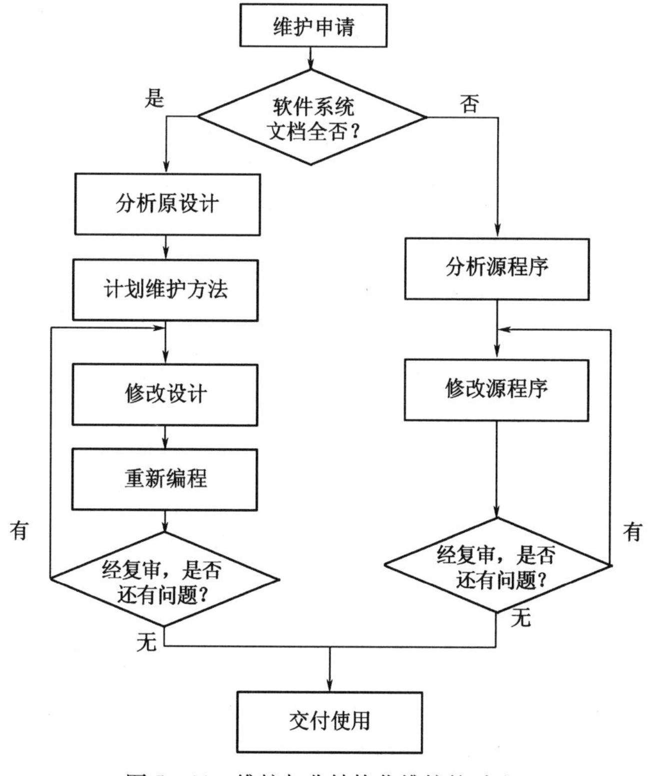

图5－11　维护与非结构化维护的对比

5.7.2 维护的代价

在软件维护过程中,需要花费大量的工作量,从而直接影响了软件维护的成本。因此,应当考虑影响软件维护工作量的各种因素,并采取适当的维护策略,在软件维护过程中有效地控制维护的成本。

在软件维护中,影响维护工作量的因素主要有以下 6 种。

(1) 系统的规模。系统规模越大,其功能就相对越复杂,软件维护的工作量也随之增大。

(2) 程序设计语言。使用强功能的程序设计语言可以控制程序的规模。语言的功能越强,生成程序的模块化和结构化程度越高,所需的指令数就越少,程序的可读性越好。

(3) 系统"年龄"大小。系统使用时间越长,所进行的修改就越多,而多次修改可能造成系统结构变得混乱。由于维护人员经常更换,程序变得越来越难于理解,加之系统开发时文档不齐全,或在长期的维护过程中,文档在许多地方与程序实现变得不一致,从而使维护变得十分困难。

(4) 数据库技术的应用水平。使用数据库可以简单有效地管理和存储用户程序中的数据,还可以减少生成用户报表应用软件的维护工作量。

(5) 所采用的软件开发技术及软件开发工程化的程度。在软件开发过程中,如果采用先进的分析设计技术和程序设计技术,如面向对象技术、复用技术等,可减少大量的维护工作量。

(6) 其他(如应用的类型、数学模型、任务的难度、开关与标记、IF 嵌套深度、索引或下标数等),对维护工作量也有影响。

在过去的几十年里,软件的维护费用在稳步上升,但这只不过是软件维护的最明显的代价。还有一些隐含的维护代价,既无形成本,可能对软件有更大的影响。无形成本主要体现在:

(1) 一些看起来是合理的修复或修改请求不能及时满足,使得客户不满意。

(2) 变更的结果把一些潜在的错误引入正在维护的软件,从而降低软件质量。

(3) 当必须把软件工程师抽调到维护工作中去时,就使得软件开发工作造成混乱。

软件维护的代价是生产率的大幅下降,有报告说,生产率将降到原来的 2%。维护工作的劳动可以分成生产性活动(如分析评价、设计修改和实现等)和非生产性活动(如理解代码的功能、判明数据结构、接口特性、性能限度等)。Belady 和 Lehman 提出一个软件维护工作量的模型,即

$$M = P + K \times \mathrm{EXP}(C - D)$$

式中:M 表示维护中消耗的总工作量;P 表示生产性活动工作量;K 是经验常数;C 表示由非结构化维护(由于缺乏好的设计和文档)而引起的程序复杂性的度量;D 表示维护人员对维护软件熟悉程度的度量。上式说明,如果使用了不好的软件开发方法(没有按照软件工程方法学的要求做),原来参加开发小组的人员也不能参加维护,则维护工作量(及维护费用)将按指数级增加。

5.7.3 软件维护中存在的问题

软件维护是一件十分困难的工作,其原因主要是由于软件定义和开发方法的缺陷造成的。软件开发过程中没有严格而又科学的管理和规划,便会引起软件运行时的维护困难。

软件维护的困难主要表现在以下几个方面。

(1) 理解别人的程序是很困难的,而随着软件配置成分的减少难度也在迅速增加。一般

开发人员都有这样的体会,修改别人的程序还不如自己重新编写程序。

(2) 文档的不一致性是软件维护困难的又一个因素,主要表现在各种文档之间以及文档与程序之间的不一致性,从而导致维护人员不知该如何进行修改。这种不一致性是由于开发过程中文档管理不严造成的,开发中经常会出现修改程序而忘了修改相关的文档,或者某一个文档修改了,却没有修改与之相关的其他文档等现象,容易理解的并且和程序代码完全一致的文档才真正有价值。

(3) 软件开发和软件维护在人员和时间上存在差异。如果软件维护工作是由该软件的开发人员完成,则维护工作相对比较容易,因为这些人员熟悉软件的功能和结构等。但是,当需要解释软件时,原来的开发人员已经不在附近了。

(4) 软件维护不是一件吸引人的工作。因为维护工作的困难性,维护经常遭受挫折,而且很难出成果。

(5) 许多软件在开发时并未考虑将来的修改,也为软件的维护带来许多问题。

5.8 软件可维护性

许多软件的维护十分困难,原因在于这些软件的文档和源程序既难于理解,又难于修改。从原则上讲,软件开发者应严格按照软件工程的要求,遵循特定的软件标准或规范进行。但实际上往往由于种种原因并不能真正做到。例如,文档不全,质量差,开发过程不采用结构化的方法,忽视程序设计风格等。因此,造成软件维护工作量的加大,成本上升,修改出错率升高。此外,在之前的学习中也知道,许多维护并不是因为程序出错而提出的,而是因为适应环境变化或者需求变化而提出的。由于维护工作面广,维护难度大,因此就会在修改中给软件带来新的问题或引入新的差错。所以,为了使软件能够易于维护,必须考虑使软件具有维护性。

5.8.1 软件可维护性的定义

软件可维护性是指当对软件实施各种类型的维护而进行修改时,软件产品可被修改的能力。而这里的“被修改”是指在实施各种维护活动中对软件的变更。软件可维护性是软件开发时期各个阶段的关键目标。

目前使用广泛的是如表 5-1 所列的 7 个特性来衡量程序的可维护性。而且对于不同类型的维护,它们的侧重点也不相同。表 5-1 显示了在二类维护中应侧重的特性,表中的“√”表示需要的特性。

表 5-1 各类维护中的侧重点

	改正性维护	适应性维护	完善性维护
可理解性	√		
可测试性	√		
可修改性	√	√	
可靠性	√		
可移植性		√	
可使用性		√	√
效率			√

1. 可理解性

软件的可理解性指维护人员理解软件的结构、接口、功能和内部过程的难易程度。一个可理解的程序应具备一些特性,如模块化(模块结构良好,高内聚,低耦合)、风格一致性、详细的设计文档、结构化设计、程序内部的文档、好的程序设计语言等。

2. 可测试性

可测试性指程序诊断和测试的难易程度。它取决于程序的可理解性,程序越简单,证明其诊断和测试就越容易,好的文档对诊断和测试至关重要。此外,软件的结构、可用的测试和调试工具及测试过程的确定也非常重要。软件在设计阶段就应该尽力使差错定位容易,以便维护时容易找到纠错的办法。

3. 可修改性

可修改性指软件修改的难易程度。一个可修改的程序往往是可理解的、通用的、灵活的、简明的。

4. 可靠性

可靠性是指一个程序按照用户的要求和设计目标,在给定的一段时间内能够正确执行的概率。关于可靠性的度量标准,主要有平均失效时间间隔(MTTF)、平均修复时间(MTTR)、有效性 A(=MTBD/(MTBD+MDT),其中 MTBD 为软件正常工作平均时间,MDT 为由于软件故障使系统不工作的平均时间)。

5. 可移植性

可移植性指程序从一个计算环境(硬件配置和操作系统)移到另一计算环境的适应能力,也即程序在不同计算机环境下能够有效地运行的程度。一个可移植的程序应当具有结构良好、灵活、不依赖于某一具体计算机或操作系统的性能,从而有效降低修改的难度。

6. 可使用性

从用户观点出发,把可使用性定义为程序方便、实用及易于使用的程度。一个可使用的程序应是易于使用的、能允许用户出错和改变,并尽可能不使用户陷入混乱状态的程序。

7. 效率

效率表明一个程序能执行预定功能而又不浪费机器资源的程度。这些机器资源包括内存容量、外存容量、通道容量和执行时间。

可维护性是高质量软件系统具有的特性之一。高质量软件系统除了具有可维护性以外,还具有功能性、可靠性、易用性。所有这些特性都是需要的,但事实上不可能完全具备,由于时间、成本及技术条件的限制,强调某些特性常常导致降低其他方面的要求。

5.8.2 软件可维护性度量

软件维护性度量的任务是对软件产品的维护性给出量化的评价。

度量一个可维护程序的特性,常用的方法就是质量检查表、质量测试和质量标准。其中,质量检查表是用于测试程序中某些质量特性是否存在的一个问题清单。评价者针对检查表上的每个问题,依据自己的定性判断,回答"是"或者"否"。质量测试和质量标准则用于定量分析和评价程序的质量。软件维护性的度量也分为内部维护性度量和外部维护性度量。它们各自的度量目的、时机以及对象等差别见表 5-2。

表 5-2　内部维护性度量和外部维护性度量

	内部维护性度量	外部维护性度量
度量的目的	预测修改软件产品所需的工作量	度量修改软件产品所需的工作量
度量的时机	软件产品设计和编程阶段	代码完成后测试或运行
度量的对象	对软件中间产品实施静态度量	执行代码收集数据

5.8.3　提高软件可维护性的方法

由于软件维护成本在软件生存期的各个阶段工作成本中居于首位，而且软件的可维护性对于延长软件的生存期具有决定的意义，因此，必须考虑如何才能提高软件的可维护性，降低维护工作的成本。为了做到这一点，需要从以下方面着手。

1. 使用提高软件质量的技术和工具

软件工程在不断地发展，新的技术和工具也在不断的涌现。对于新技术和新工具应及时的学习并应用。下面介绍一下常用的技术和方法。

1）模块化

模块化是软件开发过程中提高软件质量、降低成本的有效方法之一，也是提高可维护性的有效的技术。它的优点是如果需要改变某个模块的功能，则只改变这一个模块，对其他模块影响很小；如果需要增加程序的某些功能，则仅需增加完成这些功能的新的模块或模块层；程序的测试与重复测试比较容易；程序错误易于定位和纠正；容易提高程序效率。

2）结构化

结构化不仅使得模块结构标准化，而且将模块间的相互作用也标准化了，因而把模块化又向前推进了一步。采用结构化方法可以获得良好的程序结构。

3）面向对象方法

面向对象方法以对象为中心构造软件系统，用对象模拟问题论域中的实体，以对象间的联系刻画实体间的关系，根据问题论域中的模型建立软件系统的结构。由于现实世界的实体及其关系相对稳定，因此，建立的模型也相对稳定，当系统需求发生变化时，不会引起软件结构的整体变化，往往只需要做一些局部性的修改，所以用面向对象方法构造的软件系统也比较稳定。

2. 实施开发阶段产品的维护性审查

实施开发阶段产品的维护性审查的目的是采用不同的方式在所有开发阶段找出影响产品维护性的问题，并且在检查出问题以后采取相应的措施加以纠正。这样做便可以将维护性问题及时地解决，以控制不断增长的维护成本，延长软件的有效生命周期。

可以考虑的维护性审查有以下几种方式：

1）检查点审查

检查点审查是在软件开发的里程碑处，即在开发的阶段终点处设置维护性检查点。在检查点处审查阶段工作的产品是否符合维护性的相关子特性要求，而且在不同的检查点，其审查的重点不完全相同。图 5-12 给出了软件开发各阶段各个检查点的审查重点。

2）验收检查

验收检查是一个特殊的检查点的检查，是交付使用前的最后一次检查，是软件投入运行之

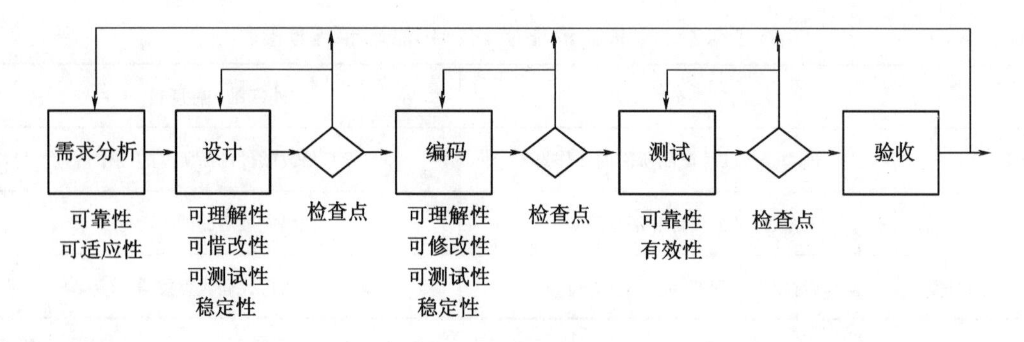

图5-12　软件开发各阶段各个检查点的审查重点

前保证可维护性的最后机会。它实际上是验收测试的一部分,只不过它是从维护的角度提出验收的条件和标准。

3）周期性的维护审查

检查点审查和验收检查,可用来保证新软件系统的维护性。软件在运行期间,为了纠正新发现的错误或缺陷、适应计算环境的变化、响应用户新的需求,必须进行修改。因此会导致软件质量有变坏的危险,可能产生新的错误,破坏程序概念的完整性。因此,必须像硬件的定期检查一样,每月一次,或两个月一次,对软件做周期性的维护审查,以跟踪软件质量的变化。

4）对软件包进行检查

软件包是一种标准化了的、可为不同单位和不同用户使用的封装软件。软件包开发商考虑到专利权的问题,一般不会给用户提供源代码和程序文档。因此,对软件包的维护可采取以下方法：一是使用单位的维护人员首先要仔细分析和研究开发商提供的用户手册、操作手册、培训教程、新版本说明、计算机环境要求书、未来特性表以及开发商提供的验收测试报告等,在此基础上,深入了解本单位的希望和要求,编制软件包的检验程序;二是该检查软件所执行的功能是否与用户的要求和条件相一致。为了建立这个程序,维护人员可以利用开发商提供的验收测试实例,还可以自己重新设计新的测试实例。根据测试结果,检查和验证软件包的参数或控制结构,以完成软件包的维护。

3. 完善程序的文档

程序文档是对程序总目标、程序各组成部分之间的关系、程序设计策略、程序实现过程的历史数据等的说明和补充。程序文档对提高程序的可理解性有着重要的作用。对于程序维护人员来说,要想对程序编制人员的意图重新改造,并对今后变化的可能性进行估计,缺了文档也是不行的,软件文档的好坏直接影响软件的可维护性。在软件工程生存周期的每个阶段的技术复审和管理复审中,也应对文档进行检查,对可维护性进行复审。

5.9　软件再工程

软件再工程的日的在于对现存的大量软件系统进行挖掘、整理以得到有用的软件组件,或对已有软件组件进行维护以延长其生存期。这是一个工程过程,能够将重构、逆向工程和正向工程组合起来,将现存系统重新构造为新的形式。

5.9.1　重构

所谓重构是这样一个过程：在不改变代码外在行为的前提下,对代码做出修改,以改进程序的内部结构。重构是一种有纪律的、经过训练的、有条不紊的程序整理方法，可以将整理过程中不小心引入错误的几率降到最低。重构的一些好处如下：

(1) 使软件的质量更高，或使软件顺应新的潮流(标准)。

(2) 使软件的后续(升级)版本的生产率更高。

(3) 降低后期的维护代价。

要注意的是，在代码重构和数据重构之后，一定要重构相应的文档。

5.9.2 逆向工程

软件的逆向工程在道理上与硬件的相似。硬件厂商总想弄到竞争对手产品的设计和制造"奥秘"。但是又得不到现成的档案，只好拆卸对手的产品并进行分析，企图导出该产品的一个或多个设计与制造的规格说明。有些从事集成电路设计工作的人，经常剖析国外的集成电路，甚至不作分析就原封不动地复制该电路的版图，然后投入生产，并美其名曰"反向设计"(Reverse Design)。

软件的逆向工程与此完全类似，由于受到法律的约束，进行逆向工程的程序常常不是竞争对手的，而是自己开发的程序，有些是多年以前开发出来的。期望从老产品中提取这些程序没有规格说明，对它们的了解很模糊。因此，软件的逆向工程就是系统设计、软件需求说明等有价值的信息。逆向工程过程如图 5-13 所示。

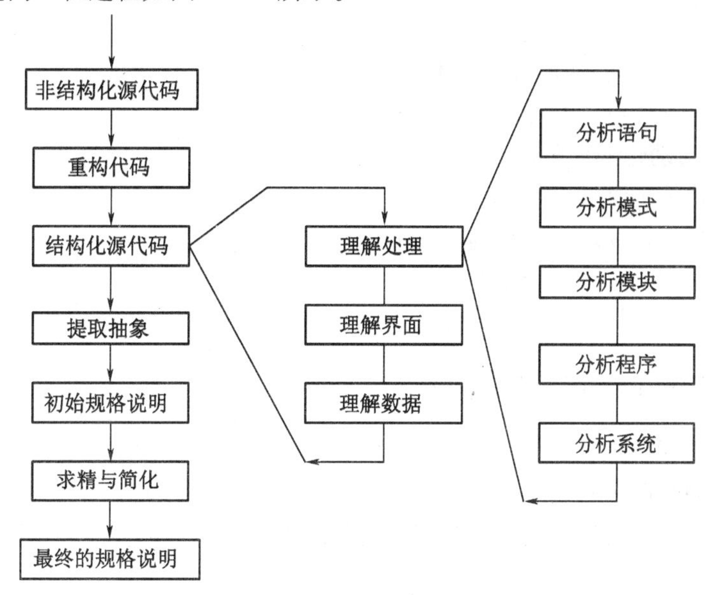

图 5-13 逆向工程过程

5.9.3 正向工程

正向工程也称为革新或改造，这项活动不仅从现有程序中恢复设计信息，而且使用该信息去改变和重构已有系统，以提高整体质量。

正向工程是应用软件工程原理、概念、技术和方法来重新开发某个现有的应用系统。在大多数情况下，正向工程的软件不仅重新实现现有系统的功能，而且也加入新功能和提高了系统的性能。

软件再工程是一种软件工程活动,它与任何软件工程项目一样,可能会遇到在过程、人员、应用、技术、工具和策略等方面的各种风险。软件管理人员必须在工程活动之前有所准备,采取适当对策,防止风险带来的损失。

5.10 软件测试工具

5.10.1 软件自动化测试的简介

自动性能测试是一项规范,它利用有关产品、人员和过程的信息来减少应用程序、升级程序或修补程序部署中的风险。自动性能测试的核心原理是通过将生产时的工作量应用于预部署系统来衡量系统性能和最终用户体验。软件测试自动化指的是利用测试工具自动完成或辅助完成测试任务。也就是利用软件来测试软件。这里所用的软件主要是自动测试脚本。

1. 软件测试自动化的优势

(1) 对程序的新版本回归测试时,开销小。

(2) 可以在较少的时间内运行更多的测试。

(3) 可执行一些手工测试困难或不可能做的测试。

(4) 代替人完成重复性工作,更好地利用人力资源。

(5) 测试具有一致性和重复性。

(6) 缩短了测试时间,使产品更快推向市场。

(7) 好的测试软件可以增加软件信任度。

2. 软件测试自动化的局限性

(1) 不能取代手工测试。

(2) 手工测试比自动测试发现的错误更多。

(3) 自动测试脚本可能包含错误。

(4) 测试自动化可能会制约软件开发。

5.10.2 LoadRunner 测试工具简介

LoadRunner 是 MI 公司的用于软件自动性能测试的工具。

1. LoadRunner 包含的组件

(1) 虚拟用户生成器用于捕获最终用户业务流程和创建自动性能测试脚本(也称为虚拟用户脚本)。

(2) Controller 用于组织、驱动、管理和监控负载测试。

(3) 负载生成器用于通过运行虚拟用户生成负载。

(4) Analysis 有助于查看、分析和比较性能结果。

(5) Launcher 为访问所有 LoadRunner 组件的统一界面。

2. 与 LoadRunner 有关的术语

(1) 场景是一种文件,用于根据性能要求定义在每一个测试会话运行期间发生的事件。

(2) 虚拟用户 Vuser 是指在场景中,LoadRunner 用虚拟用户或 Vuser 代替实际用户。Vuser 模拟实际用户的操作来使用应用程序。一个场景可以包含几十、几百甚至几千个 Vuser。

(3) Vuser 脚本是指 Vuser 脚本用于描述 Vuser 在场景中执行的操作。

(4) 事务是指要度量服务器的性能,需要定义事务。事务表示要度量的最终用户业务流程。

3. 负载测试流程

负载测试通常由五个阶段组成:计划、脚本创建、场景定义、场景执行和结果分析,如图 5-14所示。

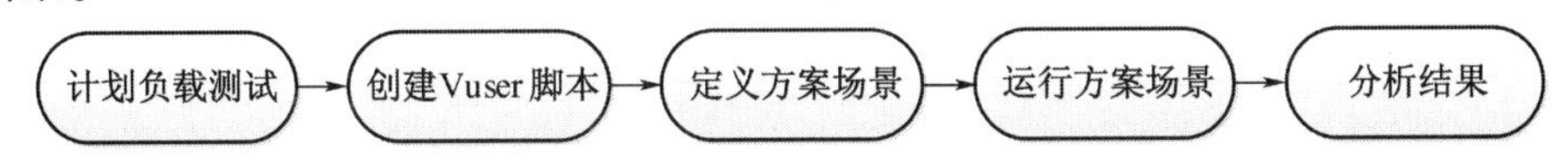

图 5-14 负载测试的流程

(1) 计划负载测试:定义性能测试要求,例如并发用户的数量、典型业务流程和所需响应时间。

(2) 创建 Vuser 脚本:将最终用户活动捕获到自动脚本中。

(3) 定义场景: 使用 LoadRunner Controller 设置负载测试环境。

(4) 运行场景: 通过 LoadRunner Controller 驱动、管理和监控负载测试。

(5) 分析结果: 使用 LoadRunner Analysis 创建图和报告并评估性能。

5.10.3 LoadRunner 的功能

1. 创建负载测试

Controller 是用来创建、管理和监控测试的中央控制台。使用 Controller 可以运行用来模拟实际用户执行的操作的示例脚本,并可以通过让多个虚拟用户同时执行这些操作来在系统中创建负载。

(1) 打开“ Mercury LoadRunner”窗口。

选择“开始” →“程序” → “Mercury LoadRunner”→“LoadRunner”,将打开“Mercury LoadRunner Launcher”窗口,如图 5-15 所示。

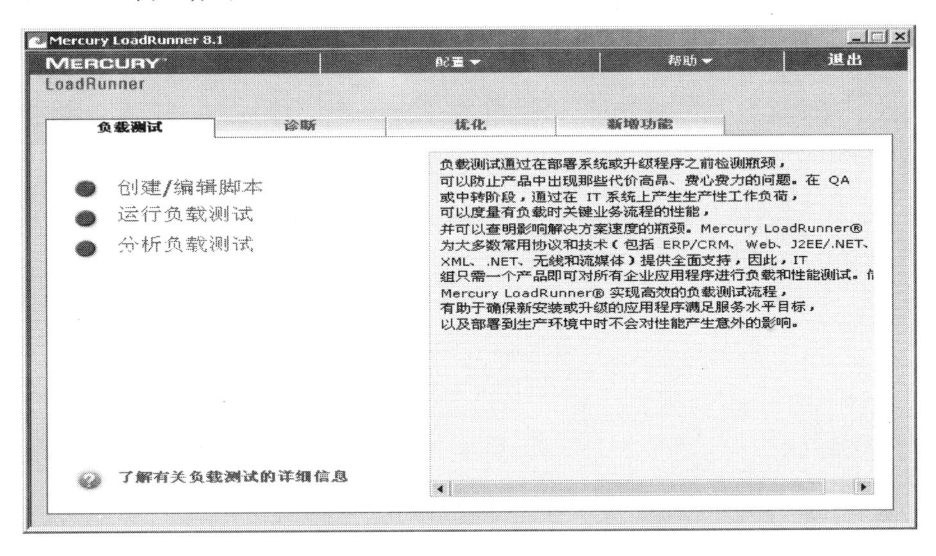

图 5-15 “Mercury LoadRunner Launcher”主窗口

（2）打开 Controller。

在“负载测试”选项卡中，单击“运行负载测试”。默认情况下，LoadRunner Controller 打开时将显示“新建场景”对话框，如图 5－16 所示。

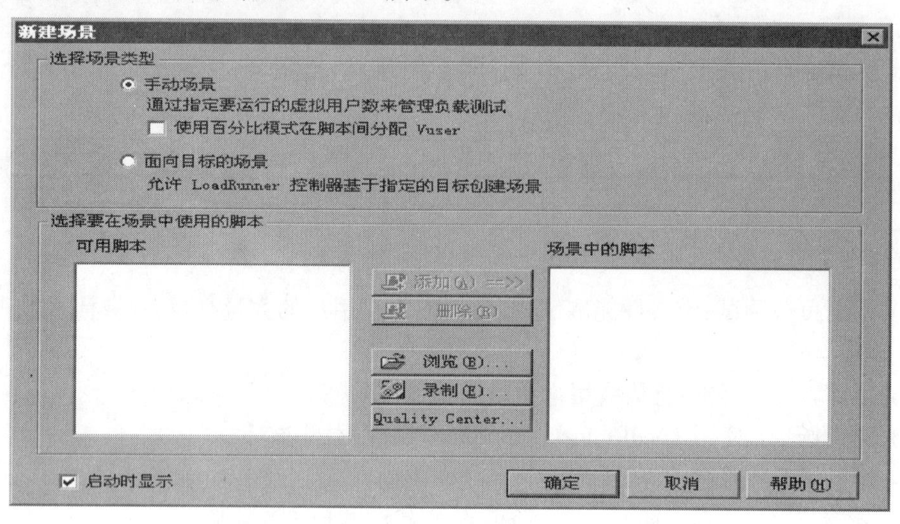

图 5－16 “新建场景”对话框

（3）打开示例测试。

从 Controller 菜单中选择“文件”→“打开”，并打开 <LoadRunner 安装 > \Tutorial 目录中的 demo_scenario. lrs，如图 5－17 所示。

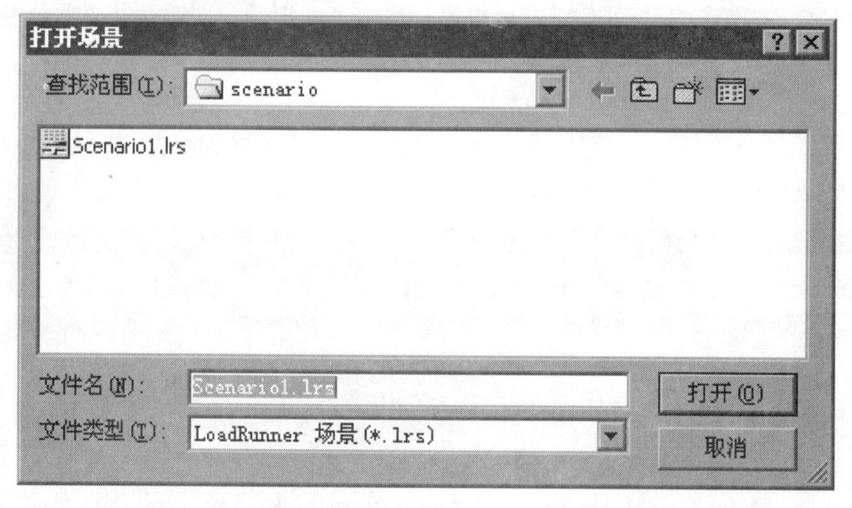

图 5－17 打开 Tutorial 目录中的 demo_scenario. lrs

打开 LoadRunner Controller 的“设计”选项卡，demo_script 测试将出现在“场景组”窗格中。可以看到已分配 2 个 Vuser 运行测试，如图 5－18 所示。

此时，可以准备运行测试了。

2. 运行负载测试

单击“启动场景”按钮。将显示 Controller 运行视图，Controller 将开始运行场景。

在“场景组”窗格中，可以看到 Vuser 逐渐开始运行并在系统上生成负载。可以在联机图

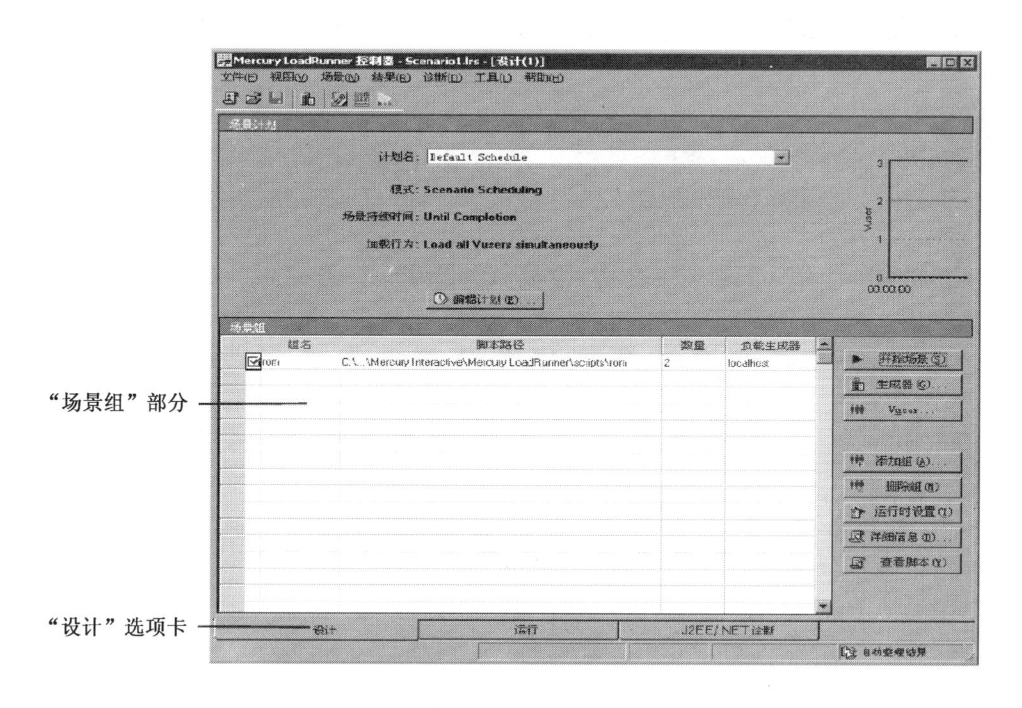

图 5－18　LoadRunner Controller 的“设计”选项卡

上看到服务器对 Vuser 操作的响应度，如图 5－19 所示。

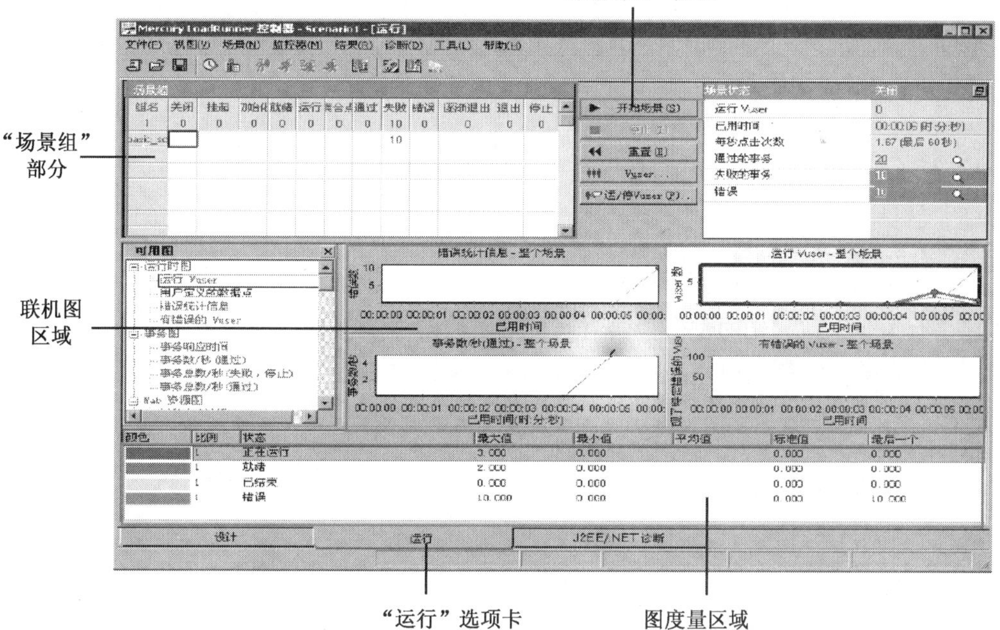

图 5－19　Controller 运行视图

3. 监控负载测试

创建应用程序中的负载的同时，了解应用程序的实时执行情况以及可能存在瓶颈的位置。使用 LoadRunner 的集成监控器套件可以度量负载测试期间每个单一层、服务器和系统组件的性能。LoadRunner 包括用于各种主要后端系统组件（其中包括 Web、应用程序、网络、数据库和 ERP/CRM 服务器）的监控器。

（1）查看默认图。

默认情况下，Controller 显示正在运行的 Vuser 图、事务响应时间图、每秒点击次数图和 Windows 资源图。前三个不需要配置。已配置了 Windows 资源监控器以进行此测试。

通过正在运行的 Vuser——整个场景图，可以监控指定时间正在运行的 Vuser 数。可以看到 Vuser 以每分钟 2 个 Vuser 的速率逐渐开始运行，如图 5－20 所示。

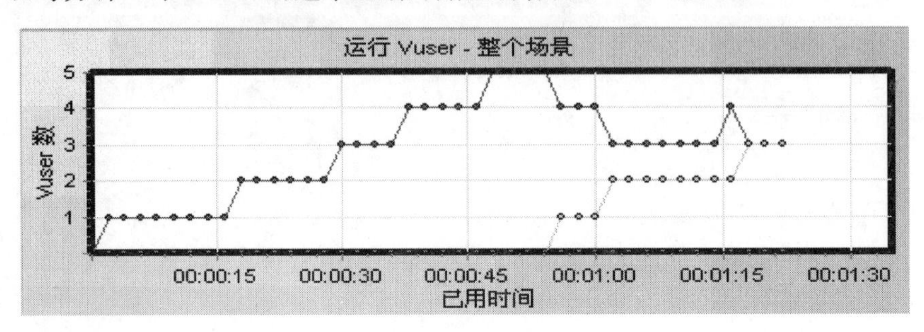

图 5－20　整个场景图

可以看到随着越来越多的 Vuser 运行接受测试的应用程序，事务响应时间将增加，并且提供给客户的服务水平将降低。

通过每秒点击次数——整个场景图，可以监控场景运行的每一秒内 Vuser 在 Web 服务器上的点击次数（HTTP 请求数）。这样可以跟踪了解在服务器上生成的负载量。

通过 Windows 资源图，可以监控在场景执行期间度量的 Windows 资源使用情况（例如 CPU、磁盘或内存使用率）。

注意，每个度量显示在图例的彩色编码行中。每行都与图中相同颜色的线条相对应。

选择一行，图中的相应线条将突出显示，反之亦然。

（2）查看错误信息。

如果计算机处理的负载很重，则可能遇到错误。

在可用图树中选择错误统计信息图并将其拖入 Windows 资源图窗格中。错误统计信息图提供了有关场景执行期间发生错误时间及错误数的详细信息。这些错误按照错误源（例如在脚本中的位置或负载生成器名）分组，如图 5－21 所示。

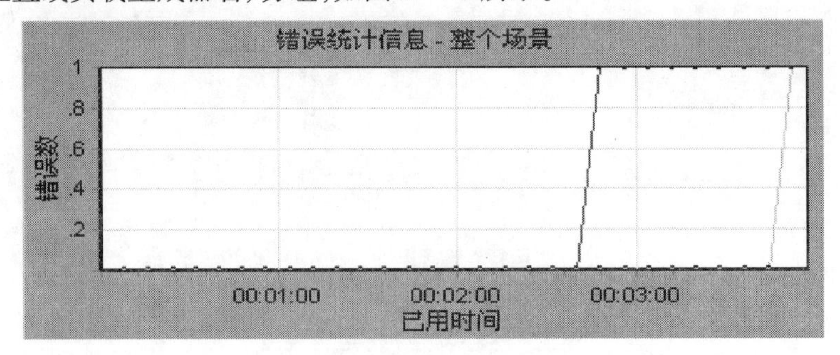

图 5－21　错误统计信息图

在此图中，可以看到 5min 后系统开始遇到错误数不断增加。这些错误是由响应时间降低引起的超时所导致的。

测试运行结束时，LoadRunner 将提供一个深入分析部分，此部分由详细的图和报告组成。将多个场景中的结果组合在一起来比较多个图。也使用自动关联工具将所有包含能够对响应时间产生影响的数据的图合并，并确定出现问题的原因。使用这些图和报告，可以容易地识别应用程序中的瓶颈，并确定需要对系统进行哪些更改来提高系统性能。

通过选择“结果”→“结果设置”或单击“分析结果”按钮，可以打开带有场景结果的 Analysis。结果保存在 <LoadRunner 安装>\Results\tutorial_demo_res 目录下。

5.10.4 生成脚本

要创建负载，需要首先生成模拟实际用户行为的自动脚本。

1. 虚拟用户生成器（VuGen）简介

在测试环境中，LoadRunner 会在物理计算机上用虚拟用户（即 Vuser）代替实际用户。Vuser 通过以可重复、可预测的方式模拟典型用户的操作，在系统上创建负载。

LoadRunner 虚拟用户生成器（VuGen）采用录制并播放机制。当在应用程序中按照业务流程操作时，VuGen 将这些操作录制到自动脚本中，以便作为负载测试的基础。

2. 开始录制用户活动

（1）启动 LoadRunner。

选择“开始” →“程序”→“Mercury LoadRunner”→“LoadRunner”，打开“Mercury LoadRunner Launcher”窗口，如图 5-22 所示。

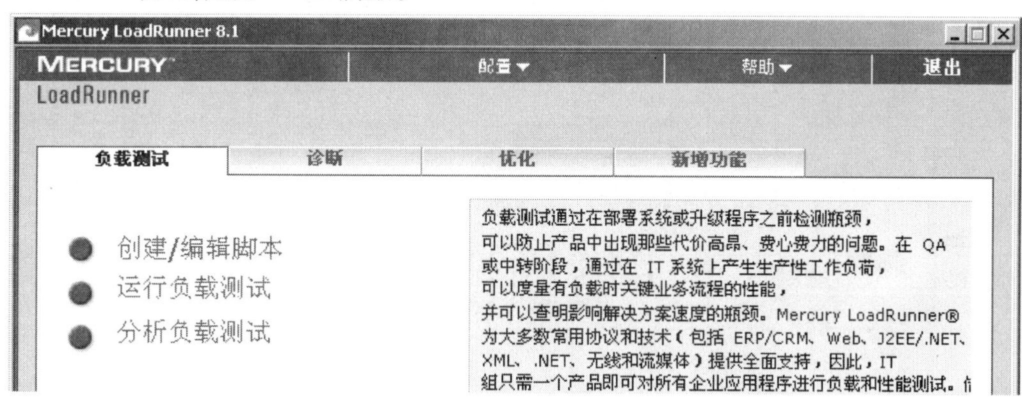

图 5-22 “Mercury LoadRunner Launcher”窗口

（2）打开 VuGen。

在 Launcher 窗口中，单击“负载测试”选项卡单击“创建/ 编辑脚本”。将打开 VuGen 的开始页，如图 5-23 所示。

（3）创建一个空白 Web 脚本。

在 VuGen 开始页的“脚本”选项卡中，单击“新建 Vuser 脚本”，打开“新建虚拟用户”对话框，其中显示用于新建单协议脚本的选项，如图 5-24 所示。

协议是客户端用来与系统后端进行通信的语言。Mercury Tours 是基于 Web 的应用程序，因此将创建一个 Web 虚拟用户脚本。

确保“类别”类型为“所有协议”。VuGen 将显示所有可用于单协议脚本的协议列表。向下滚动该列表，选择“Web（HTTP/HTML）”并单击“确定”创建一个空白 Web 脚本。

（4）使用 VuGen 向导模式。

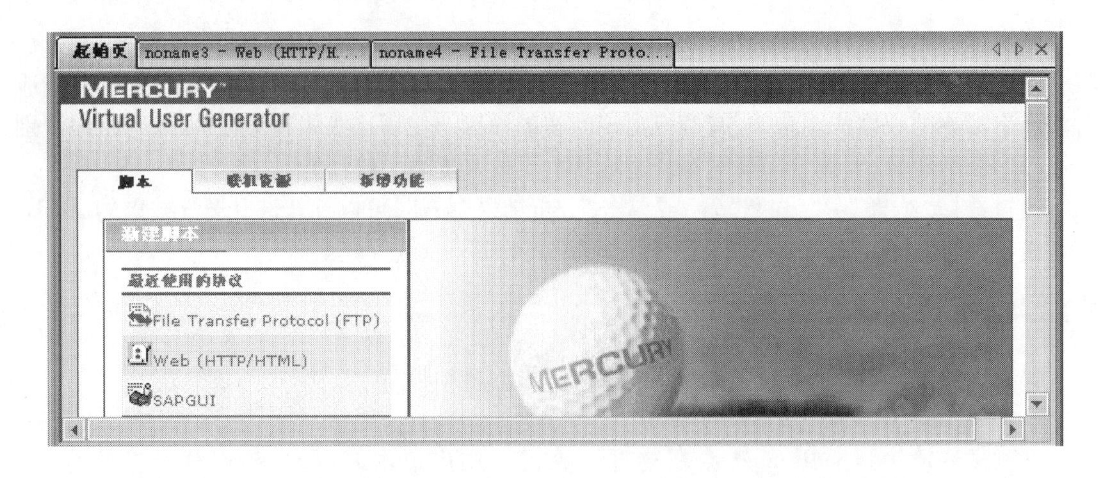

图 5-23 VuGen 的开始页

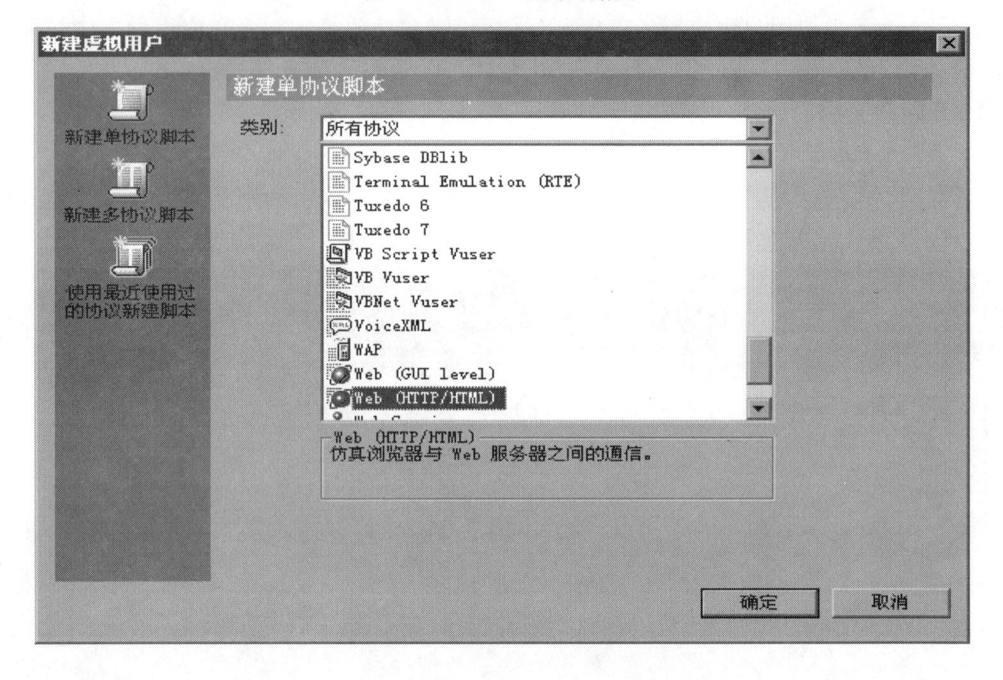

图 5-24 "新建虚拟用户"对话框

打开 VuGen 的向导时将出现空白脚本,并且该向导的左侧将显示任务窗格。(如果任务窗格没有显示,请单击工具栏上的"任务"按钮)

VuGen 向导将指示用户逐步创建脚本并根据所需的测试环境编辑此脚本,如图 5-25 所示。任务窗格列出了脚本创建过程中的每个步骤或任务。在执行每个步骤时,VuGen 将在该窗口的主区域中显示详细的说明和规则。

可以自定义 VuGen 窗口显示或隐藏各种工具栏。要显示或隐藏工具栏,请选择"视图"→"工具栏"并切换所需工具栏旁边的复选标记。

通过打开任务窗格并单击其中一个任务步骤可以在任何阶段返回 VuGen 向导。

3. 录制业务流程以创建脚本

创建用户模拟的下一步是录制实际用户执行的事件。现在可以开始将事件直接录制到脚本中。

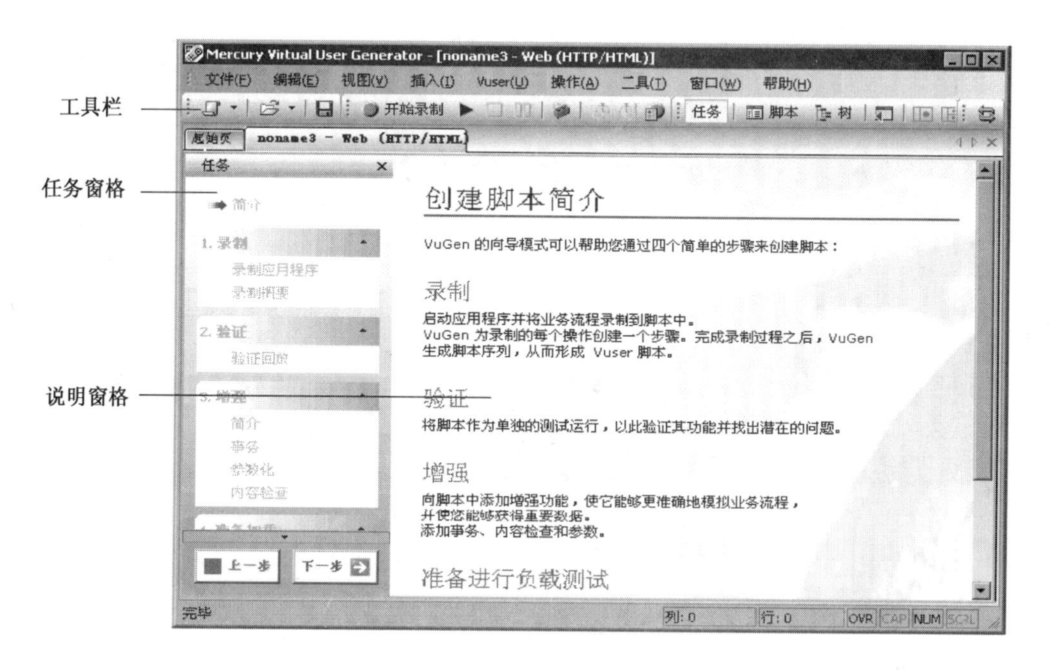

图 5－25　VuGen 向导

要录制脚本，请执行下列操作：

在任务窗格中，单击“录制应用程序”单击说明窗格底部的“开始录制”，如图 5－26、图 5－27所示。

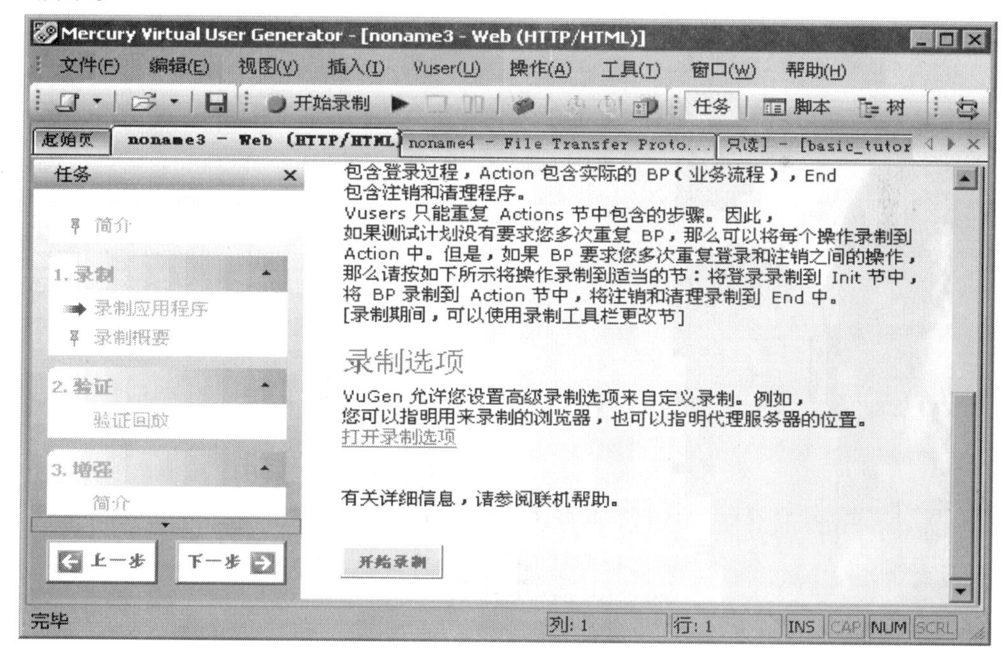

图 5－26　“录制应用程序”

将打开浮动录制工具栏，如图 5－28 所示。

在浮动工具栏上单击“停止” 停止录制过程。

生成 Vuser 脚本时，“代码生成”弹出窗口将打开。然后，VuGen 向导将自动继续任务窗

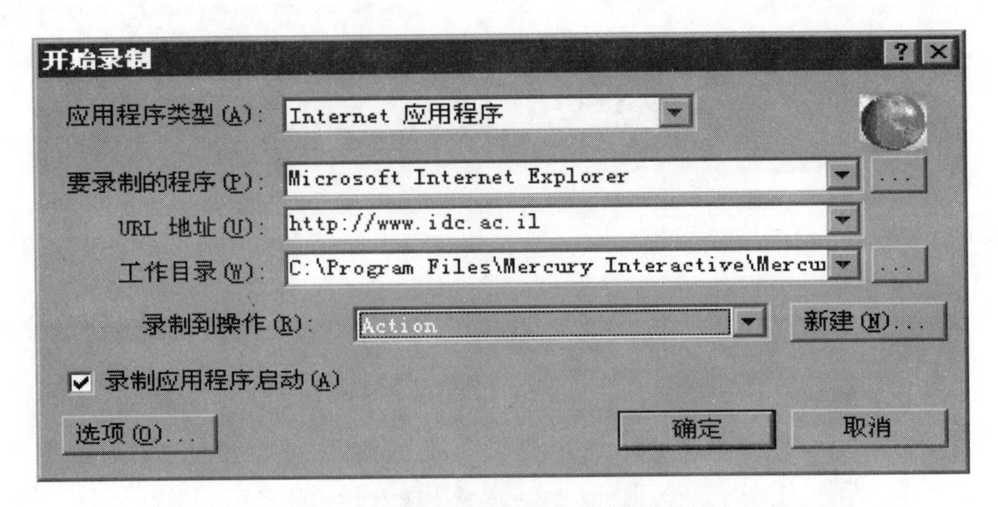

图 5-27　开始录制对话框

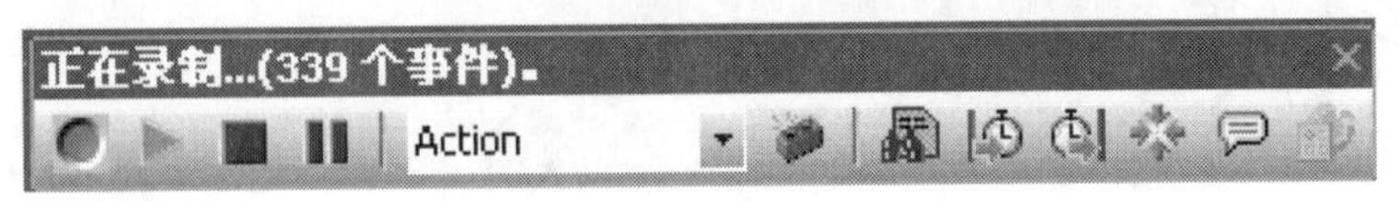

图 5-28　浮动录制工具栏

格中的下一步,并显示录制概要,如图 5-29 所示。

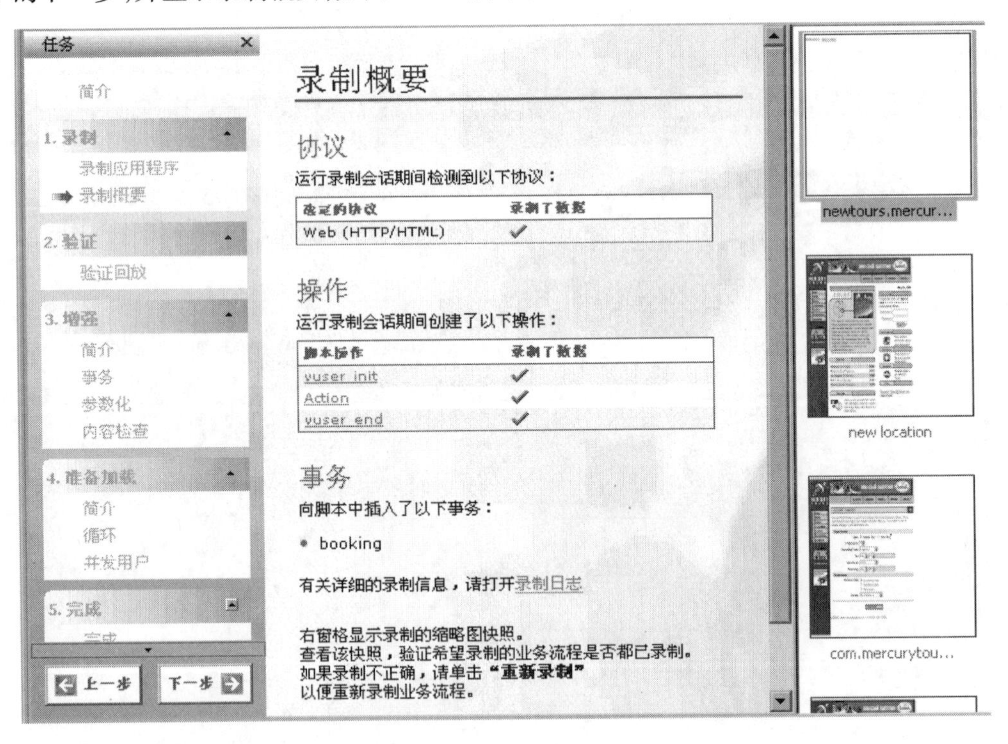

图 5-29　"录制概要"对话框

录制概要包括协议信息和会话执行期间创建的操作列表。对于录制期间执行的每个步骤,VuGen 都生成一个快照(即录制期间窗口的图片)。

这些录制的快照的缩略图显示在右窗格中。如果由于任何原因,要重新录制脚本,请单击页面底部的“再次录制”按钮。

1. 查看脚本

如何查看 VuGen 内的脚本,可以在树视图或脚本视图中查看脚本。树视图是基于图标的视图,列出了作为步骤的 Vuser 操作;脚本视图是基于文本的视图,列出了作为函数的 Vuser 操作。

(1) 树视图。

要在树视图中查看脚本,请选择“视图”→“树视图”或单击“树视图” 按钮,如图 5 - 30 所示。要跨整个窗口查看树视图,请单击“任务”按钮删除任务窗格。

图 5 - 30 “树视图”对话框

对于录制期间所执行的每一步骤,VuGen 都在测试树中生成一个图标和一个标题。在树视图中,将看到作为脚本步骤的用户操作。大多数步骤都附带相应的录制快照。

快照使脚本更易于理解,更易于在工程师之间共享,这是因为可以准确看到录制过程中录制了哪些屏幕。可以随后比较快照以验证脚本的准确性。VuGen 还在回放期间创建每一步骤的快照。

单击测试树中任一步骤旁边的加号(+)。现在,可以看到预订航班时所录制的思考时间。思考时间表示在各步骤之间所等待的实际时间,可以用于模拟负载下的快速和缓慢用户行为。思考时间是一种机制,通过它可以使负载测试更准确地反映实际用户的行为。

(2) 脚本视图。

脚本视图是一种基于文本的视图,列出了作为 API 函数的 Vuser 操作。要在脚本视图中查看脚本,请选择“视图”→“脚本视图”或单击“脚本视图” 按钮,如图 5 - 31 所示。

图 5 - 31 “脚本视图”对话框

在脚本视图中，VuGen 将在编辑器中显示带有彩色编码的函数及其变量值的脚本。可以将 C 或 LoadRunner API 函数以及控制流语句直接键入此窗口中。

5.10.5 播放脚本

通过录制一组典型的用户操作，已创建了实际用户仿真。将脚本集成到负载测试场景中之前，回放已录制的脚本以验证其是否正常运行。回放期间，可以在浏览器中查看操作并查看是否一切按照预期进行。回放脚本之前，可以配置运行时设置，这有助于设置 Vuser 的行为。

通过 LoadRunner 运行时设置可以模拟各种实际用户的活动和行为。例如，可以模拟对服务器的输出立即做出响应的用户，也可以模拟在每次做出响应之前先停下来思考的用户。还可以配置运行时设置指定 Vuser 应使用的重复每组操作的次数和频率。

运行时设置分为常规运行时设置和特定于某类 Vuser 的运行时设置。

现在讨论适用于所有类型脚本的常规运行时设置。它们包括：

运行逻辑：重复次数

步：重复之间的等待时间

思考时间：步骤之间用户停止以思考的时间。

日志：播放期间要收集的信息级别。

(1) 打开“运行时设置”。

确保显示“任务”窗格(如果未单击“任务”按钮)。在“任务”窗格中单击“验证回放”。在说明窗格中的标题“运行时设置”下单击“打开运行时设置”超链接。

还可以按 F4 键或单击工具栏中的“运行时设置”按钮，将打开“运行时设置”对话框，如图 5-32 所示。

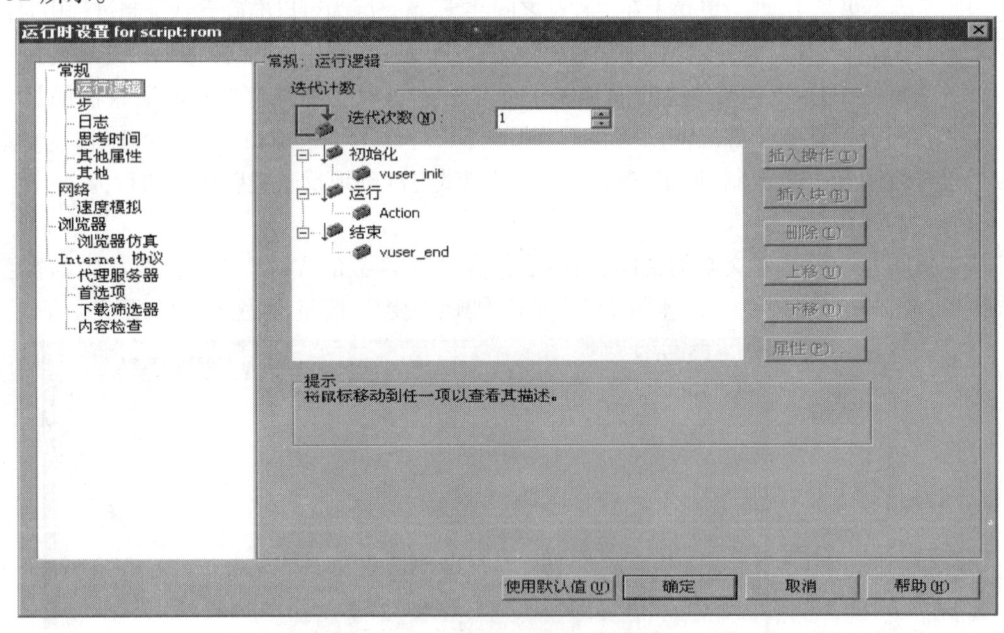

图 5-32 “运行时设置”对话框

(2) 打开“运行逻辑”设置。

选择“运行逻辑”节点。

在此节点中，可以设置迭代的次数，或连续运行过程中重复活动的次数。将迭代次数设置为 2，如图 5－33 所示。

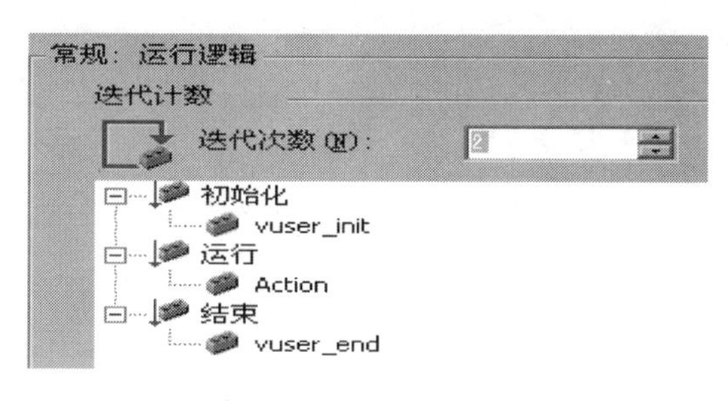

图 5－33 “运行逻辑”节点设置

（3）设置“步”设置。

选择“步”节点。

通过此节点可以控制迭代之间的时间。可以将此时间指定为随机时间。这将准确模拟用户在操作之间等待的实际时间设置，但在随机时间间隔下，看不到实际用户在重复操作之间等待恰好为 60 秒的情况，如图 5－34 所示。

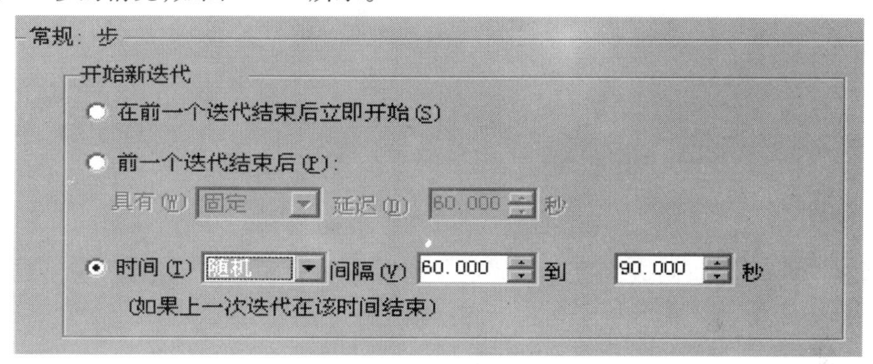

图 5－34 “步”节点设置

选择第三个选项并选择下列选项：

选择 60. 00 到 90. 00 秒之间的随机时间间隔。

（4）设置“日志”设置。选择“日志”节点。

“日志”设置指示运行测试时要记录的信息详细级别。开发期间，出于调试目的，可以选择启用某级别的日志记录，但验证脚本可以正常工作后，仅可以启用或禁用错误日志记录，如图 5－35 所示。

（5）查看“思考时间”设置。

选择“思考时间”节点，如图 5－36 所示。

请勿进行任何更改。可以通过 Controller 设置思考时间。在 VuGen 中运行脚本时，由于脚本不包括思考时间，因此脚本将快速运行。

（6）单击“确定”关闭“运行时设置”对话框。

1. 实时查看脚本的运行

播放录制的脚本时，VuGen 的运行时查看器功能将实时显示 Vuser 活动。默认情况下，VuGen 将在后台运行测试，而不显示脚本中操作的动画。如果选择 VuGen 在查看器中显示操

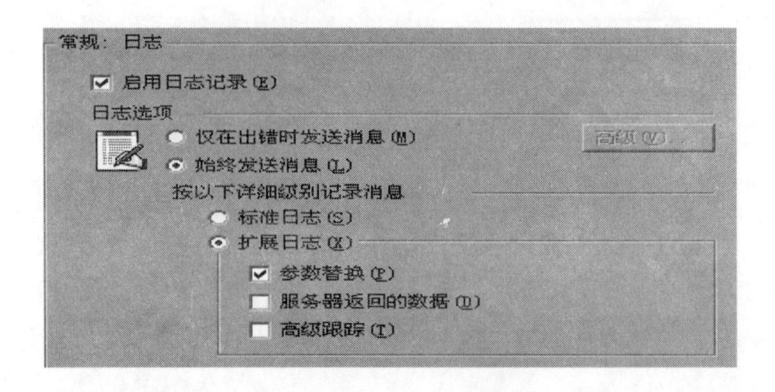

图 5 - 35 “日志”节点设置

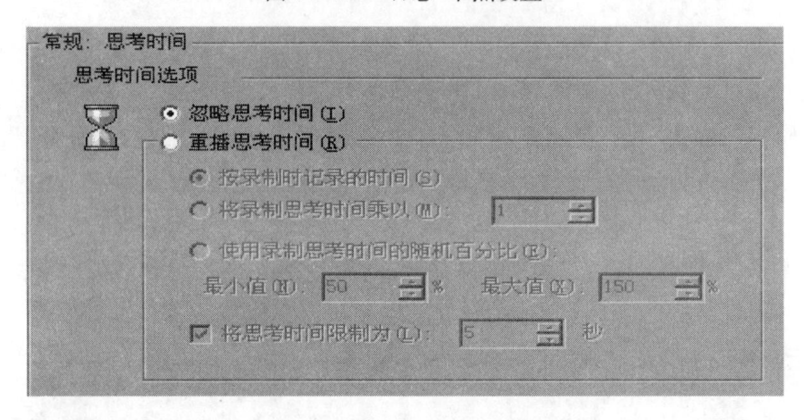

图 5 - 36 “思考时间”节点设置

作,从而看到 VuGen 是如何执行每个步骤的。查看器不是实际的浏览器,它只显示返回到 Vuser 的页面快照。

(1) 依次选择“工具”→“常规选项”,然后选择“显示”选项卡,如图 5 - 37 所示。

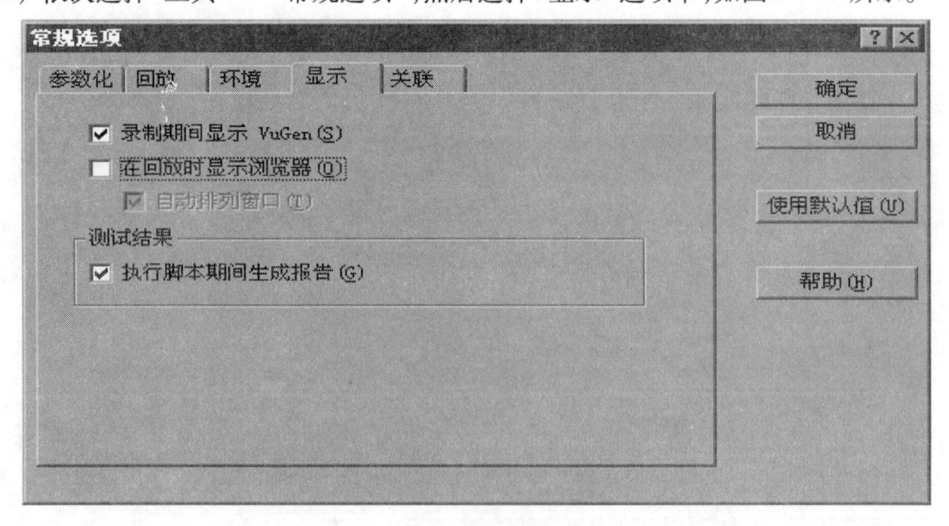

图 5 - 37 “常规选项”对话框

(2) 选择“在回放期间显示浏览器”和“自动排列窗口”选项。清除“在脚本执行结束时显示报告”选项。

(3) 单击“确定”关闭“常规选项”。

(4) 单击“任务”窗格中的“验证回放”,然后单击说明窗格底部的“开始回放”按钮。还可以按 F5 键或单击工具栏中的“运行”按钮。

(5) 如果打开“选择结果目录”对话框并询问要将结果存储于何处,则接受默认名称并单击“确定”。

一小段时间之后,VuGen 将打开运行时查看器,并开始运行脚本视图或树视图中的脚本(取决于上次打开的脚本)。在运行时查看器中,可以直观地观察 Vuser 的操作。注意回放是如何准确地播放录制期间执行的步骤。

2. 查看有关回放的信息

脚本停止运行时,可以在向导中查看回放概要。在“任务”窗格中单击“验证回放”以查看“上次回放概要”,如图 5-38 所示。

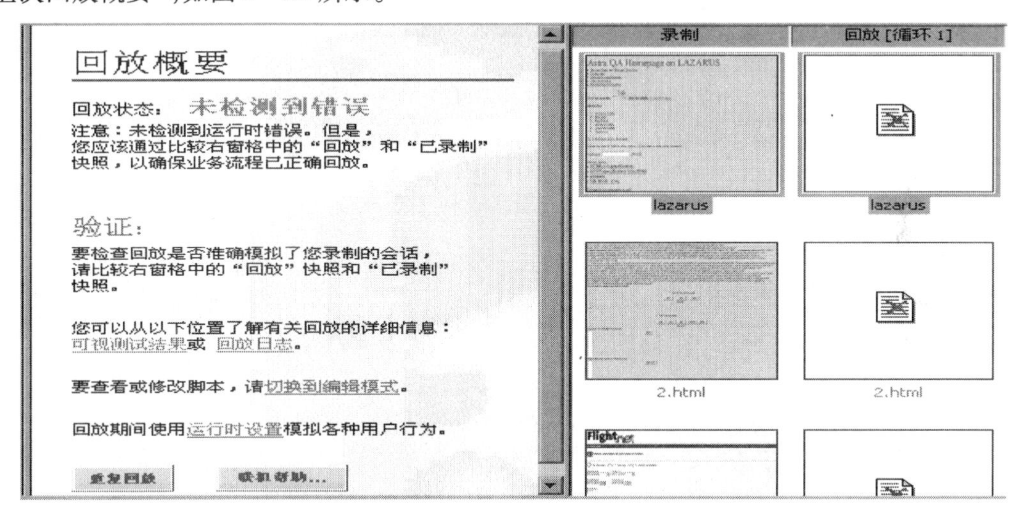

图 5-38 查看“回放概要”

“上次回放概要”列出了检测到的任何错误,并显示“录制”和“回放”快照的缩略图。可以比较快照并查找录制和回放之间的差异。

还可以通过查看事件的文本概要来查看 Vuser 的活动。VuGen 的“输出”窗口中的“回放日志”选项卡将显示此彩色编码表示的信息。

3. 是否已通过测试

播放录制的事件后,需要查看结果以查看是否全部成功。如果某部分失败,则需要知道失败的原因和时间。

要查看测试结果,请执行下列操作:

(1) 单击“任务”窗格中的“验证回放”以返回到向导。

(2) 单击“验证”标题下说明窗格中的“可见的测试结果”超链接。或者,依次选择“视图”→“测试结果”。将打开一个新结果窗口,如图 5-39 所示。

“测试结果”窗口第一次打开时,它包含两个窗格:“树”窗格(位于左侧)和“概要”窗格(位于右侧)。

“树”窗格中包含结果树。每个迭代都进行了编号。“概要”窗格中包含测试的详细信息。

上面的表显示完成的和失败的迭代。如果 VuGen 的 Vuser 根据原始录制成功地导航

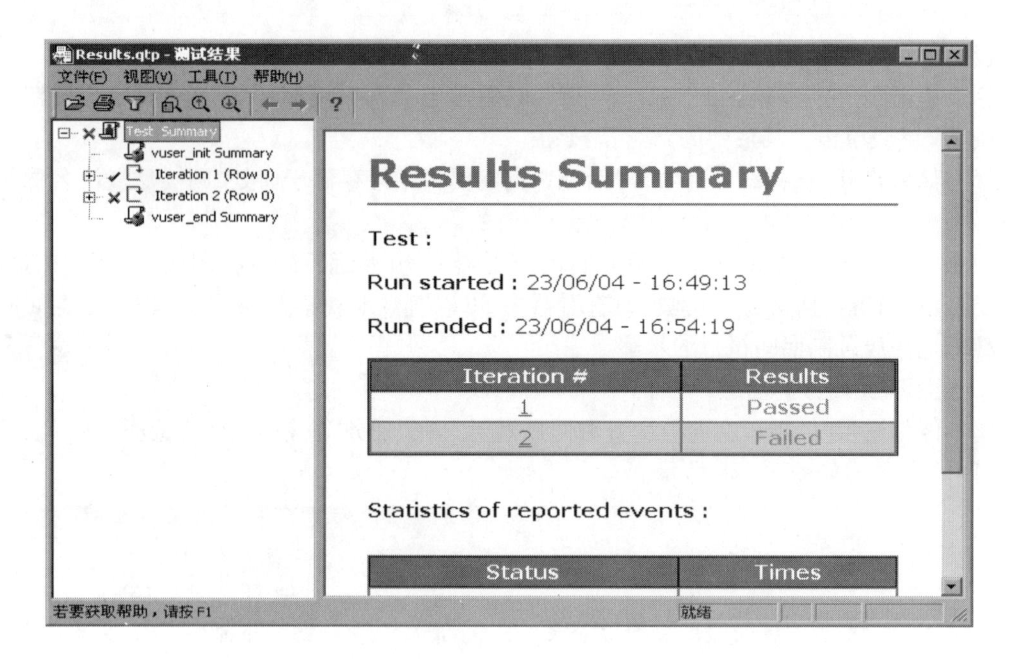

图 5-39 "测试结果"对话框

Mercury Tours 站点,则认为通过测试。

4. 在结果中搜索或筛选结果

如果测试结果显示某部分失败,则可以向下搜索并找到失败点。

在"测试结果"窗口中,可以展开测试树并分别查看每个步骤的结果。"测试结果"窗口将显示该迭代过程中回放的快照,如图 5-40 所示。

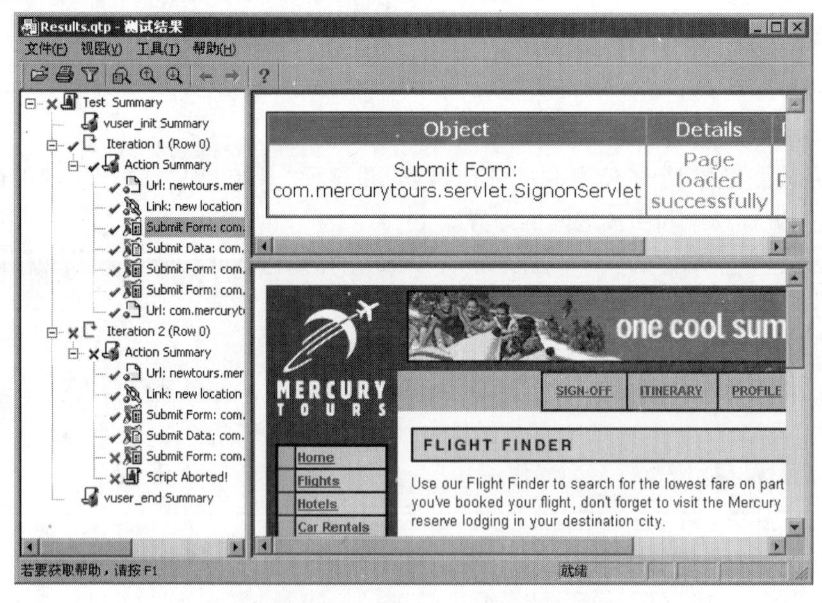

图 5-40 "测试结果"窗口将显示与该步骤相关的回放快照

(1) 展开迭代分支。

展开分支"迭代 1",然后在左窗格中通过单击加号展开"操作概要"分支。现在,展开的分支中将显示该迭代中已执行步骤的列表。

(2) 显示结果快照。

选择第四步“提交表单”。“测试结果”窗口将显示与该步骤相关的回放快照。

(3) 查看步骤概要。

“测试结果”窗口的右上窗格将显示步骤概要信息：对象或步骤名、有关是否成功加载该页的详细信息、结果(通过、失败、完成或警告)和执行步骤的时间。

(4) 按结果状态进行搜索。

如果总体结果概要显示该测试失败,则需要确定失败的位置。可以通过搜索词失败搜索测试结果。

要搜索测试结果,请依次选择“工具”→“查找”或单击“查找”按钮,将打开“查找”对话框,如图 5-41 所示。

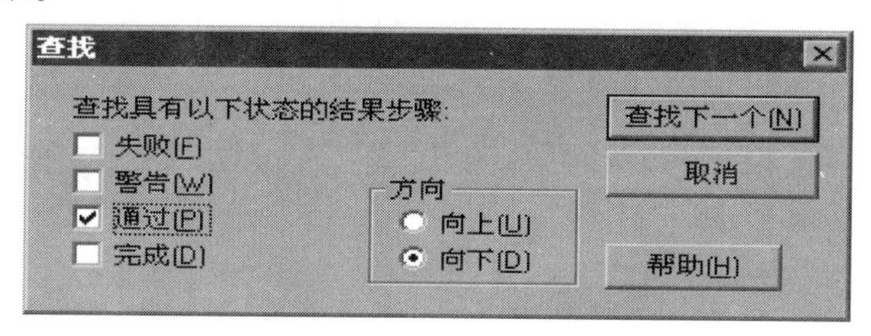

图 5-41 “查找”对话框

选择“通过”选项,确保未选择其他选项,然后单击“查找下一个”。“结果”窗口将显示状态为通过的第一个步骤。

再次选择“工具”→“查找”或单击“查找”按钮。在“查找”对话框中,选择“失败”选项,清除“通过”选项,并单击“查找下一个”。“结果”窗口未找到任何失败的结果。

(5) 筛选结果。

可以筛选“测试结果”窗口以显示特定的迭代或状态。例如,可以进行筛选以仅显示失败状态。

要筛选结果,请依次选择“视图”→“筛选器”或单击“筛选器”按钮,将打开“筛选器”对话框,如图 5-42 所示。

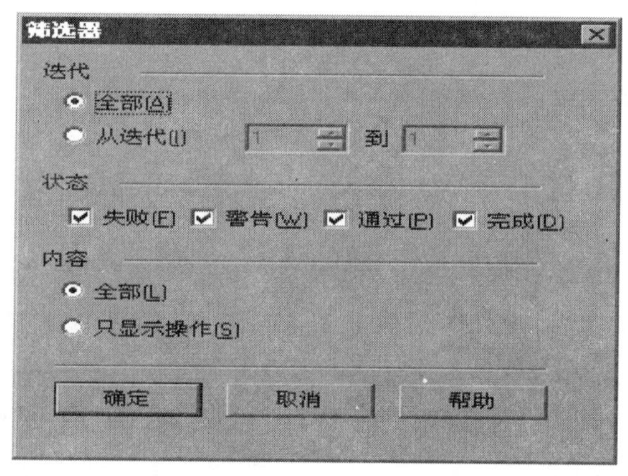

图 5-42 “筛选器”对话框

在“状态”部分中,选择“失败”选项并清除所有其他选项。在“内容”部分中,选择“全部”选项并单击“确定”。由于没有失败结果,因此左窗格为空。

(6) 关闭“测试结果”窗口。

依次单击“文件”→“退出”。

5.10.6 准备用于负载测试的脚本

LoadRunner 可收集有关执行事务所花费时间的信息,并将结果显示在彩色编码的图和报中。你可以使用此信息查看应用程序是否符合原始需求。

1. 创建事物

可以在脚本中的任意位置手动插入事务。将用户步骤标记为事务的方法是在事务的第一步骤之前放置一个开始事务标记并在最后步骤之后放置一个结束事务标记。

(1) 打开事务创建向导。

确保显示任务窗格(如果没有,请单击“任务”按钮)。在任务窗格的增强功能标题下,单击“事务”,将打开事务创建向导,如图 5 - 43 所示。

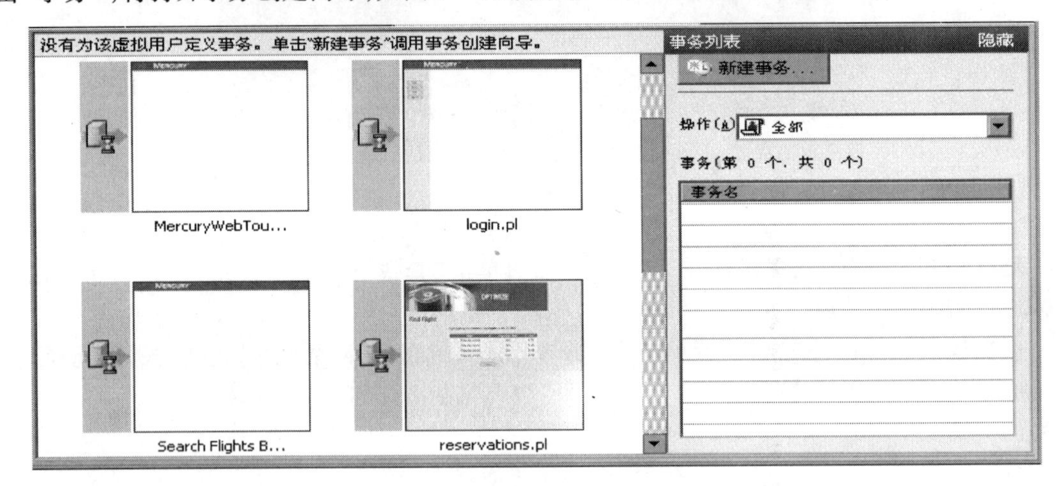

图 5 - 43 “事务创建”向导

单击“新建事务”按钮,可以将事务标记拖放到脚本中对应的指定点。向导现在提示用户插入事务的起点。

(2) 插入一个开始事务标记和一个结束事务标记。

使用鼠标,将标记放到第三个名为 Search flights button 的缩略图之前并单击。向导现在提示用户插入终点。

使用鼠标,将标记放到第五个名为 reservations. pl_2 的缩略图之后并单击,如图 5 - 44 所示。

(3) 指定事务名称。

向导将提示输入事务的名称。键入 find_confirm_flight 并按 ENTER 键。

现在已创建了一个新的事务。可以通过将标记拖到脚本中的不同点来调整事务的起点和终点。也可以通过单击开始事务标记上方的现有名称并键入新的名称来重命名事务。

(4) 在树视图中观察事务。

通过选择“视图”→“树视图”或单击工具栏上的“树视图” 按钮进入树视图请注意开始事务标记和结束事务标记现在是如何作为新步骤添加到树中,并且插入到它们的准确点,如图 5 - 45所示。

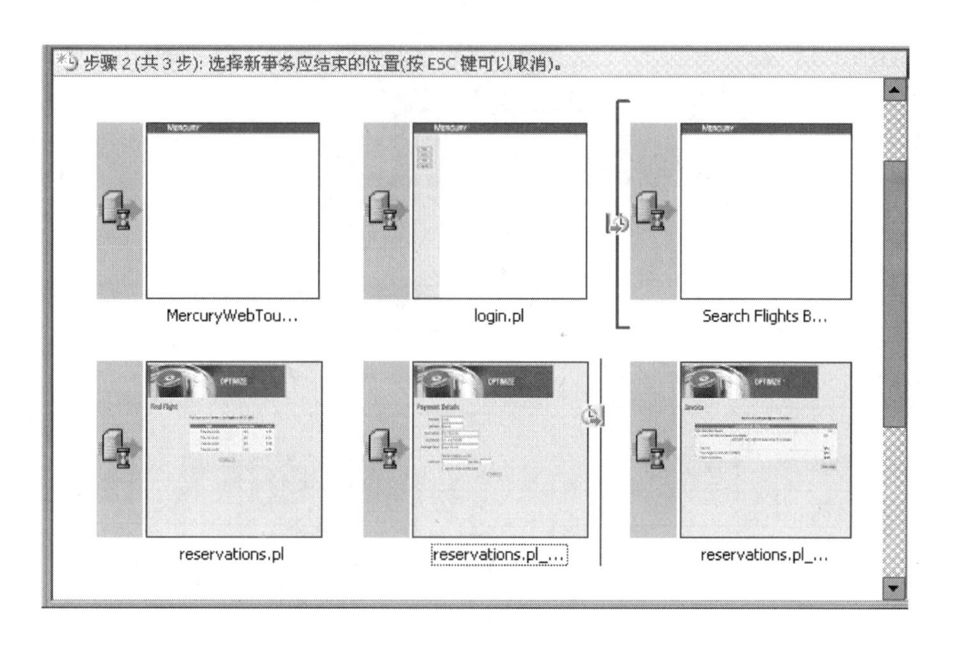

图 5-44　插入一个开始事务标记和一个结束事务标记

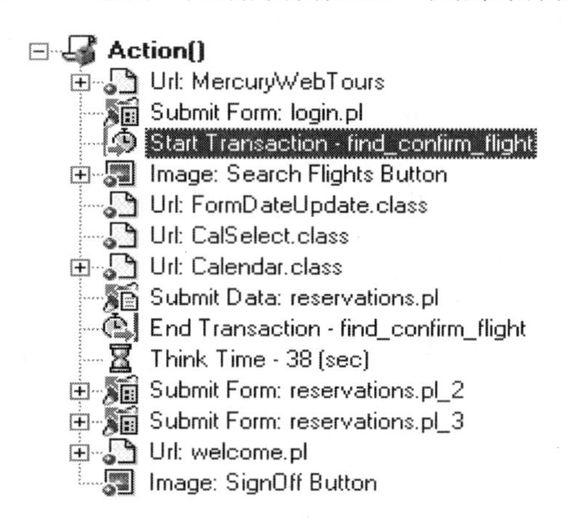

图 5-45　在树视图中观察事务

2. 如何验证网页内容

运行测试时,经常需要验证在返回的页面上是否可以找到特定内容。内容检查可以验证脚本运行时期望的信息是否出现在网页上。可以插入两种类型的内容检查：文本检查和图像检查。

文本检查可以检查文本字符串是否出现在网页上。图像检查可以检查网页上的图像。

(1) 查找文本。

在本部分中,将添加一个文本检查,检查用户登录之后,网页中是否显示文字“欢迎使用”。

要插入文本检查,请执行下列操作：

① 打开内容检查向导。

确保显示任务窗格(如果没有,单击“任务”按钮)。在任务窗格的增强功能标题下,单击“内容检查”。将打开内容检查向导,显示脚本中每个步骤的缩略图,如图 5-46 所示。

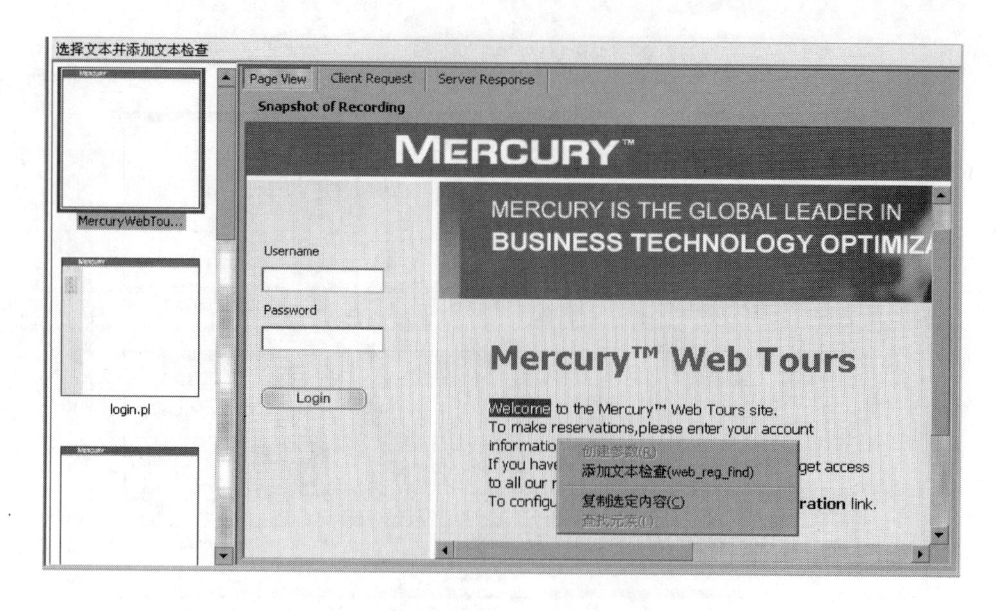

图 5 - 46 “内容检查”向导

选择右窗格中的“页面视图”选项卡以显示缩略图的快照。

② 选择包含要检查文本的页面

单击第一个名为 MercuryWebTours 的缩略图。

③ 选择要检查的文本

突出显示快照内的文字欢迎使用。选中该文字后，右键单击并选择“添加文本检查（web-reg-find)”

④ 查看新步骤

在树视图(“视图”→“树视图”)中，将看到 VuGen 在脚本中插入了一个新步骤服务：注册查找。此步骤将注册文本检查 LoadRunner 将在运行步骤后检查文本。回放期间，VuGen 将查找文本欢迎使用并在回放日志中指示是否找到。

(2) 查找图像。

在本部分中，将插入一个图像检查，以验证用户注销之后图像 fma-gateway. jpg 是否出现在页面中。

要插入图像检查，请执行下列操作：

① 选择“视图”→“树视图”返回到树视图

② 选择包含要检查的图像的页面。

选择“图像：注销按钮”步骤。选择右窗格中的“页面视图”选项卡以查看该步骤的快照。

③ 插入图像检查步骤。

选择“插入”→“新建步骤”。将打开“添加步骤”对话框，如图 5 - 47 所示。

展开“Web 检查”，然后选择“图像检查”。单击“确定”。将打开“图像检查属性”对话框，如图 5 - 48 所示。

④ 指定一幅图像。

在“规范”选项卡中，选取选项“图像服务器文件名称”，并在编辑框中输入图像名称 fma - gateway. jpg。

单击“确定”。注意，VuGen 将把图像检查步骤作为“图像：注销按钮”步骤的子步骤

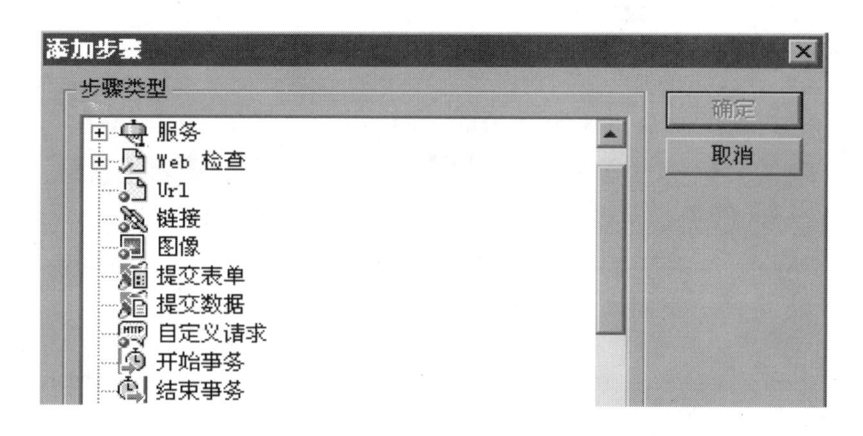

图 5－47 “添加步骤”对话框

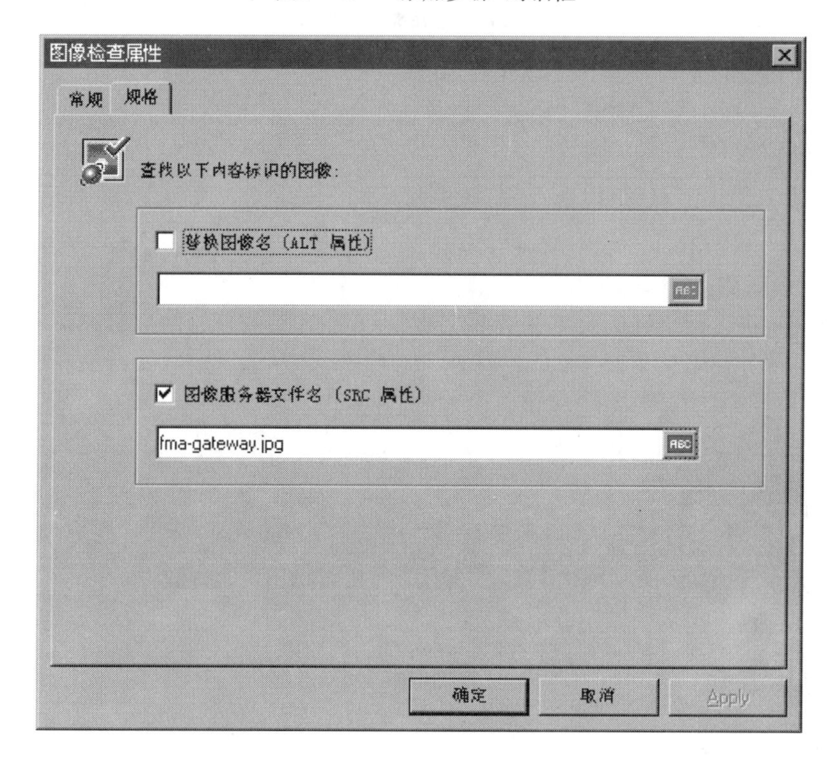

图 5－48 “图像检查属性”对话框

插入。

⑤ 保存脚本。

回放期间，VuGen 将查找图像 fma－gateway. jpg 并在回放日志中指示是否找到。

3. 生成调试信息

在测试运行的某些时候，经常需要向输出发送消息，以指出你的位置和其他信息。这些输出消息将显示在回放日志和 Controller 的“输出”窗口中。可以发送标准输出消息或用于指示发生错误的消息。

要插入输出消息，请执行下列操作：

(1) 选择位置。

选择最后一个步骤，“图像：注销按钮”。将在右侧打开快照。

(2) 插入输出消息。

选择“插入”→“新建步骤”。将打开“添加步骤”对话框。向下滚动并选择“输出消息”。单击“确定”。将打开“输出消息”对话框,如图 5-49 所示。

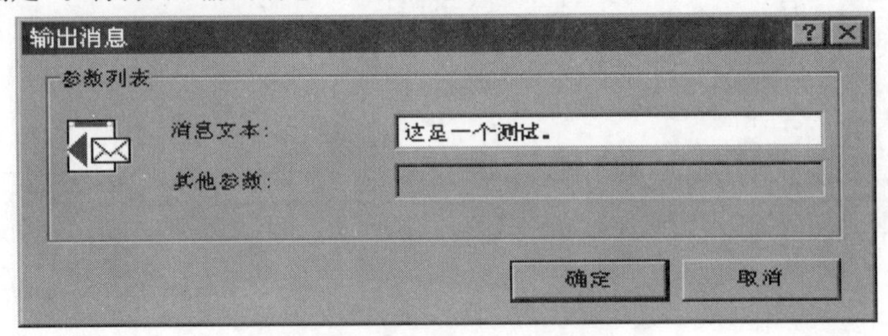

图 5-49 “输出消息”对话框

(3) 键入消息。

在“消息文本”框中键入航班已预订然后单击“确定”。该输出消息将添加到树中。

(4) 保存脚本。

注意:要插入错误消息,可以重复同一过程,不同之处是在“添加步骤”对话框中选择“错误消息”,而不是“输出消息”。

4. 测试是否成功

在本部分中,将运行增强的脚本并查看文本检查和图像检查的回放日志。将查看文本检查和图像检查、事务和参数化。

默认情况下,由于图像检查需要更多内存,因此在播放期间会将其禁用。如果要执行图像检查,需要在运行时设置中启用检查。

(1) 启用图像检查。

打开运行时设置(“Vuser”→“运行时设置”)并选择“Internet 协议:首选项”节点。选择“启用图像和文本检查”选项。单击“确定”关闭“运行时设置”对话框。

(2) 运行脚本。

单击“运行”按钮 或选择“Vuser”→“运行”。VuGen 将开始运行脚本,同时在“输出”窗口中创建回放日志。等待脚本完成运行。

(3) 定位文本检查。

请确保输出窗口处于打开状态(“视图”→“输出窗口”)。单击“回放日志”选项卡并按 Ctrl + F 键以打开“查找”对话框。搜索 web_reg_find。第一个实例的描述如下:

Registering web_reg_find was successful.

这不是实际的文本检查,而只是使 VuGen 准备好在表单提交后检查文本。

再次搜索 (F3) web_reg_find 的下一个实例。该实例显示:

Registered web_reg_find successful for "Text = Welcome" (count = 1).

这可以验证文本已找到。如果有人更改了网页并删除了文字欢迎使用,则在后续运行中,输出将指示找不到该文本。

(4) 定位图像检查。

按 Ctrl + F 键并搜索 web_image_check。搜索结果显示:

"web_image_check succeeded (1 occurrence(s) found. Alt = " ", Src = "fmagateway. jpg")

这可以验证图像已找到。如果有人更改了网页并删除了该图像,则在后续运行中,输出将指示找不到该图像。

(5) 定位事务的开始。

单击回放日志并按 Ctrl + F 键以打开“查找”对话框。搜索文字 Transaction。该通知以蓝色显示。

(6) 查看参数替换。

单击回放日志并按 Ctrl + F 键以打开“查找”对话框。搜索文字 Parameter。日志包含通知 "seat" = "Aisle"。再次搜索 (F3) 下一个替换。注意,VuGen 在每次迭代时是如何取不同的值。

(7) 选择“文件”→“保存”或单击“保存”按钮。

5. 创建负载测试场景

(1) LoadRunner Controller 简介。

负载测试指在典型的工作条件下测试应用程序。测试用于模拟真实情况。为此,需要能够在应用程序上生成较重负载并计划应用负载的时间(因为用户不会正好在同一时间登录或注销)。还需要模拟各种不同的用户活动和行为。

Controller 可以提供所有你需要的有助于创建并运行测试的工具,以准确地模拟实际的工作环境。

(2) 创建场景。

要开始创建场景,打开 Controller 并创建一个新的场景。

① 打开 Mercury LoadRunner。

选择“开始”→“程序”→“Mercury LoadRunner”→“LoadRunner”,将打开“Mercury LoadRunner Launcher”窗口。

② 打开 Controller。

在“负载测试”选项卡中,单击“运行负载测试”,将打开 LoadRunner Controller。

默认情况下,Controller 打开时将显示“新建场景”对话框,如图 5-50 所示。

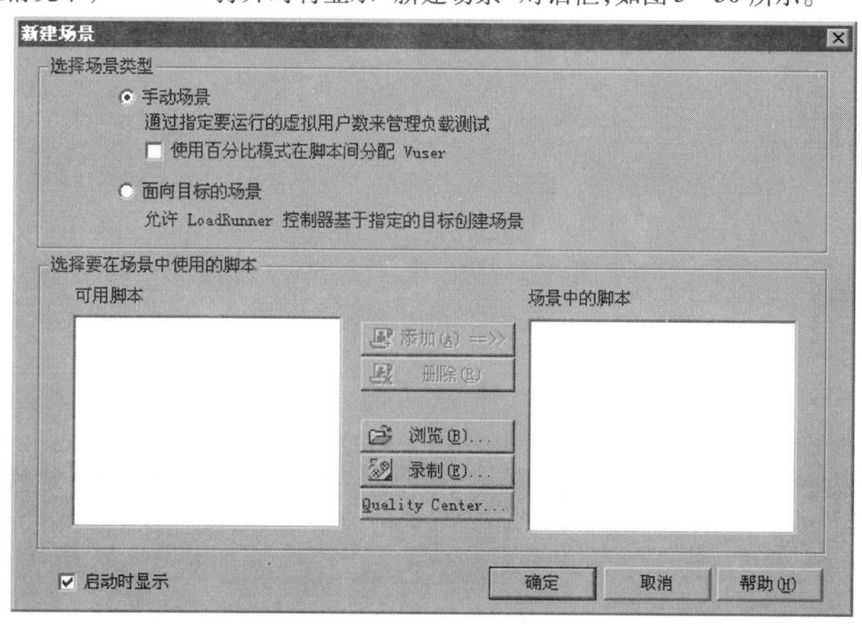

图 5-50 “新建场景”对话框

③ 选择场景类型。

选择“手动场景”。

通过手动场景，可以控制正在运行的 Vuser 数量及其运行的时间，还可以测试应用程序可以同时运行的 Vuser 数。可以使用百分比模式根据业务分析员指定的百分比在脚本间分配全部的 Vuser。

面向目标的场景用于确定系统是否可以达到特定的目标。由用户确定基于的目标，例如，指定的事务响应时间或每秒点击次数/ 事务数，并且 LoadRunner 将根据这些目标自动为你创建场景。

(3) Controller 窗口概述。

Controller 窗口的“设计”选项卡包含两个主要部分(图 5－51)：

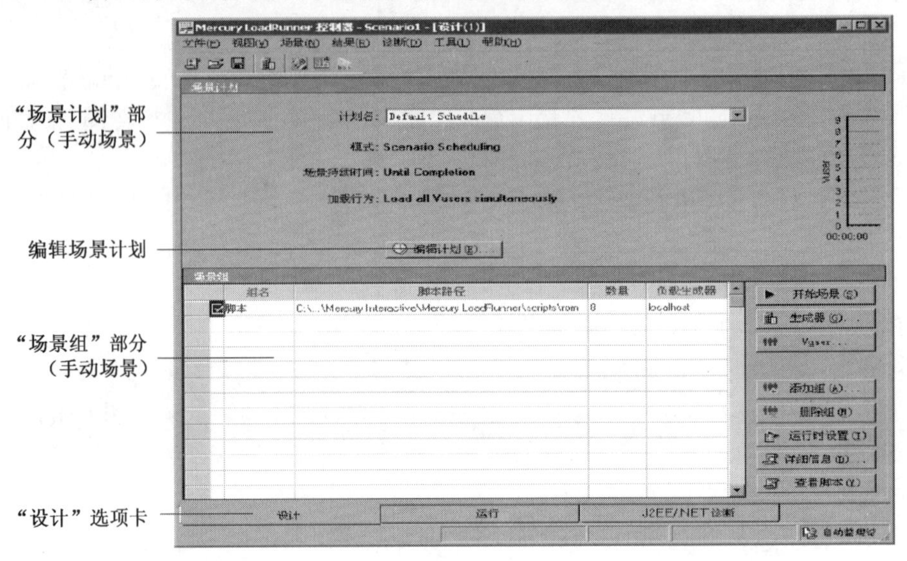

图 5－51 Controller 窗口

① 场景计划。

② 场景组。

场景计划：在“场景计划”部分中，可以设置负载行为以精确地描绘用户行为。还可以确定将负载应用于应用程序的速率、负载测试持续时间以及如何停止负载。

场景组：可以在“场景组”部分中配置 Vuser 组。在此部分中，可以创建代表系统典型用户的各种组。可以定义这些典型用户运行的操作、运行的 Vuser 数以及 Vuser 运行时所用的计算机。

6. 生成较重负载

添加完脚本并且定义完要在场景中运行的 Vuser 数之后，可以配置负载生成器计算机。

负载生成器是通过运行 Vuser 在应用程序中创建负载的计算机。你可以使用多台负载生成器计算机，并在每台计算机上创建多个虚拟用户。本部分学习如何将负载生成器添加到场景中以及如何测试负载生成器连接。

(1) 添加负载生成器。

单击“生成器” 按钮。将打开“负载生成器”对话框，显示 localhost 负载生成器计算机的详细信息，如图 5－52 所示。

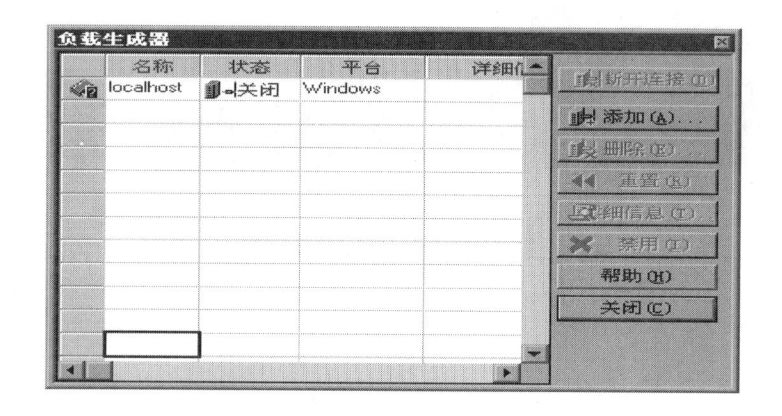

图 5－52　“负载生成器”对话框

（2）测试负载生成器连接。

运行场景时，Controller 将自动连接到负载生成器。但是，可以在尝试运行场景之前对连接进行测试。

选择 localhost 负载生成器并单击“连接”。Controller 将尝试连接到负载生成器计算机。连接完成后，状态将从关闭更改为就绪。

（3）单击“关闭”。

7. 模拟实际的负载行为

添加负载生成器计算机之后，就可以配置负载行为。

典型的用户不会正好在同一时间登录和注销系统。LoadRunner 允许用户逐渐登录系统和从系统注销。它还允许确定负载测试的持续时间以及停止场景的方式。

现在可以使用 Controller 计划生成器更改默认的负载设置。

（1）更改场景计划默认设置。

单击“编辑计划” 按钮。

将打开“计划生成器”，如图 5－53 所示。

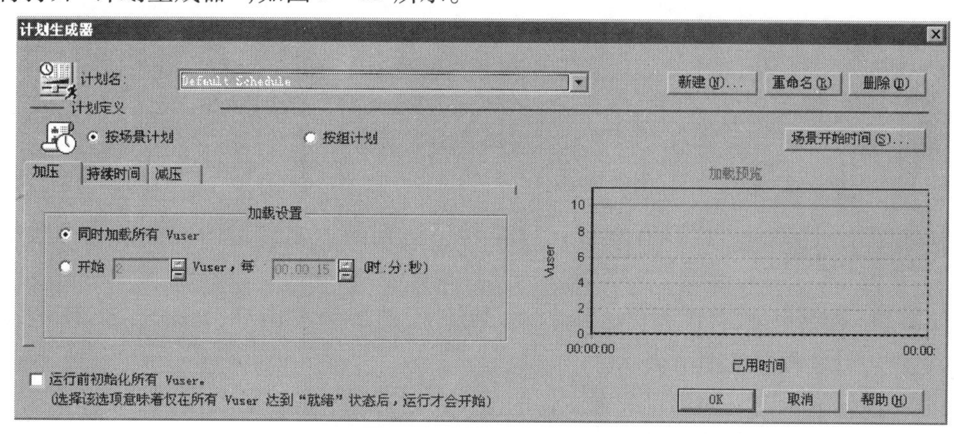

图 5－53　“计划生成器”对话框

（2）指定逐渐启动。

定期启动 Vuser 允许检查站点上 Vuser 负载随时间逐渐增加，并可以帮助确定系统响应时间减慢的准确时间点。

在“加压”选项卡中，将设置更改为：“每 30 秒启动 2 个 Vuser”，如图 5 – 54 所示。

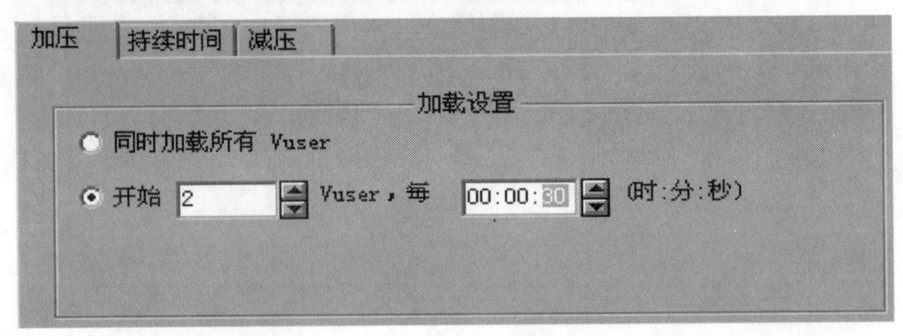

图 5 – 54 “加压”选项卡

(3) 初始化 Vuser。

初始化表示为负载测试的运行准备 Vuser 和负载生成器。加压前初始化 Vuser 可以减少 CPU 消耗并有助于提供更加真实的结果。

选择“运行之前初始化所有的 Vuser”。

(4) 计划持续时间。

可以指定持续时间，以确保 Vuser 在特定的持续时间内连续执行业务流程，从而可以度量服务器上的连续负载。注意，如果设置了持续时间，测试将运行该持续时间内必需实现的迭代次数，而不管测试的运行时设置中设置的迭代次数。

在“持续时间”选项卡中，将设置更改为：“在加压完成之后运行 10 分钟”，如图 5 – 55 所示。

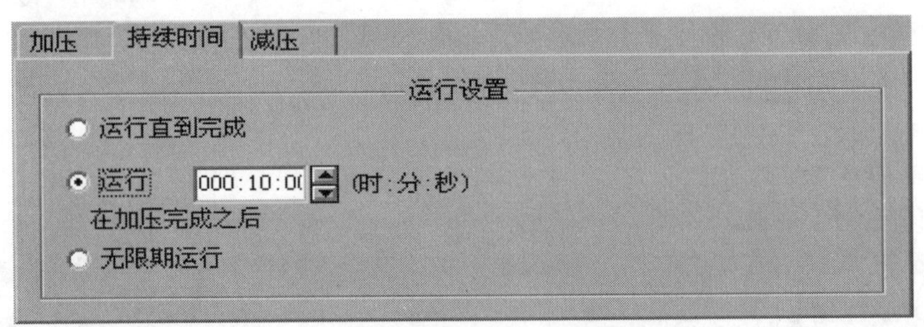

图 5 – 55 “持续时间”选项卡

(5) 计划逐渐关闭。

建议逐渐停止 Vuser，这样有助于在应用程序达到阈值之后检测内存漏洞和检查系统恢复。

在“减压”选项卡中，将设置更改为：“每 30 秒停止 2 个 Vuser”，如图 5 – 56 所示。

(6) 查看计划程序的图形表示。

负载预览图显示定义的场景配置文件的加压、持续时间和减压，如图 5 – 57 所示。

8. 模拟不同类型的用户

现在已配置完负载行为，将需要指定 Vuser 在测试期间的行为方式。

模拟实际用户时，需要考虑用户的实际行为。行为涉及用户在各操作之间暂停的时间、重复某个操作的次数等。

(1) 打开“运行时设置”。

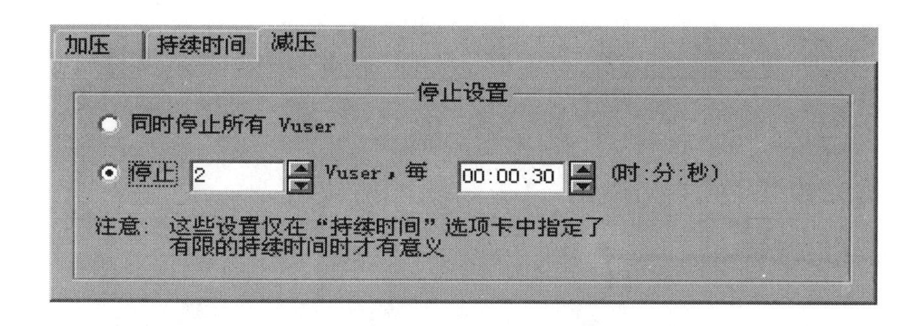

图 5－56 “减压”选项卡

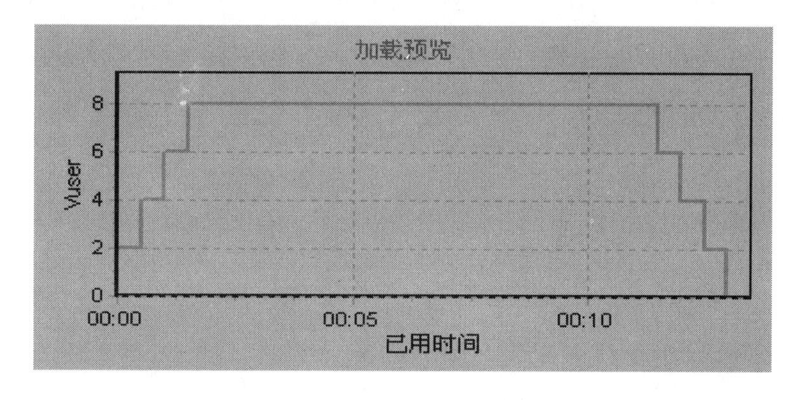

图 5－57 负载预览图

在“设计”选项卡中，选择脚本并单击“运行时设置”按钮，将显示运行时设置，如图 5－58 所示。

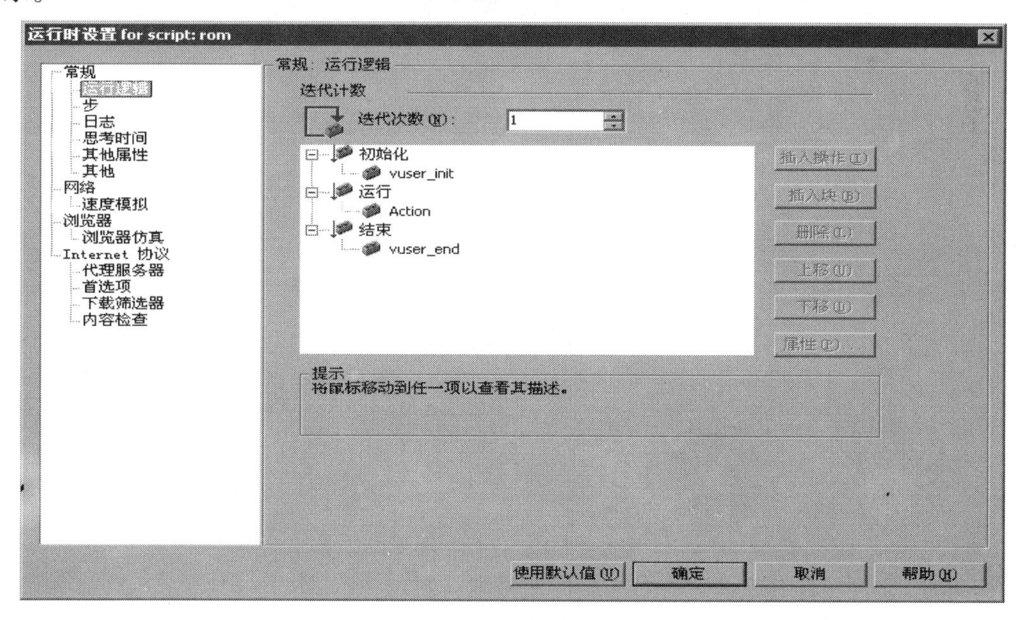

图 5－58 “运行时设置”对话框

（2）启用思考时间。

选择“常规：思考时间”节点。选择“回放思考时间”，然后选择“使用录制思考时间的随机百分比”选项。指定最小值为 50%，最大值为 150%，如图 5－59 所示。

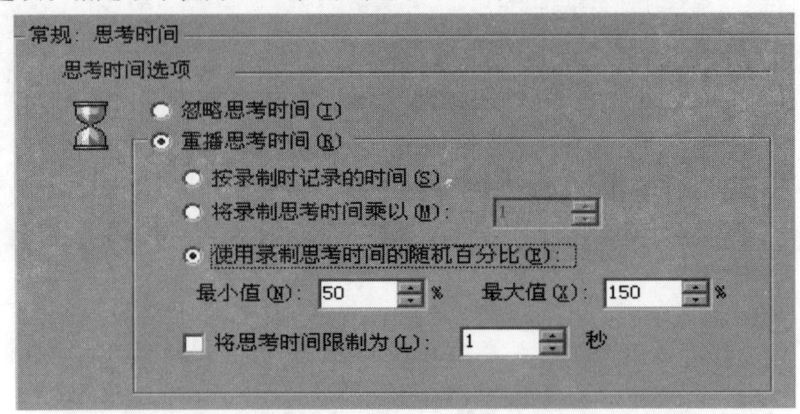

图 5－59 “常规：思考时间”对话框

（3）启用日志记录。

选择“常规：日志”节点，然后选择“启用日志记录”。在日志选项中，选择“始终发送消息”。选择“扩展日志”，然后选择“服务器返回的数据”，如图 5－60 所示。

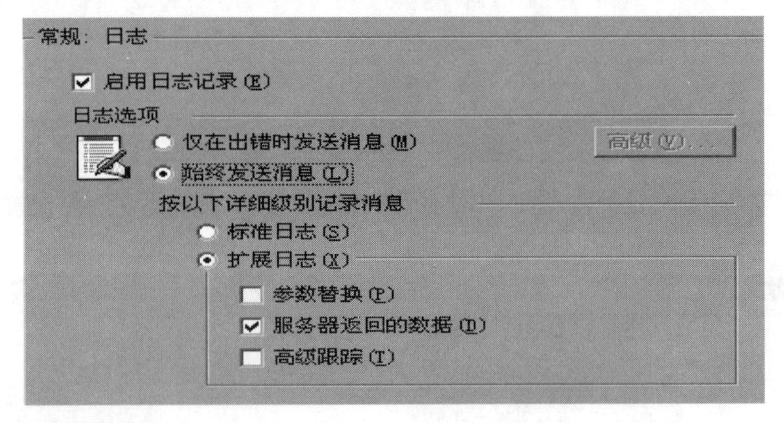

图 5－60 “常规：日志”对话框

（4）单击“确定”关闭运行时设置。

9. 监控负载下的系统

创建应用程序中的较重负载的同时，还希望了解应用程序的实时执行情况以及可能存在瓶颈的位置。使用 LoadRunner 的集成监控器套件可以度量负载测试期间每个单一层、服务器和系统组件的性能。LoadRunner 包括用于各种主要后端系统组件（其中包括 Web、应用程序、数据库和 ERP/CRM 服务器）的监控器。

（1）选择 Windows 资源监控器。

单击 Controller 窗口中的“运行”选项卡以打开运行视图。

Windows 资源图是显示在图查看区域的四种默认图之一，如图 5－61 所示。

右键单击该 Windows 资源图并选择“添加度量”。将打开“Windows 资源”对话框，如图 5－62所示。

（2）选择监控的服务器。

在“Windows 资源”对话框的“监控的服务器计算机”部分中，单击“添加”，将打开“添加计

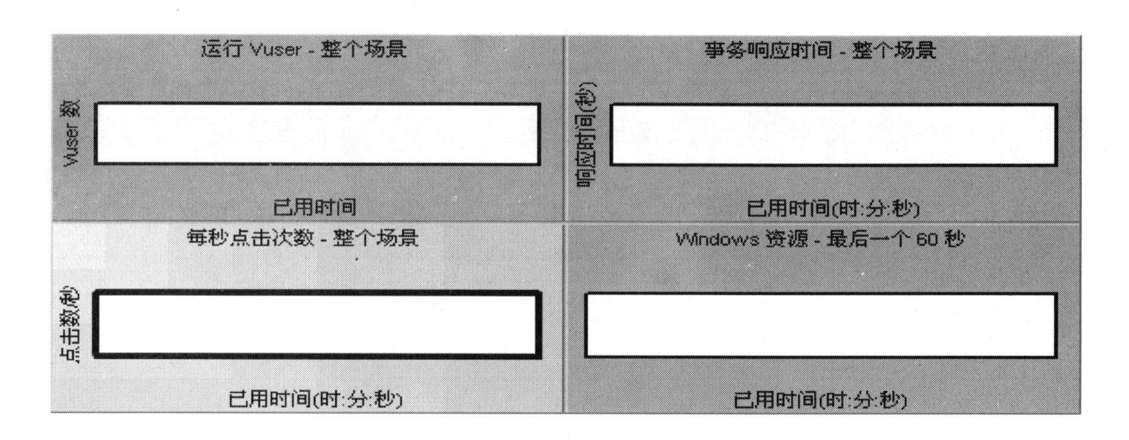

图 5－61　Windows 资源图

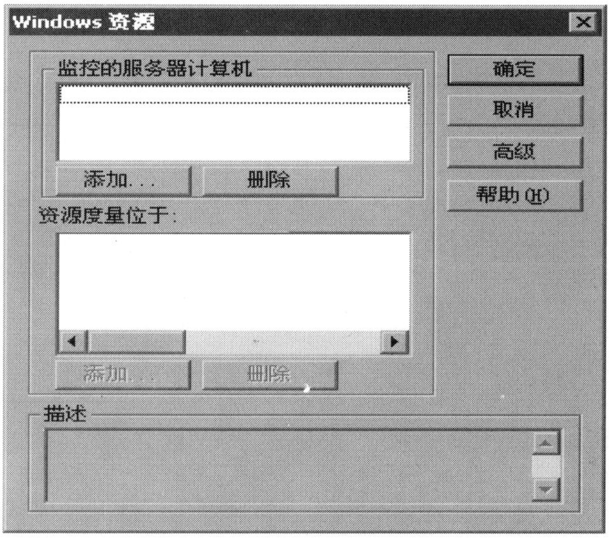

图 5－62　“Windows 资源”对话框

算机”对话框,如图 5－63 所示。

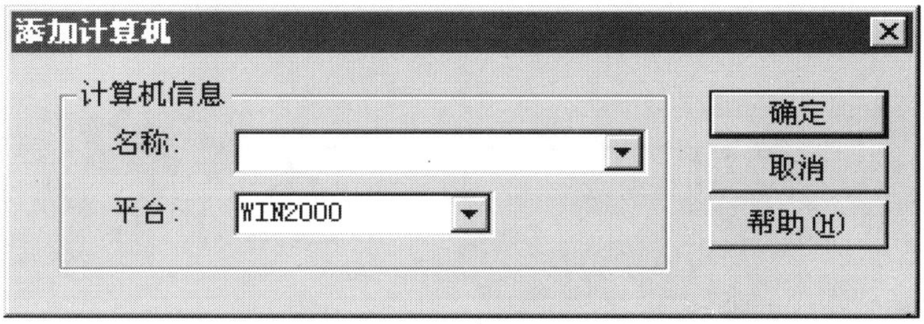

图 5－63　“添加计算机”对话框

在“名称”框中键入 localhost。(如果你的负载生成器在不同的计算机上运行,则键入该计算机的服务器名或 IP 地址。)在“平台”框中,输入计算机运行的平台。单击“确定”。

默认的 Windows 资源度量显示在“ < 服务器计算机 > 上的资源度量”窗格中,如图5－64所示。

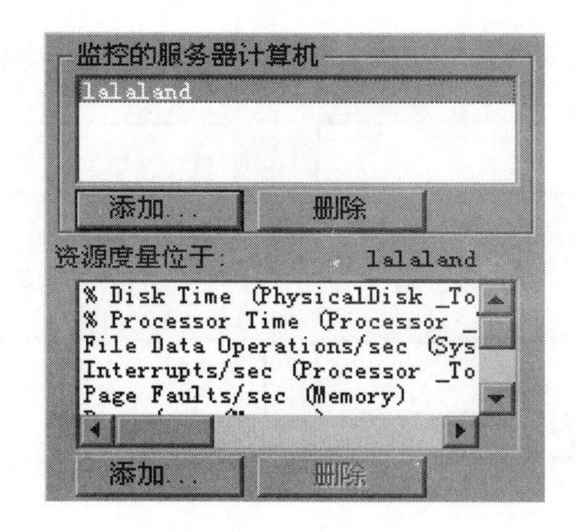

图 5 - 64 “< 服务器计算机 > 上的资源度量”

(3) 激活监控器。

在“Windows 资源”对话框中,单击“确定”以激活监控器。

10. 运行负载测试场景

(1) Controller 运行视图概述。

Controller 窗口中的“运行”选项卡是用来管理和监控测试的控制中心,如图 5 - 65 所示。“运行”视图包含五个主要部分:

① 场景组。

② 场景状态。

③ 可用图树。

④ 图查看区域。

⑤ 图例。

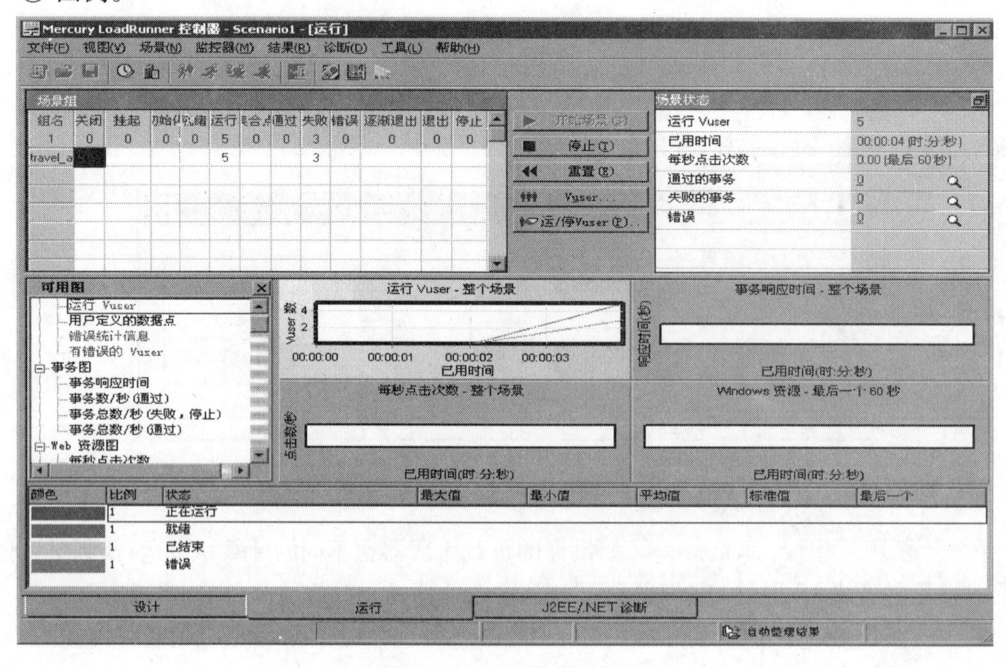

图 5 - 65 “运行”选项卡

场景组：位于左上窗格中，可以查看场景组中的 Vuser 的状态。使用该窗格右侧的按钮可以启动、停止和重置场景，查看单个 Vuser 的状态，并且可以手动添加更多的 Vuser，从而增加场景运行期间应用程序上的负载。

场景状态：位于右上窗格中，可以查看负载测试的概要，其中包括正在运行的 Vuser 数以及每个 Vuser 操作的状态。

可用图树：位于中部左侧窗格中，可以查看 LoadRunner 图列表。要打开图，请在该树中选择一个图，然后将其拖动到图查看区域中。

图查看区域：位于中部右侧窗格中，可以自定义显示以查看 1 ~ 8 个图（“视图”→“查看图”）。

图例：位于底部窗格中，你可以查看选定图中的数据。

（2）如何运行负载测试场景？

① 打开 Controller 运行视图。

选择位于屏幕底部的“运行”选项卡。

注意，在“场景组”区域的“关闭”列中有 8 个 Vuser，这些是创建场景时所创建的 Vuser，如图 5－66 所示。

场景组

组名	关闭	挂起	初始化	就绪	运行	集合点	通过	失败	错误	逐渐退出	退出	停止
1	8	0	0	0	0	0	0	0	0	0	0	0
travel_ager	8											

图 5－66　“场景组”区域的“关闭”列中有 8 个 Vuser

启动场景。

② 单击“启动场景”按钮 或选择“启动”→“场景”开始运行测试。

如果第一次运行教程，Controller 将启动场景。结果文件自动保存到负载生成器的临时目录中。

如果要重复此测试，将提示覆盖现有结果文件。单击“否”，这是因为第一次负载测试的结果应该用作基准结果以与后续负载测试结果进行比较，如图 5－67 所示。

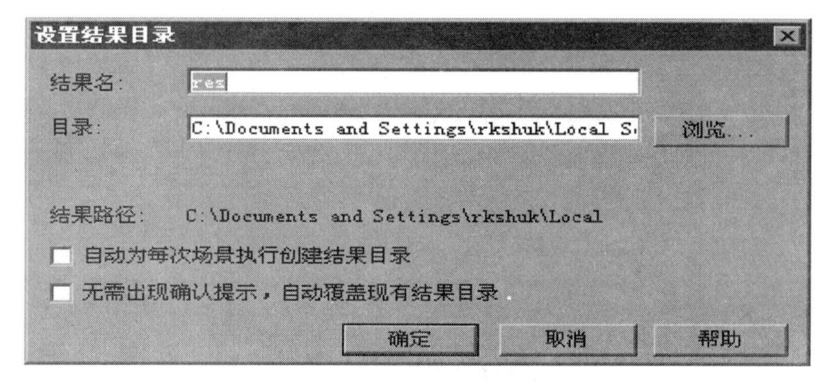

图 5－67　“设置结果目录”对话框

学习到此，我们就完整的了解和学习了 LoadRunner 性能测试工具，主要学习了有关脚本（生成脚本和播放脚本等）和负载测试（生成负载测试的脚本和运行负载测试等）两方面的内容。

5.11 小　结

这一部分主要是关于测试和维护两大部分内容，其中测试主要介绍了测试的基础、测试的方法、用例的设计及测试的过程。在维护中主要介绍了软件维护的分类、特点，可维护性和软件再工程的设计。

在测试的基础中主要介绍测试的概念是指为了发现程序中的错误而执行程序的过程，测试的目标是暴露程序中的错误，测试遵循的8大原则，测试的对象既指狭小范围内的程序测试的，还包含整个系统的测试。因此测试贯穿整个软件工程的各个阶段。

软件测试的方法一般分为动态测试和静态测试。而动态测试方法中又根据测试用例的设计方法不同，分为黑盒测试法和白盒测试法两大类。其中黑盒测试着重测试软件功能，检查程序是否满足它的功能要求。每个功能是否都能正常使用，是否满足用户的要求，程序是否能适当地接收输入数据并产生正确的输出信息，并且保持外部信息（例如数据库或文件）的完整性。白盒测试是指对程序中的所有逻辑路径进行测试，并检验内部控制结构是否有错，确定实际的运行状态与预期的状态是否一致。

测试用例指的是测试数据和预期的输出结果。测试用例设计的基本目标是确定一组最有可能发现某个错误或某类错误的测试数据，好的测试用例可以在测试过程中重复使用。由于白盒测试是以程序的结构为依据的，所以被测对象基本上是源程序，以程序的内部逻辑结构为基础设计测试用例。黑盒技术着重测试软件功能。并不能取代白盒测试，它是与白盒测试互补的测试方法，它很可能会发现白盒测试不容易发现的其它类型的错误。用黑盒技术设计测试用例一般有等价划分、边界值分析、因果图3种方法，但3种方法没有一种能提供一组完整的测试用例来检查程序的全部功能。所以在实际测试中应该把各种方法结合起来使用。

测试的过程按照测试的先后次序可分为单元测试、集成测试、确认（有效性）测试、系统测试和验证测试5个阶段的测试。在集成测试中又介绍了渐增式测试和非渐增式测试，自顶向下和自底向上方法相结合。

在维护部分中明确维护分为改正性维护、适应性维护、完善性维护和预防性维护四类。维护的代价是需要花费大量的工作量，从而直接影响了软件维护的成本。维护中存在的问题是由于软件定义和开发方法的缺陷造成的。软件开发过程中没有严格而又科学的管理和规划，便会引起软件运行时的维护困难。

软件再工程的目的在于对现存的大量软件系统进行挖掘、整理以得到有用的软件组件，或对已有软件组件进行维护以延长其生存期。这是一个工程过程，能够将重构、逆向工程和正向工程组合起来，将现存系统重新构造为新的形式。

习 题 5

5－1　有一种观点认为，软件测试的目的在于证明开发出的软件没有缺陷。这种观点正确吗？为什么？

5－2　什么是模块测试和集成测试？它们各有什么特点？

5－3　软件测试结束的标准是什么？

5-4　设计下列伪代码程序的语句覆盖和路径覆盖的测试用例：

```
Start
Input(a,b,c)
If  a>5
     Then  x=10
Else  x=1
End if
If  b>10
     Then y=20
Else y=2
End if
If c>10
     Then z=30
Else z=3
End if
Print (x,y,z)
Stop
```

5-5　软件的可维护性与哪些因素有关？在软件开发过程中应该采取哪些措施来提高产品的可维护性？

5-6　软件重构过程中，逆向过程与正向工程的区别是什么？各自具有的优缺点是什么？

第6章　Rational Rose 建模工具

Rational Rose 是 Rational 公司出品的一种面向对象的统一建模语言的可视化建模工具。用于可视化建模和公司级水平软件应用的组件构造。

Rational Rose 包括统一建模语言(UML)、面向对象软件工程(OOSE)以及对象模型计算(OMT)。其中 UML 由 Rational 公司三位世界级面向对象技术专家 Grady Booch、Ivar Jacobson、和 Jim Rumbaugh 通过对早期面向对象研究和设计方法的进一步扩展而得来的,它为可视化建模软件奠定了坚实的理论基础。同时这样的渊源也使 Rational Rose 力挫当前市场上很多基于 UML 可视化建模的工具,如 Microsoft 的 Visio、Oracle 的 Designer,还有 PlayCase、CA BPWin、CA ERWin、Sybase PowerDesigner 等。

Rational Rose 是一个完全的、具有能满足所有建模环境如 Web 开发、数据建模、Visual Studio 和 C ++ 等灵活性需求的一套解决方案。Rational Rose 允许开发人员、项目经理、系统工程师和分析人员在软件开发周期内将需求和系统的体系架构转换成代码,对需求和系统的体系架构进行可视化。通过在软件开发周期内使用同一种建模工具可以确保更好、更快地创建满足客户需求的、可扩展的、灵活、可靠的应用系统。

6.1　Rational Rose 的特点

6.1.1　Rational Rose 支持三层结构方案

客户机/服务器体系结构的广泛应用预示了系统复杂化的发展趋势,为了解决这一问题,与之相应的三层结构方案得到了越来越广泛的应用。传统的两层结构不是“胖客户机”就是“胖服务器”。在胖客户机结构中,事务处理集中在客户端进行;在胖服务器端结构中,事务处理被集中在数据库中,大量的数据流动为维护和编程带来了极大的困难,而且,其中包含的事务处理规则不能与其他应用系统共享。

三层结构方案将应用逻辑从用户界面层和数据库层中分离出来,组成中间层。与传统的两层结构相比,三层结构有着更多的优点,如对应用结构任意一层作出修改时,只对其他层产生极小的影响;三层结构的可塑性强,三层既可共享于单机之中,也可根据需要相互分开。

6.1.2　Rational Rose 为大型软件提供了可塑性极强的解决方案

Rational Rose 为大型软件提供的解决方案主要有:

(1) 有力的浏览器,用于查看模型和查找可复用的组件。

(2) 可定制的目标库或代码生成机制。

(3) 既支持目标语言中的标准类型又支持用户自定义的数据类型。

(4) 保证模型与代码之间转化的一致性。

(5) 能够与 Rational Visual Test、SQA Suite 和 SoDA 文档工具无缝集成，完成软件生存周期中的全部辅助软件工程工作。

(6) 强有力的正/反向建模工作。

(7) 通过 OLE 连接，Rational Rose 图表可动态连接到 Microsoft Word 中。

(8) 能缩短项目的开发周期。

(9) 能有效降低软件维护成本。

6.1.3 支持大型复杂项目

Rational Rose 支持绝大多数软件工程常见的个人/公共工作平台。软件工程师可以在个人工作平台修改自己的源代码和已建立的模型，直至所编软件被共享。

在公共平台上通过与配置管理和版本控制工具集成，使得模型改变可以共享。

Rational Rose 支持企业级数据库。

6.1.4 可与多种开发环境无缝集成

Rational Rose 可以与多种开发环境无缝集成，如 Visual Basic、Java、PowerBuilder、C++、Ada、Smalltalk 等。

Rational Rose 的所有产品支持关系型数据库逻辑模型的生成，如 Oracle、Sybase、SQL Server、Watcom SQL 和 ANSI SQL，其结果可用于数据库建模工具生成逻辑模型和概念模型。

6.1.5 Rational Rose 支持 UML、OOSE 和 OMT

Rational Rose 提供对 UML、OOSE 和 OMT 的支持。

6.2 Rational Rose 的启动

Rational Rose 2003 的主窗口如图 6-1 所示，启动窗口如图 6-2 所示，在该窗口中用户可以选择新模型、打开某个已存在的模型或打开最近使用的模型。在建立新模型时，可根据开发环境选择相应的模板，也可以不基于实现语言选择模板。如在图 6-2 中，选择 Rational Unified Process，即 Rational 统一过程。另外也可不选择现有的模板，在向导的指引下自己定义模

图 6-1 Rational Rose 的主窗口

板，如在图 6－2 中，选择 Make New Framework。

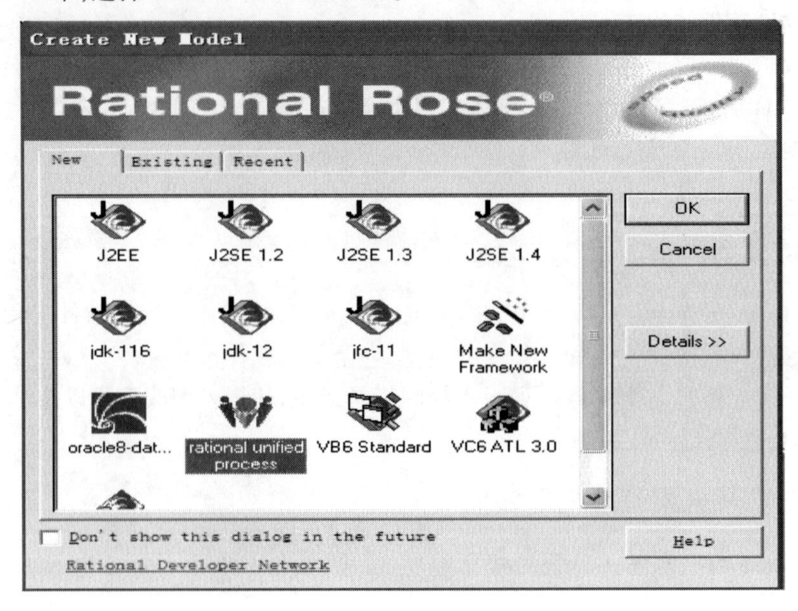

图 6－2　Rational Rose 的启动窗口

6.3　Rational Rose 主界面窗口

Rational Rose 的主界面窗口如图 6－3 所示，主要包括 8 个区域：标题栏、系统主菜单栏、

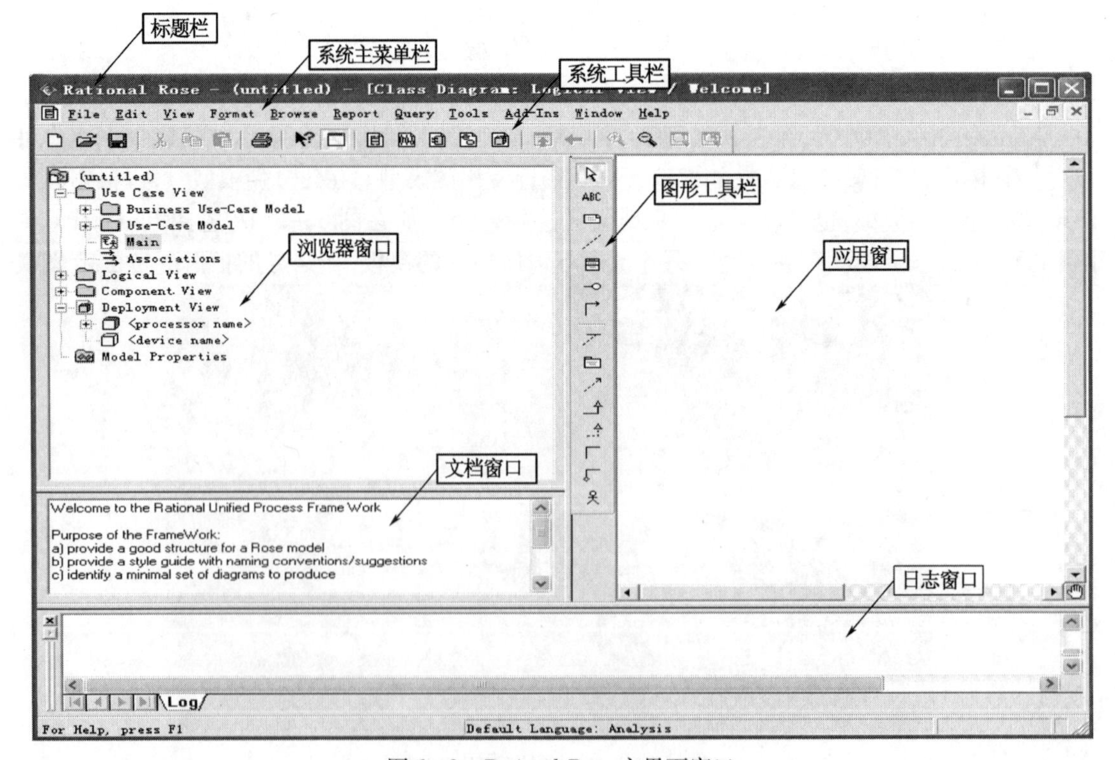

图 6－3　Rational Rose 主界面窗口

系统工具栏、浏览器窗口、图形工具栏、应用窗口、文档窗口和日志窗口。

（1）标题栏：显示应用程序名。

（2）系统主菜单栏：显示系统的主要菜单项，共有 11 个，即 File、Edit、View、Format、Browse、Report、Query、Tools、Add－Ins、Window 和 Help，这些菜单项集成了系统几乎所有的操作。

（3）系统工具栏：列出各窗口使用的命令图标，提供用于迅速访问的常用命令。

（4）浏览器窗口：以目录形式显示当前活动模型的组织结构。该窗口包括用例视图（Use Case View）、逻辑视图（Logical View）、构件视图（Component View）、部署视图（Deployment View）和模型特性（Model Properties）。它可支持 7 种 UML 图，即用例图、序列图、协作图、类图、状态图、组件图和部署图。这里的树形目录也称为包（Package），目录中又可以包含子目录，即包中又可以包含子包。如构件视图中又包含 Implementation Model 子包。

用例视图定义了系统的外部行为，帮助用户理解和使用系统。它包括用例图（Use Case Diagram）、顺序图（Sequence Diagram）、协作图（Collaboration Diagram）和活动图（Activity Diagram）。

逻辑视图描述支持用例图功能的逻辑结构，包括类图（Class Diagram）和状态图（State Diagram）。

构件视图由包图和组件图组成。

部署视图由包图和部署图组成。

（5）图形工具栏：列出当前模型图中可使用的 UML 基本元素图标。

（6）应用窗口：用于显示和编辑模型图。

（7）文档窗口：显示当前模型元素的说明文字。

（8）日志窗口：显示出错的日志内容。

6.4 Rational Rose 的基本操作

6.4.1 浏览模型结构

浏览器窗口中前面带有文件夹图标的项称为包，其他一般为模型元素，如图 6－4 所示。

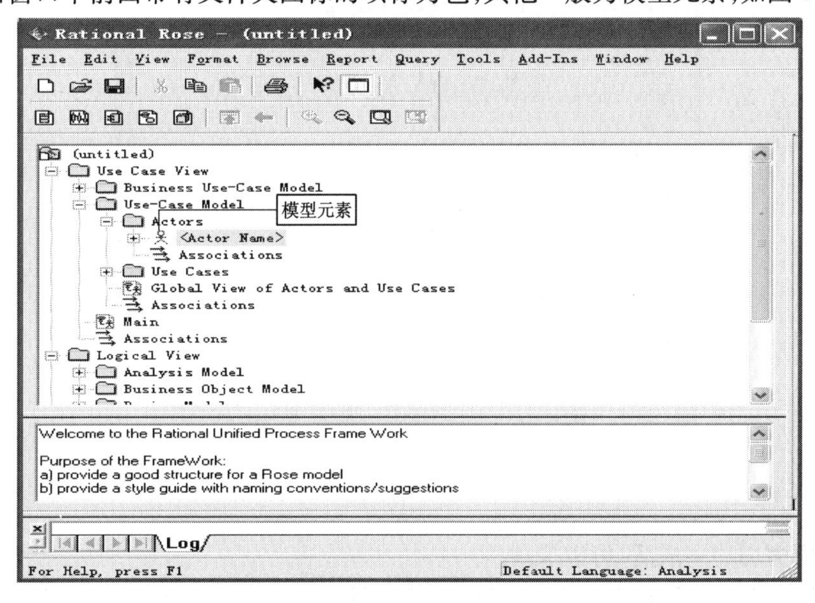

图 6－4　浏览模型结构

通过单击前面的“+”或“-”号,可使其打开或折叠。在模型元素或包上单击,在文档窗口可显示其简要的文字说明。也可在模型元素或包上双击或右键单击,可弹出快捷菜单,如图6-5所示,在该菜单中选择“Open Specification”,弹出如图6-6所示的对话框,来设置所选对象的相关内容。

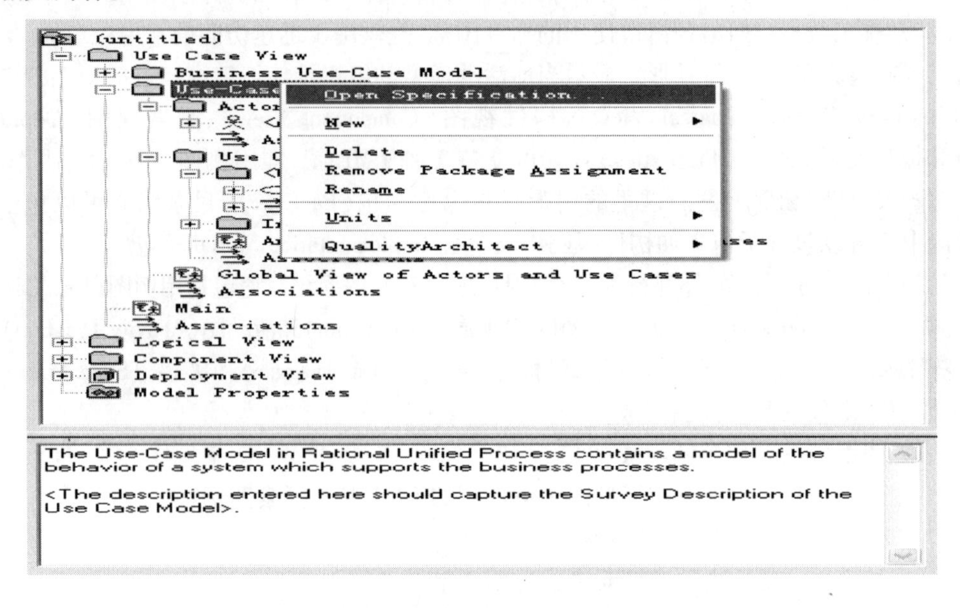

图6-5　Use-Case Model的快捷菜单

图6-6　Open Specification 对话框

6.4.2　保存模型

当一个模型创建完成后,可以保存。

在浏览器窗口中用鼠标右键单击“untitled”,可弹出快捷菜单,如图6-7所示,在该菜单中单击“Save”,弹出文件保存对话框,如图6-8所示。另外保存模型也可选择系统主菜单中的“File”菜单项下的“Save”命令进行保存。

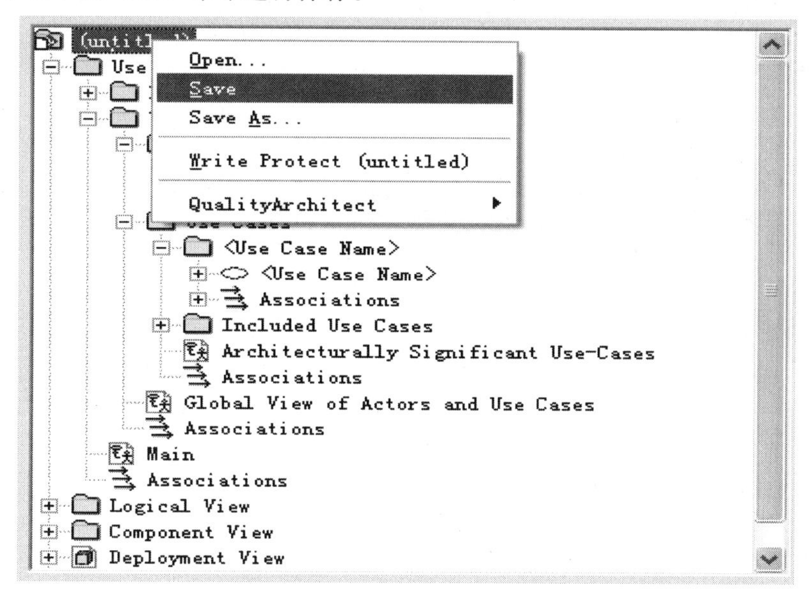

图6-7　保存快捷菜单

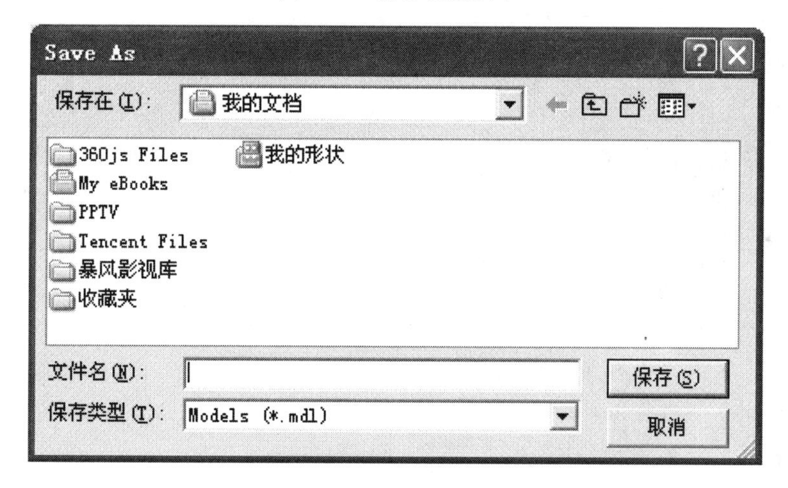

图6-8　保存对话框

6.4.3　增加或删除包

在实际使用中,可以根据需要增加包。首先先选定包增加的位置,可以是某个存在的包,然后单击鼠标右键从弹出的快捷菜单中选择“New→Package”命令,如图6-9所示,在所选择包下增加了一个名为“NewPackage”的新包,如图6-10所示,可以修改新增加包的名字。

在图6-2所示的模板中,选择不同的模板其包含的子包是不同的,每一种模板下的子包不一定都是必需的,适当的时候可以将其中的某些包删除。如将用例视图中的“Use-Class Model”删除。方法是用鼠标右键单击要删除的包,从弹出的快捷菜单中选择“Delete”命令,如图6-11所示,这样可将“Use-Class Model”包删除。

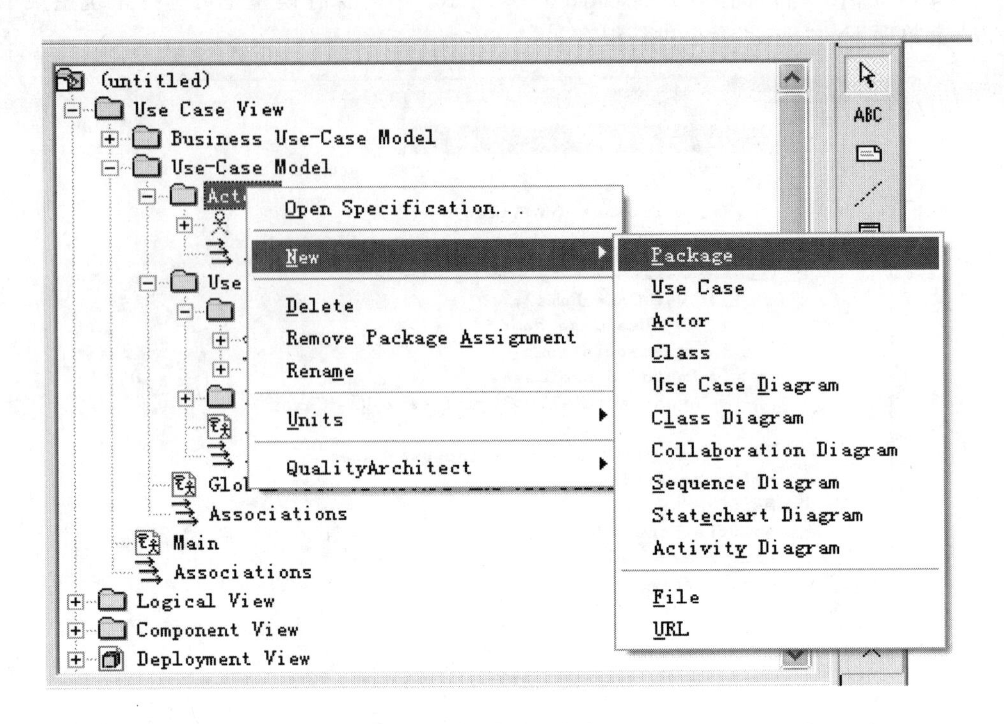

图 6-9　增加包的快捷菜单

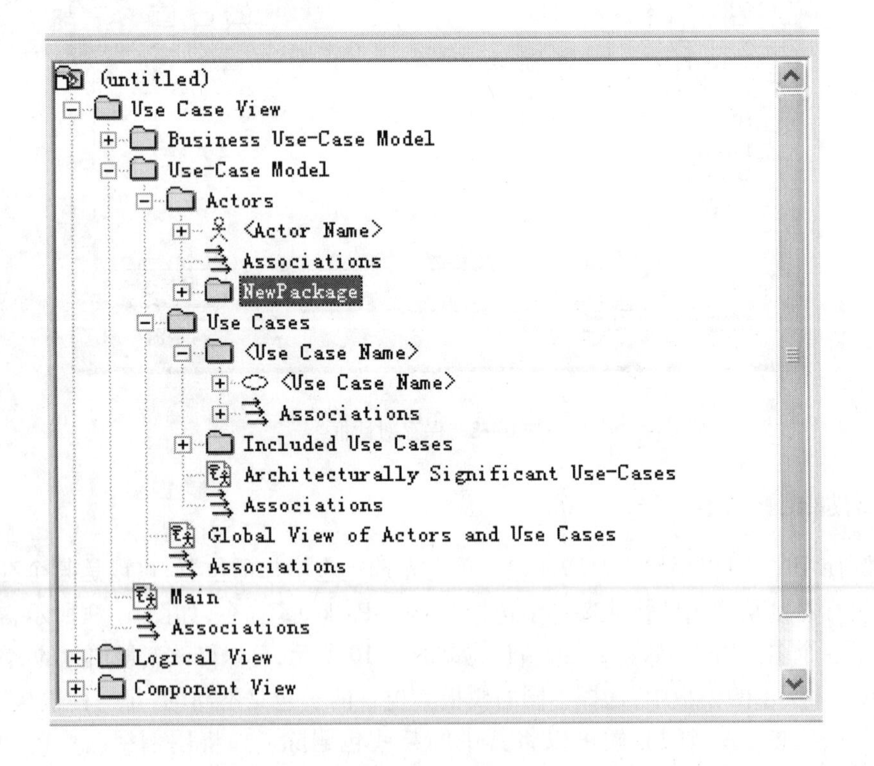

图 6-10　新增包

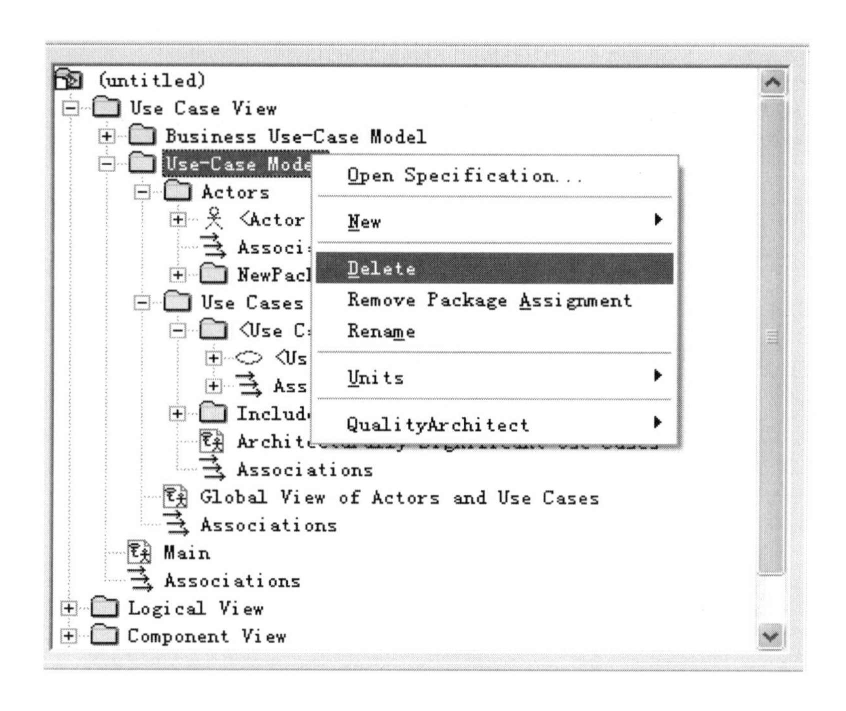

图 6-11　删除包

6.4.4　增加或删除模型元素

在 Rational Rose 中增加模型元素有两种方式：在浏览器窗口中增加模型元素和在应用窗口中增加模型元素。在浏览器中增加模型元素可通过右键单击在弹出的快捷菜单中添加，类似于图 6-10。在应用窗口中增加元素可通过将图形工具栏中的模型元素直接拖曳的方式拖到应用窗口所需位置来完成。

浏览器窗口中的一个模型元素可以在多个应用窗口中出现即可以出现在多个图中，从而在删除模型元素时要区分是从浏览器窗口中删除模型元素，还是从应用窗口中删除模型元素。当从浏览器窗口中删除模型元素时，Rational Rose 首先从模型中移去所选择的元素，之后修改所有包含被移去元素的图，从中删除被移去的模型元素及元素的文档说明。当从某个应用窗口中移去所选择的的模型元素时，可直接在应用窗口中右键单击该模型元素，从弹出的快捷菜单中选择 Edit→Delete 命令即可，如图 6-12 所示。该操作不影响浏览器窗口及其他应用窗口。

6.4.5　自定义工具栏

在建立模型时，如果图形工具栏中没有所需的模型元素，可通过下面的方法将所需的模型元素添加到图形工具栏中。

在图形工具栏上单击鼠标右键，系统会弹出如图 6-13 所示的快捷菜单，在该菜单中选择“Customize”命令，系统会弹出“自定义工具栏”对话框，如图 6-14 所示。在该对话框的左边选择需添加的模型元素，单击“添加”按钮，所选择的模型元素就被添加到右面的窗口中，所需的模型元素都添加完毕后，单击“关闭”按钮，整个添加过程就完成了。

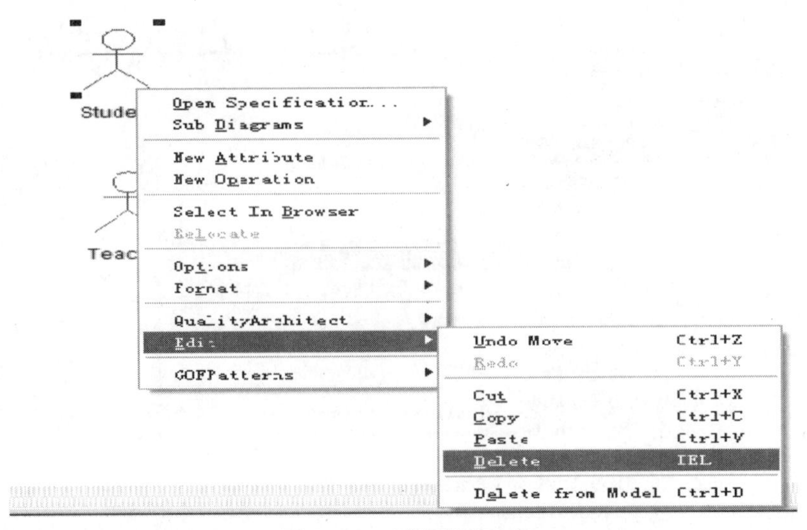

图 6－12　删除模型元素

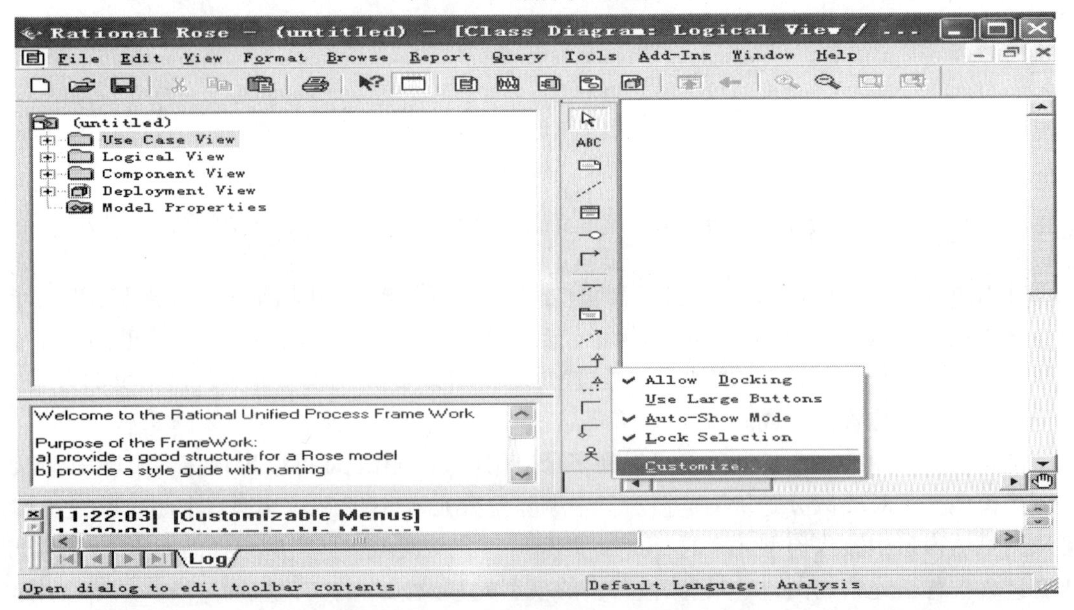

图 6－13　添加模型元素的快捷菜单

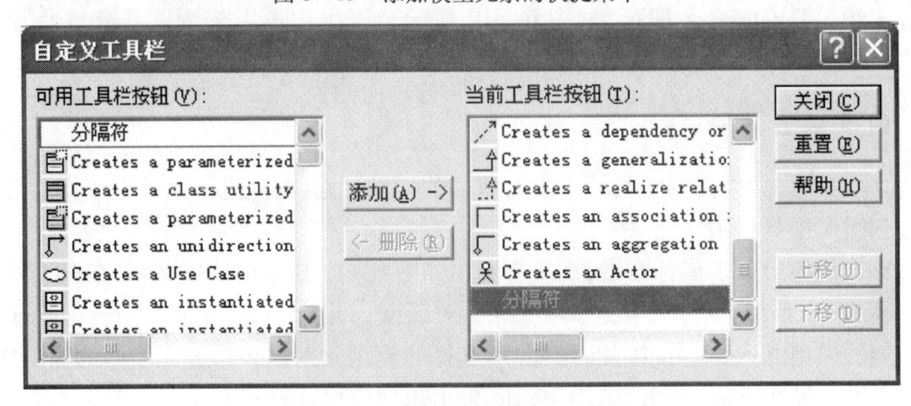

图 6－14　添加模型元素的对话框

6.5 在 Rational Rose 环境下建立 UML 模型

利用 Rational Rose 可以非常方便地建立 UML 模型。当用户进入 Rational Rose 后,系统自动在模型结构窗口建立一个模型结构,该模型结构由用例图(Use Case View)、逻辑视图(Logical View)、构件视图(Component View)和部署视图(Deployment View)四个子目录和一个特性集(Model Properties)子目录组成。

6.5.1 建立用例图

用例图显示系统功能与角色(人或系统)之间的交互。说明的是系统的使用者使用该系统可以做些什么。一个用例图包含了多个模型元素,如系统、参与者和用例,并且显示了这些元素之间的各种关系,如泛化、关联和依赖。

用户在 Rational Rose 模型结构窗口中的用例视图子目录下可以建立多个用例模型包图,每个用例包图可以包含子用例包图、用例图、执行者、用例及相互之间的关系描述等内容。

1. 创建一个新包目录名

例如,要在用例视图目录下创建一个新包目录名“Select Course System”,其步骤如下:在视图窗口中,用鼠标右键单击“Use Case View”,在弹出的快捷菜单中选择“New→Package”命令,如图 6-15 所示。系统自动在用例视图子目录下创建一个空的名为“NewPackage”的用例包图目录项,如图 6-16 所示。鼠标右键单击“NewPackage”,在弹出的快捷菜单中选择“Rename”命令,用户输入包名“Select Course System”,这样一个名为“Select Course System”的用例包目录就创建完毕,如图 6-17 所示。

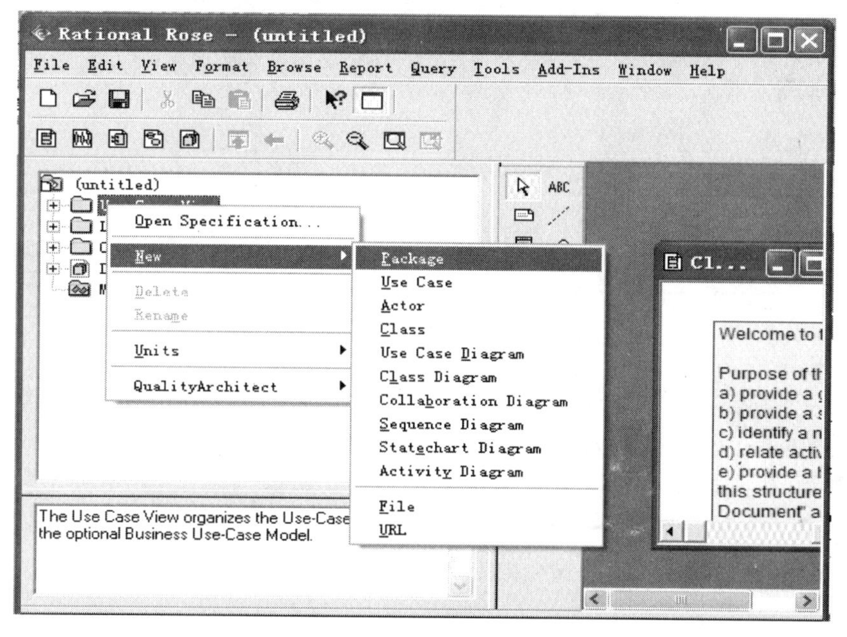

图 6-15 创建用例包目录的快捷菜单

如果“Select Course System”用例包还包含子包图,用户可以用鼠标右键单击模型结构窗口中“Select Course System”包目录项,用同样的方法建立该包目录下的子包目录项。

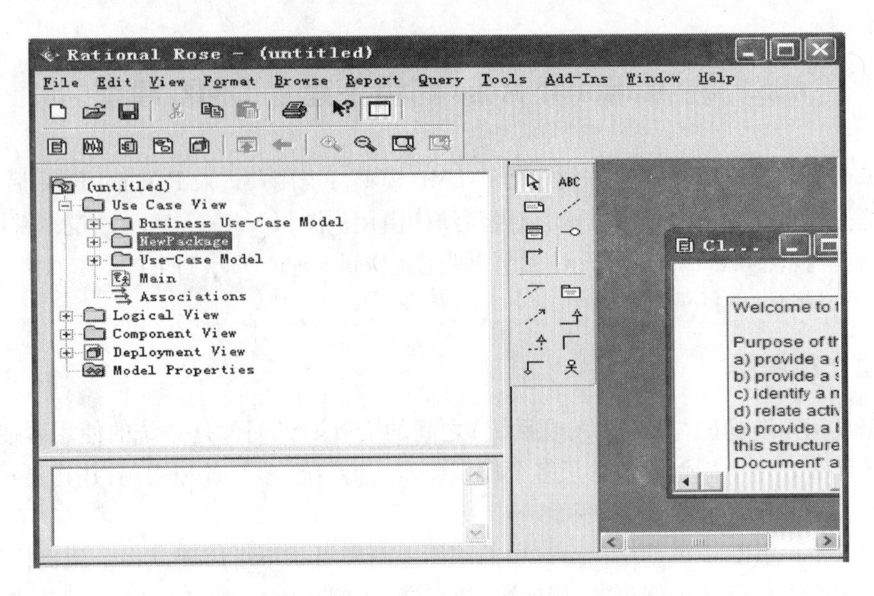

图 6－16 “NewPackage”的用例包目录

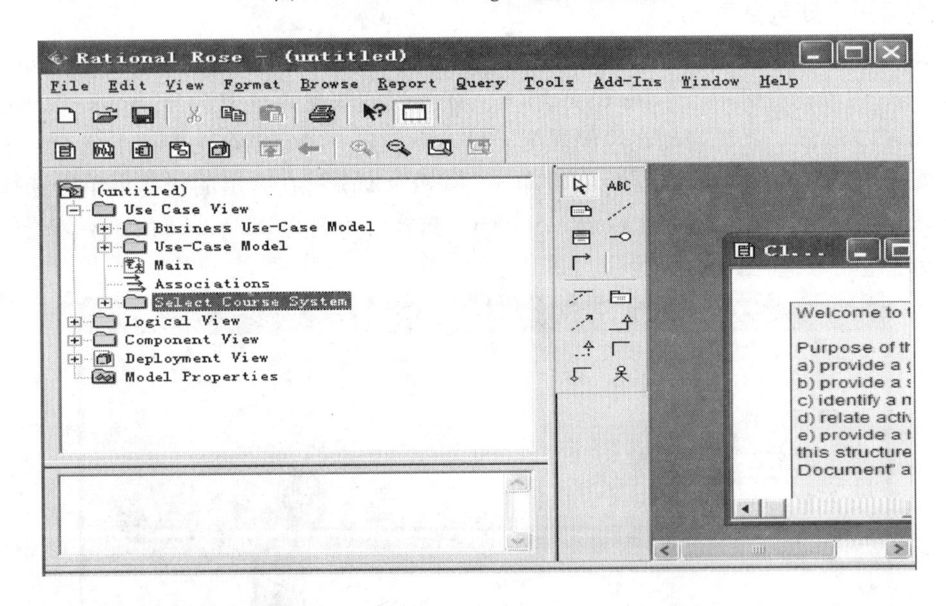

图 6－17 “Select Course System”用例包目录

2. 创建一个新用例图

例如要在“Select Course System”下创建一个新的用例图，其步骤如下：鼠标右键单击视图窗口中的“Select Course System”目录项，在弹出的快捷菜单中选择“New→Use Case Diagram”命令，系统自动在“Select Course System”目录项下创建一个名为“NewDiagram”用例图，重命名“NewDiagram”用例图为“Main”，重命名的方法同重命名包图目录，这里不再赘述，创建结果如图 6－18 所示。

3. 编辑用例图

编辑新建的“Main”用例图的步骤为：选择视图窗口中的“Select Course System”目录下的“Main”，双击打开它，这时，就可以在 Rational Rose 的应用窗口中编辑名为“Main”的用例图了。

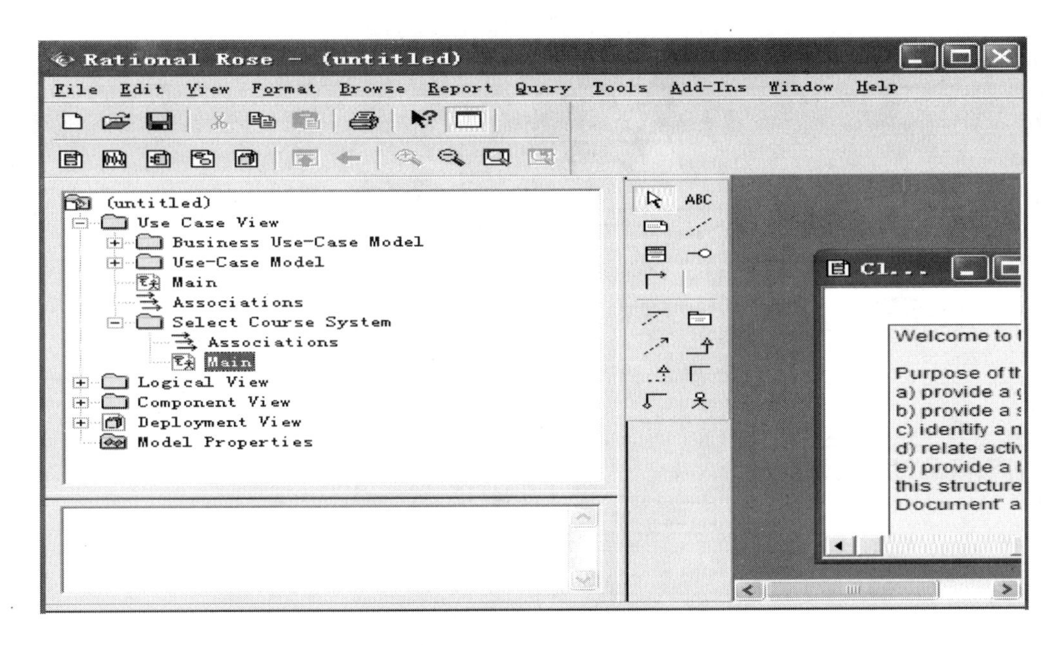

图 6－18　“Main”用例图

1）添加用例

选择并单击图形工具栏中的椭圆形用例图符(Use Case)，然后单击应用窗口的任意位置，绘制出一个用例并给该用例输入名称。用鼠标拖曳调整用例图符的位置和大小，一个用例就添加完成。用此方法，可以增加其他的用例。Rational Rose 自动在视图窗口增加了相应的新目录项，名称为应用窗口中的用例名，如图 6－19 所示。

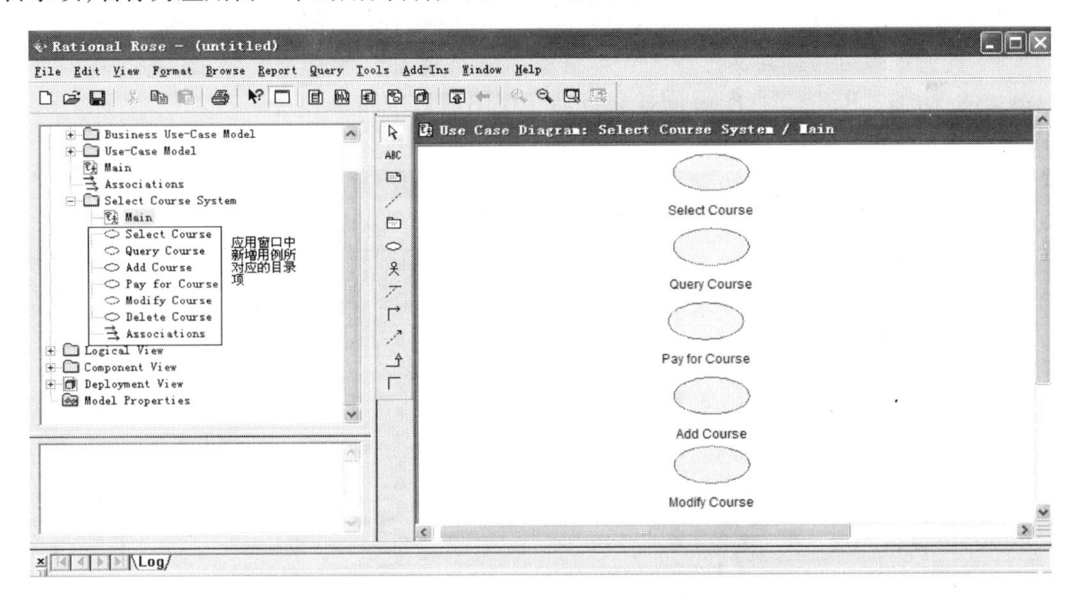

图 6－19　应用窗口新增用例所对的目录项

可以给用例添加特性说明。鼠标右键单击用例，在弹出的菜单中选择“Open Specification”命令，打开特性说明窗口，在该窗口中可对用例完成的功能、要求、与其他用例的关系、优先级等进行描述说明，如图 6－20 所示。

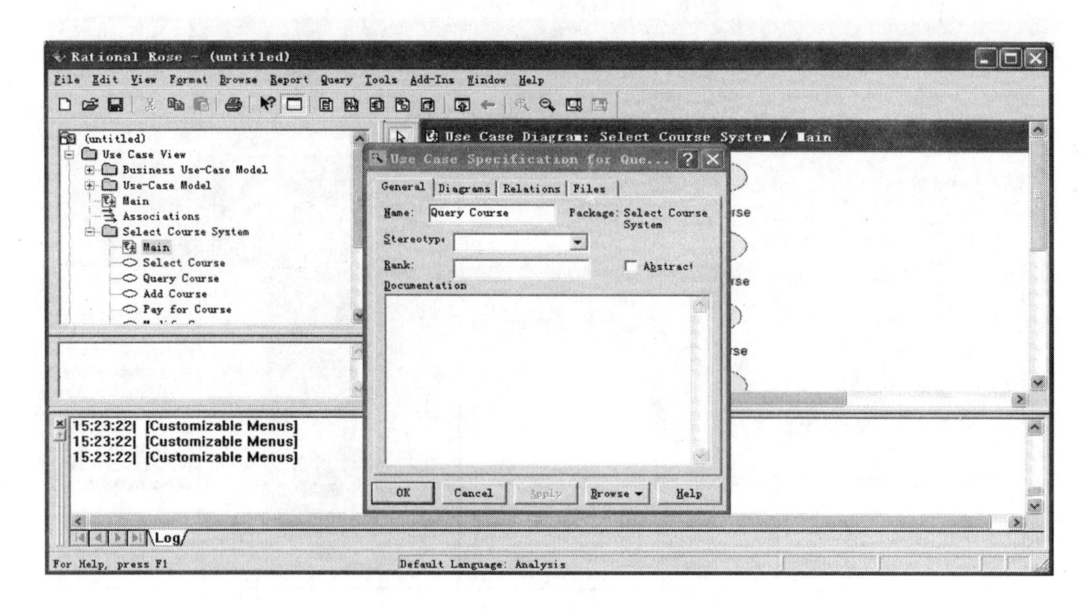

图 6－20　用例的特性说明窗口

2）添加执行者

选择并单击图形工具栏中的人形图符（Actor），然后在应用窗口的任意位置绘制一个执行者并给该执行者输入名称，用鼠标拖曳执行者到适当的位置并调整其大小，一个用例就添加完毕。用此方法可以添加其他的用例。

同样也可以为执行者添加特性说明。方法为：鼠标右键单击执行者，在弹出的快捷菜单中选择“Open Specification”命令，打开特性说明窗口，对该执行者完成的工作、要求、与其他用例的关系、优先级等进行描述。

新增的执行者，Rational　Rose 同样会自动在视图窗口中增加相应的目录项，名称为执行者名，如图 6－21 所示。

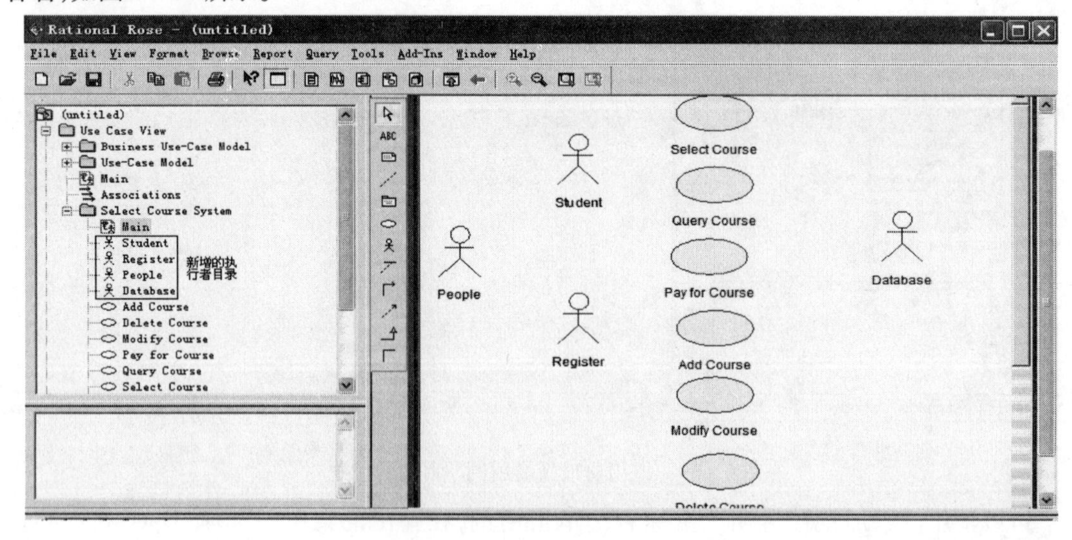

图 6－21　新增的执行者目录

3）添加关系

添加关系是添加用例和执行者之间的关联关系，其步骤为：选择并单击图形工具栏中的实线箭头(Unidirectional Association)，再单击指定的执行者并将鼠标从执行者拖曳到指定的用例，输入关联名称，这样执行者和用例之间的关系就添加完成。

同样，用此方法可以增加用例和用例之间以及用例和执行者之间的其他关系如依赖、继承等关系。图6-22为添加关系后的用例图。

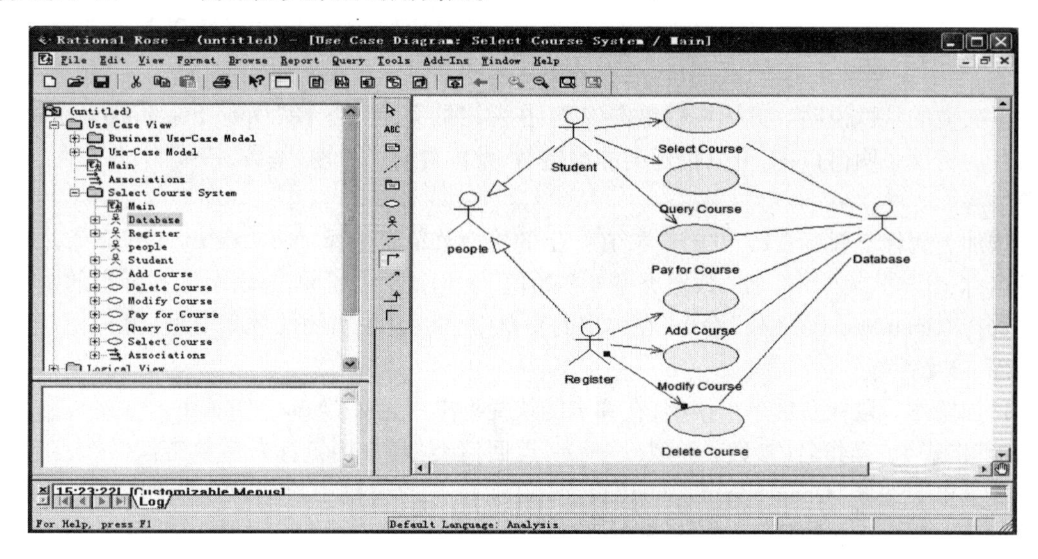

图6-22 添加关系后的用例图

4）删除某个元素

删除某个元素有两种方法，在视图窗口中删除和在应用窗口中删除。

在视图窗口中选择要删除的某个元素，单击鼠标右键，在弹出的快捷菜单中选择“Delete”命令，即可将所选择的的元素删除，同时，该元素在应用窗口中所对应的图形元素也会被一并删除。

在应用窗口中删除某个元素，首先选择该元素，单击鼠标右键在弹出的快捷菜单中选择“Edit→Delete”，即可将该图形元素删除。值得注意的是，在应用窗口中删除的元素，在视图窗口中仍然存在。

6.5.2 建立逻辑视图

在Rational Rose视图窗口的逻辑视图(Logical View)子目录下可以建立类图(Class Diagram)、对象图、顺序图(Sequence Diagram)、合作图(Collaboration Diagram)、状态图(Statechart Diagram)、活动图(Activity Diagram)等各类模型包图的目录项，在模型包图的目录项下可以建立子包图目录项，子包图目录项下可再建立各自的下属模型目录项。逻辑视图模型结构目录项的建立与用例视图一样。建立和编辑逻辑视图各个模型图的过程和用例视图相似，在应用窗口利用图形工具栏中的图形工具绘制模型图，利用特性窗口对模型图中的图形符号进行描述。

1. 建立类图

类图是描述系统中的类，以及各个类之间关系的静态视图，能够使开发者在正确编写代码之前对系统有一个全面的认识。类图表示类、接口和它们之间的协作关系。

类图的建立和编辑过程与用例图类似,但有自己的特点,其步骤为:用鼠标右键单击视图窗口中的“Logical View”目录项,在弹出的快捷菜单中选择“New→Class Diagram”命令,并输入新类的名字,一个新类图的模型结构目录项就创建完毕。双击刚建立的类图目录项,在应用窗口中就可以对该类图进行编辑了。

1) *增加类*

选择并单击图形工具栏中名为“Class”的图标符号按钮,在应用窗口的任意位置单击,输入类名,一个新类建立完毕。也可将已有的类从视图窗口直接拖入应用窗口的类图中。

增加类的特性说明。鼠标右键单击该类,在弹出的菜单中选择“Open Specification”命令,在打开的特性说明窗口中,可以指定类的构造型、设置类的可见性、基数、持续性、并发性、创建抽象类等。

增加类属性。鼠标右键单击该类,在弹出的快捷菜单中选择“New→Attribute”命令并输入属性名称,其格式为“属性名:数据类型=初始值”。用鼠标右键单击该属性,在弹出的快捷菜单中选择“Open Specification”命令,在弹出的窗口中可以设置属性的数据类型、含义、作用、取值范围、可见性等。

增加操作。鼠标右键单击该类,在弹出的快捷菜单中选择“New→Operation”命令,输入操作名,其格式为“操作名(参数:类型,……):返回值类型”。用鼠标右键单击该操作,在弹出的快捷菜单中选择“Open Specification”命令,可在打开的窗口中设置操作返回类型、功能说明、可见性、指定操作协议、限定、异常处理等。

2) *增加类间的关系*

选择图形工具栏中的关联图标符号(单向、双向),从一个类拖到另一个类,建立类间的关联关系。

选择图形工具栏中的“Dependency”图标,从一个类拖到另一个类,建立类间的依赖关系。

选择图形工具栏中的“Aggregation”图标,从整体类向部分类拖动,建立类间的聚合关系。

选择图形工具栏中的“Generalization”图标,从子类向父类拖动,建立类间的继承关系。

设置关系的特性说明。用鼠标右键单击关系,在弹出的快捷菜单中选择“Open Specification”,在打开的窗口中可以设置关系两端的重数基数、命名关系、设置作用等。图6-23为正在建立的类图,在这个类图中,一个“People”类有两个子类“Student”和“Register”,子类和父类之间有“Generalization”(继承)关系。

2. 建立顺序图

顺序图是用来显示参与者如何以一系列步骤与系统的对象进行交互的模型。即可以用来展示对象之间是如何进行交互的。顺序图将显示的重点放在消息序列上,强调消息是如何在对象之间被发送和接收的。

顺序图的建立过程与类图相似,其步骤为:鼠标右键单击视图窗口中的“Logical View”目录项,在弹出的快捷菜单中选择“New→Sequence Diagram”命令,并输入顺序图的名称,一个新顺序图的模型结构目录项就创建完毕。双击刚建立的顺序图目录项,在应用窗口中就可以对该顺序图进行编辑了。图6-24是一个正在建立的名为“Select Course”的顺序图。

在顺序图中,纵轴从上到下表示时间顺序,横轴从左到右安排有关联的各个相关对象。关系密切的对象应当安排在相邻位置。每个对象下面有条称为生命线的竖直虚线,绘制在生命线中的细长矩形图符称为该对象的生命活跃期,虚线为该对象休眠期。对象之间的信息传递

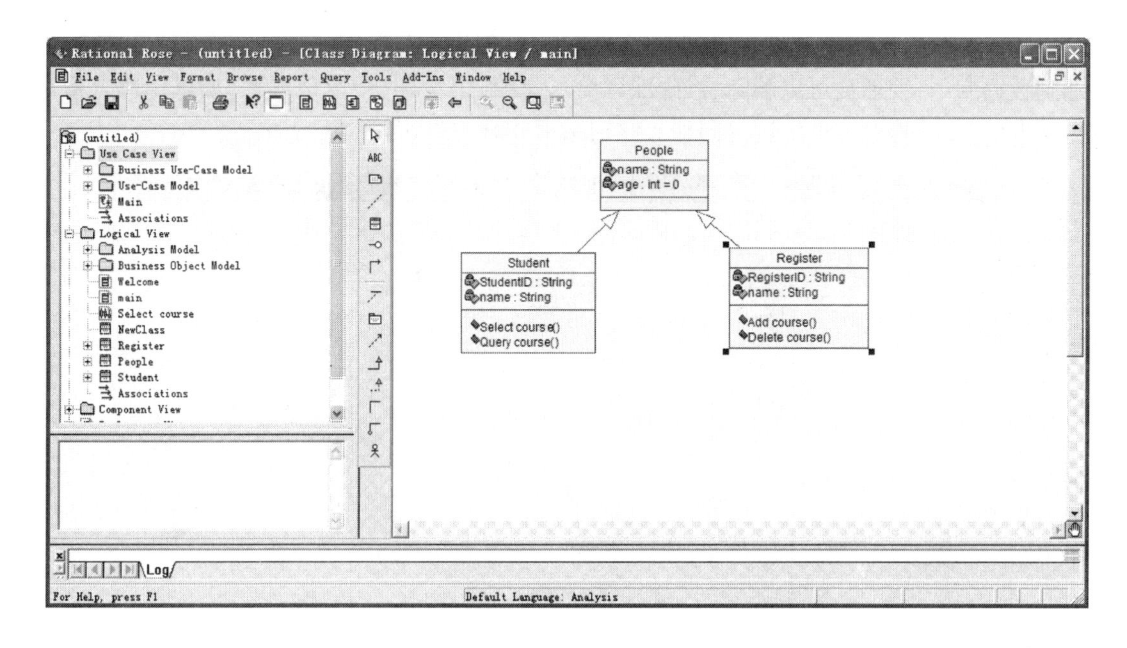

图 6－23 类图

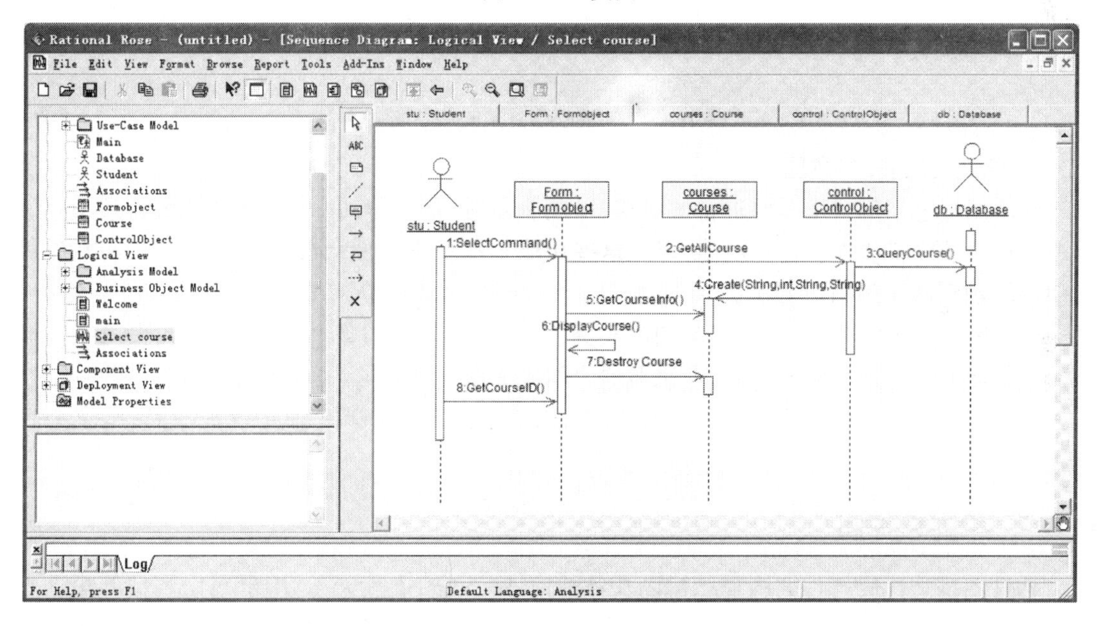

图 6－24 “Select Course”的顺序图

由实箭线表示，箭线上标记信息的名称，箭线从发送方指向接收方，消息名称前的序号指明消息传递发生的时间顺序。

3. 建立状态图

状态图主要用于描述一个对象在其生存期间的动态行为，表现为一个对象所经历的状态序列，引起状态转移的事件（Event），以及因状态转移而伴随的动作（Action）。

状态图的建立步骤为：用鼠标右键单击视图窗口中的“Logical View”目录项，在弹出的快捷菜单中选择“New→Statechart Diagram”命令，并输入状态图的名称，一个新状态图的模型结构目录项就创建完毕。双击刚建立的状态图目录项，在应用窗口中就可以对该状态图进行编辑了。图 6-25 为“Course”对象的状态图,Course 对象的状态变化过程为:课程对象被创建,添加到数据库中,管理员可以删除、修改课程信息,在某个学期,开设该课程,如果选修人数超过指定人数,就不再允许学生选这门课。学期结束,课程的状态终止。

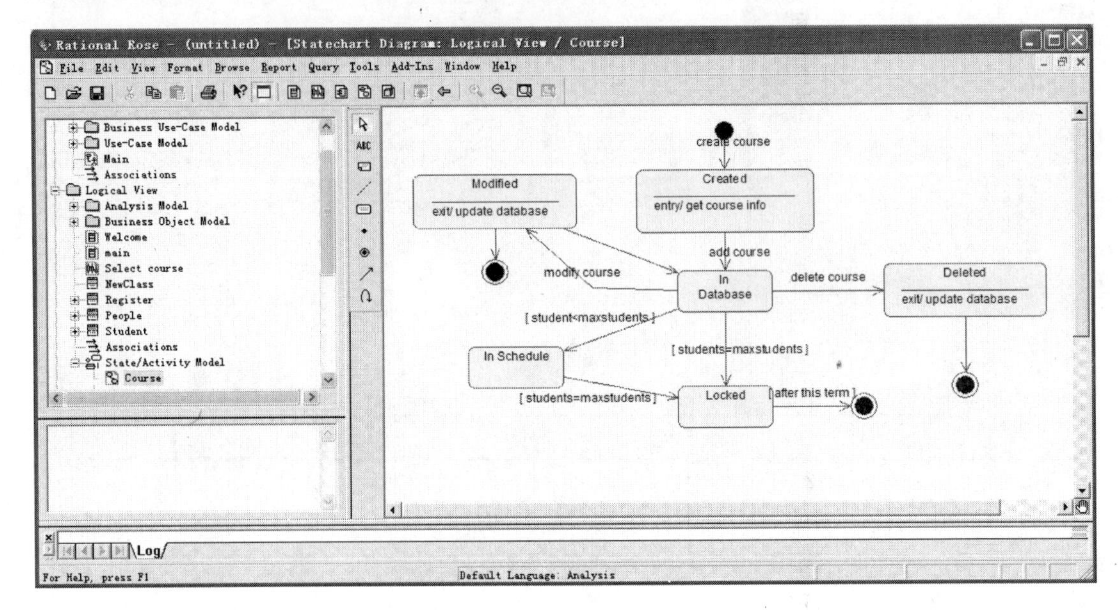

图 6-25 “Course”对象的状态图

4. 建立活动图、对象图

活动图描述用例要求所要进行的活动,以及活动间的约束关系,有利于识别并行活动。能够演示出系统中哪些地方存在功能,以及这些功能和系统中其他组件的功能如何共同满足前面使用用例图建模的用户需求。

对象图与类图极为相似,它是类图的实例,对象图显示类的多个对象实例,而不是实际的类。它描述的不是类之间的关系,而是对象之间的关系。

活动图和对象图的建立过程与上面所讲述的其他逻辑视图的建立过程相同,这里不再赘述。

6.5.3 建立构件图

构件图描述代码构件的物理结构以及各种构件之间的依赖关系,用来建模软件的组件及其相互之间的关系,由构件标记符和构件之间的关系构成。在构件图中,构件是软件的单个组成部分,它可以是一个文件,产品、可执行文件和脚本等。

构件视图由包图和构件图组成。建立构件视图的包图、子包图、构件图的过程和方法与建立用例视图类似。图 6-26 所示的构件图显示了源程序(Source Code)构件、二进制代码(Binary Code)构件和可执行代码(Executable Code)构件之间的依赖关系:可执行代码构件依赖二进制代码构件;二进制代码构件依赖源程序代码构件,构件之间的依赖关系用虚箭线表示,箭头由依赖方指向被依赖方。

6.5.4 部署图

部署图是用来对系统的物理部署建模。部署图用于表示一组物理节点的集合及节点间的

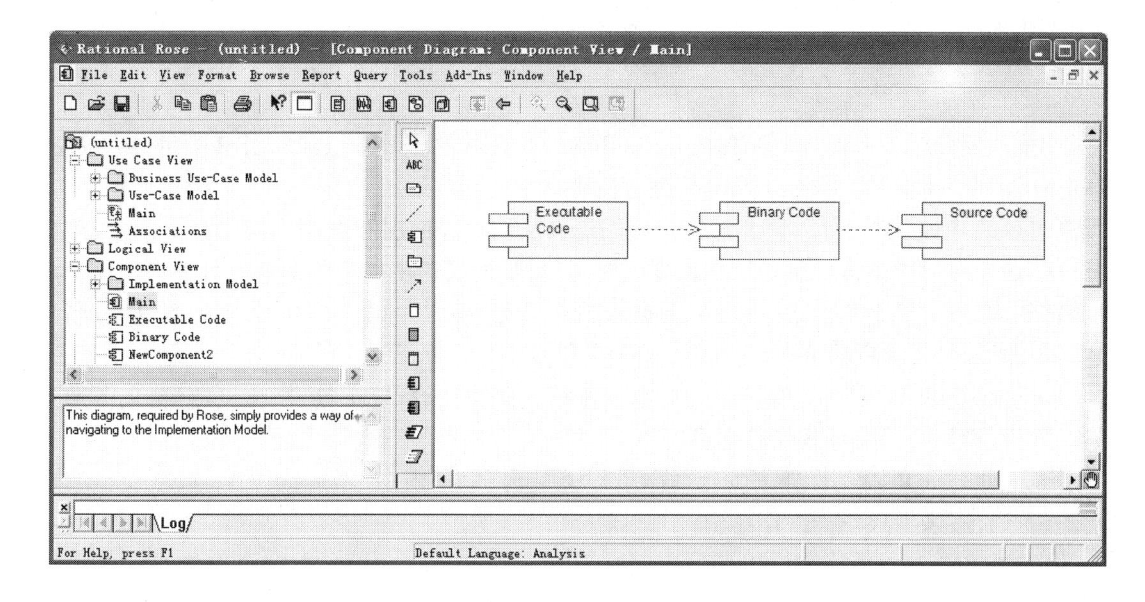

图 6-26　构件图

相互关系，例如计算机和设备，以及它们之间是如何连接的。部署图的使用者是开发人员、系统集成人员和测试人员。

图 6-27 为一个简单的部署图，图中包含数据库服务器节点(Database Server)、应用服务器节点(Application Server)、Web 服务器节点(Web Server)、打印机节点(Printer)和客户端节点(Client)。节点内还可以包含节点、构件、接口或对象。

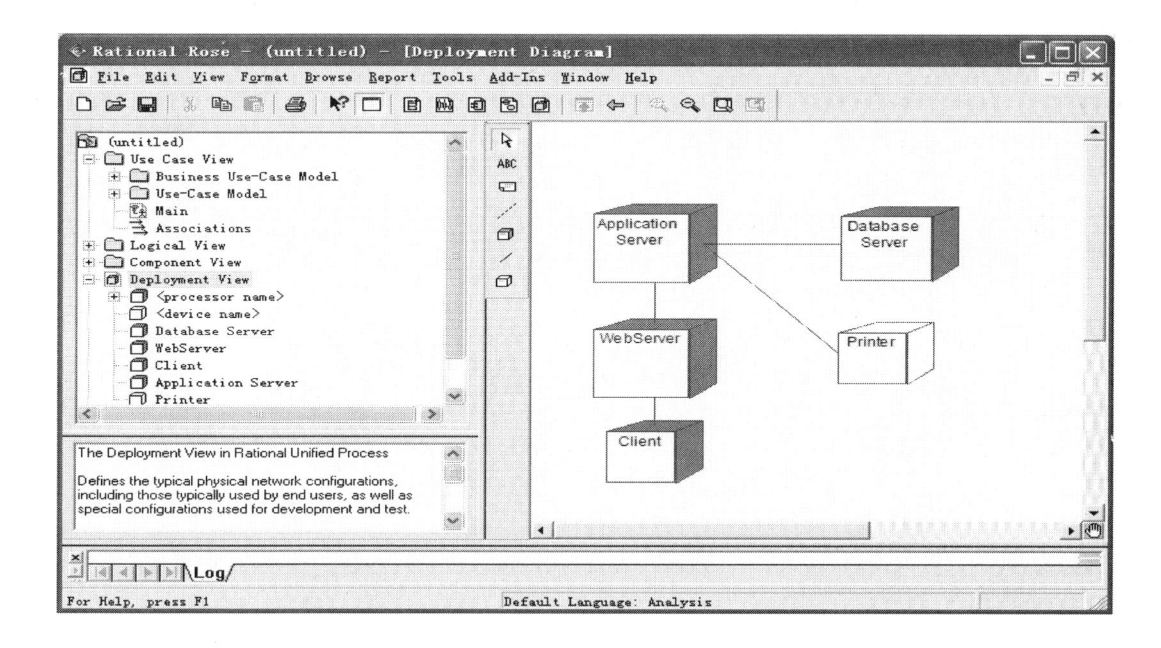

图 6-27　部署图

6.6 小　结

本章主要介绍了 Rational Rose 的特点、Rational Rose 的主界面、Rational Rose 的基本操作及在 Rational Rose 环境下建立 UML 模型等内容。

Rational Rose 支持三层结构方案，将应用逻辑从用户界面层和数据库层中分离出来，组成中间层，这样对应用结构任意一层作出修改时，只对其他层产生极小的影响。另外三层结构的可塑性强，既可共享于单机之中，也可根据需要相互分开。Rational Rose 支持大型复杂项目，可与多种开发环境无缝集成，支持 UML、OOSE 和 OMT。

Rational Rose 的主界面主要包括标题栏、系统主菜单栏、系统工具栏、浏览器窗口、图形工具栏、应用窗口、文档窗口和日志窗口。

Rational Rose 的基本操作主要包括浏览模型结构、保存模型、增加或删除包、增加或删除模型元素、自定义工具栏等操作。

在 Rational Rose 环境中可以非常方便地建立 UML 模型。Rational Rose 系统自动在模型结构窗口建立一个模型结构，在该模型结构中可以创建用例图、类图、顺序图、状态图、活动图、构件视图和部署视图等。

习 题 6

6-1　简述 Rational Rose 的特点。

6-2　简述 Rational Rose 的基本操作。

6-3　简述用例图创建的过程。

6-4　简述顺序图、类图、状态图的建立过程。

6-5　简述对象图和类图的区别。

6-6　什么是构件图？什么是部署图？

第 7 章　面向对象方法学基础

7.1　面向对象的方法学

面向对象(Object - Oriented,OO)方法学的出发点和基本原则是尽可能模拟人类习惯的思维方式,使开发软件的方法与过程尽可能接近人类认识世界、解决问题的方法与过程。客观世界的问题都是由客观世界的实体及实体间的相互联系所构成的,因此把客观世界的实体抽象为对象。因为所解决的问题的特殊性,所以对象不是固定的。一个雇员可以作为一个对象,一个公司的多名雇员也可以作为一个对象,到底对象是什么,由所要解决的问题来决定。

从动态的观点来看,对对象施加的操作就是该对象的行为。通常,客观世界中的实体即对象,既具有静态的属性,又具有动态的行为。面向对象的方法把对象作为由数据及施加在这些数据上的操作构成一个统一的实体。面向对象的方法是一种新的思维方法,它不是把程序看做是工作在数据上的一系列过程或函数的集合,而是把程序看做是相互协作而又彼此独立的对象的集合。每个对象就如同一个微型程序,有自己的数据、操作、功能和目的。

7.1.1　面向对象方法的要点

概括地说,面向对象方法具有下述 4 个要点:

(1) 认为客观世界是由各种对象组成的,任何事物都是对象,复杂的对象时由简单的对象组合而成。因此,面向对象的软件系统是由对象组成的,软件中的任何元素都是对象,复杂的软件对象是由比较简单的对象组合而成的。由此可见,面向对象方法用对象分解取代了传统方法的功能分解。

(2) 把所有对象都划分成各种对象类(简称为类,Class),每个对象类都定义了一组数据和一组方法。数据用于表示对象的静态属性,是对象的状态信息。类中的定义方法是允许施加于该类对象上的操作,是该类所有对象共享的,并不需要为每个对象都复制操作的代码。

(3) 按照子类(或称为派生类)与父类(或称为基类)的关系,把若干个对象类组成一个层次结构的系统(也称为类等级)。在这种层次结构中,下层的派生类具有和上层的基类相同的特性(包括数据和方法),这种现象称为继承(Inheritance)。

(4) 对象彼此之间仅能通过传递消息互相联系。对象与传统的数据有本质区别,它不是被动地等待外界对它实施操作,相反,它是进行处理的主体,必须发信息请求执行它的某个操作,处理它的私有数据,而不能从外界直接对它的私有数据进行操作。一切局部于该对象的私有信息,都被封装在该对象类的定义中,就好像装在一个不透明的黑盒子中一样,在外界是看不到的,更不能直接使用,这就称为对象的“封装性”。

面向对象的方法学可以用下列方程来概括:

OO = Objects + Classes + Inheritance + Communication with message

面向对象既使用对象,又使用类和继承等机制,而且对象之间仅能通过传递信息实现彼此通信。

如果仅使用对象和消息，则这种方法可以称为基于对象的（Object - Based）方法，而不是面向对象的方法；如果进一步要求把所有对象划分为类，则该方法称为基于类的（Class - Based）方法，但仍然不是面向对象的方法。只有同时使用对象、类、继承和消息的方法，才是真正的面向对象的方法。

7.1.2 面向对象的开发方法

目前为止，面向对象开发方法的研究已日趋成熟，国际上已有不少面向对象的产品出现。面向对象开发方法有 Booch 方法、Coad 方法和 OMT 方法等。

1. Booch 方法

最先描述面向对象的软件开发方法的基础问题的是 Booch 方法，它指出面向对象开发方法根本不同于传统的功能分解方法。面向对象的软件分解更接近人对客观事务的理解，而功能分解只通过问题空间的转换来获得。

2. Coad 方法

Coad 方法是 1989 年由 Coad 和 Yourdon 提出的面向对象的开发方法。该方法的主要优点是通过多年来对系统开发的经验与面向对象概念的有机结合，在对象、结构、属性和操作的认定方面，提出了一套系统的原则。这个方法完成了从需求的角度进一步进行类和类层次结构的认定。尽管 Coad 方法没有引入类和类层次结构的术语，但事实上已经在分类结构、属性、操作、消息关联等概念中体现了类和类层次结构的特征。

3. OMT 方法

OMT 方法是 1991 年由 James Rumbaugh 等五人提出来的，其最著名的著作是“面向对象的建模与设计”。该方法是一种新兴的面向对象的开发方法，开发工作的基础是对真实世界的对象建模，然后围绕这些对象使用分析模型来进行独立于语言的设计，面向对象的建模和设计促进了对需求的理解，有利于开发更清晰、更容易维护的软件系统。该方法为大多数应用领域的软件开发提供了一种实际的、高效的保证，努力寻求一种问题求解的实际方法。

4. UML

统一建模语言（Unified Modeling Language，UML）是结合了 Booch 方法、OMT 方法、OOSE 方法的优点，统一了符号体系，并从其他的方法和工程实践中吸收了许多经过实际检验的概念和技术。UML 是面向对象技术领域内占主导地位的标准建模语言。

UML 是一种定义良好、易于表达、功能强大且普遍适用的建模语言。它与程序设计语言无关，它的作用域不局限于支持面向对象的分析与设计，同时还支持从需求分析开始的软件开发的全过程。

7.1.3 面向对象建模

众所周知，在解决问题之前必须先了解所要解决的问题。对问题了解得越透彻，就越容易解决它。当完全、彻底地理解了一个问题的时候，通常就已经解决了这个问题。

为了更好地理解问题，每个领域的工程技术人员都构造了很多种模型。所谓模型，就是为了理解事物对事物做出的一种抽象，这些模型借助一组图示符号和组织这些符号的规则组成。利用模型能帮助人们可视化并说明系统的各部分以及这些部分之间的相互关系。对于软件，有几种建模的方法。最普通的两种方法是从过程的角度建模和从面向对象的角度建模。

传统的软件开发方法是从过程的角度进行建模。按照这种方法，所有的软件都用过程或函数作为其主要构造模块。这种观点导致开发人员把精力集中于控制流程和对复杂的过程进行分解。当需求发生变化以及系统功能变化时，用这种方法建造的系统就会变得很难维护。

现代的软件开发采用面向对象的观点进行建模。按照人们习惯的思维方式，所有的软件系统都用对象或类作为其主要构造模块。对象通常是从问题空间或解空间的词汇中抽取出来的东西；类是对具有共同性质的一组对象（从建模者的角度）的描述。每一个对象都有标识（能够对它命名，以区别于其他对象）、状态（通常有一些数据与它相联系）和行为（能对该对象做某些事，它也能为其他对象做某些事）。

例如，可考虑把一个简单的计账系统的体系结构分成三层：用户界面层、业务服务层和数据库层。在用户界面层，将找出一些具体的对象，如按钮、菜单和对话框。在数据库层，将找出一些具体的对象，例如描述来自问题域的实体的表，包括顾客、产品和订单等。在中间层，将找出诸如交易、业务规则等对象，以及顾客、产品和订单等问题实体的高层视图。

面向对象方法是20世纪90年代软件开发方法的主流。事实已经证明，它适合于在各种问题域中建造各种规模和复杂的软件系统。当前的大多数程序设计语言、操作系统和软件开发工具和环境在一定程度上都是面向对象的，并给出更多按对象来观察和分析系统的机制。面向对象的开发为使用组件技术（如J2EE或.NET）装配系统提供了概念基础。面向对象的概念和应用已超越了程序设计和软件开发，扩展到很宽的范围。如数据库系统、交互式界面、应用结构、应用平台、分布式系统、网络管理结构、CAD技术、人工智能等领域。

“面向对象”是专指在软件程序设计中采用对象、类、继承、消息、封装、抽象等概念和机制的设计方法。现在面向对象的思想已经涉及到软件开发的各个方面。如面向对象的分析（Object Oriented Analysis，OOA）、面向对象的设计（Object Oriented Design，OOD），以及面向对象的编程实现（Object Oriented Programming，OOP）。

采用面向对象的方法开发软件，通常可以建立三种形式的模型。

1. 对象模型

对象模型表示静态的、结构化的系统的“数据”性质，是对模拟客观世界实体的对象以及对象彼此之间关系的映射，描述了系统的静态结构，对象模型又称静态模型。该模型主要关心系统中对象的结构、属性与操作。

2. 动态模型

动态模型表示瞬时的、行为化的系统的“控制”性质，规定了对象模型中对象的合法变化序列。通常用状态图描述对象的状态、触发状态转换的事件以及对象的行为（对事件的响应）。每个类的动态行为用一张状态图描述，各个类的状态图通过共享事件合并起来，构成系统的动态模型。

3. 功能模型

功能模型表示变化的系统的“功能”性质，直接描述了系统的功能，即用户对目标系统的需求。建立功能模型有助于软件开发人员深入理解问题域，从而改进和完善自己的设计。

上述三种模型从三个不同的角度分别描述目标系统，从不同的侧面反映系统的实质内容，总体可以全面反映对目标系统的需求。其中对象模型是上述分析阶段三个模型的核心，为动态模型和功能模型提供了实质性的框架。

7.1.4 面向对象方法与传统软件方法的比较

1. 传统开发方法存在的问题

1）软件重用度低

软件重用度是指同一软件或部分软件不经修改或稍加修改就可多次重复使用的性质。软件重用度是软件工程追求的目标之一。

2）开发出的软件往往不能满足用户需要

用传统的结构化方法开发大型软件系统往往要涉及多种不同领域的知识，在开发需求不清晰或需求发生动态变化的系统时，其开发出的软件系统往往不能真正满足用户的需要。

用结构化方法开发的软件，其稳定性、可修改性和可重用性都比较差，这是因为结构化的开发方法的本质是功能分解，从代表目标系统整体功能模块开始，自顶向下不断把复杂的模块分解为子模块，这样一层一层地分解下去，直到仅剩下若干个容易实现的子功能模块为止，然后用相应的工具来描述各个最低层的处理。故这种方法是围绕实现处理功能的“过程”来构造系统的。但是用户需求的变化大部分是针对功能的，因此，这种变化对于基于过程的设计来说存在着严重弊端。用这种方法设计出来的系统结构常常是不稳定的，用户需求的变化往往造成系统结构的较大变化，从而需要花费很大代价才能实现这种变化。

3）软件可维护性差

软件工程强调软件的可维护性，强调文档资料的重要性，规定最终的软件产品应该由完整、一致的配置成分组成。在软件开发过程中，自始至终强调软件的重要的质量指标是软件的可读性、可修改性和可测试性。实践证明，用传统方法开发出来的软件，维护费用和成本仍然很高，其原因是可修改性差、维护困难，导致可维护性差。

2. 面向对象方法学的主要优点

1）与人类习惯的思维方式一致

传统的程序设计技术是面向过程的设计方法，这种方法以算法为核心，把数据和过程作为相互独立的部分，数据代表问题空间中的客体，程序代码则用于处理这些数据。把数据和代码作为分离的实体，反映了计算机的观点。但是忽视了数据和操作之间的内在联系，可能造成使用正确的数据调用错误的程序模块的危险。

面向对象的软件技术以对象（Object）为核心，用这种技术开发出的软件系统由对象组成。对象是对现实世界的抽象，是由描述内部状态表示静态属性的数据，以及可以对这些数据施加的操作（表示对象的动态行为），封装在一起所构成的统一体。对象之间通过传递消息互相联系，用以模拟现实世界中不同的事物之间的联系。面向对象的软件开发过程自始至终围绕着建立问题领域的对象模型来进行，对问题领域进行自然的分解，确定需要使用的对象和类，建立适当的类等级，在对象之间传递消息实现必要的联系，与人类习惯的思维方式建立起问题领域的模型。

2）软件稳定性好

传统的软件开发方法以算法为核心，开发过程基于功能分析和功能分解，当功能需求发生变化时将引起软件结构的整体修改。因此，这样的软件系统是不稳定的。面向对象方法是基于构造问题领域的对象模型，以对象为中心构造软件系统，而不是基于对系统应完成的功能的分解。所以当系统的功能需求变化时并不会引起软件结构的整体变化，仅需要做一些局部性的修改。例如，从已有类派生出一些新的子类以实现功能扩充或修改，增加或删除某些对象等，并不会引起软件结构的整体变化。

因此，既然现实世界中的实体是相对稳定的，故以对象为中心构造的软件系统也是比较稳定的。

3）可重用性好

用已有的零部件装配新的产品，是典型的重用技术，例如，可以使用已有的预制件来建筑一幢结构和外形都不同于从前的新大楼。所以，重用是提高生产率的最重要的方法。

传统的软件重用技术是利用标准函数库，也就是试图用标准函数库来建造新的软件系统。但是，标准函数库不能满足不同的应用场合的需求，并不是理想的可重用的软件的成分。实际的标准库函数只提供最基本、最常用的功能，因此开发一个新的软件系统时，多数函数还需要开发者自己编写。

面向对象的软件技术在利用可重用的软件成分构造新的软件系统时，有很大的灵活性。有两种方法可以重复使用对象类：一种方法是创建该类的实例，从而直接使用它；另一种方法是从它派生出一个满足当前需要的新类。继承性机制使得子类不仅可以重用其父类的数据结构和程序代码，而且可以在父类代码的基础上方便地进行修改和扩充，这种修改并不影响对原有类的使用。软件重用技术在构建系统时可以使用已有系统中的可用部分，提高软件工程效率。

面向对象的软件技术所实现的可重用性是自然的和准确的，因此在软件重用技术中它是最成功的一个。

4）较易开发大型软件产品

当开发大型软件产品时，开发人员的合理分工和协作对软件开发成功是十分重要的。用面向对象方法开发软件时，可以把一个大型软件产品看做是一系列本质上相互独立的小产品来处理，从而不仅降低了开发的技术难度，而且易于实现开发过程的管理。许多软件开发公司的经验都表明，当把面向对象方法用于大型软件的开发时，在提高软件的整体质量的同时也降低了软件的成本。

5）可维护性好，易于测试

当对软件的功能或性能的要求发生变化时，通常不会引起软件的整体变化，仅需做局部修改。类是理想的模块机制，它的独立性好，修改一个类通常很少会牵扯到其他类。面向对象软件技术特有的继承机制使得对软件的修改和扩充比较容易实现，通常只需从已有的类派生出一些新类，无需修改软件的原有成分。面向对象的多态性机制，使得当扩充软件功能时对原有代码所需作的修改进一步减少，增加新的代码也比较少。因此，用面向对象方法所开发的软件具有很好的可维护性。

为了保证软件质量，对软件交付使用之前和进行维护之后必须进行必要的测试，以确保要求修改或扩充的功能按照要求正确地实现了，而且没有影响到软件不该修改的部分。由于对象类的独立性很强，向类的实例发消息即可运行它，观察它是否能正确地完成要求的功能，对类的测试通常比较容易实现，如发现错误也往往集中在类的内部，比较容易调试。

综上所述，面向对象方法具有与人类习惯思维方式一致、软件稳定性好、可重用性好、较易于开发大型软件产品、可维护性好和易于测试的优点，因此，面向对象的方法和技术在软件工程领域得到了日益广泛的应用。UML 的日益成熟和完善，有助于提高软件开发效率和软件质量。

7.2 面向对象的基本概念

面向对象软件开发方法涉及到传统软件开发方法中没有涉及的许多概念和术语。本节将介绍面向对象的这些概念。

7.2.1 对象

在软件领域中有意义的、与所要解决的问题有关系的任何事物都可以称为对象(Object),它既可以是具体的物理实体的抽象,也可以是人为的概念,或者是任何有明确边界和意义的实体。例如,借款、贷款、图书、图书管理系统等,均可以作为一个对象。总之,对象是对问题域中某个实体的抽象,设立某个对象就反映了软件系统具有保存有关信息,并具有与它进行交互的能力。

由于客观世界中的实体通常都既具有静态的属性,又具有动态的行为。因此,面向对象方法学中的对象是由描述该对象属性的数据及其可以对这些数据施加的所有操作封装在一起构成的统一体,可以有唯一标识它的名字。对象可以进行的操作表示它的动态行为,在面向对象分析和面向对象设计中,通常把对象的操作称为服务或方法。

对象是系统中用来描述客观事物的一个实体,是构成系统的一个基本单位。实现对象操作的代码和数据是隐藏在对象内部的,一个对象好像是一个黑盒子,表示它内部状态的数据和实现各个操作的代码级局部数据,都被封装在这个黑盒子内部,在外面看不到,更不能从外面去访问或修改这些数据代码。

一个对象就像一台录音机。如图 7-1 所示,完成录音机的各种功能的电子线路都被装在录音机的外壳中,人们不需要了解这些电子线路只需按外部这些操作键,就可以随心所欲地使用录音机。也没有必要打开外壳去触动壳内的各种零部件。当录音带处于不同位置时,按下 Play 键所播放出的音乐是不相同的,同样,当对象处于不同状态时,做同一个操作所得到的效果也不相同。

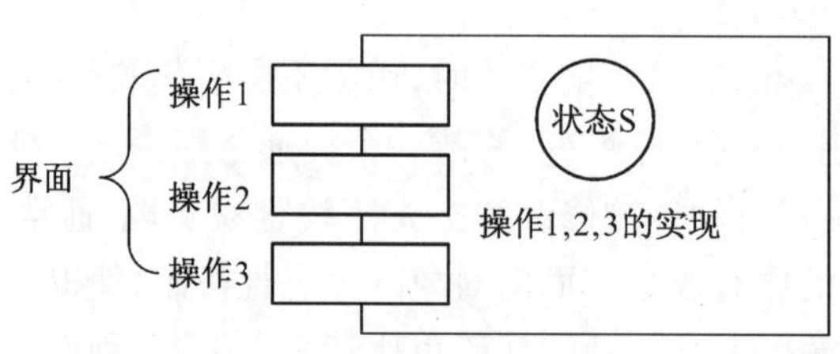

图 7-1 对象的形象表示

对象之间通过消息进行通信,一个对象通过向另一个对象发送消息激活其某一功能。

对象的基本特点如下:

(1) 以数据为中心。操作围绕对其数据所需要做的处理来设置,不设置与这些数据无关的操作,而且操作的结果往往与当时所处的状态(数据的值)有关。

(2) 对象是主动的。它与传统的数据有本质的不同,它是进行处理的主体,而不是被动地等待被处理。为了完成某个操作,不能从外部直接加工它的私有数据,而是必须通过它的公有接口向对象发消息,请求执行它的某个操作,处理它的私有数据。

(3) 实现了数据封装。对象好像是一只黑盒子,它的私有数据完全被封装在盒子内部,对外是隐藏的、不可见的，对私有数据的访问或处理只能通过公有的操作进行。

(4) 为了使用对象内部的私有数据，只需知道数据的取值范围(值域)和可以对该数据施加的操作(即对象提供了哪些处理或访问数据的公有方法)，根本无需知道数据的具体结构以及实现操作的算法，这也就是抽象数据类型的概念。因此，一个对象类型也可以看做是一种抽象数据类型。

(5) 本质上具有并行性。对象是描述其内部状态的数据及可以对这些数据施加的全部操作的集合。不同对象各自独立地处理自身的数据，彼此通过发消息传递信息完成通信。因此，本质上具有并行工作的属性。

(6) 模块独立性好。对象是面向对象的软件的基本模块，为了充分发挥模块化简化开发工作的优点，希望模块的独立性强。具体来说，也就是要求模块的内聚性强、耦合性弱。

7.2.2 其他概念

1. 类(CIass)

类是具有相同属性和行为的一组或多个相似对象的描述，类为属于该类的全部对象提供了统一的抽象描述。同类的对象具有相同的属性和方法。需要注意的是，同类对象仅其定义形式相同，但并不表示每个类对象的属性值都相同。如动物、植物、飞行器等都是类。

现实世界中存在的可观事物有些是彼此相似的，如白杨树、苹果树、梨树、桃树等，虽说每棵树的高低、树形、结的果实等各有不同，但是它们有一个相似的特征，那就是有枝干、树叶、根，因此就把它们统称为“植物”。人类习惯于把有相似特征的事物归为一类，分类是人类认识客观世界的基本方法。因此在面向对象方法中使用类的概念符合人类认识客观世界的方法。

2. 实例(Instance)

实例是由某个特定的类所描述的一个具体的对象。虽然类是对具有相同属性和方法的一组相似对象的抽象，但类在现实世界中并不能真正存在。在地球上没有抽象的植物，只有一个个具体的植物，如白杨树、苹果树、梨树、桃树、草等。事实上，类是建立对象时使用的“样板”，按照这个样板所建立的具体的对象，即类的实际例子，称为实例。如果先定义类，在定义对象，则对象就是类的实例。

3. 消息(Message)

消息就是要求某个对象执行在定义它的那个类中的某个操作的规格说明。通常，一个消息由三部分组成：接收消息的对象、消息选择符(也称为消息名)、零个或多个变元。

4. 方法(Method)

方法就是对象所能执行的操作，也就是类中所定义的服务。方法描述了对象执行操作的算法、响应消息的方法。在 C + +语言中把方法称为成员函数。

飞行器这个类的方法有飞行、落地等一些操作。

5. 属性(Attribute)

属性就是类中所定义的数据，它是对客观世界实体所具有的性质的抽象。类的每个实例都有自己特有的属性值。在 C + +语言中把属性称为数据成员。

例如，飞行器这个类的属性有颜色、身长、形状等。

6. 封装(Encapsulation)

所谓的封装就是把某个事物包起来，使外界不知道该事物的具体内容。

在面向对象的程序中,把数据和实现操作的代码集中起来放在对象内部。一个对象好像是一个不透明的黑盒子,表示对象状态的数据和实现操作的代码与局部数据,都被封装在黑盒子里面,从外面是看不见的,更不能从外面直接访问或修改这些数据和代码。

使用一个对象的时候,只需知道它向外界提供的接口形式,无需知道它的数据结构细节和实现操作的算法。

综上所述,对象具有封装性的条件如下:

(1) 有一个清晰的边界。所有私有数据和实现操作的代码都被封装在这个边界内,从外面看不见更不能直接访问。

(2) 有确定的接口(即协议)。这些接口就是对象可以接受的消息,只能通过向对象发送消息来使用它。

(3) 受保护的内部实现。实现对象功能的细节(私有数据和代码)不能在定义该对象的类的范围外访问。

封装也就是信息隐藏,通过封装对外界隐藏了对象的实现细节。

对象类实质上是抽象数据类型。类把数据说明和操作说明与数据表达和操作实现分离开了,使用者只需知道它的说明(值域及可对数据施加的操作),就可以使用它。

7. 继承(Inheritance)

继承定义了一般类和特殊类之间的分类关系。对象类描述一组具有相同属性和行为的对象实例,一个对象类定义之后,可以扩充出新类,称为子类或次类(Subclass),又称为派生类。原来的类称为父类或超类(Super Calss)。子类直接继承其父类的属性和行为(数据和操作),同时子类也可以有自己定义的属性和行为。

继承具有传递性。如果类 C 继承类 B,类 B 继承类 A,则类 C 继承类 A。

例如,飞机是飞行器的子类,它继承了飞行器的所有属性和方法,但是它还有自己的属性和方法。飞机的属性除具有飞行器属性外,还有乘客容量。

8. 多态性(Polymorphism)

多态性是指有多种形态。在面向对象的软件技术中,多态性是指子类对象可以像父类对象那样使用,同样的消息既可以发送给父类对象,也可以发送给子类对象。然而不同层次中的每个类却各自按自己的需要来实现这个行为。当对象接收到发送给它的消息时,根据该对象所属于的类,动态选用在该类中定义的实现算法。

简而言之,多态指的是使一个实体在不同上下文条件下具有不同的意义或用法的能力。

9. 重载(Overloading)

重载有两种:函数名重载和运算符重载。函数名重载是指在同一作用域内的若干个参数特征,不同的函数可以使用相同的函数名字;运算符重载是指同一个运算符可以作用于多种不同的数据类型上。

7.3 小　结

这一部分主要介绍了面向对象方法学和基本概念。明确面向对象方法学的出发点和基本原则是尽可能模拟人类习惯的思维方式,使开发软件的方法与过程尽可能接近人类认识世界解决问题的方法与过程。

面向对象方法学需要建立三种形式的模型。对象模型表示静态的、结构化的系统的“数据”性质，是对模拟客观世界实体的对象以及对象彼此之间关系的映射，描述了系统的静态结构。该模型主要关心系统中对象的结构、属性与操作。动态模型表示瞬时的、行为化的系统的“控制”性质，规定了对象模型中对象的合法变化序列。功能模型表示变化的系统的“功能”性质，直接描述了系统的功能，即用户对目标系统的需求。

面向对象方法具有与人类习惯思维方式一致、软件稳定性好、可重用性好、较易于开发大型软件产品、可维护性好和易于测试的优点，因此，面向对象的方法和技术在软件工程领域得到了日益广泛的应用。

紧随之后介绍了对象、类、实例、消息、方法、属性、封装、继承等面向对象的基本概念。

习 题 7

7－1　软件对象方法学和结构化设计方法的主要特点与区别有哪些？

7－2　结合实例说明什么是“对象”。

7－3　结合实例说明什么是“类”。

7－4　结合实例说明什么是“继承”。

第8章　面向对象的分析

随着20世纪90年代面向对象技术的广泛应用,人们发现仅仅在代码阶段使用面向对象的概念是不够的,需要在分析和设计阶段就使用面向对象技术,于是面向对象分析和面向对象设计技术迅速发展起来,并得到了工业界和研究学者们的一致认可。

统一建模语言(Unified Modeling Language,UML)是当前比较流行的一种建模语言,它可以用于创建各种类型的项目需求、设计乃至上线文档,特别适合采用面向对象的思维方式进行软件建模。规范化、可视化的软件建模已成为当今软件技术的主流之一。

UML定义了下列5类共10种模型图,主要内容如下:第一类用例图,从用户的角度描述系统的功能,并指出各功能的操作者。用例图有助于系统开发者与用户之间进行交流,以获取用户需求。第二类静态图包括类图、对象图和包图。其中类图用于定义系统中的类,包括描述类之间的联系以及类的内部结构,即类的属性和操作;对象图显示类的对象实例,一个对象图是类图的一个实例;包图由包或类组成,主要表示包与包、或包与类之间的关系,用于描述系统的分层结构。第三类行为图,描述系统的动态模型和组成对象间的交互关系。一种是状态图,它描述一类对象的所有可能的状态以及事件发生时状态的转移条件;另一种是活动图,它描述为满足用例要求所要进行的活动以及活动间的约束关系。第四类交互图,描述对象间的交互关系。一种称为顺序图,用以显示对象之间的动态合作关系;另一种是合作图,它着重描述对象间的协作关系。第五类实现图,包括构件图和配置图。构件图描述代码部件的物理结构以及各部件之间的依赖关系;配置图定义系统中软硬件的物理体系结构。这些图为系统的分析、开发提供了多种图形表示,它们的有机结合就有可能分析与构造一个一致的系统。

8.1　UML概述

8.1.1　面向对象的开发方法

利用传统程序设计语言(如Fortran语言)的软件开发方法出现于20世纪70年代,在80年代被广泛采用,其中最重要的是结构化分析和结构化设计方法和它的变体,随着计算机技术的快速发展,软件的规模快速膨胀,代码量趋于庞大。传统的软件工程分解方法只能单纯反映管理功能结构的状况,数据流程模型(DFD)只是侧重反映事物的信息特征和流程,信息模拟只能被动地迎合实际问题需要的做法。结构化系统分析与设计方法:描述客观世界的问题领域与软件系统结构之间的不一致,结构化系统分析与设计只注重某些特定方面。

正是在这样的背景下,随着面向对象语言的出现,人们发现仅仅在代码阶段使用面向对象的概念是不够的,需要在分析和设计阶段就使用面向对象技术,于是面向对象分析和面向对象设计技术迅速发展起来,并得到了工业界和研究学者们的一致认可。

持面向对象观点的程序员认为,计算机程序的结构应该与所要解决的问题一致,而不是与某种分析或开发方法保持一致,他们的经验表明,对任何软件系统而言,其中最稳定的成分往往是其相应问题论域(Problem domain)中的成分。

所以“面向对象”是一种认识客观世界的世界观,是从结构组织角度模拟客观世界的一种方法。一般人们在认识和了解客观现实世界时,通常运用的一些构造法则:

(1) 区分对象及其属性,如区分台式计算机和笔记本计算机。

(2) 区分整体对象及其组成部分,如区分台式计算机组成(主机、显示器等)。

(3) 不同对象类的形成以及区分,如所有类型的计算机(大、中、小型计算机、服务器、工作站和普通微型计算机等)。

通俗地讲,对象指的是一个独立的、异步的、并发的实体,它能“知道一些事情”(即存储数据),“做一些工作”(即封装服务),并“与其他对象协同工作”(通过交换消息),从而完成系统的所有功能。因为所要解决的问题具有特殊性,所以对象是不固定的。一个雇员可以作为一个对象,一家公司也可以作为一个对象,到底应该把什么抽象为对象,由所要解决的问题决定。

从以上介绍中可以看出,面向对象所带来的好处是程序的稳定性与可修改性(由于把客观世界分解成一个一个的对象,并且把数据和操作都封装在对象的内部)、可复用性(通过面向对象技术,不仅可以复用代码,而且可以复用需求分析、设计、用户界面等)。

面向对象方法具有下述4个要点:

(1) 认为客观世界是由各种对象组成的,任何事物都是对象,复杂的对象可以由比较简单的对象以某种方式组合而成。按照这种观点,可以认为整个世界就是一个最复杂的对象。因此,面向对象的软件系统是由对象组成的,软件中的任何元素都是对象,复杂的软件对象由比较简单的对象组合而成。

(2) 把所有对象都划分成各种对象类(简称为类(Class)),每个对象类都定义了一组数据和一组方法,数据用于表示对象的静态属性,是对象的状态信息。因此,每当建立该对象类的一个新实例时,就按照类中对数据的定义为这个新对象生成一组专用的数据,以便描述该对象独特的属性值。例如,荧光屏上不同位置显示的半径不同的几个圆,虽然都是Circle类的对象,但是,各自都有自己专用的数据,以便记录各自的圆心位置、半径等。

(3) 按照子类(或称为派生类)与父类(或称为基类)的关系,把若干个对象类组成一个层次结构的系统(也称为类等级)。子类对父类的继承可以通过这种层次结构的系统较好的反映出来。

(4) 对象彼此之间仅能通过传递消息互相联系。

如上所述,面向对象的软件分析与设计的思维方式是和人类思维、认识事物的过程比较接近的,类似于人类解决问题的思维过程。这种思维方式更加有利于设计大型的软件,同时有利于大型软件的维护工作,从而成为当前软件工程师的必备知识。

8.1.2 UML的定义

UML的主要作用是帮助用户对软件系统进行面向对象的描述和建模(建模是通过将用户的业务需求映射为代码,保证代码满足这些需求,并能方便地回溯需求的过程),它可以描述这个软件开发过程从需求分析直到实现和测试的全过程。UML通过建立各种类、类之间的关联、类/对象怎样相互配合实现系统的动态行为等成分(这些都称为模型元素)来组建整个模型。UML提供了各种图形,如用例图、类图、时序图、协作图和状态图等,把这些模型元素及其关系可视化，让人们可以清楚容易地理解模型。可以从多个视角来考察模型，从而更加全面地了解模型，这样同一个模型元素可能会出现在多个图中，对应多个图形元素。

8.1.3 UML 中的图

UML 中的图可分为两大类：结构图和行为图。结构图描绘系统组成元素之间的静态结构，行为图描绘系统元素的动态行为。

1. 结构图的类型

1）类图

类图是使用 UML 建模时最常用的图，它展示了系统中的静态事物、它们的结构以及它们之间的相互关系。这种图的典型用法是描述系统的逻辑设计和物理设计。

2）构件图

构件图可以展示一组构件的组织和彼此间的依赖关系，它用于说明系统如何实现，以及软件系统内构件如何协同工作等。

3）对象图

对象图可以展示系统中的一组对象，它是系统在某一时刻的快照，也可以说对象图是类图在某一时刻的快照。

4）部署图

部署图可以展示物理系统运行时的架构，同时可以描述系统中的硬件和硬件上驻留的软件。

5）组合结构图

组合结构图可以展示模型元素的内部结构。

6）包图

包图用于描绘包之间的依赖关系（包是一个用于组织其他模型元素的通用模型元素）。

7）用例图

用例描述了系统的工作方式，以及系统能提供的服务。用例图描述了系统外部参与者如何使用系统提供的服务。

注意：组合结构图、包图及用例图是 UML 2.0 中新增的结构图。

2. 行为图的类型

1）活动图

活动图显示系统内的活动流。通常需要使用活动图描述不同的业务过程。

2）状态图

状态图显示一个对象的状态和状态之间的转换。状态图中包括状态、转换、事件和活动。状态图是一个动态视图，对事件驱动的行为建模尤其重要，例如可以利用状态图描述一个电话路由系统中交换机的状态，不同的事件可以令交换机转移至不同的状态，用状态图对交换机建模有助于理解交换机的动态行为。在 UML2.0 中，状态图被称为状态机图（State Machine Diagram）。

3）合作图

合作图是交互图的一种，交互图还包括顺序图（以及 UML2.0 中新定义的其他几种图，稍后将介绍）。合作图突出对象之间的合作与交互。在 UML2.0 中，合作图被通信图（Communication Diagram）所取代。

4）顺序图

顺序图是另一种交互图，它强调一个系统中不同元素间传递消息的时间顺序。

从应用的角度看，当采用面向对象技术设计系统时，第一步是描述需求；第二步根据需求建立系统的静态模型，以构造系统的结构；第三步是描述系统的行为。其中在第一步与第二步中所建立的模型都是静态的，包括用例图、类图（包含包）、对象图、构件图和部署图等5种图形，是标准建模语言UML的静态建模机制，第三步中所建立的模型或者可以执行，或者表示执行时的时序状态或交互关系，它包括状态图、活动图、顺序图和合作图，是标准建模语言UML的动态建模机制。因此，标准建模语言UML的主要内容也可以归纳为静态建模机制和动态建模机制两大类。

8.1.4 UML在不同阶段的应用

UML的应用贯穿在系统开发的5个阶段：

（1）需求描述。UML的用例图通常在需求描述中起到核心作用，在需求描述阶段通常采用用例图、业务流程图等来描述客户的需求，可以对外部的角色以及它们所需要的系统功能建模。通过描述需求完成客户的交流，用例指定了客户的需求，解决了需要系统干什么的问题，而不是如何设计的问题。

（2）需求分析。需求分析阶段主要针对前一阶段描述的需求，进行细化的分析，考虑所要解决的问题可用UML的逻辑视图和动态视图来描述；类图描述系统的静态结构，协作图、状态图、序列图、活动图和状态图描述系统的动态特征。在分析阶段，只为问题领域的类建模，不定义软件系统的解决方案的细节（如用户接口的类、数据库等）。

（3）设计。在设计阶段，通常在需求分析的基础上，分模块自顶向下逐渐细化设计的方法实现具体的类和接口的设计，把分析阶段的结果扩展成技术解决方案。在设计阶段，软件工程师需要考虑模块之间的解耦，因此设计主要集中在接口的定义上。

（4）构造。在构造（或程序设计阶段），把设计阶段的类转换成某种面向对象程序设计语言的代码。在对UML表示的分析和设计模型进行转换时，最好不要直接把模型转化成代码。因为在早期阶段，模型是理解系统并对系统进行结构化的手段。

（5）测试。对系统的测试通常分为单元测试、集成测试、系统测试和接受测试几个不同级别。单元测试是对几个类或一组类的测试，通常由程序员进行；集成测试集成组件和类，确认它们之间是否恰当地协作系统测试把系统当做一个“黑箱”，验证系统是否具有用户所要求的所有功能；接受测试由客户完成，与系统测试类似验证系统是否满足所有的需求不同的测试小组使用不同的UML图作为他们工作的基础；单元测试使用类图和类的规格说明，集成测试典型地使用组件图和协作图，而系统测试实现用例图来确认系统的行为符合这些图中的定义。

8.1.5 UML模型

1. 什么是模型

软件工程中有大量的模型，这些模型的作用和风格以及使用的符号都是不一样的。有的是形式化的，有的是半形式化的或非形式化的。不过，关于软件工程中模型的概念有必要在此给予说明。

软件工程领域的著名学者M. Jackson曾指出，软件工程中的模型概念与数学和逻辑学中的概念完全不一样，其把抽象世界和客观世界间的关系完全搞反了。在数学和逻辑学中，满足理论的客观世界中的对象集合称为模型。例如，任何数学结构都由一个非空集合组成，这个集合称为模型的论域。形式语言中的每一类符号（抽象的）都分别确定为论域中的元素，数学结构中具体的函数或关系。又例如，在形式语义学的代数语义中，令 $\sum = (S,O)$ 为基调，其中 S 为类子集，O 为操作集，$\sum$ 代数 $\sum(A) = (A,F)$，A 为载体（数据集合），并且 $a_i \in A_i, s_i \in S$ 和 $f_i \in F$ 为 $o_i \in O$ 的解释。如果 $D = \left(\sum, E\right)$ 是抽象数据类型 A 且满足 E 中的所有公理，则称 $\sum(A)$ 为 $D = \left(\sum, E\right)$ 的一个模型。而在软件工程中，对客观世界的问题领域进行抽象，并用某描述方法表示的结果称为模型。这是很重要的，因为软件工程中一个重要的研究领域即形式化研究与逻辑学和抽象代数理论的关系相当密切，容易引起概念方面的混淆。M. Jackson 认为，自身是客观存在的、且把客观世界的一部分作为对象并能模拟其中动作的东西称为模型。

如果用电子电路模拟管道网中流体流动的情形，电子电路是客观存在的，可成为模拟流体动作的模型。同理，计算机中被建立的模型是客观存在的，能模拟客观世界的动作，这就是 M. Jackson 所指的模型。

为服从软件工程的用法，以后将使用软件工程中把抽象描述的结果称为模型。如开发过程模型、数据流模型、实体关联模型、状态转移模型等。

2. 用 UML 建模的总体分类

可以使用不同类型的 UML 图创建不同类型的模型，这些模型都是由不同类型的图、模型元素以及模型元素之间的链接组成的。对模型有以下两种常见的分类方法。

1）按产生模型的阶段性分类

在软件开发过程中，模型的产生具有阶段性。模型按阶段性可分为以下几类。

（1）业务模型。即展示业务和业务规则的模型。领域专家和需求分析师创建该种模型。

（2）需求模型。即展示应用系统要求和业务要求的模型。需求分析师和系统分析师创建该种模型。

（3）设计模型。设计模型包含架构模型和详细设计模型，架构模型展示软件系统的宏观结构和组成；详细设计模型展示软件的微观组成和结构。架构师设计架构模型，详细设计模型则以资深开发人员为主，架构师提供指导，共同设计。

（4）实现模型。表示可执行软件的组成要素和关系。以资深开发人员（设计人员）为主，架构师提供总体指导，共同设计。

（5）数据库模型。以数据库开发人员为主，架构师提供指导，资深开发人员（设计人员）予以配合，共同设计。

2）按模型的用途分类

如果按模型在开发过程中所起的作用对模型分类，则在 UML 系统开发中有三个主要的模型。

（1）功能模型。从用户的角度展示系统的功能，包括用例图。

（2）对象模型。采用对象、属性、操作和关联等概念展示系统的结构和基础，包括类图。

（3）动态模型。展现系统的内部行为，包括序列图、活动图和状态图。

8.2 小　结

随着面向对象技术的广泛应用，需要在分析和设计阶段就使用面向对象技术，于是面向对象分析和面向对象设计技术迅速发展起来，并得到了工业界和研究学者们的一致认可。UML特别适合采用面向对象的思维方式进行软件建模，已成为当今软件技术的主流之一。本章正是在介绍面向对象技术发展背景的基础上，介绍了面向对象方法的4个要点，给出了UML的定义，介绍了UML中的两大类图：结构图和行为图；同时介绍了UML的应用贯穿在系统开发过程的5个阶段，即需求描述、需求分析、设计、构造、测试，在本章的最后还介绍了UML的模型。本章内容为系统的介绍UML语言知识做了基本的铺垫。

习 题 8

8－1　什么是UML？

8－2　在软件开发过程中为什么要使用UML？

8－3　UML中图的分类有哪些？

8－4　简明说明在软件开发过程中使用UML的好处。

8－5　UML的主要模型图有哪几种？每种模型图的用途是什么？

8－6　指出4种以上现实生活中的常用模型，并说明它们在各自的领域中的作用。

第9章　UML元素符号

UML语言是一门用于软件设计的语言，这语言由一系列表示符号和规则构成。通过不同的符号表示软件的基本的成份，这些符号通过规则联系到一起。

9.1　UML基本元素介绍

UML基本元素分为4类：结构元素、行为元素、分组元素、注释元素。

结构元素定义了业务或软件系统中的某个物理元素，描述了事物的静态特征。结构元素有7种，即类、对象、接口、主动类、用例、协作、构件、节点。

行为元素是用来描述业务流程或者软件功能中事务之间的交互或事物的状态的变化。行为元素描述了动态特征，行为元素有两种，即交互和状态机。

分组元素就是指的UML中的“包”，一个软件系统中通常包含大量的类、接口等，为了能够有效地对这些元素进行管理，避免冲突的发生，包元素被用于实现这一目标。

注释元素是指在UML语言描述系统的过程中，对其他元素进行解释的部分。通常解释元素用一个右上角折起来的矩形表示，解释的文字写在矩形中。

1. 类和对象

类是面向对象语言中重要的基本概念，是对具有相同特征的一组对象的抽象，而对象则是一个类具体的实现。

1）类的表示

通常类由一个矩形列表表示，如图9-1所示，第一行表示类的名称，是面向对象语言中定义的类名；第二列表示类的静态特征，即类的属性（Attributes）；第三列表示类的动态属性，即类的方法。属性和操作之前可附加一个可见性修饰符。加号（+）表示具有公共可见性。减号（-）表示私有可见性。#号表示受保护的可见性。省略这些修饰符表示具有包（Package）级别的可见性。如果属性或操作具有下划线，表明它是静态的。在操作中，可同时列出它接收的参数，以及返回类型。

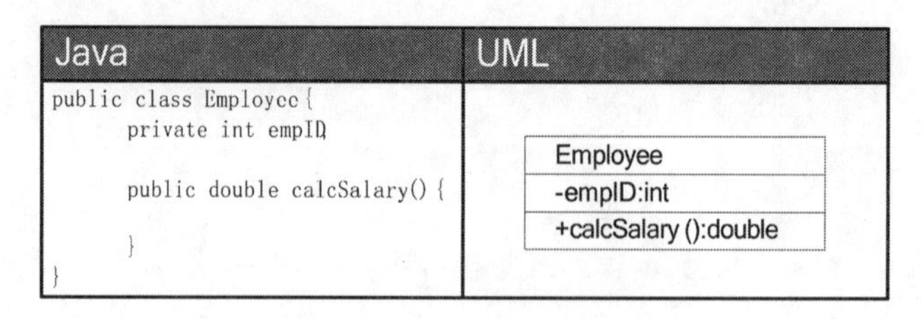

图9-1　类的示例图

2）对象的表示

对象是用一个矩形表示，在矩形框中，不再写出属性名和方法名，只是在矩形框中用“对象名：类名”的格式表示一个对象。

2. 包(Package)

包通常对应项目中的文件夹，是一种组合机制，用于命名空间的隔离。一个包可能含有其他包、类或者同时含有这两者。进行建模时，通常拥有逻辑性的包，它主要用于对模型进行组织。还会拥有物理性的包，它直接转换成系统中的 Java 包。每个包的名称对这个包进行了唯一性的标识。它的示例如图 9－2 所示。

3. 接口(Interface)

接口是多态性设计中关键的概念，也是隔离变化的关键手段之一，其只是指定了类提供的服务而没有具体的实现。它直接对应于 Java 中的一个接口类型。接口既可用图 9－3 中的图标来表示(上面一个圆圈符号，圆圈符号下面是接口名，中间是直线，直线下面是方法名)，也可由附加 << interface >> 的一个标准类来表示。通常，根据接口在类图上的样子，就能知道与其他类的关系。

Java	UML
package BusinessObjects Public class Employee { ι	BusinessObjects

图 9－2　包的示例图

Java	UML

public interface CollegePerson{
public Schedule getSchedule();
}
	CollegePerson
	getSchedule ()

图 9－3　接口示例图

4. 协作(Collaboration)

UML 协作图(CollaborationDiagram，也叫合作图)是一种交互图(Interactiondiagram)，强调的是发送和接收消息的对象之间的组织结构。一个 UML 协作图显示了一系列的对象和在这些对象之间的联系以及对象间发送和接收的消息。对象通常是命名或匿名的类的实例，也可以代表其他事物的实例，如协作、组件和节点。图 9－4 使用 UML 协作图来说明系统的动态情况。

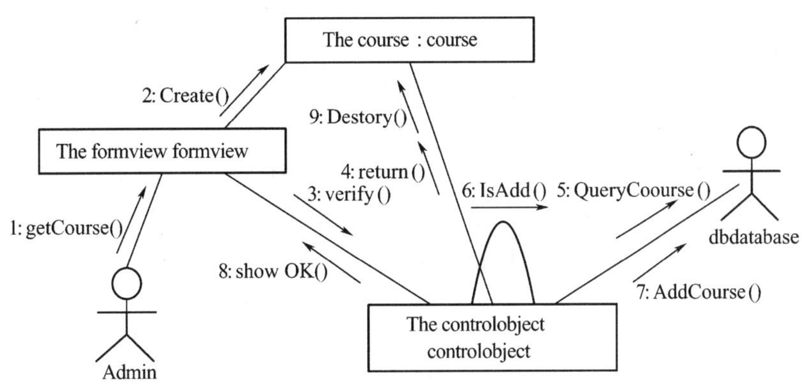

图 9－4　AddCourse 的协作图

5. 构件(Collaboration)

构件也称组件，是系统设计中一个相对独立的软件部件，它把功能实现部分隐藏在内部，对外声明了一组接口(包括供给接口和需求接口)，如图 9－5 所示。因此，两个具有相同接口的构件可以相互替换 。构件是比“类”更大的软件部件，如一个 COM 组件、一个 DLL 文件、一

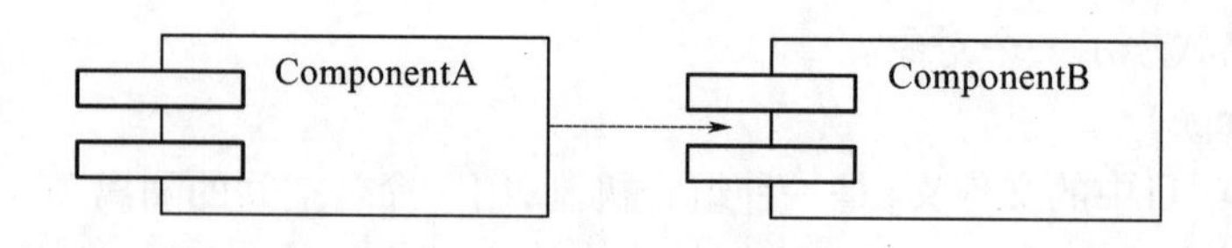

图 9-5　构件示例图

个 JavaBeans、一个执行文件等。为了更好地对在 UML 模型中对它们进行表示，就引入了构件（也译为组件）。

9.2 基本关系

1. 依赖（Dependency）

在实际的项目中，实体之间的关系错综复杂，其中依赖关系就是其中一种。依赖是指一个元素的运行通常依赖于其他的元素，或者一个元素的规范发生变化后，可能影响依赖于它的其他元素。更具体地说，一个实体中的方法或者具体的实现，调用了另外一个对象的方法或者使用了另一个对象的引用，或者对一个类的静态方法的引用（同时不存在那个类的一个实例）。针对这种依赖关系，可以利用如图 9-6 中的虚线箭头表示，也可利用“依赖”来表示包和包之间的关系。由于包中含有类，所以你可根据那些包中的各个类之间的关系，表示出包和包的关系。

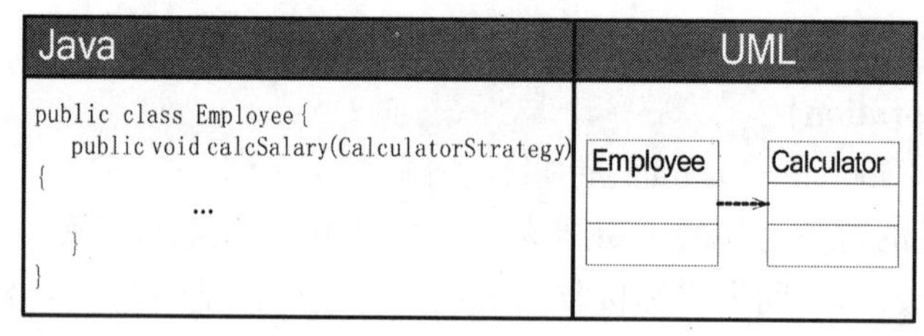

图 9-6　依赖示例图

2. 关联（Association）

关联表示两个元素之间存在某种语义上的联系，这种联系表示元素之间的一个结构化关系，关联是依赖关系的一种。例如，在 Java 中关联转换为一个实例作用域的变量，就像图 9-7 中“Java”区域所展示的代码那样。可为一个关联附加其他修饰符。多重性（Multiplicity）修饰符暗示着实例之间的关系。在示范代码中，Employee 可以有 0 个或更多的 TimeCard 对象。但是，每个 TimeCard 只从属于单独一个 Employee。

3. 聚合（Aggregation）

聚合是关联的一种形式，代表两个类之间的整体/局部关系。聚合暗示着整体在概念上处于比局部更高的一个级别，而关联暗示两个类在概念上位于相同的级别。聚合也转换成 Java 中的一个实例作用域变量。关联和聚合的区别纯粹是概念上的，而且严格反映在语义上。聚合还暗示着实例图中不存在回路。换言之，只能是一种单向关系。如图 9-8 所示。

4. 合成（Composition）

合成是聚合的一种特殊形式，暗示“局部”在“整体”内部的生存期职责。合成也是非共享的。所以，虽然局部不一定要随整体的销毁而被销毁，但整体要么负责保持局部的存活状态，

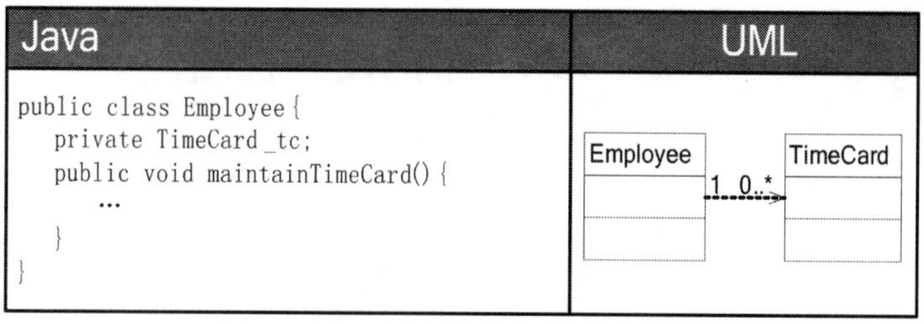

Java
UML
public class Employee{
private TimeCard _tc;
public void maintainTimeCard() {
...
}
}
Employee
TimeCard
1
0..*

图 9－7　关联示例图

Java
UML
public class Employee{
private EmpType et;
public EmpType getEmpType() {
...
}
}
Employee
EmpType
1
0..*

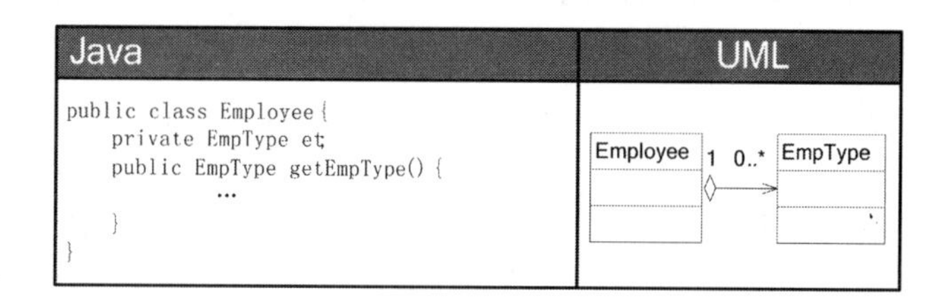

图 9－8　聚合示例图

要么负责将其销毁。

局部不可与其他整体共享。但是，整体可将所有权转交给另一个对象，后者随即将承担生存期职责。Employee 和 TimeCard 的关系或许更适合表示成“合成”，而不是表示成“关联”。如图 9－9 所示。

Java
UML
public class Employee{
private TimeCard _tc;
public void maintainTimeCard() {
...
}
}
Employee
TimeCard
1
0..*

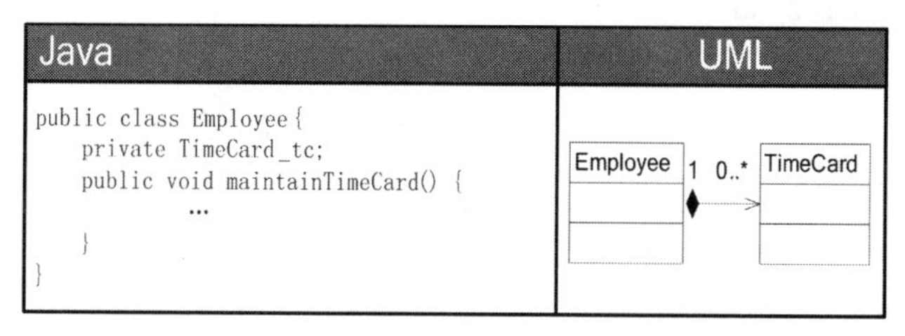

图 9－9　合成示例图

5. 泛化（Generalization）

泛化表示一个更泛化的元素和一个更具体的元素之间的关系。泛化是用于对继承进行建模的 UML 元素。在 Java 中，用 extends 关键字来直接表示这种关系。如图 9－10 所示。

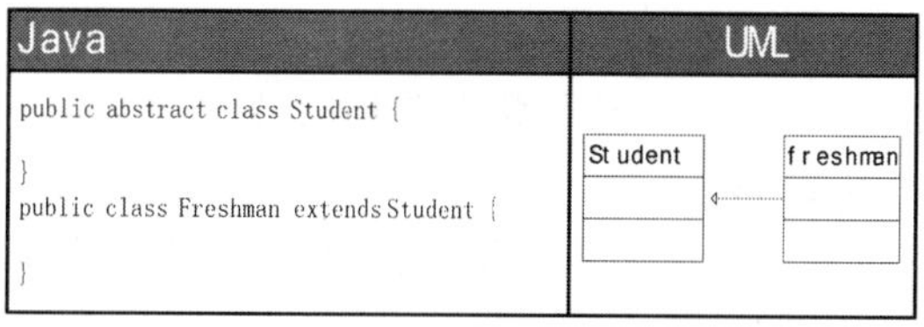

Java
UML
public abstract class Student {
}
public class Freshman extends Student {
}
Student
freshman

图 9－10　泛化示例图

像聚合还分为非共享聚合、共享聚合、复合聚合等。

9.3 UML 中的图和视图

9.3.1 UML 中的图

UML 中的图有 9 种,主要分为两类:静态图和动态图。

1. 静态图

UML 中有 5 种静态图:用例图、类图、对象图、组件图和配置图。

1)用例图(Use Case Diagram)

用例图展现了一组用例、参与者以及它们间的关系。可以使用用例图描述需求或者系统要实现的静态功能,对于系统的描述和建模方面,用例图是相当重要的。用例图的例子如图 9-11 所示。

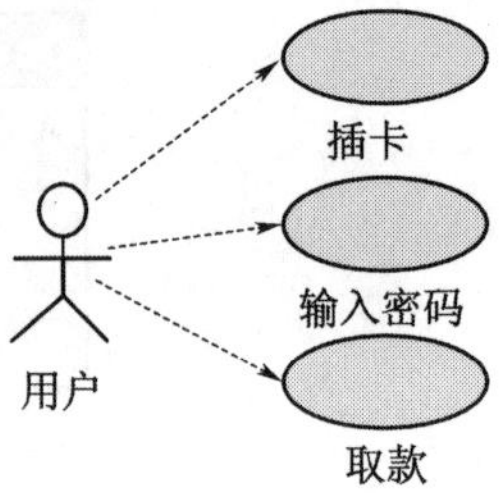

图 9-11 用例图举例

注释:

(1)小人形状的用户是参与者。

(2)椭圆形状的插入卡、输入密码及取款是用例。

2)类图(Class Diagram)

类图展示了一组类、接口和协作及它们间的关系,在建模中所建立的最常见的图就是类图。用类图说明系统的静态设计视图,包含主动类的类图——专注于系统的静态进程视图。系统可有多个类图,单个类图仅表达了系统的一个方面。一般在高层给出类的主要职责,在低层给出类的属性和操作。

3)对象图(Object Diagram)

对象图展示了一组对象及它们间的关系。用对象图说明类图中所反应的事物实例的数据结构和静态快照。对象图表达了系统的静态设计视图或静态过程视图,除了现实和原型方面的因素外,它与类图作用是相同的。

4)组件图(Component Diagram)

组件图,又称构件图,展现了一组组件之间的组织和依赖,用于对原代码、可执行的发布、物理数据库和可调整的系统建模。

5)配置图(Deployment Diagram)

配置图展现了对运行时处理节点以及其中组件的配署。它描述系统硬件的物理拓扑结构(包括网络布局和组件在网络上的位置),以及在此结构上执行的软件(即运行时软组件在节点中的分布情况)。用配置图说明系统结构的静态配置视图,即说明分布、交付和安装的物理系统。

2. 动态图

动态图有 4 种,分别是时序图、协作图、状态图和活动图。

1)时序图(Sequence Diagram)

时序图展现了一组对象和由这组对象收发的消息,用于按时间顺序对控制流建模。用时序图说明系统的动态视图。

2)协作图(Collaboration Diagram)

协作图展现了一组对象间的连接以及这组对象收发的消息。它强调收发消息对象的组织结构,按组织结构对控制流建模。

3）状态图(Statechart Diagram)

状态图展示了一个特定对象的所有可能状态以及由于各种事件的发生而引起的状态间的转移。一个状态图描述了一个状态机,用状态图说明系统的动态视图。状态图对于接口、类或协作的行为建模尤为重要,可用它描述用例实例的生命周期。

4）活动图(Activity Diagram)

活动图显示了系统中从一个活动到另一个活动的流程。活动图显示了一些活动,强调的是对象之间的流程控制。

9.3.2 UML 中的视图

UML 中的各种组件和概念之间没有明显的划分界限,但为方便起见,用视图划分这些概念和组件。视图只是表达系统某一方面特征的 UML 建模组件的子集。视图的划分带有一定的随意性,但我们希望这种看法仅仅是直觉上的。在每一类视图中使用一种或两种特定的图来可视化地表示视图中的各种概念。

在最上一层,视图被划分成三个视图域:结构分类、动态行为和模型管理。

结构分类描述了系统中的结构成员及其相互关系。类元包括类、用例、构件和节点。类元为研究系统动态行为奠定了基础。类元视图包括静态视图、用例视图和实现视图。

动态行为描述了系统随时间变化的行为。行为用从静态视图中抽取的系统的瞬间值的变化来描述。动态行为视图包括状态机视图、活动视图和交互视图。

模型管理说明了模型的分层组织结构。包是模型的基本组织单元。特殊的包还包括模型和子系统。模型管理视图跨越了其他视图并根据系统开发和配置组织这些视图。

UML 还包括多种具有扩展能力的组件,这些扩展能力有限但很有用。这些组件包括约束、构造型和标记值,它们适用于所有的视图元素。

表 9-1 显示了视图和显示它们的图以及与各视图有关的主要概念。视图混合使用时,该表不应作为硬性的规则,而仅仅是日常使用的指南。

表 9-1　视图和图

主要领域	视图	图	主要概念
	静态视图	类图	类 关联 概括 依赖 实现 接口
		用例图	用例 活动者 关联
	用例视图		扩展 包含 用例概括
结构性			
	实现视图	构件图	构件 接口 依赖 实现
	配置视图	配置图	节点 构件 依赖 位置
	状态机视图	状态图	状态 事件 迁移 动作
	活动视图	活动图	状态 活动 结束 迁移 分叉 连接
动态			
		顺序图	交互 对象 消息 激活
	交互视图		
		协作图	协作 交互 协作角色 消息
模型管理	模型管理视图	类图	包 子系统 模型
扩展	所有	所有	约束 版型 标签值

1. 静态视图

静态视图对应用领域的概念建模,以及将内建的概念作为应用实现的一部分。该视图不描述时间相关的行为,因而是静态的时间相关的行为。由其他视图描述静态视图的主要组成部分是类和关系,即关联继承和各种依赖,如实现和使用类是对应用领域或应用方案概念的描述类视图围绕着类组织;其他元素属于或附加于类静态视图,显示为类图,名称的由来是因为它们描述的重点是类。

类绘制为长方形;属性和操作类表放置在不同的分隔中,当不需要完整的细节时,分隔可以被隐藏。类可以在多个图形中显示它的属性和操作,经常在其他的图中被隐类间的关系绘成连接类的路径,不同种类的关系由线上的结构和路径或端点上的修饰来区分。

2. 用例视图

用例视图对外部用户称为活动者所感知的系统功能进行建模。用例是用活动者和系统之间的交互来表达、条理分明的功能单元。用例视图的目的是列举活动者和用例,显示活动者在每个用例中的参与情况。

用例可以在各种详细程度上描述。它们可以用其他较简单形式的用例来代理和描述。用例作为交互视图中的协作来实现。

3. 交互视图

交互视图描述了实现系统行为角色之间的消息交换序列。分类角色是对交互中充当特殊角色的对象的描述,从而使该对象区别于相同类的对象。视图提供了系统中行为全局的描述,它显示了多个对象间的控制流程。交互视图用侧重点不同的两种图来显示:顺序图和协作图。

4. 顺序图

顺序图表示了随时间安排的一系列消息。每个分类角色显示为一条生命线代表整个交互期间上的角色。消息则显示为生命线之间的箭头。顺序图可以表达场景即一项事务的特定历史。

顺序图的一个用途是显示用例的行为序列。当行为被实现时,每个顺序图中的消息同类的操作或状态机中迁移上的事件触发相一致。

5. 协作图

协作对交互中存在意义的对象和链建模。对象和链仅在提供的上下文中存在意义。分类角色描述了对象,关联角色描述了协作中的链。协作图通过图形的几何排布显示交互中的角色。消息显示为附属在连接分类角色的关系直线上的箭头。消息的顺序由消息描述前的顺序号来表示。

协作图的一个用途是表现操作的实现。协作显示了操作的参数和局部变量,以及更永久性的关联。当行为被实现时,消息的顺序与程序的嵌套调用结构和信号传递一致。

顺序图和协作图均显示了交互,但它们强调了不同的方面。顺序图显示了时间顺序,但角色间的关系是隐式的。协作图表现了角色之间的关系,并将消息关联至关系,但时间顺序由于用顺序号表达,并不十分明显。每一种图应根据主要的关注焦点而使用。

6. 状态机视图

状态机对类的对象的可能生命历史建模。状态机包含由迁移连接的状态。每个状态对对象生命期中的一段时间建模,该时间内对象满足一定的条件。当事件发生时,它可能导致迁移的激发,使对象改变至新状态。当迁移激发时,附属于迁移的动作可能被执行。状态机显示为状态图。

状态机可以用于描述用户界面、设备控制和其他交互式子系统。它们还可用于在生命期中经历了若干特定阶段，每个阶段拥有特殊的行为的对象。

7. 活动视图

活动视图是用于显示执行某个计算过程中的运算活动的状态机的一种变形。活动状态表现了一项活动：工作流的步骤或操作的执行。活动图描述了顺序和并发活动分组。活动视图表达为活动图。

8. 物理视图

前面的视图从逻辑角度对应用中的概念建模。物理视图对应用本身的实现结构建模，如将其组织为构件和在运行节点上进行配置，这些视图提供了将类映射至构件和节点的机会。有两种物理视图：实现视图和配置视图。

实现视图对模型中的构件建模，即应用程序搭建软件单元；以及构件之间的依赖，从而可以估计所预计到的更改的影响。它还对类及其他元素至构件的分配建模。

接口显示为具有名称的圆，即相关的服务集。连接构件和接口的实线表示构件提供接口所列举的服务。从构件至接口的虚线表明构件需要接口所提供的服务。例如，售票构件提供预订售票和集体售票、售票亭和职员均可访问预订售票接口，而集体售票接口只能供职员使用。

配置视图表达了运行时段构件实例在节点实例中的分布节点是运行资源。如计算机、设备或内存，该视图允许分布式的结果和资源分配被评估。

9. 模型管理视图

模型管理视图对模型本身的组织建模。模型由一系列包含模型元素（如类、状态机、用例）的包构成。包可以包含其他包。因此，模型指派了一个根包，间接包含了模型的所有内容。包是操纵包内容，以及访问控制和配置控制的单元，每个模型元素被包或其他元素所拥有。

模型是某个视角、给定精度的对系统的完整描述。因此，可能存在不同视角下系统的多个模型，如分析模型和设计模型。模型显示为特殊的包。

子系统是另外一种特殊的包。它代表了系统的一部分，并具有明晰的接口，接口可以实现为独特的构件。

模型管理信息经常在类图中出现。

10. 扩展结构

UML 包含三种扩展结构：约束、版型、标签值。约束是用某种正式语言或自然语言表达的语义关系的文字陈述。版型是基于已有的模型元素，由建模人员修订的新模型元素。标签值是一条可以附加给任何模型元素的命名信息。

这些结构在不更改基本元模型的前提下，对进行各种扩展它们可以用于特定领域的剪裁。

构件 TickDB 上的版型指明了该构件是数据库，它允许省略构件所支持的接口，因为它们是被所有数据库支持的接口。建模人员可以增加新的版型来表达特殊的元素。一系列约束、标签值或代码特性可以附加至版型。建模人员可以为给定的版型名称定义图标，以作为辅助。当然，文字形式仍可使用。

11. 视图间的联系

不同的视图在单个模型中并存它们的元素之间存在许多关联，表 9－2 显示了其中的一部分。该表并不意图提供完整的描述，它显示了不同视图元素间主要的关系。

表9-2　不同视图元素之间的部分关系

元素	元素	关系	元素	元素	关系
类	状态机	拥有	动作	信号	发送
操作	交互	实现	活动	操作	调用
用例	协作	实现	消息	动作	启用
用例	交互实例	场景示例	包	类	拥有
构件实例	节点实例	位置	角色	类	分类
动作	操作	调用			

9.4　小　结

UML语言是一门用于软件设计的语言，由一系列表示符号和规则构成。通过不同的符号表示软件的基本的成分，这些符号通过规则联系到一起。UML基本元素分为4类：结构元素、行为元素、分组元素、注释元素。

结构元素定义了业务或软件系统中的某个物理元素，描述了事物的静态特征。结构元素有7种，即类、对象、接口、主动类、用例、协作、构件、节点。

行为元素是用来描述业务流程或者软件功能中事务之间的交互或事物的状态的变化。行为元素描述了动态特征，行为元素有两种，即交互和状态机。

分组元素就是指的UML中的“包”，一个软件系统中通常包含大量的类、接口等，为了能够有效地对这些元素进行管理，避免冲突的发生，包元素被用于实现这一目标。

注释元素是指在UML语言描述系统的过程中，对其他元素进行解释的部分。通常解释元素用一个右上角折起来的矩形表示，解释的文字写在矩形中。

UML的表示符号由各种关系组织在一起，从而描述软件的构成，文中主要介绍了依赖、关联、聚合、合成、泛化等主要关系，同时在也进一步介绍了UML中的图和视图。

习题9

9-1　UML结构元素包括哪几种？

9-2　什么是包？

9-3　关系包括哪几种？并对其进行简单介绍。

9-4　UML中图共几种？其中静态图包括哪几类？

9-5　UML中视图共有哪些？阐述它们之间的关系。

第10章　类图、对象图与包图

10.1　类图的概念

10.1.1　类图

类图(Class Diagram)是用类和它们之间的关系描述软件系统的一种图示,是从静态角度表示系统的,因此属于一种静态模型。类图是构建其他图的基础,没有类图就没有状态图、协作图等其他图,也就无法表示系统的其他各个方面。

类图中的关系包括依赖关系(Dependency)、泛化关系(Generalization)、关联关系(Association)、实现关系(Realization)。如图10-1所示就是一个典型的类图。

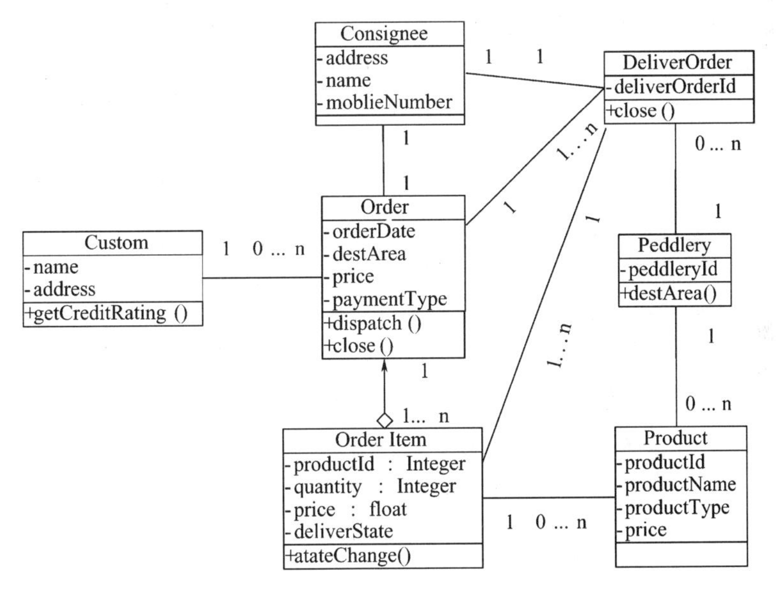

图10-1　类图

10.1.2　类图的作用

类图常用来描述业务或软件系统的组成、结构和关系。

(1) 为系统词汇建模型。实际上是从词汇表中发现类,发现它的责任。

(2) 模型化简单的协作。协作是指一些类、接口和其他元素一起工作,提供一些合作的行为,这些行为不是简单地将元素加在一起就能实现的。使用类图可以可视化这些类和它们的关系。

(3) 模型化一个逻辑数据库模式。

10.1.3　类图的组成元素

类图中的元素有类、接口、协作、关系、注释、约束和包。关系把类、协作、接口连接在一起构成一个图，注释的作用是对某些类和接口进行注释，约束的作用是对某些类和接口进行约束。

10.2　UML 中的类和表示

10.2.1　类的表示

1. 类的定义

在进行构造类图描述系统的工作时首先要定义类，也就是将系统要处理的数据抽象成类的属性，将处理数据的方法抽象为操作。要准确地找到类不是一件容易的事，通常要获得对所解决的问题域很清楚的专家的帮助。对于建模者所定义的类通常有两个特点：一是使用来自问题域的概念；二是类的名字用该类实际代表的含义命名。

2. 类的表示

类用长方形表示长方形分成上中下三个区域每个区域用不同的名字标识用以代表类的各个特征上面的区域内用黑体字标识类的名字中间的区域内标识类的属性下面的区域内标识类的操作方法即行为这三部分作为一个整体描述某个类。如图 10－2 所示。

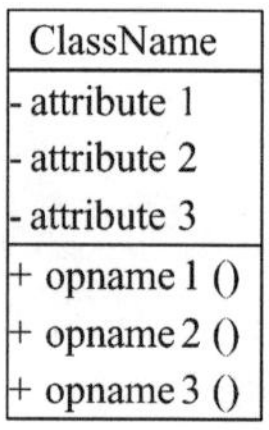

ClassName
- attribute 1 - attribute 2 - attribute 3
+ opname 1 () + opname 2 () + opname 3 ()

图 10－2　类的 UML 描述

1）*名称*

类的名字用黑体字书写在长方形的最上面。给类命名时最好能够反映类所代表的问题域中的概念。如表示小汽车类产品可以直接用“小汽车”作为类的名字。另外类的名字含义要清楚准确，不能含糊不清。类通常表示为一个名词既不带前缀也不带后缀。

（1）由字符、数字、下划线组成的唯一的字符串。

（2）采用 CamelCase 格式（大写字母开头，混合大小写，每个单词以大写开始，避免使用特殊符号）。

（3）类名的两种表示方法。

① 简单名：

Order

② 路径名：

java::awt::RectangetbusinessRule::Order

2）*类的属性*

类的属性放在类名字的下方，用来描述该类的对象所具有的特征。描述类的特征的属性可能很多。在系统建模时只抽取那些系统中需要使用的特征作为类的属性，换句话说，只关心那些“有用”的特征，通过这些特征就可以识别该类的对象。从系统处理的角度讲，可能被改变值的特征，才作为类的属性。

正如变量有类型一样，属性也是有类型的。属性的类型反映属性的种类，如属性的类型可以是整型、实型、布尔型、枚举型等基本类型。除了基本类型外属性的类型可以是程序设计语言能够提供的任何一种类型,包括类的类型。

属性有不同的可见性(Visibility)。利用可见性可以控制外部事物对类中属性的操作方式。属性的可见性通常分为三种,即公有的(Public)、私有的(Private)和保护的(Protected)。公有属性能够被系统中其他任何操作查看和使用,当然也可以被修改。私有属性仅在类内部可见,只有类内部的操作才能存取该属性并且该属性也不能被其子类使用。保护属性供类中的操作存取,并且该属性也能被其子类使用,如类与类之间可以存在继承关系(用已有的类定义新的类),被继承的类称为父类或基类,从父类中得到父类属性和操作的类称为子类。一般情况下,有继承关系的父类和子类之间如果希望父类的所有信息对子类都是公开的,也就是子类可以任意使用父类中的属性和操作,而与其没有继承关系的类不能使用父类中的属性和操作,那么为了达到此目的则必须将父类中的属性和操作定义为保护的,如果并不希望其他类包括子类能够存取该类的属性,则应将该类的属性定为私有的,如果对其他类(包括子类)没有任何约束则可以使用公有的属性。

(1) 属性描述了类的静态特征。

(2) 属性名的第一个字母小写。

(3) 属性的定义格式:

[可见性] 属性名 [:类型] ['[' 多重性[次序] ']'] [=初始值] [{特性}]

说明:可见性包括"+"、"-"、"#"、"~"。

3) 类的操作

属性仅仅表示了需要处理的数据,对数据的具体处理方法的描述则放在操作部分。存取或改变属性值或执行某个动作都是操作,操作说明了该类能做些什么工作。操作通常又称为函数。它是类的一个组成部分,只能作用于该类的对象上。从这一点也可以看出,类将数据和对数据进行处理的函数封装起来,形成一个完整的整体,这种机制非常符合问题本身的特性。

在类图中,操作部分位于长方形的最底部,一个类可以有多种操作,每种操作由操作名、参数表、返回值类型等几部分构成,标准语法格式为:

可见性 操作名(参数表):返回值类型{性质串}

其中可见性和操作名是不可缺少的。操作名、参数表和返回值类型合在一起称为操作的标记(Signature)。操作标记描述了使用该操作的方式,操作标记必须是唯一的。

操作的可见性也分为公有(用加号表示)和私有(用减号表示)两种,其含义等同于属性的公有和私有可见性。

参数表由多个参数(用逗号分开)构成,参数的语法格式为:

参数名参数类型名 = 缺省值

其中缺省值的含义是,如果调用该操作时没有为操作中的参数提供实在参数,那么系统就自动将参数定义式中的缺省值赋给该参数。

(1) 操作名的命名规范习惯采用和属性名相同的命名规则。

(2) 类的操作的定义格式:

[可见性] 操作名 [(参数列表)] [:返回类型] [{特性}]

4) 职责

职责指类承担的责任和义务。在矩形框中最后一栏中写明类的职责。

5) 约束

约束指定了类所要满足的一个或多个规则。在 UML 中,约束是用花括号括起来的自由文本。

10.2.2 类的种类

1. 抽象类

(1) 当某些类有一些共性的方法或属性时,可以定义一个抽象类来抽取这些共性,然后将包含这些共性方法和属性的具体类作为该抽象类的继承。

(2) 抽象类是一种不能直接实例化的类,不能用抽象类创建对象。

(3) 抽象类可以实现多态。

(4) 在 UML 中,抽象类和抽象方法的表示是将其名字用斜体表示。

2. 接口

(1) 接口是一种类似于抽象类的机制,是一个没有具体实现的类。

(2) 接口可以实现多态。

(3) 在 UML 中接口有两种表示方法,如图 10-3 所示。

图标表示法的优点是简单,它只适用于只有单个操作的接口和草图应用中。构造符合表示法是采用类(Interface 实际上是一种特殊的类)的方式表示,它的优点是可以添加多个抽象方法,具有更强的表示能力。

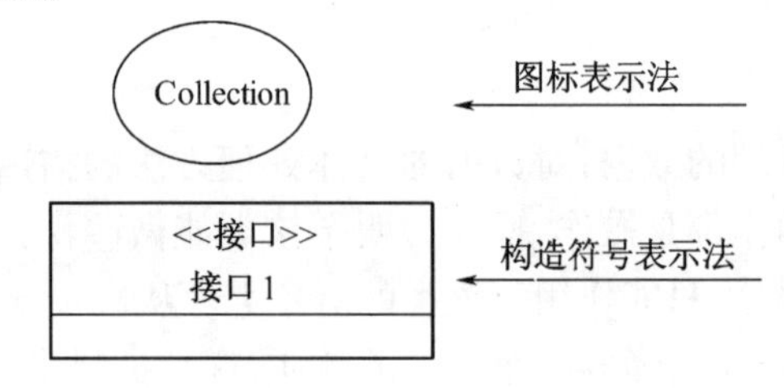

图 10-3 接口两种表示方法

3. 关联类

(1) 两个类之间具有多对多的关系,并且有些属性不属于关联两端任何一个类。

(2) 关联类通过一条虚线和对应的关联连接。

实际上关联类既是关联又是类,它不仅像关联那样连接两个类,而且可以定义一组属于关联本身的特性。

4. 主动类

(1) 主动类的实例称为主动对象,一个主动对象拥有一个控制线程并且能够发起控制活动。

(2) 具有独立的控制期。

(3) 从某种意义上说,它就是一个线程。

(4) 在 UML2.0 中,主动类的表示方法为在类的两边加上垂直线。

5. 嵌套类

(1) 将一个类的定义放在另一个类定义的内部,这就是嵌套类。

(2) 在 UML 中,可以采用一个锚图标来表示这种关系。

6. 模板类

(1) 模板是一种参数化的模型元素。

(2) 模板的使用常见的示例是定义容器类。

（3）在 UML 中，模板类的符号和普通的类相似，只是在普通类的上角的虚线矩形中显示了模板参数。

10.2.3 类图中的关系

类图由类和它们之间的关系组成。类与类之间通常有关联、依赖、泛化、实现等四种关系。本节详细介绍这四种关系的含义和图示方法。

1. 关联关系

关联用于描述类与类之间的连接，如图 10－4 所示。由于对象是类的实例，因此类与类之间的关联也就是其对象之间的关联。类与类之间有多种连接方式，每种连接的含义各不相同（语义上的连接），但外部表示形式相似，故统称为关联。关联关系一般都是双向的，即关联的对象双方彼此都能与对方通信，反过来说如果某两个类的对象之间存在可以互相通信的关系，或者说对象双方能够感知另一方，那么这两个类之间就存在关联关系，描述这种关系常用的字句是“彼此知道”、“互相连接”等。对于构建复杂系统的模型来说，能够从需求分析中抽象出类和类与类之间的关系是很重要的。

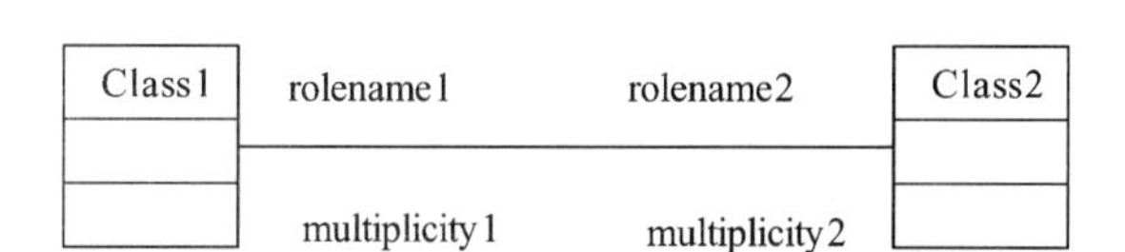

图 10－4　关联示例图

关联有名称、角色、多重性和导航性等语法。

1）名称

可以使用一个动词或是动词短语来给它命名，用来描述关联的性质。在描述关联的名称时，关联的名称并不是必需的，在关联名和角色中选择一种即可。可以在关联上标识阅读方向的方向指示符，以消除阅读的歧义。

2）角色

关联中的角色通常用字符串命名。在类图中把角色的名字放置在与此角色有关的关联关系直线的末端，并且紧挨着使用该角色的类。角色名是关联的一个组成部分，建模者可根据需要选用。引入角色的好处是指明了类和类的对象之间的联系，注意角色名不是类的组成部分，一个类可以在不同的关联中扮演不同的角色。

3）多重性

多重性就是某个类有多少个对象可以和另一个类的单个对象关联。

在 UML 中，常用的关联的多重性表示格式如下：

■0..1	0 或 1
■1	1
■0..*（0..n）	0 或多个
■ *	0 或多个
■1..*（1..n）	1 或多个
■8	8
■5,7..10	5 或 7～10

4）导航性

导航性描述了源对象通过链接访问目标对象。箭头表明了导航的方向性,即只有对源对象才能访问目标对象,反之,目标对象不能访问源对象。

5）限定符

在关联端紧靠源类图标处可有限定符,带有限定符的关联称为限定关联。限定符的作用是用于将一个多(或一)对多关联转化为一个多(或一)对一关联。限定符是关联的属性,而不是类的属性。

6）关联的约束

给关联加上一定的约束,可以增强关联的语义。

7）关联的分类

根据不同的含义,关联可分为普通关联、递归关联、限定关联、或关联、有序关联、三元关联和聚合等。

(1) 普通关联。普通关联是最常见的一种关联,只要类与类之间存在连接关系就可以用普通关联表示。如张三使用计算机,计算机会将处理结果等信息返回给张三,那么在其各自所对应的类之间就存在普通关联关系。

由于关联是双向的,可以在关联的一个方向上为关联起一个名字,而在另一个方向上起另一个名字,也可不起名字。名字通常紧挨着直线书写,为了避免混淆在名字的前面或后面带一个表示关联方向的黑三角。黑三角的尖角指明这个关联只能用在尖角所指的类上。

如果类与类之间的关联是单向的,则称为导航关联。导航关联采用实线箭头连接两个类。只有箭头所指的方向上才有这种关联关系。

(2) 递归关联。如果一个类与它本身有关联关系,那么这种关联称为递归关联(Recursive Association)。递归关联指的是同类的对象之间语义上的连接。

(3) 限定关联。限定关联用于一对多或多对多的关联关系中。在限定关联中,使用限定词将关联中多的那一端的具体对象分成对象集。限定词可以理解为一种关键词,用关键词把所有的对象分开,利用限定关联可以把模型中的重数从一对多变成一对一。类图中限定词放置在关联关系末端的一个小方框内,紧挨着开始导航的类。

(4) 或关联。所谓或关联就是对两个或更多个关联附加的约束条件,使类中的对象一次只能应用于一个关联关系中。或关联的图示方法是,具有“或关系”的关联之间用虚线连接起来,虚线上方标注规格说明{或}。

(5) 有序关联。对象与对象之间的连接可以具有一定的次序,就像应把窗口安排在屏幕之上一样。一般情况下对象之间的关联都是无序的,如果要明确表示关联中的次序关系,一定要将规格说明{排序}放在表示关联的直线旁,且紧挨着对象。

(6) 三元关联。类与类之间的关联关系不仅限于两个类之间,多个类之间也可以有关联关系。如果三个类之间有关联关系,则称为三元关联。三元关联图示为一个大的菱形,菱形的角与关联的类之间用直线相连,也可以用虚线连接。注意三元关联中可以出现角色和重数,但不能出现限定词和聚合。

(7) 聚合。聚合是关联的特例。如果类与类之间的关系具有“整体与部分”的特点,则把这样的关联称为聚合。例如汽车由四个轮子、发动机、底盘等构成,则表示汽车的类与表示轮子的类、发动机的类、底盘的类之间的关系就具有“整体与部分”的特点,因此这是一个聚合关系。识别聚合关系的常用方法是寻找“由……中构成”“包含”“是……中的一部分”等字句,这些字句很好地反映了相关类之间的整体—部分关系。

聚合的图示方式为在表示关联关系的直线末端加一个空心的小菱形,空心菱形紧挨着具有整体性质的类。聚合关系中可以出现重数、角色(仅用于表示部分的类)和限定词,也可以给聚合关系命名。如图 10 – 5 所示。

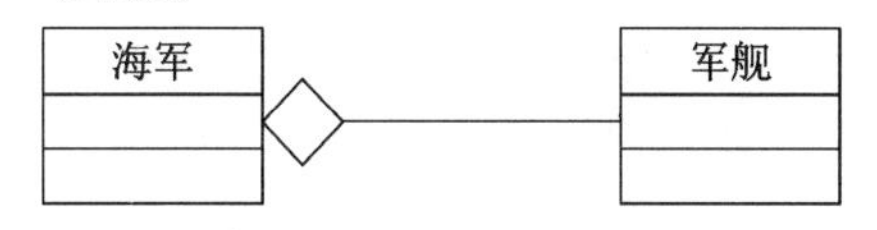

图 10 – 5　聚合示例图

除去上述的一般聚合外,聚合还有两种特殊的聚合方式: 共享聚合和复合聚合。

如果聚合关系中的处于部分方的对象同时参与了多个处于整体方对象的构成,则该聚合称为共享聚合。共享聚合关系可以通过聚合的重数反映出来,不必引入另外的图示符号。如果作为整体方的类的重数不是 1,那么该聚合就是共享聚合,共享聚合是一个网状结构的关联关系。

如果构成整体类的部分类完全隶属于整体类,则这样的聚合称为复合聚合。换句话说如果没有整体类,则部分类也没有存在的价值,部分类的存在是因为有整体类的存在。

2. 泛化关系

一个类的所有信息属性或操作能被另一个类继承,继承某个类的类中不仅可以有属于自己的信息,而且还拥有了被继承类中的信息,这种机制就是泛化。

泛化又称继承。UML 中的泛化是通用元素和具体元素之间的一种分类关系。具体元素完全拥有通用元素的信息,并且还可附加一些其他信息。如小汽车是交通工具,如果定义了一个交通工具类表示关于交通工具的抽象信息(发动、行驶等),那么这些信息(通用元素)可以包含在小汽车类(具体元素)中。如图 10 – 6 所示。引入泛化的好处在于,由于把一般的公共信息放在通用元素中,处理某个具体特殊情况时只需定义该情况的个别信息,公共信息从通用元素中继承得来,增强了系统的灵活性、易维护性和可扩充性。程序员只要定义新扩充或更改的信息就可以了。旧的信息完全不必修改(仍可以继续使用),大大缩短了维护系统的时间。

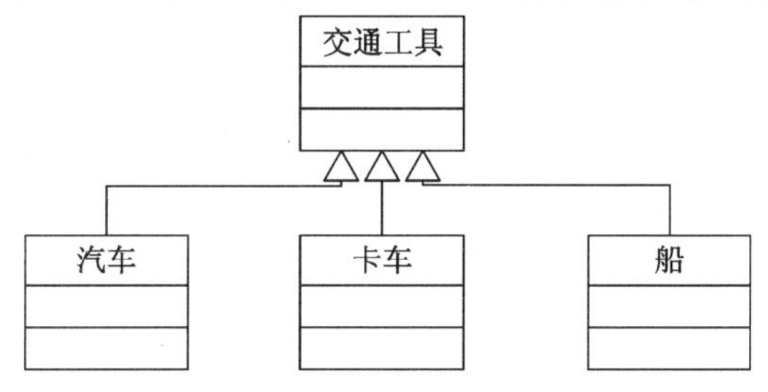

图 10 – 6　泛化示例图

泛化用于类、用例等各种模型元素。注意泛化针对类型而不针对实例。例如,一个类继承另一个类,但一个对象不能继承另一个对象。

泛化分为普通泛化和受限泛化。

1) 普通泛化

具有泛化关系的两个类之间,继承通用类所有信息的具体类称为子类,被继承类称为父类,可以从父类中继承的信息有属性、操作和所有的关联关系。

父类与子类的泛化关系图示为一个带空心三角形的直线。

父类中的属性和操作又称成员,不同可见性的成员在子类中用法不同。

父类中公有的成员在被继承的子类中仍然是公有的,而且可以在子类中随意使用;父类中的私有成员在子类中也是私有的,但是子类的对象不能存取父类中的私有成员。

一个类中的私有成员都不允许外界元素对其作任何操作,这就达到了保护数据的目的。

如果既需要保护父类的成员(相当于私有的)又需要让其子类也能存取父类的成员,那么父类的成员的可见性应设为保护的。拥有保护可见性的成员只能被具有继承关系的类存取和操作。具有保护可见性的成员名字前面通常加一个“#”号,类图中可以不表示该符号。

2) 受限泛化

给泛化关系附加一个约束条件进一步说明该泛化关系的使用方法或扩充方法,这样的泛化关系称为受限泛化。预定义的约束有 4 种,即多重、不相交、完全和不完全。这些约束都是语义上的约束。多重继承指的是子类的子类可以同时继承多个上一级子类。

与多重继承对立的是不相交继承,即一个子类不能同时继承多个上一级子类。如果不作特别声明,一般的继承都是不相交继承。

完全继承指的是父类的所有子类都被穷举完毕,不可能再有其他的未列出的子类存在。

非完全继承恰好与完全继承相反,父类的子类并不是无一遗漏地列出,而是随着问题不断地解决,不断地补充和完善,也正是这一点为日后系统的扩充和维护带来极大的方便。非完全继承是一般情况下默认的继承标准。

3. 实现关系

实现关系将一个模型元素连接至另一个提供了行为说明而无结构或实现模型元素。如接口用户必须至少支持通过继承或直接声明后者所提供的所有操作。尽管实现用于如接口等说明性元素,但它还可用于具体实现元素,以指出它的说明(而非实现)必须被支持。

实现连接了不同语义级别的元素(如分析类和设计类,或接口与类),并常常在不同的模型中。不同开发阶段可能存在两个或多个完整的类层次,它们的元素通过实现来关联。两个层次不需要有相同的形式,因为实现类可能有与说明类不相关的实现依赖。

实现显示成闭合的空心虚线箭头,意味着与继承相类似。

4. 依赖关系

依赖关系描述的是两个模型元素(类、组合、用例等)之间的语义上的连接关系。其中一个模型元素是独立的,另一个模型元素是非独立的(依赖的),它依赖于独立的模型元素。如果独立的模型元素发生改变,将会影响依赖该模型元素的模型元素。如某个类中使用另一个类的对象作为操作中的参数,则这两个类之间就具有依赖关系。类似的依赖关系还有一个类存取另一个类中的全局对象,以及一个类调用另一个类中的类作用域操作。如图 10-7 所示。

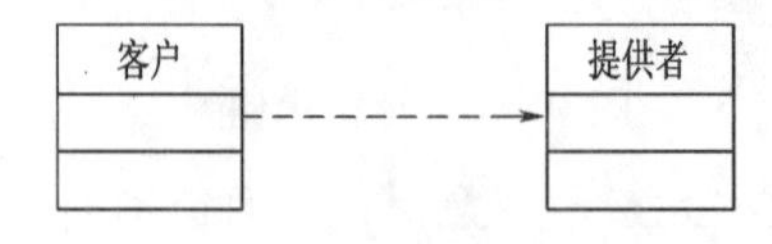

图 10-7 依赖关系示例图

依赖关系可以分为 4 类,即使用依赖(Usage)、抽象依赖(Abstraction)、授权依赖(Permission)、绑定依赖(Binding)

1) 使用依赖

使用依赖表示客户使用提供者提供的服务以实现它的行为,包括:

(1) 使用 <<use>>——声明使用一个类时需要用到已存在的另一个类。

(2) 调用 <<call>>——声明一个类调用其他类的操作的方法。

(3) 参数 <<parameter>>——声明一个操作和它的参数之间的关系。

(4) 发送 <<send>>——声明信号发送者和信号接收者之间的关系。

(5) 实例化 <<instantiate>>——声明用一个类的方法创建了另一个类的实例。

2) 抽象依赖

抽象依赖表示客户与提供者之间用不同的方法表现同一个概念,通常一个概念更抽象,另一个概念更具体。包括:

(1) 跟踪 <<trace>>——声明不同模型中的元素之间存在一些连接但不如映射精确。

(2) 精化 <<refine>>——声明具有两个不同语义层次上的元素之间的映射。

(3) 派生 <<derive>>——声明一个实例可以从另一个实例导出。

3) 授权依赖

授权依赖表达提供者为客户提供某种权限以访问其内容的情形。包括:

(1) 访问 <<access>>——允许一个包访问另一个包的内容。

(2) 导入 <<import>>——允许一个包访问另一个包的内容并为被访问包的组成部分增加别名。

(3) 友元 <<friend>>——允许一个元素访问另一个元素,不管被访问的元素是否具有可见性。

4) 绑定依赖

较高级的依赖类型,用于绑定模板以创建新的模型元素,包括:

绑定 <<bind>>——为模板参数指定值,以生成一个新的模型元素。

10.3 对象图的概念和表示

10.3.1 对象

1. 定义

(1) 对象是客观存在的事物。

(2) 所有的对象都有属性。

2. 特点

(1) 状态——某一时刻对象所有属性值的集合。

(2) 行为——对象根据其状态改变和消息传送所采取的行动和所做出的反应。

(3) 标识——用于区别对象与其他对象。

3. 对象与类的区别

(1) 对象是一个存在于时间和空间中的具体实体,而类是一个模型。

(2) 类是静态的,对象是动态的。

(3) 类是一般化,对象是个性化。

(4) 类是定义,对象是实例。

(5) 类是抽象、对象是具体 。

4. 对象的表示

(1) 对象名:由于对象是一个类的实例,因此其名称的格式是“对象名:类名”,这两个部分是可选的,但如果是包含了类名,则必须加上“:”,另外为了和类名区分,还必须加上下划线。

(2) 属性：由于对象是一个具体的事物，因此所有的属性值都已经确定，因此通常会在属性的后面列出其值。

10.3.2 对象图

类图表示类和类与类之间的关系，对象图则表示在某一时刻这些类的具体实例和这些实例之间的具体连接关系，如图 10-8 所示。由于对象是类的实例，所以 UML 对象图中的概念与类图中的概念完全一致。对象图可以看做类图的示例，帮助人们理解一个比较复杂的类图。对象图也可用于显示类图中的对象在某一点的连接关系。

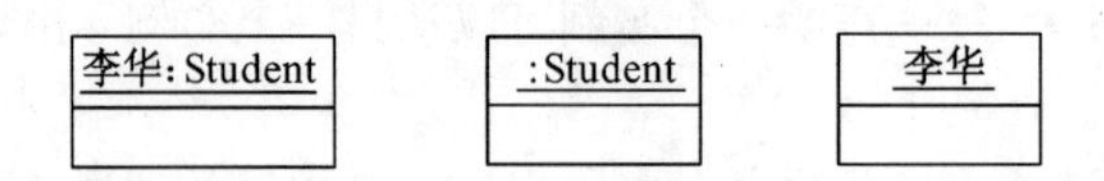

图 10-8 对象图的示例

对象图常用于描述业务或是软件系统在某一时刻对象的组成、结构和关系。

对象图组成的元素有对象、链接、注释、约束。链接把多个对象连接在一起构成一个对象图。对象的图示方式与类的图示方式几乎是一样的，主要差别在于对象的名字下面要加下划线。如图 10-9 所示。

链接是两个对象间的语义关系，关联是两个类间的关系。就像对象是类的实例一样，链接是关联的实例。链接分为单向链接和双向链接。

如图 10-10 所示，队长、成员和秘书都是角色名称，分别表示小王、小陈和小刘在链接中充当的角色。

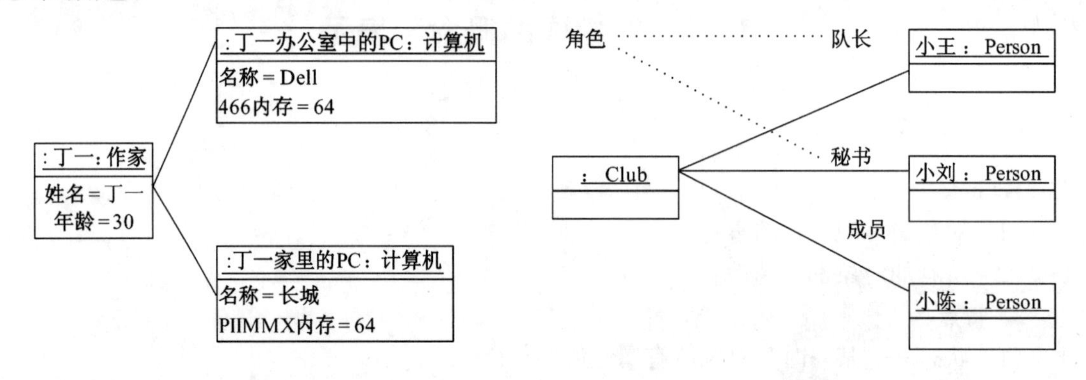

图 10-9 对象图描述关系　　图 10-10 链接的示例图

如图 10-11 表明："PersonDetails"到"Address"的链接是单向的，即对象"PersonDetails"可以引用"Address"，反之则不然。

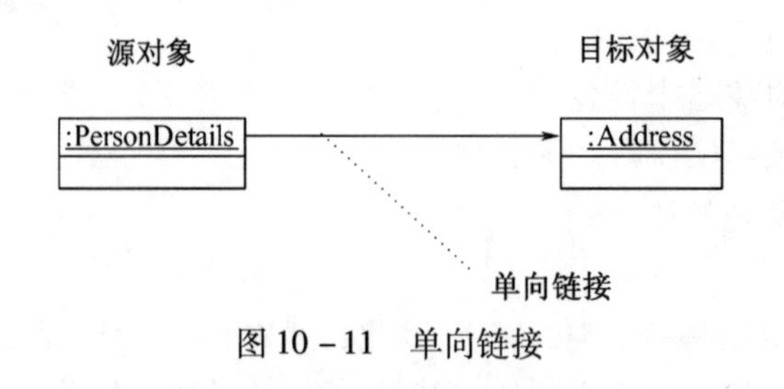

图 10-11 单向链接

10.4　包图的概念及表示

10.4.1　包图的概念

1. 包

包(Package)是一种组合机制,把各种各样的模型元素通过内在的语义连在一起成为一个整体就叫做包。构成包的模型元素称为包的内容。包通常用于对模型的组织管理。因此有时又将包称为子系统(Subsystem)。包拥有自己的模型元素,包与包之间不能共用一个相同的模型元素。包的实例没有任何语义,含义仅在模型执行期间包才有意义。包能够引用来自其他包的模型元素,当一个包从另一个包中引用模型元素时这两个包之间就建立了关系。包与包之间允许建立的关系有依赖精化和通用化,注意只能在类型之间建立关系而不是在实例之间建立,因为包的实例没有语义。

2. 包图

包图是类似书签卡片的形状,由两个长方形组成,小长方形标签位于大长方形的左上角。如果包的内容(比如类)没被图示出来,则包的名字可以写在大长方形内,否则包的名字写在小长方形内。如图 10－12 所示。

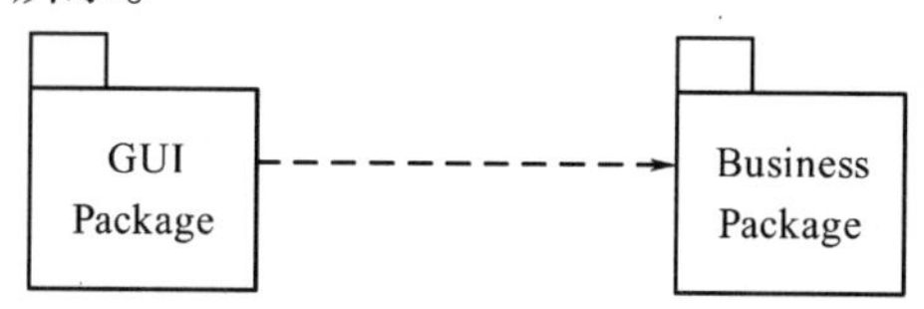

图 10－12　包图及关联

3. 包的作用

(1) 对语义上相关的元素进行分组。

(2) 提供配置管理单元。

(3) 提供并行工作的单元。

(4) 提供封装的命名空间,同一个包中,其元素的名称必须唯一。

4. 包中的元素

(1) 包中的元素:有类、接口、组件、节点、协作、用例、图以及其他包。

(2) 一个模型元素不能被一个以上的包所拥有。

(3) 如果包被撤销,其中的元素也要被撤销。

10.4.2　包的表示

1. 包的符号表示

UML 中,用文件夹符号来表示一个包。包由一个矩形表示,它包含 2 栏。最常见的几种包的表示法如图 10－13 所示。

2. 嵌套包及其表示

(1) 一个包可以包含其他的包。

(2) 嵌套包可以访问自身的元素。

(3) 应尽量避免使用嵌套包,一般 2～3 层最好。

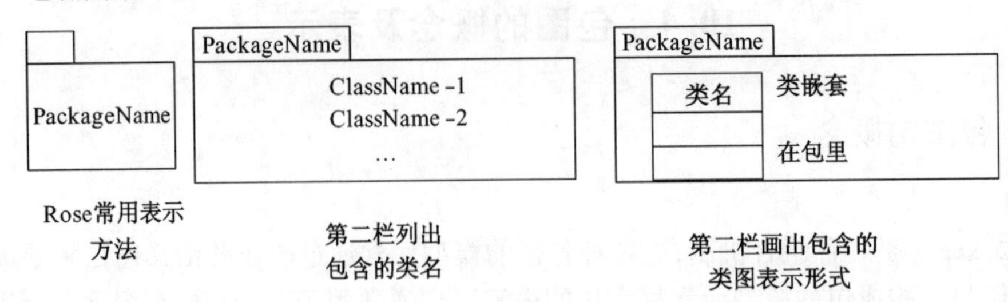

图 10－13　包的表示

包的嵌套如图 10－14 所示。

3. 包的名称

每个包必须有一个与其他包相区别的名称。标识包名称的格式有简单名和全名两种。其中,简单名仅包含包一个简单的名称;全名是用该包的外围名字作为前缀,加上包本身的名字。

在 Rose 常用的方法中,其包名 UI 就是一个简单名。而“System:Web:UI”才是一个完整的带路径的名称,表示 UI 这个包位于“System:Web:UI”命名空间中的。如图 10－15 所示。

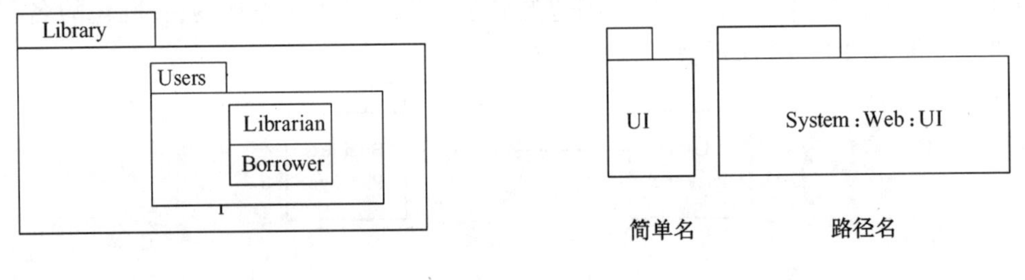

图 10－14　包的嵌套

图 10－15　包的命名

4. 包的元素

(1) 在一个包中可以拥有各种其他元素,这是一种组成关系。

(2) 每一个包就意味着一个独立的命名空间,两个不同的包,可以具有相同的元素名。

(3) 在包中表示拥有的元素时,有两种方法:一种方法是在第二栏中列出所属元素名,另一种方法是在第二栏中画出所属元素的图形表示。

5. 包的可见性

(1) 公有的(Public):“ + ”。

(2) 受保护的(Protected):“#”。

(3) 私有的(Private):“ - ”。

包内元素的可见性控制了包外部元素访问包内部元素的权限。如表 10－1 所列。

表 10－1　权限符号表

可见性	含　义	前　缀
公有的 (Pubic)	此元素可以被任何引用该包的包中的元素访问。	+
受保护的 (Protected)	此元素可被继承该包的包中的元素访问。	#
私有的 (Private)	此元素只能被同一个包中的元素访问。	-

10.4.3 包图中的关系

包图中的关系有两种，即依赖关系和泛化关系。

依赖指在一个包中引入另一个包输出的元素。

泛化说明包的家族 。

1. 依赖关系

（1）使用关系《use》：说明客户包中的元素以某种方式使用提供者包的公共元素。

（2）包含关系《import》：提供者包命名空间的公共元素被添加为客户包命名空间上的公共元素。

（3）访问关系《access》：提供者包命名空间的公共元素被添加为客户包命名空间上的私有元素。

（4）跟踪关系《trace》：通常表示一个元素历史地发展成为另一个进化版本。

2. 泛化关系

包间的泛化关系与类之间的泛化关系类似，如图 10－16 所示。

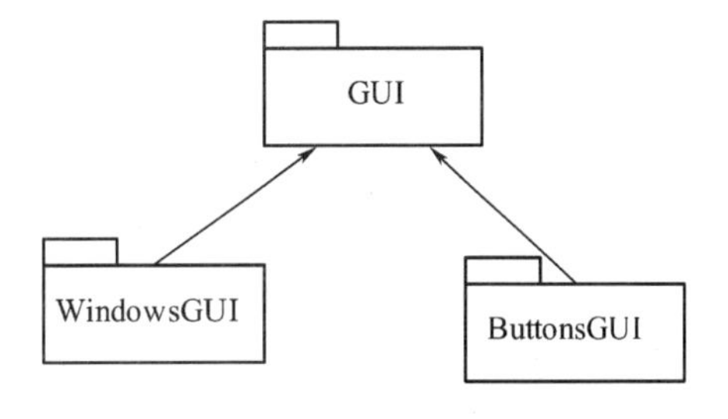

图 10－16　包的泛化关系

10.5　小　　结

本章主要介绍了类图、对象图和包图。

类图是用类和它们之间的关系描述软件系统的一种图示，是从静态角度表示系统的，因此类图属于一种静态模型。类图是构建其他图的基础，没有类图就没有状态图、协作图等其他图，也就无法表示系统的其他各个方面。类图中的关系包括依赖关系（Dependency）、泛化关系（Generalization）、关联关系（Association）、实现关系（Realization）。类图常用来描述业务或软件系统的组成、结构和关系。类图中的元素有类、接口、协作、关系、注释、约束和包。关系把类、协作、接口连接在一起构成一个图，注释的作用是对某些类和接口进行注释，约束的作用是对某些类和接口进行约束。在进行构造类图描述系统的工作时首先要定义类，类用长方形表示长方形分成上、中、下三个区域每个区域用不同的名字标识用以代表类的各个特征上面的区域内用黑体字标识类的名字中间的区域内标识类的属性下面的区域内标识类的操作方法即行为这三部分作为一个整体描述某个类。类主要包括抽象类、接口、关联类、主动类、嵌套类、模板类等。

对象图表示在某一时刻类的具体实例和这些实例之间的具体连接关系。由于对象是类的实例，所以 UML 对象图中的概念与类图中的概念完全一致。对象图可以看做类图的示例，帮助人们理解一个比较复杂的类图。对象图也可用于显示类图中的对象在某一点的连接关系。对象图常用于描述业务或是软件系统在某一时刻对象的组成、结构和关系。对象图组成的元素有对象、链接、注释、约束。链接把多个对象连接在一起构成一个对象图。对象的图示方式与类的图示方式几乎是一样的，主要差别在于对象的名字下面要加下划线。

包（Package）是一种组合机制，把各种各样的模型元素通过内在的语义连在一起成为一个整体就叫做包。构成包的模型元素称为包的内容。包通常用于对模型的组织管理。因此有时又将包称为子系统（Subsystem）。包拥有自己的模型元素，包与包之间不能共用一个相同的模型元素。包的实例没有任何语义,含义仅在模型执行期间包才有意义。包能够引用来自其他包的模型元素,当一个包从另一个包中引用模型元素时这两个包之间就建立了关系。

习 题 10

10－1　什么叫类？什么叫对象？什么叫包？

10－2　简述类图的概念以及作用。

10－3　类有哪几种类型？

10－4　试分析类图、对象图、包图的区别。

10－5　简要阐述类图中的关系以及包图中的关系。

第11章　用例图

画好用例图(Use Case Diagrams)是由软件需求到最终实现的第一步,在UML中用例图用于对系统、子系统或类的行为的可视化,以便使系统的用户更容易理解这些元素的用途,也便利软件开发人员最终实现这些元素。

在实际软件设计过程中,当软件的用户开始定制某软件产品时,最先考虑的一定是该软件产品功能的合理性、使用的方便程度和软件的用户界面等特性。软件产品的价值通常就是通过这些外部特性动态的体现给用户,对于这些用户而言,系统是怎样被实现的、系统的内部结构如何不是他们所关心的内容。而UML的用例视图就是软件产品外部特性描述的视图。用例视图是从用户的角度而不是开发者的角度来描述对软件产品的需求,分析产品所需的功能和动态行为。因此对整个软件开发过程而言,用例图是至关重要的,它的正确与否直接影响到用户对最终产品的满意程度。

UML中的用例图描述了一组用例、参与者以及它们之间的关系,因此用例图的内容包括:

(1) 用例(Use Case)。

(2) 参与者(Actor)。

(3) 依赖、泛化以及关联关系。

和其他图一样,用例图也可以包含注解和约束。用例图还可以包含包,用于将模型中的元素组合成更大的模块。有时,还可以把用例的实例引入到图中。用例图模型如图11-1所示。参与者用人形图标表示,用例用椭圆形符号表示,连线描述它们之间的关系。

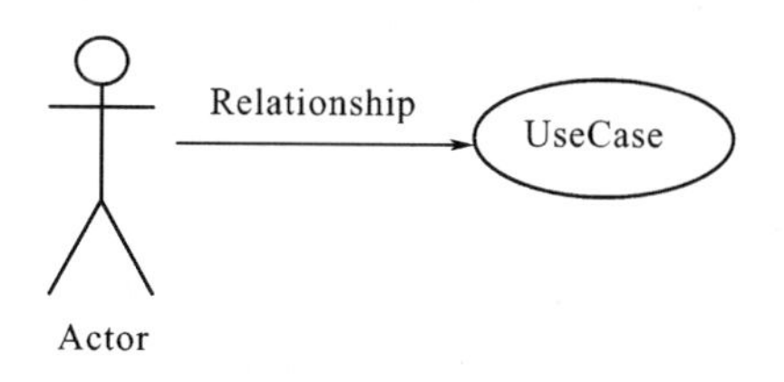

图11-1　用例图

11.1　需求分析与用例图

11.1.1　需求分析简介

软件开发是一套关于软件开发各阶段的定义、任务和作用的,建立在理论上的一门工程学科。它对解决软件危机,指导人们利用科学和有效的方法来开发软件,提高及保证软件开发的效率和质量起到了一定的作用。

经典的软件工程思想将软件开发分成5个阶段:需求分析(Requirements Capture)阶段、系统分析与设计(System Analysis and Design)阶段、系统实现(Implementation)阶段、测试(Testing)阶段和维护(Maintenance)阶段。

1. 需求分析阶段

需求分析阶段是通常所说的开始阶段,但实际上,真正意义上的开始阶段要做的是选择合适的项目——立项阶段。其实,软件工程中的许多关于思想的描述都是通俗易懂的。立项阶段,顾名思义,就是从若干个可以选择的项目中选择一个最适合自己的项目的阶段。这个选择的过程是至关重要的,因为它将直接决定整个软件开发过程的成败。通常情况下,要考虑的因素有经济因素(经济成本、受益等)、技术因素(可行性、技术成本等)和管理因素(人员管理、资金运作等)。

在立项之后,真正进入了软件开发阶段(当然,这里所说的是广义的软件开发,狭义的软件开发通常指的是编码)。需求分析是整个开发过程的基础,也直接影响着后面的几个阶段的进展。纵观软件开发从早期纯粹的程序设计到软件工程思想的萌发产生和发展的全过程,不难发现,需求分析的工作量在不断增加,其地位也随之不断提升。这一点可以从需求分析在整个开发过程中所占的比例(无论是时间、人力,还是资金方面)不断地提高上看出。

2. 系统分析与设计阶段

系统分析与设计包括分析和设计两个阶段,而这两个阶段是相辅相成、不可分割的。通常情况下,这一阶段是在系统分析员的领导下完成的,系统分析员不仅要有深厚的计算机硬件与软件的专业知识,还要对相关业务有一定的了解。系统分析通常是与需求分析同时进行,而系统设计一般是在系统分析之后进行的。

3. 实现阶段

系统实现阶段也就是通常所说的编码(Coding)阶段,在软件工程思想出现之前,这基本上就是软件开发的全部内容。

4. 测试阶段

测试阶段的主要任务是通过各种测试思想、方法和工具,使软件的Bug降到最低。微软公司宣称采用零Bug发布的思想确保软件的质量,也就是说只有当测试阶段达到没有Bug时才将产品发布。测试是一项很复杂的工程。

5. 维护阶段

在软件工程思想出现之前,这一阶段是令所有与之相关的角色(包括客户和发方)头疼的。可以说,软件工程思想很大程度上是为了解决软件维护的问题而提出的。因为,在软件工程的三大目的——软件的可维护性、软件的可复用性和软件开发的自动化中,可维护性就是其中之一,而且软件的可维护性是复用性和开发自动化的基础。在软件工程思想得到迅速发展的今天,虽然软件的可维护性有了很大的提高,但目前软件开发中所面临的最大的问题仍是维护问题。每年都有许多软件公司因为无法承担对其产品的高昂的维护成本而宣布破产。

值得注意的是,软件工程主要讲述软件开发的道理,基本上是软件实践者的成功经验和失败教训的总结。软件工程的观念、方法、策略和规范都是朴实无华的,一般人都能领会,关键在于运用。不可以把软件工程方法看成是诸葛亮的锦囊妙计——在出了问题后才打开看看,而应该事先掌握,预料将要出现的问题,控制每个实践环节,防患于未然。

11.1.2 需求分析与建模

建立系统模型的过程又称模型化。建模是研究系统的重要手段和前提。凡是用模型描述系统的因果关系或相互关系的过程都属于建模。因描述的关系各异,所以实现这一过程的手段和方法也是多种多样的。可以通过对系统本身运动规律的分析,根据事物的机理来建模;也可以通过对系统的实验或统计数据的处理,并根据关于系统的已有的知识和经验来建模。还可以同时使用几种方法。

其中,系统建模包括用例图建模、对语境建模、对需求建模。

对语境建模需要识别系统外部的参与者,并将类似参与者组织成泛化的结构层次。而且需要在需要加深理解的地方,为每个参与者提供一个构造型。如果将参与者放到用例图中,需说明参与者与用例之间的通信路径。

对需求建模首先需要识别系统的外部参与者来建立系统的语境。然后考虑每一个参与者期望的行为或需要系统提供的行为,并且把这些公共的行为命名为用例。接着确定提供者用例和扩展用例,并对这些用例、参与者和它们之间的关系建模,而且需要用注释修饰用例。

本章主要介绍用例图,所以用例图建模将是重中之重,在本章后续小节中将会对用例图的相关知识做出详细讲解。

11.2 用 例 图

用例模型是把应满足用户需求的基本功能(集)聚合起来表示的强大工具。对于正在构造的新系统,用例描述系统应该“做什么”;而对于已经构造完毕的系统,用例则反映了系统能够完成什么样的功能。构建用例模型是通过开发者与客户(或最终使用者)之间共同协商完成的,他们要反复讨论需求的规格说明,达成共识,明确系统的基本功能,为后阶段的工作打下基础。

用例模型的基本组成部件是用例、角色和系统。用例用于描述系统的功能,也就是从外部用户的角度观察,系统应支持哪些功能,帮助分析人员理解系统的行为,是对系统功能的宏观描述。一个完整的系统中通常包含若干个用例,每个用例具体说明应完成的功能,代表系统的所有基本功能(集)。角色是与系统进行交互的外部实体,它可以是系统用户,也可以是其他系统或硬件设备,总之,凡是需要与系统交互的任何东西都可以称作角色。系统的边界线以内的区域(即用例的活动区域)则抽象表示系统能够实现的所有基本功能。在一个基本功能(集)已经实现的系统中,系统运转的大致过程是:外部角色先初始化用例,然后用例执行其所代表的功能,执行完后用例便给角色返回一些值,这个值可以是角色需要的来自系统中的任何东西。

在用例模型中,系统仿佛是实现各种用例的“黑盒子”,我们只关心该系统实现了哪些功能,并不关心内部的具体实现细节(例如,系统是如何做的?用例是如何实现的?)。用例模型主要应用在工程开发的初期,进行系统需求分析时使用。通过分析描述,使开发者明确需要开发的系统功能有哪些。

11.2.1 用例图的概念

用例是一个叙述型的文档,用来描述行为者(Actor)使用系统完成某个事件时的事情发生顺序。用例是系统的使用过程,更确切的说,用例不是需求或者功能的规格说明,但用例也展示和体现出了其所描述的过程中的需求情况。

在 UML 中，把用例图建立起来的系统模型称为用例模型，一个用例模型是对若干个用例图描述。用例模型描述的是外部行为者所理解的系统功能，使用用例模型代替传统的功能说明往往能更好地获取用户需求，它所回答的问题是“系统应该为每个用户（或每类）做什么”。

一幅用例图包含的模型元素有系统、行为者、用例及用例之间的关系，是显示一组用例、角色以及它们之间的关系的图。图 11－2 显示了自动售货机系统的用例图，其中该模型作为例子已被简化。

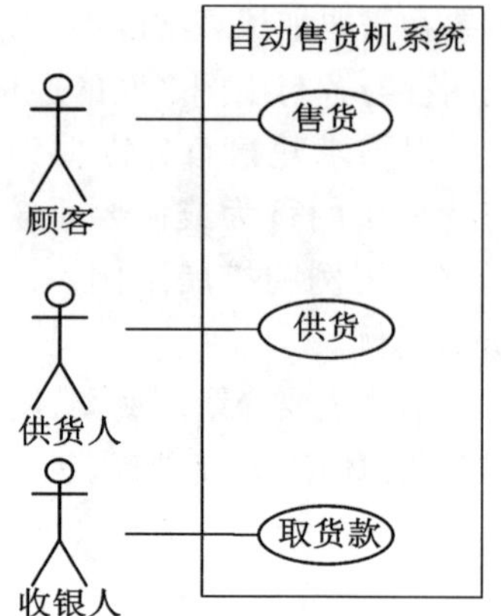

图 11－2　自动售货机系统的用例图

图 11－2 中，方框代表系统；椭圆代表用例；线条人代表行为者；连线表示关系。

对用例的定义可以有很多种，例如：

(1) 用例是对一个行为者使用系统的一项功能时所进行的交互过程的一个文字描述序列。

(2) 用例是系统、子系统或类和外部角色交互的动作序列的说明，包括可选的动作序列和会出现异常的动作序列。

(3) 在 UML 中把用例定义成系统完成的一系列动作，动作的结果能被特定的行为者察觉到。一个用例是可以让行动者感受到的、系统的一个完整的功能。

(4) 用例是代表系统中各个项目相关人员之间就系统的行为所达成的契约，软件开发过程是用例驱动的。

其中，脚本在 UML 中指贯穿用例的一条单一路径，用来显示用例中的某种特殊情况。每个用例有一系列脚本，包括一个主要脚本和几个次要脚本。相对于主要脚本，次要脚本描述了执行路径中的异常或可选择的情况。

11.2.2　用例的特征

用例通过关联与行为者连接，关联指出一个用例与哪些行为者交互，这种交互是双向的。

用例的特征：

(1) 用例由角色初始化。用例所代表的功能必须由角色激活，而后才能执行。一般情况下，角色可能并没有意识到初始化了一个用例。换句话说，角色需要系统完成的功能，其实都是通过用例具体完成的，角色一定会直接或间接地命令系统执行用例。

(2) 用例为角色提供值。用例必须为角色提供实在的值，虽然这个值并不总是重要的，但是能被角色识别。

(3) 用例具有完全性 。用例是一个完整的描述。虽然编程实现时，一个用例可以被分解为多个小用例（函数），每个小用例之间互相调用执行，一个小用例可以先执行完毕，但是该小用例执行结束并不能说这个用例执行结束。也就是说，不管用例内部的小用例是如何通信工作的，只有最终产生了返回给角色的结果值，才能说用例执行完毕。

其中需要特别注意的是：用例是一个类，它代表一类功能而不是使用该功能的某个具体实例。用例的实例是系统的一种实际使用方法，通常把用例的实例称为脚本。

11.2.3　用例图的作用

用例图的主要作用是描述参与者和用例之间的关系，帮助开发人员可视化的了解系统功能。

传统的需求表述方式是软件需求规约(Software Requirement Specification,SRS),采用功能分解方式来描述系统功能,将系统功能分解到各个系统功能模块中,然后通过描述每个模块的功能来达到描述整个系统功能的目的。

软件需求规约容易混淆需求和设计的界限,导致需求分析包含部分概要设计;通过分割了的系统功能难于表现实现一个完整的系统服务。用例图可视化的表达了系统的需求,且把需求与设计分离开。

11.2.4 用例的描述

图形化的用例本身不能提供该用例所具有的全部信息,因此还必需描述用例不可能反映在图形上的信息。通常用文字描述用例的这些信息。用例的描述其实是一个关于角色与系统如何交互的规格说明,该规格说明要清晰明了,没有二义性。描述用例时,应着重描述系统从外界看来会有什么样的行为,而不管该行为在系统内部是如何具体实现的,即只管外部能力,不管内部细节。

用例的描述应包括下面几个方面:

(1) 用例的目标。包括用例的最终任务是什么、想得到什么样的结果,即每个用例的目标一定要明确。

(2) 用例是怎样被启动的。哪个角色在怎样的情况下启动执行用例。例如,张三渴了,张三买矿泉水。“渴了”是使“张三买矿泉水”的原因。

(3) 角色和用例之间的消息流。包括角色和用例之间的哪些消息是用来通知对方的,哪些是修改或检索信息的,哪些是帮助用例做决定的,系统和角色之间的主消息流描述了什么问题,系统使用或修改了哪些实体等。

(4) 用例的多种执行方案。在不同的条件或特殊情况下,用例能依当时条件选择一种合适的执行方案。注意,并不需要非常详细地描述各种可选的方案,它们可以隐含在动作的主要流程中。具体的出错处理可以用脚本描述。

(5) 用例怎样才算完成并传值给角色。描述中应明确指出在什么情况下用例才能被看做完成,当用例被看做完成时要把结果值传给角色。

需要强调的是,描述用例仅仅是为了站在外部用户的角度识别系统能完成什么样的工作,至于系统内部是如何实现该用例的(用什么算法等)则不用考虑。描述用例的文字一定要清楚,前后一致,避免使用复杂的易引起误解的句子,方便用户理解用例和验证用例。

用例也可以用活动图描述,即描述角色和用例之间的交互(图 11-3)。活动图中显示各个活动的顺序和导致下一个活动执行的决策(Decision)。对用户来说,用例视图更易于使用。

对于已经包含完全性和通用性描述的用例来说,还可以再补充描述一些实际的脚本,用脚本说明用例被实例化后系统的实际工作状况,帮助用户理解复杂的用例。注意,脚本描述只是一个补充物,不能替代用例描述。

对某个用例的描述完成之后,可以用一个具体的活动跟踪,检查用例中描述的关系能否被识别。在执行这个活动时,可以通过回答下列问题找出不足之处。

(1) 用例中的所有角色与该用例都有关联关系吗?

(2) 若干个角色的通用行为和基类角色(从若干个角色的行为中抽象出的最普通的那部分)的行为是否相似?

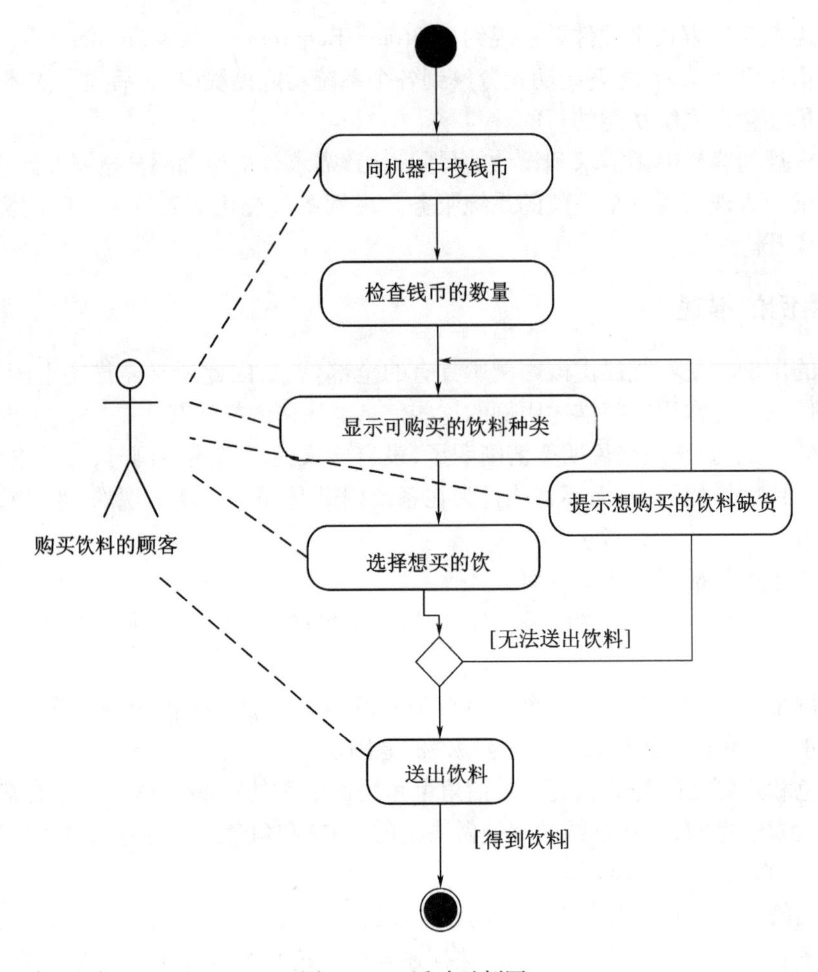

图 11－3　活动示例图

(3) 表示同一个活动流的多个用例之间是否存在相似性,它们是否能用使用关系描述为一个用例。

(4) 用例扩展关系中描述的特殊情况存在吗?

(5) 有没有存在无任何通信关联的角色或用例? 如果有,那么用例一定存在问题,否则为什么还要这个角色?

(6) 有没有遗漏与需求的功能相对应的用例? 如果有,那么就要新建一个用例。

注意:不要把所有的用例建好之后,再去识别用例中的关系是否正确。这种做法有时会导致错误。

11.2.5　用例图之间的关系

用例之间有扩展、使用、组合三种关系。扩展和使用是继承关系(即通用化关系)的另一种体现形式。组合则是把相关的用例打成包,当做一个整体看待。

1. 扩展关系

一个用例中加入一些新的动作后则构成了另一个用例,这两个用例之间的关系就是通用化关系,又称扩展关系。后者通过继承前者的一些行为得来,前者通常称为通用化用例。后者常称为扩展用例。扩展用例可以根据需要有选择地继承通用化用例的部分行为。扩展用例也一定具有完全性。

由于用例的具体功能通常采用普通的文字描述（书写），因此，从文字中划分哪些行为是从通用化用例中继承而来的，哪些行为是在用例中重新定义的（作为用例本身的具体行为），哪些行为是添加到通用化用例（扩展通用化用例）中的，都比较困难。

引入扩展用例的好处在于：便于处理通用化用例中不易描述的某些具体情况；便于扩展系统，提高系统性能，减少不必要的重复工作。用例之间的扩展关系可图示为带版类《扩展》的通用化关系，如图 11－4 所示。

2. 使用关系

一个用例使用另一个用例时，这两个用例之间就构成了使用关系。一般情况下，如果若干个用例的某些行为都是相同的，则可以把这些相同的行为提取出来单独做成一个用例，这个用例称为抽象用例。这样，当某个用例使用该抽象用例时，就好像这个用例包含了抽象用例的所有行为。

用例之间的使用关系被图示为带版类《使用》的通用化关系，如图 11－5 所示。

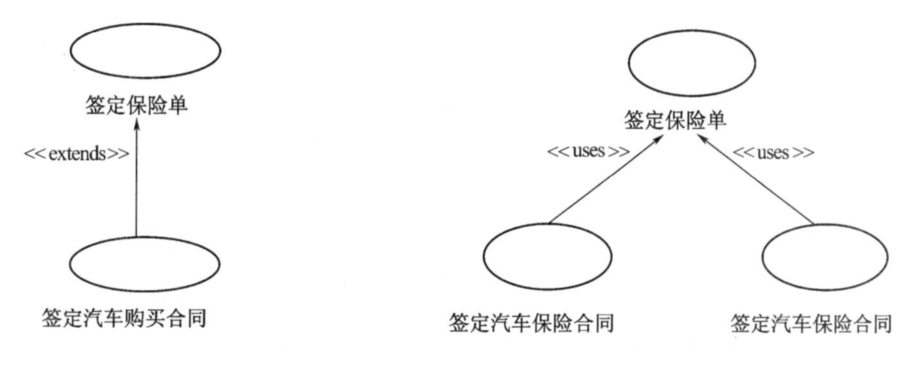

图 11－4 《扩展》关系图示

图 11－5 《使用》关系图示

例如，自动售货系统中，“供货”和“提取销售款”这两个用例的开始动作都是去掉机器保险并打开它，最后的动作一定是关闭机器并加保险，于是可以从这两个用例中把开始的动作抽象成“打开机器”用例，把最后的动作抽象成“关闭机器”用例，那么“供货”和“提取销售款”用例在执行时一定要使用上述的两个抽象用例，它们之间便构成了使用关系。使用带版类《使用》的通用化关系表示，如图 11－6 所示。

3. 泛化关系

用例间的泛化关系和类间的泛化关系类似，即在用例泛化中，子用例表示父用例的特殊形式。子用例从父用例处继承行为和属性，还可以添加行为或覆盖、改变已继承的行为。当系统中具有一个或多个用例是较一般用例的特化时，就使用用例泛化。

在图形上，用例间的泛化关系用带空心箭头的实线表示，箭头的方向由子用例指向父用例。

如图 11－7 所示是某学校信息系统用例图的部分内容。用户“Search Person”负责在学校范围内查找符合用户输入条件的人员信息。该用例有两个子用例“Search Teacher ”和“Search Student”。这两个用例都继承了父用例的行为，并添加了自己的行为。它们在查找过程中加入了属于自己的查询范围。

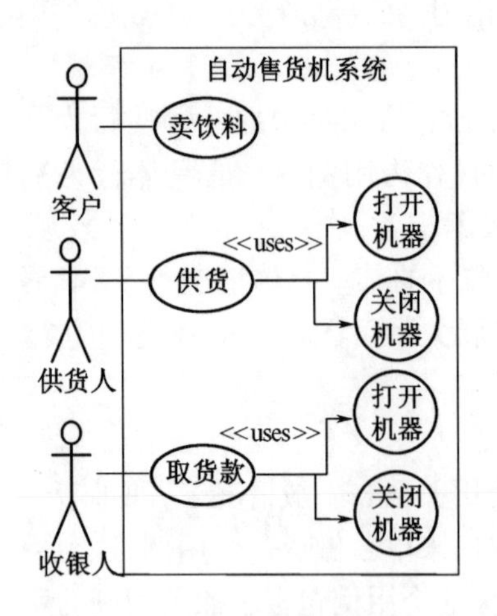

图 11－6　自动售货系统用例模型

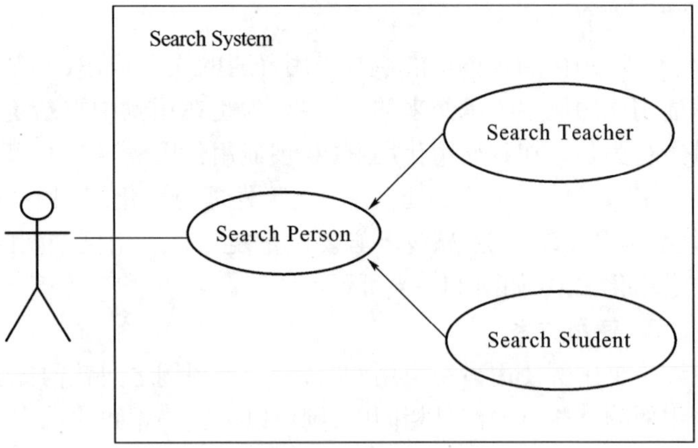

图 11－7　用例之间的泛化关系

11.2.6　用例图的实现

用例用来描述系统应能实现的独立功能,实现用例就是在系统内部实现用例中所描述的动作,通过把用例描述的动作转化为对象之间的相互协作,完成用例的实现。

UML 中实现用例的基本思想是用协作表示用例,而协作又被细化为用若干个图。协作的实现用脚本描述。具体内容是:

1. 用例实现为协作

协作是实现用例内部依赖关系的解决方案,通过使用类、对象、类(或对象)之间的关系(协作中的关系称为上下文)和它们之间的交互实现需要的功能(协作实现的功能又称交互)。协作的图示符号为椭圆,椭圆内部或下方标识协作的名字。

2. 协作用若干个图表示

表示协作的图有协作图、序列图和活动。这些图用于表示协作中的类(或对象)与类(或对象)之间的关系和交互。在有些场合,一张协作图就完全能够反映出实际用例的协作画面,而在另一些场合,只有把三种不同的图结合起来,才能反映协作状况。

3. 协作的实例——脚本

前文已经讲过,脚本是用例的一次具体执行过程,它代表了用例的一种使用方法。当把脚本看做用例的实例时,对角色而言,只需描述脚本的外部行为,也就是能够完成什么样的功能,而忽略完成该角本的具体细节,从而达到帮助用户理解用例含义的目的;当把脚本看做协作的实例时,则要描述脚本的具体实现细节(利用类、操作和它们之间的通信)。

实现用例的主要任务是把用例描述中的各个步骤和动作变换为协作中的类、类的操作和类之间的关系。具体说来,就是把用例中每个步骤所完成的工作交给协作中的类来完成。实质上,每个步骤转换成类的操作,一个类中可以有多个操作。注意,一个类可以用来实现多个用例,也就是,一个类可以集成多种角色。例如,自动售货系统中,负责“供货”和“提取货款”的角色就可以定义为同一个类(当然,从安全角度讲,最好不要定义为同一个类)。

用例和它的实现(即协作)之间的关系可以用精化关系表示(图示为带箭头的点画线),也可以用 CASE 工具中的不可见的超链实现。使用 CASE 工具中的超链,能方便地将用例视图转换为协作或脚本。图 11－8 表示一个用例的实现,从图中可以看出若干个类加到了协作中。

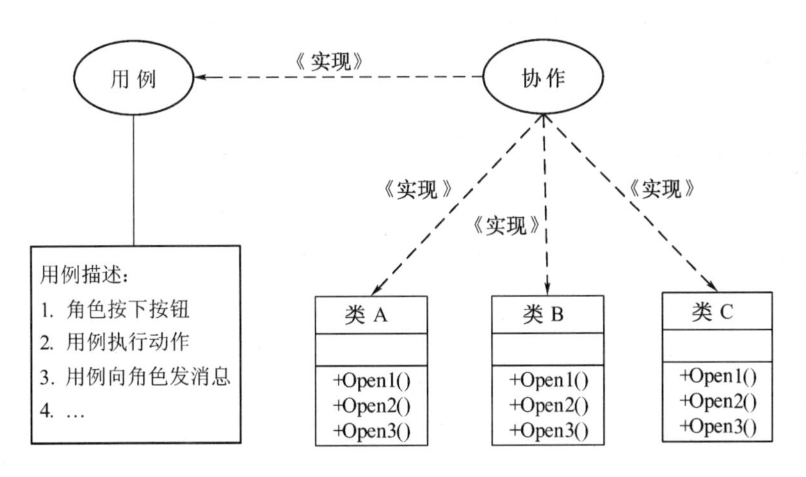

图 11-8 协作实现的示例图

为了实现用例,用例描述中的每个步骤的职责还需转换为类与类之间的协作(用关系和操作描述)。

若想成功地利用类表示用例描述,需要借助开发者的经验。通常,开发者必须反反复复地多次试验各种不同的可能情况,逐步完善解决方案,使该方案能够实现用例描述且灵活易扩展。如果将来用例描述改变了,只要将其对应的实现作简单地修改即可。

另外 UML 的创始人 M. Jacobson 定义了三种类型的版类对象类(Stereotype Object Types):边界对象(又称接口对象)、控制对象和实体对象。还可以利用这三个对象类描述用例的实现。每个对象类能胜任的职责是:

(1) 边界对象(Boundary Objects)。这种对象类紧靠系统的边界(虽然仍在系统内部)。它负责与系统外部的角色交互,在角色和系统内部的其他对象类之间传递消息。

(2) 控制对象(Control Objects)。这种对象类控制一组对象之间的交互。控制对象可以是刺激用例启动的角色,也可以用来实现若干个用例的普通序列。控制对象通常仅存在于用例执行阶段。

(3) 实体对象(Entity Objects)。这种对象类代表系统控制区域内的区域实体。它是被动对象,本身不能启动交互。在信息系统中,实体对象通常是持久的,存储在数据库存中,实体对象也可以出现在多个用例中。

上述三个对象类各有自己的图标,可以用来图示协作和类图。在定义了不同的对象类和详细说明了一个协作之后,也可以用一个具体的活动测试用例,确认对象的实现方式,以便这些类重用在其他用例中,M. Jacobson 将这种开发过程称为用例驱动的开发过程。

实现用例有多种不同的方法。不同的实现方法为实现用例的类分配不同的功能。有些方法采用先建立作用域分析模型(用于显示所有的作用域类及其他们之间的关系)。然后才处理用例,为分析模型中的类分配应完成的功能,在这个过程中,有时会修改分析模型或在模型中添加新的类。另外一些方法则把用例当作发现类的基础,在为类分配应完成功能的同时,逐步建立作用域分析模型。总之,不论采用何种方法,对开发者来说,要明白这种实现工作将是反反复复的过程。也就是说,当利用用例为类分配功能时,或许可以发现类图中的错误和遗漏,这时,必须返回去修改类图或者建一个新类来反映用例的本意。当然,在某些情况下,可能必须修改用例图,因为初期建造的用例图不一定完全正确地描述系统的功能,随着开发者对系统功能的深入理解,原图之中的不足之处就可能暴露出来。

最后一点需要说明的是,并不是所有面向对象的方法都提供用例图。例如,有的方法只提供类和对象等静态结构,忽略系统开发过程中功能性和动态性方面的描述。

11.2.7 用例图的测试

用例可用于测试系统的正确性和有效性。正确性表明系统的实现符合规格说明;有效性保证开发的系统是用户真正需要的系统。

有效性检查一般在系统开发之前进行。当用例模型构造完成后,开发者将模型交给用户讨论,由用户检查模型能否满足他们对系统的需求。在此期间,各种问题和想法还会产生,例如,修改用例的不足之处,或在用例中添加新功能。最终,用户和开发者之间对系统的功能达成共识。有效性检查也可以在系统测试阶段进行,如果发现了系统不能满足用户需求的问题,那么整个工程或许会要从头重来。

正确性测试保证系统的工作符合规格说明。常用的测试方法有两种,一种是用具体的用例测试系统的行为,又称"漫游用例";另一种是用用例描述本身测试,或称定义测试。这两种方法相比,第一种方法更好一些。

第一种测试方法的基本思想是用人模拟系统的行为。大致过程如下:指定一个人扮演具体用例中的角色,另一个人扮演系统。扮演角色的人首先说出角色应传给系统的消息,然后系统接收消息开始执行,在系统执行过程中,扮演系统的人说出他正在做的工作是什么。通过角色模拟,开发者可以从扮演者那里得知用例的不足之处。例如,发现哪些情况漏掉了,哪些动作描述得还不够详细。扮演系统行为的人洞察力越强,用例测试的效果就越好。因此,可以让每个人分别多次扮演各个角色或系统,从而为建模者提供更多的信息,减少用例描述的遗漏和含糊不清。当所有的角色都被扮演,且所有的用例都以此方式执行过了,那么对用例模型的测试就算完成了。

11.3 参与者

参与者又叫角色(Actor),是与系统交互的人或事。所谓"与系统交互"指的是角色向系统发送消息,从系统中接收消息,或是在系统中交换信息。只要使用用例,与系统互相交流的任何人或事都是角色。例如,某人使用系统中提供的用例,则该人就是角色;与系统进行通信(通过用例)的某种硬件设备也是角色。

角色是一个群体概念,代表的是一类能使用某个功能的人或事,角色不是指某个个体。例如,在自动售货系统中,系统有售货、供货、提取销售款等功能,启动售货功能的是人,那么人就是角色,如果再把人具体化,则该人可以是张三(张三买矿泉水),也可以是李四(李四买可乐),但是张三和李四这些具体的个体对象不能称为角色。事实上,一个具体的人(如张三)在系统中可以具有多种不同的角色。例如,上述的自动售货系统中,张三既可以为售货机添加新物品(执行供货),也可以将售货机中的钱取走(执行提取销售款)。通常系统会对角色的行为有所约束,使其不能随便执行某些功能。例如,可以约束供货的人不能同时又是提取销售款的人,以免有舞弊行为。角色都有名字,它的名字反映了该角色的身份和行为(如顾客)。注意:不能将角色的名字表示成角色的某个实例(如张三),也不能表示成角色所需完成的功能(如售货)。

角色与系统进行通信的收、发消息机制,与面向对象编程中的消息机制很像。角色是启动用例的前提条件,又称为刺激物(Stimulus)。角色先发送消息给用例,初始化用例后用例开始执行,在执行过程中,该用例也可能向一个或多个角色发送消息(可以是其他角色,也可以是初始化该用例的角色)。

角色可以分成几个等级。主要角色(Primary Actor)指的是执行系统主要功能的角色,例如,在保险系统中主要角色是能够行使注册和管理保险大权的角色。次要角色(Secondary actor)指的是使用系统的次要功能的角色,次要功能是指一般完成维护系统的功能(如管理数据库、通信、备份等)。例如,在保险系统中,能够检索该公司的一些基本统计数据的管理者或会员都属次要角色。将角色分级的主要目的是保证把系统的所有功能表示出来。而主要功能是使用系统的角色最关心的部分。

角色也可以分成主动角色和被动角色。主动角色可以初始化用例,而被动角色则不行,仅仅参与一个或多个用例,在某个时刻与用例通信。

11.3.1 参与者的识别

通过回答下列的一些问题,可以帮助建模者发现角色。

(1) 使用系统主要功能的人是谁(即主要角色)?

(2) 需要借助于系统完成日常工作的人是谁?

(3) 谁来维护、管理系统(次要角色),保证系统正常工作?

(4) 系统控制的硬件设备有哪些?

(5) 系统需要与哪些其他系统交互?其他系统包括计算机系统,也包括该系统将要使用的计算机中的其他应用软件。其他系统也分成两类,一类是启动该系统的系统,另一类是该系统要使用的系统。

(6) 对系统产生的结果感兴趣的人或事有哪些?

在寻找系统用户的时候,不要把目光只停留在使用计算机的人员身上,直接或间接地与系统交互或从系统中获取信息的任何人和任何事都是用户。由于这里讨论的用例模型用于模型化一个商务(Business)活动,所以角色通常指的是商务中的顾客,但是你要在头脑中保持清醒的认识——顾客的含义并不是计算机术语中的用户。

在完成了角色的识别工作之后,建模者就可以建立使用系统或与系统交互的实体(Entities)了,即可以从角色的角度出发,考虑角色需要系统完成什么样的功能,从而建立角色需要的用例。

UML 中的角色是具有版类《角色》的类,该类的名字用角色的名字命名,用以反映角色的行为。角色类包含有属性、行为和描述角色的文档性质 UML 中用一个小人形图形表示角色类,小人的下方书写角色名字,如图 11-9 所示。图 11-9(a)的矩形是具有版类《角色》的类(即角色类)的另一种图示方式,图 11-9(b)的标准图示图标一般用在用例图中。

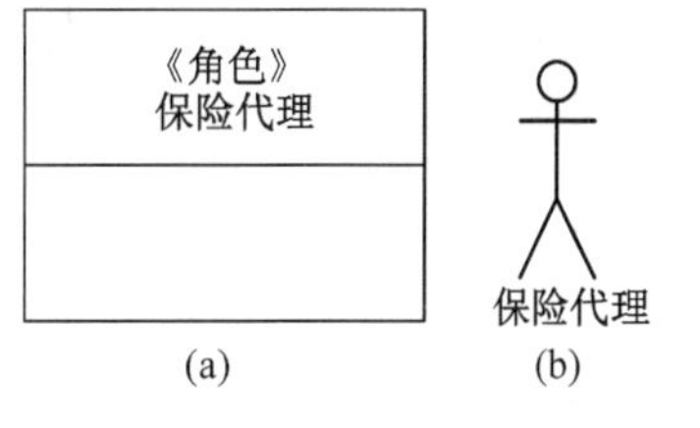

图 11-9 角色类的图示方法示例

11.3.2 参与者之间的关系

由于角色是类,所以它拥有与类相同的关系描述。在用例图中,只用通用化关系描述若干个角色之间的行为。

通用化关系的含义是:把某些角色的共同行为(原角色中的部分行为),抽取出来表示成通用行为,且把它们描述成为超类。这样,在定义某一具体的角色时,仅仅把具体的角色所特有的那部分行为定义一下就行了,具体角色的通用行为则不必重新定义,只要继承超类中相应的行为即可。角色之间的通用化关系用带空心三角形(作为箭头)的直线表示,箭头端指向超类。图 11-10 示例的是保险业务中部分角色之间的关系,其中客户类就是超类,它描述了客户的基本行为(如选择险种),由于客户申请保险业务的方式可以不同,故又可以把客户具体分为两类:一类是用电话委托方式申请(用电话申请客户类表示),另一类则是亲自登门办理(用个人登记客户类表示)。显然,电话申请客户类与个人登记客户类的基本行为跟客户类一致,这两个类的差别仅仅在于申请的方式不同,于是,在定义这两个类的行为时,基本行为可以从客户类中继承得到(从而不必重复定义),与客户类不同的行为则定义在各自的角色类中。

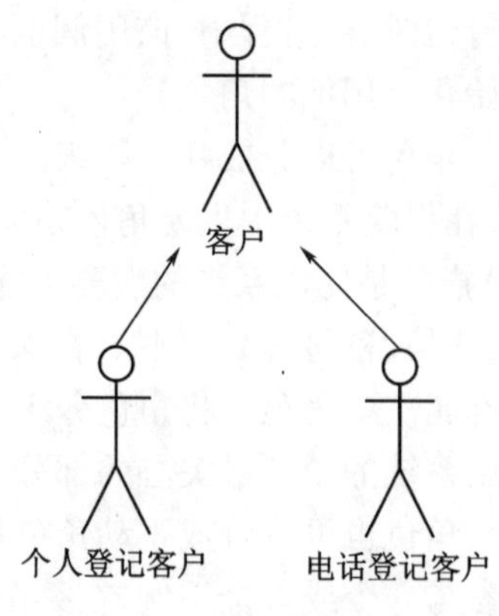

图 11-10 角色之间的通用化关系示例

11.4 小 结

用例图(Use Case Diagrams)是由软件需求到最终实现的第一步,在 UML 中用例图用于对系统、子系统或类的行为的可视化,以便使系统的用户更容易理解这些元素的用途,也便利软件开发人员最终实现这些元素。UML 的用例视图是软件产品外部特性描述的视图。用例视图是从用户的角度而不是开发者的角度来描述对软件产品的需求,分析产品所需的功能和动态行为。因此对整个软件开发过程而言,用例图是至关重要的,它的正确与否直接影响到用户对最终产品的满意程度。

本章在介绍需求分析的基础上,阐述了用例图的概念、特征及作用。图形化的用例本身不能提供该用例所具有的全部信息,因此还必须通过文字描述用例的这些信息。用例的描述其实是一个关于角色与系统如何交互的规格说明,该规格说明要清晰明了,没有二义性。描述用例时,应着重描述系统从外界看来会有什么样的行为,而不管该行为在系统内部是如何具体实现的,即只管外部能力,不管内部细节。

同时本章还介绍了用例图之间的关系,用例图的实现及用例用于测试系统的正确性和有效性描述。

习题 11

11-1 叙述用例图的概念、组成要素及各要素之间的关系。

11-2 UML 用例图之间有几种关系?分别是什么?并作简单介绍。

11-3 简单介绍用例的主要属性,并说明判断用例图好坏的标准。

11-4 简单叙述用例图的作用。

11-5 简单说明顺序图、用例图和类图之间的关系。

11-6 简单说明需求分析和用例图的关系。

11-7 用例图绘画过程中有哪些注意事项?

第12章　活动图

活动图是UML用于对系统的动态行为建模的另一种常用工具，它描述活动的顺序，展现从一个活动到另一个活动的控制流，是内部处理驱动的流程。活动图在本质上是一种流程图，可以用来对业务过程、工作流建模，也可以对用例实现。活动图和流程图最主要的区别在于，活动图能够标识活动的并行行为。

12.1　活动图的概念

1. 活动图(Activity Diagram)

活动图是阐明了业务用例实现的工作流程或者一序列活动构成的控制流，它描述了系统从一种活动转换到另一种活动的整个过程。

2. 活动图的作用

活动图通常用来描述系统的业务流程，每一个活动节点包含具体的功能或者活动，主要对业务过程、工作流和用例实现进行建模，描述具体工作流程。主要作用如下：

(1) 描述活动之间的数据流或判断。

(2) 提供多种不同的业务流程视图。

(3) 描述用例中出现的活动。

(4) 使用不同的非连续符号显示多种不同的活动。

(5) 显示并行线程。

3. 活动图的组成元素

1) *活动状态图(Activity)*

活动状态图用于表达状态机中的非原子的运行，其特点如下：

(1) 活动状态可以分解成其他子活动或者动作状态。

(2) 活动状态的内部活动可以用另一个活动图来表示。

(3) 和动作状态不同，活动状态可以有入口动作和出口动作，也可以有内部转移。

(4) 动作状态是活动状态的一个特例，如果某个活动状态只包括一个动作，那么它就是一个动作状态。

UML中活动状态和动作状态的图标相同，但是活动状态可以在图标中给出入口动作和出口动作等信息，如图12-1所示，其中(a)表示动作状态活动图，(b)表示活动状态活动图。

2) *动作状态图(Actions)*

动作状态图是指原子的，不可中断的动作，并在此动作完成后可转向另一个状态。动作状态有如下特点：

(1) 动作状态是原子的，它是构造活动图的最小单位。

（2）动作状态是不可中断的。

（3）动作状态是瞬时的行为。

（4）动作状态可以有入转换，入转换既可以是动作流，也可以是对象流。动作状态至少有一条出转换，这条转换以内部的完成为起点，与外部事件无关。

（5）动作状态与状态图中的状态不同，它不能有入口动作和出口动作，更不能有内部转移。

（6）在一张活动图中，动作状态允许多处出现。

UML 中的动作状态图用平滑的圆角矩形表示，如图 12 - 1(a)所示。

3）动作状态约束(Action Constraints)

动作状态约束：用来约束动作状态，通常包含动作状态的前置条件和后置条件等，主要和动作状态配合使用，说明其约束条件。如图 12 - 1(c)、(d)所示，分别表示后置条件和前置条件的约束，尖括号中描述了约束条件，大括号中表示动作的描述。

4）控制流(Control Flow)

活动之间的转换称为控制流，活动图的转换用带箭头的直线表示，箭头的方向指向转入的方向，如图 12 - 2(c)所示。

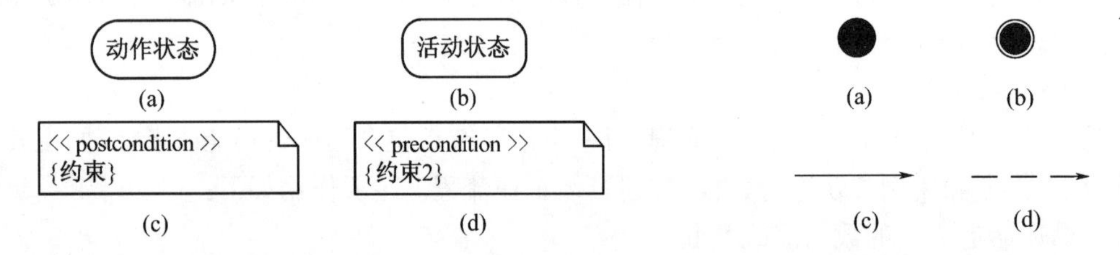

图 12 - 1　状态活动图，动作活动图和约束

图 12 - 2　节点和控制流

5）对象流(Object Flow)

对象流是动作状态或者活动状态与对象之间的依赖关系，表示动作使用对象或动作对对象的影响。用活动图描述某个对象时，可以把涉及到的对象放置在活动图中并用一个依赖将其连接到进行创建、修改和撤销的动作状态或者活动状态上，对象的这种使用方法就构成了对象流。

对象流中的对象有以下特点：

（1）一个对象可以由多个动作操作。

（2）一个动作输出的对象可以作为另一个动作输入的对象。

（3）在活动图中，同一个对象可以多次出现，它的每一次出现表面该对象正处于对象生存期的不同时间点。

对象流用带有箭头的虚线表示。如果箭头是从动作状态出发指向对象，则表示动作对对象施加了一定的影响。施加的影响包括创建、修改和撤销等。如果箭头从对象指向动作状态，则表示该动作使用对象流所指向的对象。如图 12 - 2(d)所示，通常用一个虚线的箭头，表示对象流。

6）开始节点(Initial Node)

开始节点表示成实心黑色圆点，如图 12 - 2(a)所示，表示活动图的起始。

7）终止节点(Final Node)

终止节点分为活动终止节点(Activity Final Nodes)和流程终止节点(Flow Final Nodes)。

活动终止节点表示整个活动的结束，而流程终止节点表示是子流程的结束，其表示方法如图12－2(b)所示，用一个有外圆包围的黑色圆点表示。图12－3给出了一个简单的活动图，其包含一个开始节点、活动1以及终止节点。

8）对象(Objects)

活动图中涉及对象时，可以用对象图表示。如图12－4所示，对象图用一个矩形表示，其中“文件”表示其具体的对象，“未指定”则表示该对象所属的类。

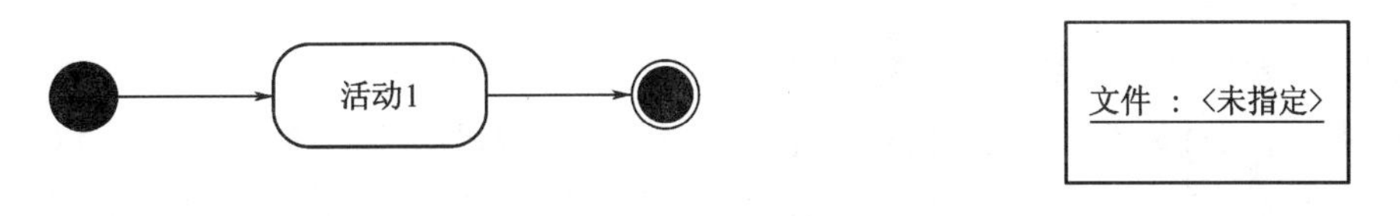

图12－3　简单示例　　　　图12－4　对象示意图

9）分支与合并(Decision and Merge Nodes)

在实际应用中，活动流程有顺序结构、分支结构和循环结构等。当从一个活动节点到另一个活动节点的转换有多条路径时，常用分支与监护条件来表示活动的分支结构。

分支与合并用菱形表示，分支有一个进入转换多个离开转换，并且每个离开转换上都会有一个监护条件，用来表示满足某种条件时才执行该转换，如图12－5所示。合并有多个转入和一个转出，通常在转出上会有一个监护条件，用来表示转换条件。

在活动图的表示符号中，没有提供直接表示循环的建模元素，但是可以利用分支来表示循环的活动流，利用控制流元素将分支连接形成循环。

10）分叉与汇合(Fork and Join Nodes)

活动图的一个特点就是可以表示并发的活动，通常用分支和监护条件表示的转换为非并发的，而使用分叉与汇合的要素表示的控制流则是并发的。

如图12－6所示，为了对并发的控制流建模，引入了分叉与汇合。分叉用于将动作流分为两个或多个并发运行的分支，而汇合则用于同步这些并发分支，以达到共同完成一项事务的目的。

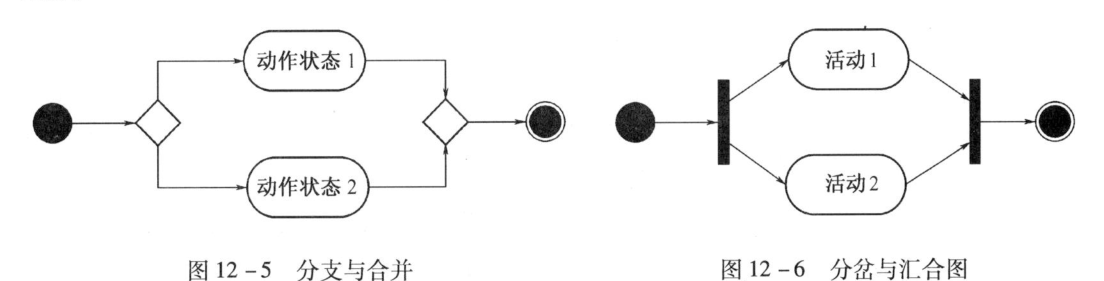

图12－5　分支与合并　　　　图12－6　分岔与汇合图

11）异常处理(Exception Handler)

当受保护的活动发生异常时，触发异常处理节点。通常在描述控制流的过程中，除了正常的业务外，针对异常的处理几乎是每个软件工程都必须要考虑的问题，在实际工程中，异常的出现也必将影响控制流的转换，因此需要描述异常处理。图12－7中给出了描述异常的图例，

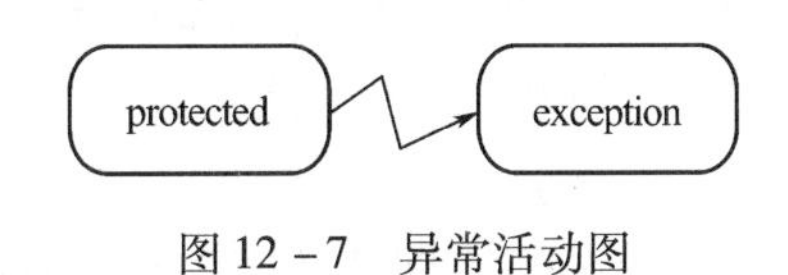

图12－7　异常活动图

其中 protected 表示正常的活动节点,通过折线箭头说明发生异常跳转,转入 exception 的节点,同时可以添加约束。

12) 泳道(Swim Lane)

为了有效地表示各个活动由谁负责的信息,可以通过泳道来实现。泳道将活动图中的活动划分为若干组,并把每一组指定给负责这组活动的业务组织,即对象。在活动图中,泳道区分了负责活动的对象,它明确地表示了哪些活动是由哪些对象进行的。在包含泳道的活动图中,每个活动只能明确地属于一个泳道。

泳道是用垂直实线绘出,垂直线分隔的区域就是泳道,并且在泳道的上方可以给出泳道的名字或对象的名字,该对象负责泳道内的全部活动。泳道没有顺序,不同泳道中的活动既可以顺序进行也可以并发进行,动作流和对象流允许穿越分隔线。图 12-8 所示为含有泳道的活动图,两个泳道分别指定客户对象和服务商对象为执行者,即负责对象。从图中可以看出,客户向服务商请求咨询服务,服务商完成联系客户的活动,此时控制流跨越边界进入客户的泳道,转入协商订单的活动,同时可以根据约束条件进入修改订单的活动中。客户在完成协商订单的活动后,转入服务商负责的泳道,进入修改订单的活动中,紧接着服务商转入将订单数据保存到数据库中的活动,最后转入结束节点。从图中可以看到,控制流可以跨越泳道之间的边界。

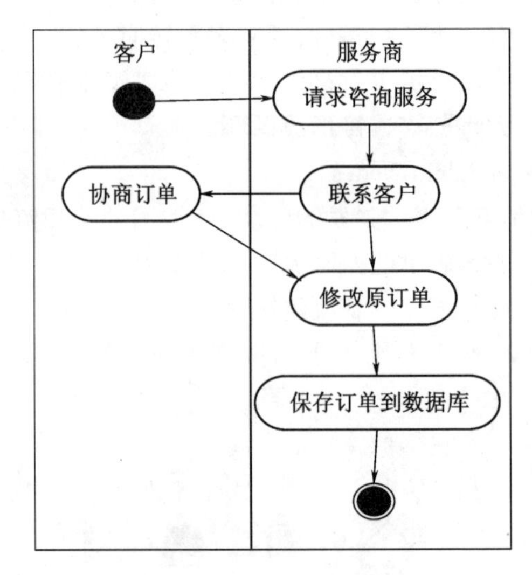

图 12-8　含泳道的活动图

12.2　活动图的分类

按照活动图表示的信息不同,可将活动图分为简单活动图、标识泳道活动图、标识对象流的活动图和复合活动图。

1. 简单活动图

简单活动图中没有标识活动的执行者,也没有在活动执行过程中标识创建了哪些对象,每个活动都是简单的活动。如图 12-9 所示。

2. 标识泳道的活动图

为了有效地表示各个活动由谁负责的信息,可以通过泳道(Swim Lane)来实现。每个泳道

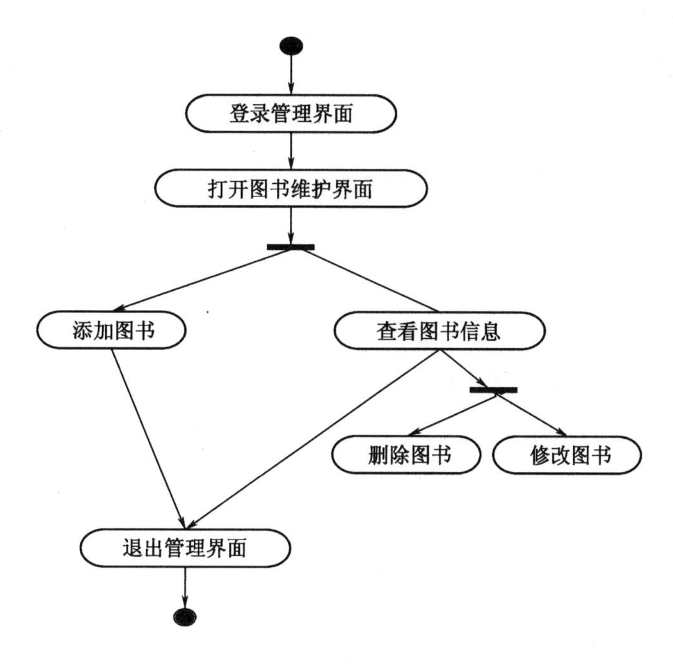

图 12－9　简单活动图

用一条垂直的线将它们分开,并且每个泳道都必须有一个唯一的名称。图 12－10 是在图 12－8的基础上修改而成的,突出了两个泳道之间的信息交流,从图中可以看到,活动图分为两个泳道,泳道之间可以跨越。

3. 标识对象流的活动图

在活动图中可能会有这样的一些现象：一些对象进入一个活动节点,经过活动处理,修改了对象的状态;活动节点创建了一些状态;输出一些状态。在这些活动中,对象与节点活动是紧密相关的。在标识对象活动图中可以把相关的对象标识出来。如图 12－11 所示。

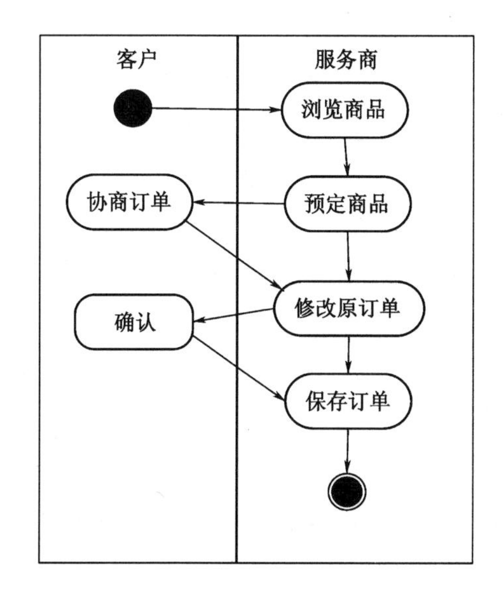

图 12－10　标识泳道活动图

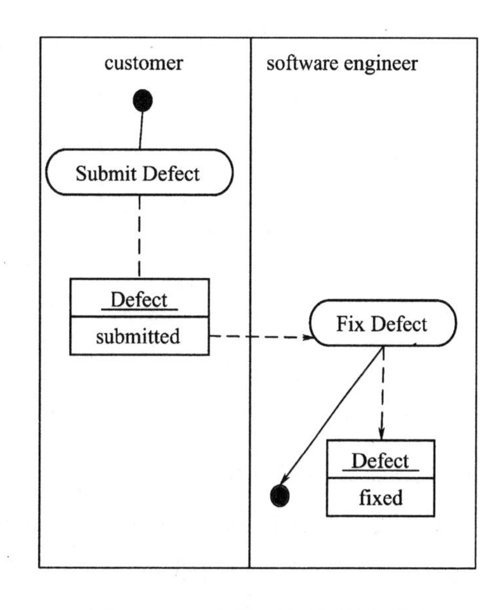

图 12－11　标识对象流的活动图

4. 标识信号的活动图

在活动图中包含以下信号元素(图 12－13):

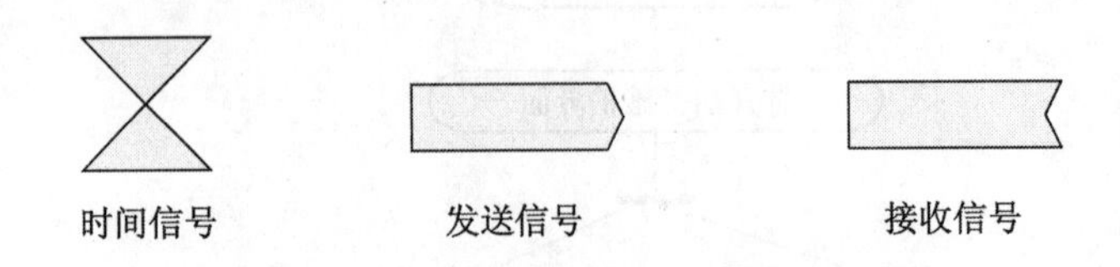

图 12－12　标识信号活动图中的信号元素

(1) 时间信号:用来表示随着时间的流逝而自动发出的信号,时间信号表示,当时间到达某个特定时刻时即会触发时间事件。

(2) 发送信号:即发出一个异步消息,对于发送者而言即为发送信号,对于接收者而言则为接收信号。

(3) 接收信号:即接收者收到的一个外部信号。

5. 标识参数的活动图

一个方法可以包含多个参数,一个活动节点也可能带有多个参数。在绝大多数情况下,并不需要在活动图上标明参数信息,如果打算标明每个活动节点执行之前需要输入哪些参数,活动节点执行后需要输出哪些参数,以及活动节点执行后要进行的错误处理,则可以在活动图中标明参数,使活动图表示更多的信息。如图 12－13 所示。

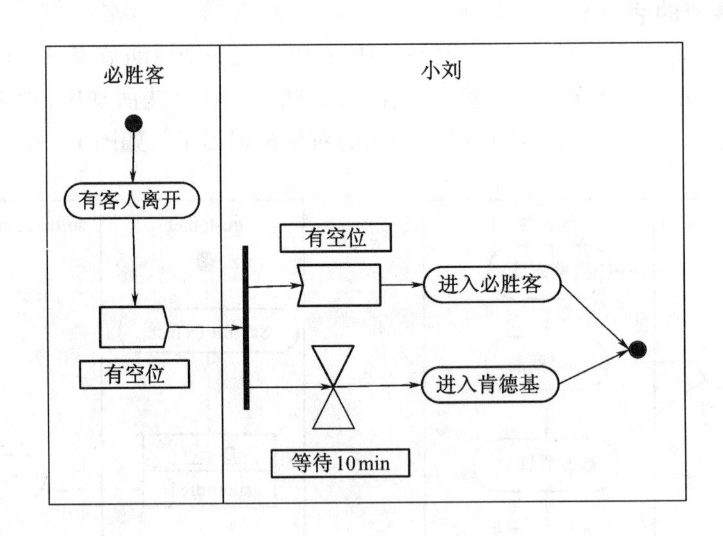

图 12－13　标识信号的活动图

6. 标识扩展区的活动图

在活动图中,有时需要表示一个活动需要多次执行的情况。此时就可以采用扩展区来表示活动节点的循环执行。如图 12－14 所示。

7. 嵌套活动图

如果一个活动图又包含了子活动图,则称这种图为嵌套活动图。如图 12－15 所示

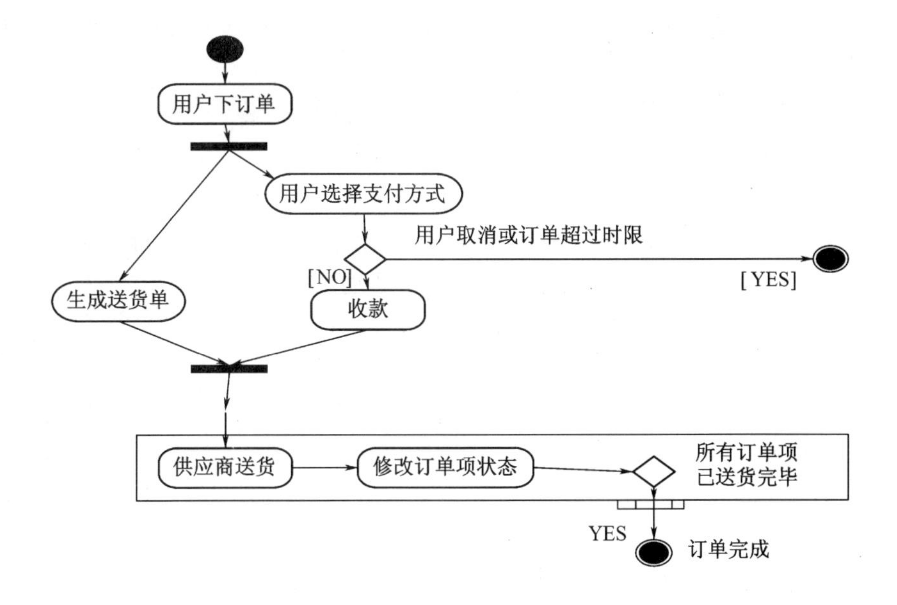

图 12－14 标识扩展区的活动图

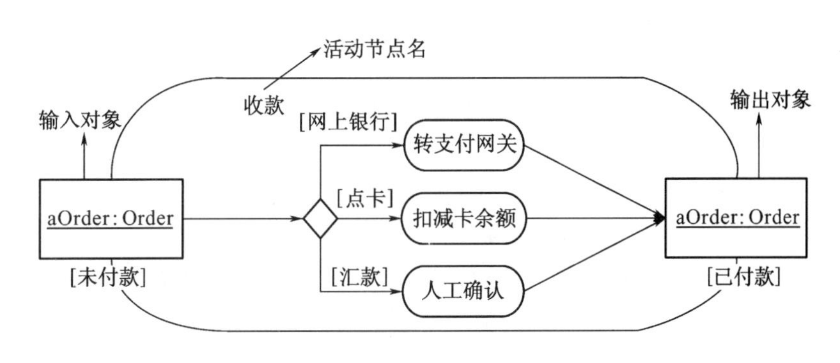

图 12－15 嵌套活动图

12.3 构建活动图

“活动图”是一种比较容易理解的模型,其与业务流程图比较类似,通常在实际工作中,绘制活动图需要注意以下几点:

(1) 定义活动图的范围。首先应该明确要对哪个流程建模。通常需要分析需求,并分解为功能完整同时功能尽量单一的流程。一旦明确了所作图的范围,应该在其顶部,用一个标注添加标签,指明该图的标题和唯一的标示符。也可以包括该图的时间甚至作者名。

(2) 是否使用泳道。如果可以明确该活动流程的实施者,则应该采用标识泳道的活动图,同时在绘制活动图前,应该找出活动的各个执行者,然后让每个执行者参与活动。

(3) 添加活动节点。各个活动节点应该对应单一完整的动作,或者一个不可分的一系列动作。在描述活动节点时,应最大限度地采用分支,以及分叉和汇合等基本的建模元素来描述活动控制流程。

(4) 添加约束。有时候,所建模的逻辑需要做出一个约束。有可能是需要检查某些事务或比较某些事务。要注重的是,使用约束是可选的。

（5）如果希望标识活动图中更详细的信息，就应在活动图中利用一些高级的建模元素。

12.4 小　结

活动图是另外一种常用的描述方法，在UML中多用于对系统的动态行为建模，它描述活动的顺序，展现从一个活动到另一个活动的控制流。活动图在本质上是一种流程图，可以用来对业务过程、工作流建模，也可以对用例实现。活动图和流程图最主要的区别在于，活动图能够标识活动的并行行为。

活动图是阐明了业务用例实现的工作流程或者一序列活动构成的控制流，它描述了系统从一种活动转换到另一种活动的整个过程。活动图通常用来描述系统的业务流程，每一个活动节点包含具体的功能或者活动，主要对业务过程、工作流和用例实现进行建模，描述具体工作流程。

活动图通常由活动状态图、动作状态图、动作状态约束、控制流、对象流、开始节点、终止节点、对象、分支与合并、分叉与汇合、异常处理等构成；按照活动图表示的信息不同，可将活动图分为简单活动图、标识泳道活动图、标识对象流的活动图和复合活动图。

习 题 12

12－1　举例说明活动图和顺序图之间的区别及它们的特点。

12－2　试说明分支与分岔之间的区别。

12－3　说明标识泳道的活动图、标识对象的活动图、标识循环的活动图的概念并举例。

12－4　活动图的主要的应用场景有哪些？请简要说明它们之间的区别，并举一些实际的案例进行说明。

第13章　交互图

交互图是用来描述对象之间以及对象与参与者之间的动态协作关系以及协作过程中行为次序的图形文档。

用来描述一个用例的行为，显示该用例中所涉及的对象和这些对象之间的消息传递情况。包括顺序图、通信图（协作图）。一个用例需要多个顺序图或通信图，除非特别简单的用例。

13.1　顺序图

13.1.1　顺序图的概念

1. 顺序图

顺序图也称时序图（Sequence Diagram），描述了系统中对象之间传送消息的时间顺序。

2. 顺序图的作用

用来描述用例的实现，重点描述用例随时间的推移，消息的互动过程。

3. 顺序图的组成元素

（1）对象（Object）。

（2）生命线（Lifeline）。

（3）消息（Message）。

（4）控制焦点（激活）（Activation）。

13.1.2　顺序图的表示

在UML中，顺序图主要是描述系统中的实例对象的生命周期，标识系统中对象、对象的生命线、对象的控制焦点以及对象的交互的信息。通常顺序图的横向及从左到右排列的是对象，纵向是生命线、控制焦点等。一般生命线用虚线表示，对象的控制焦点用生命线上的矩形表示；从对象纵向延伸的生命线表示时间轴的正方向。

1. 对象

参与者实例也是对象；顺序图中水平方向为对象维；一般参与者和对象按从左到右顺序排列在顺序图的顶部。对象通常用矩形框表示。

2. 生命线

表示对象存在的时间。如果对象生命期结束，则用注销符号表示。

3. 控制焦点（激活期）

在对象的生命线上，包含一个矩形，表示对象执行某个动作的时期。

4. 消息

对象间交互信息的方式。

UML 中有 5 种消息，即调用（同步消息）、发送（异步消息）、返回、创建、销毁。

(1) 调用消息：发送者把消息发送后，等待，直到接收者返回控制，可表示同步。

(2) 发送消息：发送是指向对象发送一个信号，信号是一种时间，用来表示各对象间进行通信的异步激发机制。

(3) 返回消息：表示消息的返回。一般同步的返回不需画出，直接隐含，而异步返回则可用它。

(4) 创建：通常利用构造方法来实现，对象一创建，生命线就开始了。

(5) 销毁：生命终止符号用一个较大的叉形符号表示。

13.1.3 顺序图的循环和分支

每个交互片段都有一个操作符，操作符决定了交互片段的执行方式。

1. 表示分支的操作符——alt 和 opt

顺序图的表示方法如图 13－1 所示，图中展示了对象、生命线、控制焦点和消息的具体形式。同时顺序图中也可以表示对象行为的条件和循环分支。为了表示这两种行为，引入了交互片段、区域和操作符等概念。表示分支的操作符通常有两种：支持多条件的 alt 和支持单条件的 opt。图 13－1 表示了单条件的情况，其表示的逻辑是"如果 peddeleryId 不存在就先 create（PeddleryId），然后再执行 Add（productId）"。

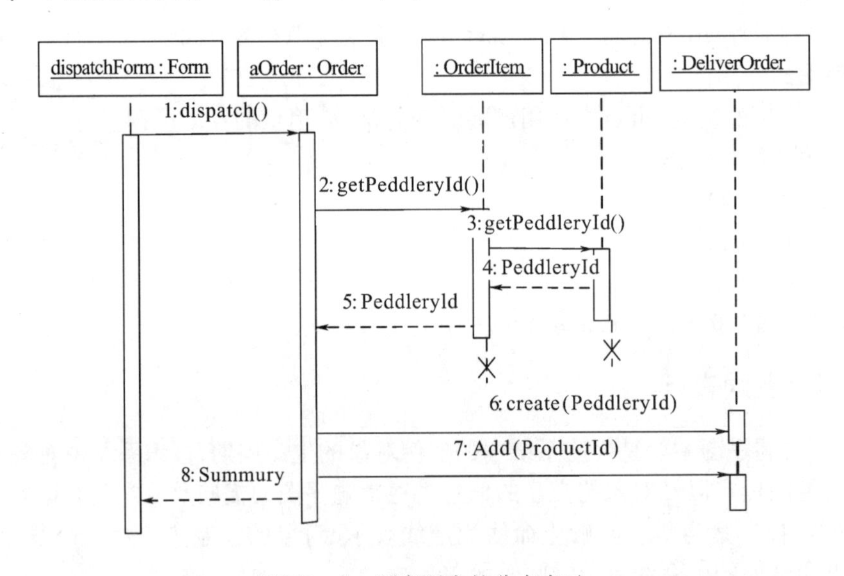

图 13－1 顺序图中的分支表示

2. 表示循环的操作符——Loop

UML 中使用 Loop 操作符表示循环，说明该片段可以执行多次，具体的循环的次数由监护条件表达式或直接表示。在图 13－2 中，循环的表示使用了两种方式，一种是利用片段以及操作符的是形式描述了 Loop，从图中可以看出，Loop 标在了左上角。图 13－2 中没有说明循环的次数，如果需要说明可以将左上角的操作符表示为 Loop(1,n) 或 Loop(10)。

交互片段是 UML2.0 新增加的特性，因此 UML1.0 没有该特性，此时可以采用第二种方式，即利用监护条件表示方法。图 13－3 显示了使用监护条件表示循环的例子，该示例中，迭代标识使用监护条件[for each orderItem]，表示针对 orderItem 进行循环。可以看出，迭代标记

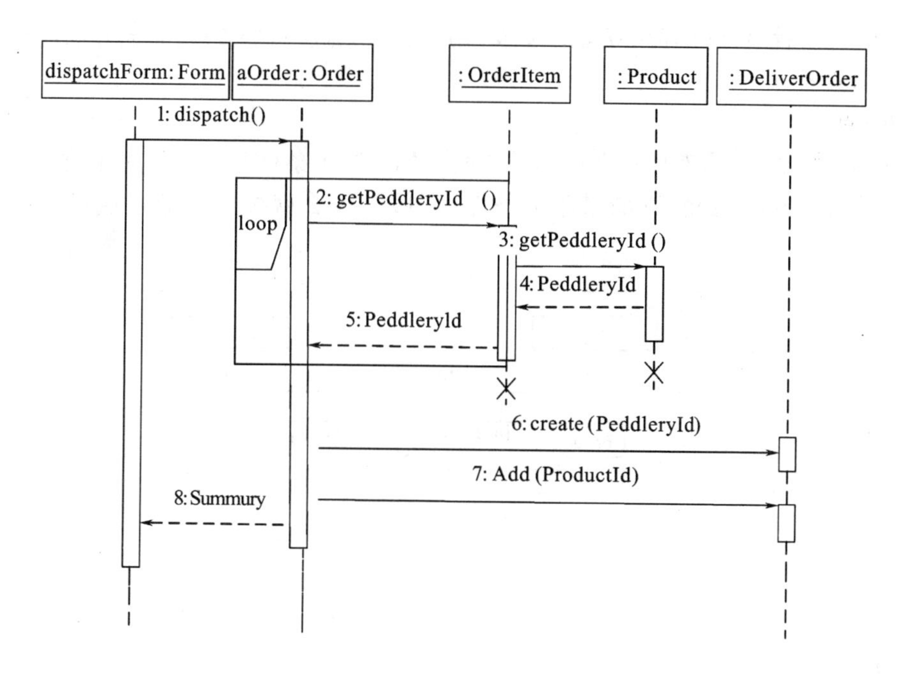

图 13－2　顺序图中的片段循环表示

是由一个监护条件前面附加“＊”来表示。循环的次数可以写在[ ]括号内。

当 Order 的实例对象 aOrder 调用 getPeddleryId( )返回 PeddleryId 的值后，根据监护条件[PeddleryId Not Exist]的结果判断是否调用 Create(PeddleyId)，如果没有则创建，然后再将对应的 Product 添加到这个 DeliverOrder 对象中，否则直接添加到相应的 DeliverOrder 对象中。

图 13－3 中加入了分别表示循环[for each orderItem]和分支[PeddleryId Not Exist]的监护

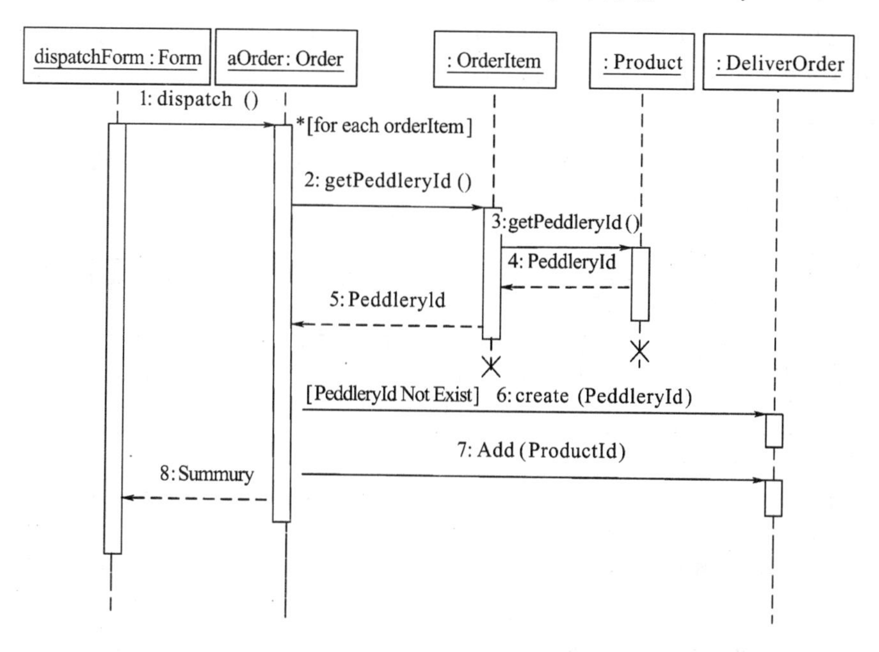

图 13－3　顺序图中的监护条件循环表示

条件。从中可以看出,这种表示方法不如交互片段表示方法更加直观,其循环的动作的界限不如交互片段清晰。

3. break

用 break 定义一个含有监护条件的子片段。如果监护条件为“真”则执行子片段,而且不执行子片段后面的其他交互;如果监护条件为“假”,那么就按正常流程执行。如图 13-4 所示。

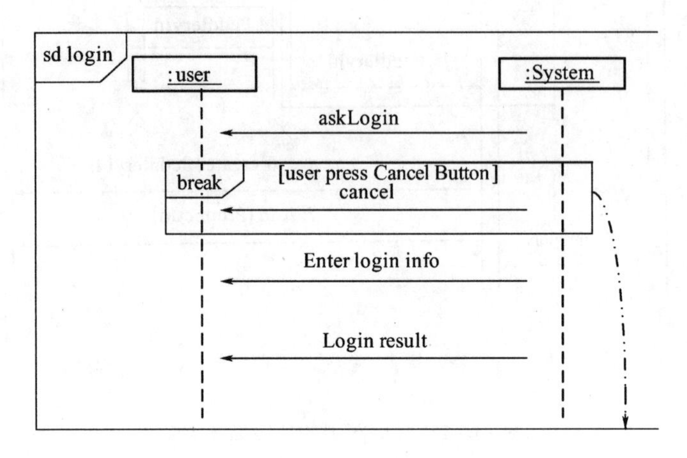

图 13-4 break 操作符

4. assert、consider、ignore

assert 用来表示执行过程中哪个时刻的行为是唯一有效的。

consider 包含一个子片段和一个消息类型列表。只有列表中的消息类型可以出现在子片段中,其他类型可以出现在实际的系统中,但是交互会忽略它们。consider 和 assert 操作符如图 13-5 所示。

ignore 也包含一个子片段和一个消息类型列表。列表中的消息类型可以出现在子片段中,但交互会忽略它们。它的含义与 consider 刚好相反。

5. critical

critical 表示子片段是“临界区域”,在临界区域中,生命线上的事件序列不能和其他区域中的任何其他事件交错。如图 13-6 所示。

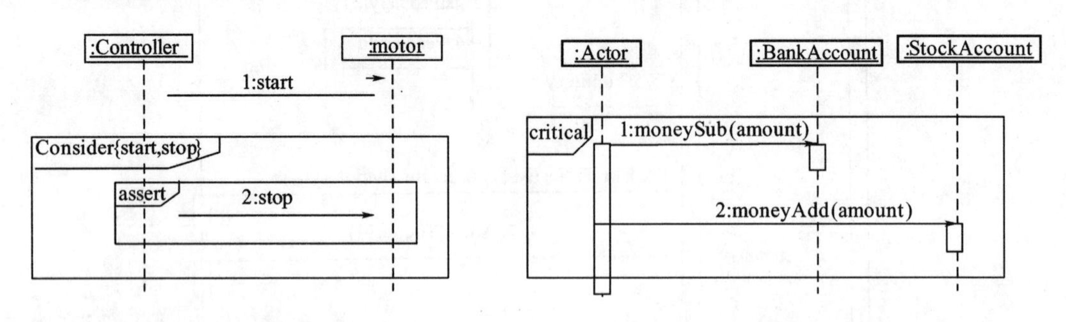

图 13-5 consider 和 assert 操作符

图 13-6 操作符 critical

6. par

par 是用来表示“并行”的,也就是用来表示两个或多个并发执行的子片段。并行是指,各个子片段的执行的顺序可以是任意的,其操作的先后顺序由系统调度决定,通常是不可预期的。如果采用了 critical 区域进行限制,则生命线上的事件序列不能和其他区域中的任何事件交错。如图 13 -7 所示。

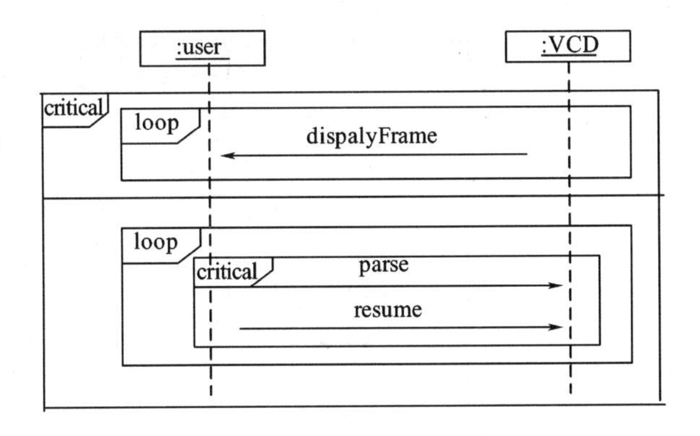

图 13 -7　par 操作符

7. ref

ref 用来在一个交互图中,引用其他的交互图。在一个矩形框的左上角标识 ref 操作符,并在方框中写明被引用的交互图名称。如图 13 -8 所示。

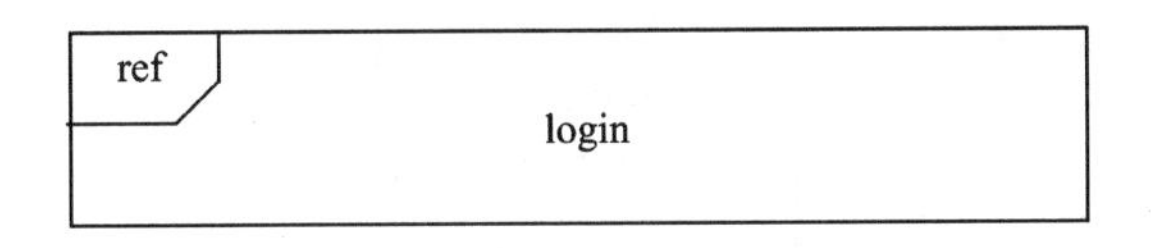

图 13 -8　ref 操作符

13.1.4　绘制顺序图

以饮料自动销售系统为例,对"买饮料"的三种场景进行建模,对每一个场景,绘制其对应的顺序图。

下面是买到饮料的一般事件流:

(1) 顾客从机器的前端钱币口投入钱币,然后选择想要的饮料。

(2) 机器获得钱币,钱币到达钱币记录仪,记录仪更新自己的存储。

(3) 记录仪通知分配器,分配器检查是否有存货。

(4) 若有存货,分配器将该饮料送出。

(5) 钱币记录仪检查是否需要找零。

(6) 钱币记录仪更新自己的余额。

(7) 分配器将该饮料送出。

(8) 钱币记录仪将余额返回。

(9) 顾客接收饮料。

1. 买到饮料的场景对应的顺序图(图 13 -9)

2. 饮料"已售完"的场景(图 13 -10)

3. 机器没有合适的零钱(图 13 -11)

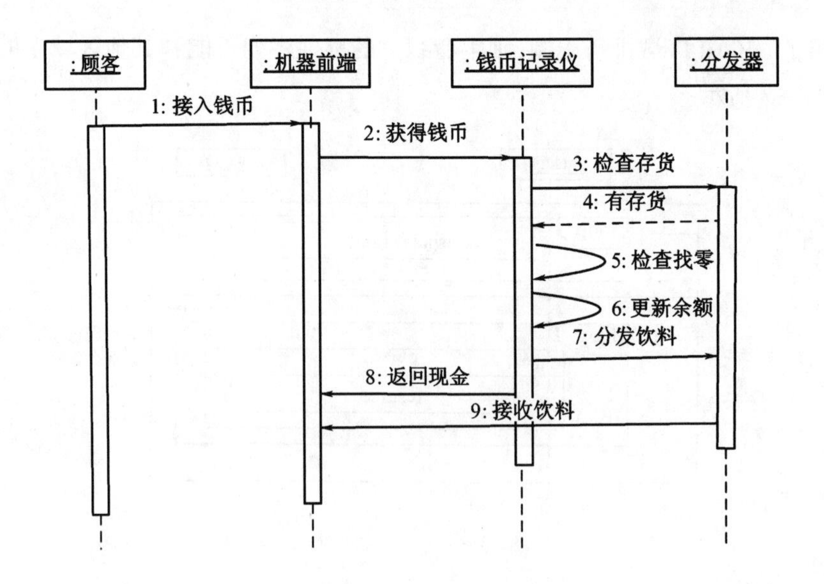

图 13－9　为买到饮料的场景

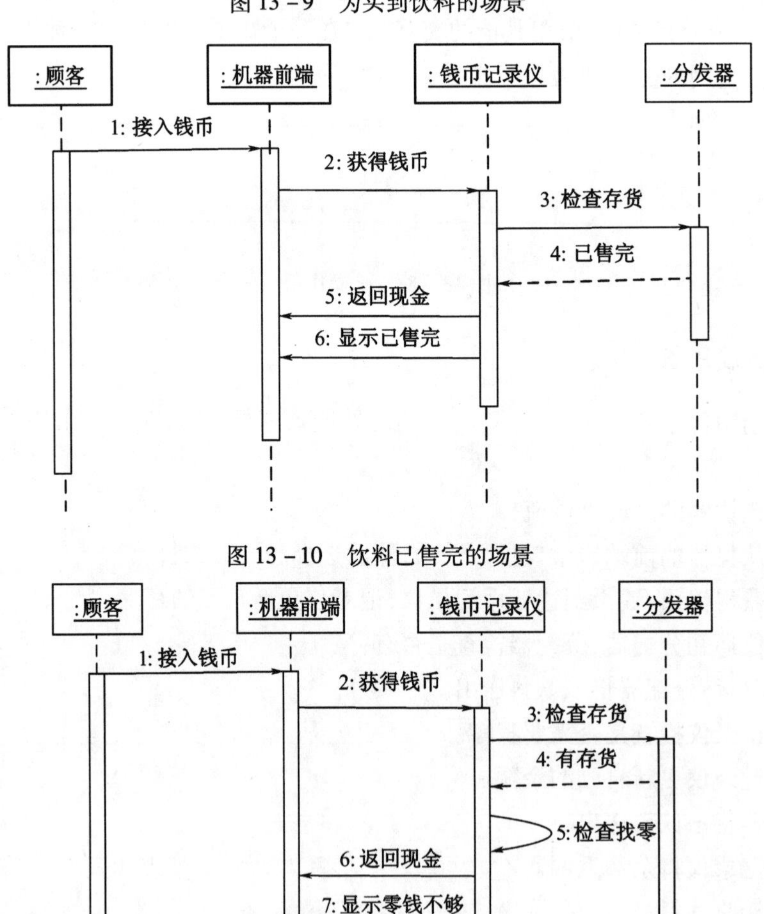

图 13－10　饮料已售完的场景

图 13－11　零钱“找不开”的场景

13.2 通 信 图

13.2.1 通信图的概念

1. 通信图

通信图也称协作图(Collaboration Diagram),描述系统中对象(或活动者)如何共同协作实现用例,强调的是参与交互的对象的组织。一般,顺序图和协作图之间可相互转换。

2. 通信图的作用

描述用例或用例中特定部分的行为,描述对象之间的联系或协作,说明系统的动态情况。

3. 通信图的组成元素

通信图的组成元素包括对象、消息和链。

13.2.2 通信图的表示

1. 对象

1) 多对象

多个对象的集合,往往是同类的对象。

如果消息同时发送给多个对象,则用多重对象表示。

在顺序图中仍然显示为同单对象一样的图标。

2) 主动对象(活动对象)

一组属性和一组方法的封装体,其中至少有一个方法不需要接收消息就能主动执行(称作主动方法)。

2. 链

用来连接对象,消息显示在链的旁边,一个链上可以有多个消息。在顺序图中不使用链,只有协作图中才使用链的概念。

3. 消息

通信图中的消息类型与顺序图中的相同。

为了说明交互过程中消息的时间顺序,需要给消息添加顺序号。顺序号是在消息的前面加一个整数。每个消息都必须有唯一的顺序号。

编号方式有无层次编号和嵌套编号。

4. 迭代标记

在顺序编号前加上一个迭代符"*"和一个可选的迭代表达式来表示,用来说明循环规则。

5. 监护条件

监护条件通常是用来表示分支,在UML中,监护条件以"[条件表达式]"的格式表示。

13.2.3 建立通信图的步骤

(1) 确定交互过程的上下文。

(2) 识别参与交互过程的对象。

(3) 如果需要,为每个对象设置初始特性。

(4) 确定对象之间的链,以及沿着链的消息。

(5) 从引发这个交互过程的初始消息开始,将随后的每个消息附到相应的链上。

(6) 如果需要表示消息的嵌套,则用 Dewey 十进制数表示法。

(7) 如果需要说明时间约束,则在消息旁边加上约束说明。

(8) 如果需要,可以为每个消息附上前置条件和后置条件。

13.3 顺序图与通信图比较

顺序图和通信图都属于交互图,都用于描述系统中对象之间的动态关系。二者在语义上是等价的,可以互换,但侧重点不同。

(1) 通信图描述的是和对象结构相关的信息。

(2) 通信图的用途是表示一个类操作的实现。

(3) 通信图对交互中有意义的对象和对象之间的链建模。

(4) 在 UML 中,通信图用几何排列来表示交互作用中的对象和链,附在链的箭头代表消息,消息的发生顺序用消息箭头处的编号来说明。

(5) 顺序图与通信图均显示了对象间的交互,但它们强调了不同的方面。

(6) 顺序图强调交互的时间次序,但没有显式地指明对象间的关系。

(7) 通信图清晰地显示了对象间的关系,但交互的时间次序不明显,必须从消息的序号中获得。

(8) 顺序图按照时间顺序布图,而通信图按照空间结构布图。

13.4 交互图的绘制

绘制交互图的步骤如下:

(1) 找出交互对象及其关系(仅对于通信图而言)。

(2) 确定对象之间交互的具体消息格式和流程,并用同步调用、异步消息、返回消息来表示。

(3) 利用交互片段(顺序图)或迭代标志及监护条件来表示循环和分支结构。

(4) 通过一些构造型来完善整个交互图。

13.5 小　结

交互图是用来描述对象之间以及对象与参与者之间的动态协作关系以及协作过程中行为次序的图形文档,用来描述一个用例的行为,显示该用例中所涉及的对象和这些对象之间的消息传递情况。本章重点讲解了顺序图和通信图(协作图)。

顺序图也称时序图(Sequence Diagram),描述了系统中对象之间传送消息的时间顺序,通常用于描述对象间的消息互动。顺序图一般由对象、生命线、消息和控制焦点组成。其中对象指实例的参与者,用于表示顺序图的水平纬度,生命线表示对象存在的时间,控制焦点表示执行某个动作的使其,其中消息是对相间交互的信息,一般包括调用(同步消息)、发送(异步消息)、返回、创建、销毁。

本章针对顺序图中对象的行为有循环和分支两种情况的问题,引入了交互片段、区域和操作符的概念。一个交互片段可以包含多个区域,每个区域拥有一个监护条件和一个复合语句,同时每个交互片段都有一个操作符,操作符决定了交互片段的执行方式。

通信图也称协作图(Collaboration Diagram),描述系统中对象(或活动者)如何共同协作实现用例,强调的是参与交互的对象的组织。对象通常是命名或者匿名的类的实例,也可以代表其他事物的实例。使用通信图可以说明系统的动态情况,可以显示对象相互协作时充当的角色。通信图的组成元素包括对象、消息和链。

通信图的对象行为与顺序图基本相同,因此文中没有做过多的描述,而是介绍了通信图的构建的步骤。最后文中比较了顺序图和通信图,指出顺序图强调的是消息的时间顺序,而协作图强调的是参与交互的对象的组织。

习 题 13

13－1 举出三个交互的实际例子,说明交互的概念和语义。

13－2 顺序图和通信图的组成元素分别是什么?

13－3 如何建立通信图?

13－4 试简述通信图和顺序图的区别。

13－5 如何绘制交互图?

13－6 以饮料自动销售系统为例,对“买饮料”的三种场景进行建模,对每一个场景,绘制其对应的顺序图。

第14章 状态机图

状态是指在对象生命周期中满足某些条件、执行某些活动或等待某些事件的一个条件和状况，一个状态通常包括名称、进入/退出活动、内部转换、子状态和延迟事件等部分；而状态机图是用来展示状态与状态之间转换的图。

14.1 状态机图

状态机图是用来为对象的状态及造成状态改变的事件建模。UML 的状态机图主要用于建立对象类或对象的动态行为模型，表现一个对象所经历的状态序列，引起状态或活动转移的事件，以及因状态或活动转移而伴随的动作。状态机图也可用于描述用例，以及全系统的动态行为。

状态机图表示一个模型元素在其生命期间的情况：从该模型元素的开始状态起，响应事件，执行某些动作，引起转移到新状态，又在新状态下响应事件，执行动作，引起转移到另一个状态，如此继续，直到终结状态。

14.1.1 状态机图的基本元素

状态机图的基本元素包括初始状态、终止状态、转移、事件、状态和复合状态。

状态图由状态（State，圆角矩形）与转换（Transition，连接状态的箭头）组成。引起状态改变的触发器（Trigger）或者事件（Event）沿着转换箭头标示。如图 14－1 所示，灯光有两个状态：off 与 on。当 Lift switch 或者 Lower switch 事件被触发时，灯光状态会改变。

状态图通常有初始状态和终止状态，分别表示状态机的开始和结束。初始状态用实心圆表示，终止状态用牛眼表示。如图 14－2 所示。

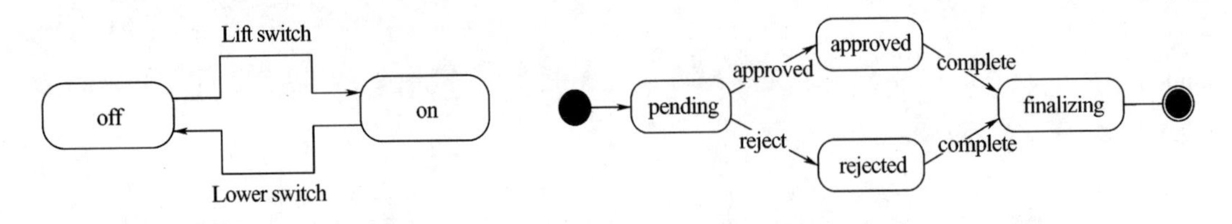

图 14－1 状态图的基本元素　　图 14－2 状态图中的初始状态与终止状态

状态是指在对象生命周期中满足某些条件、执行某些活动或等待某些事件的一个条件和状况 。一个状态通常包括名称、进入/退出活动、内部转换、子状态和延迟事件等部分。如图 14－3 所示。

在状态图的下面部分可以标识内部活动，包括事件和动作（Event/Action）。entry 和 exit 事件是标准的，任何一个进入状态的转换都将会调用 entry 动作，任何一个退出状态的转换都将会调用 exit 动作，而且也可以添加自己的事件。与 do 行为不同，进入和退出行为是无法被

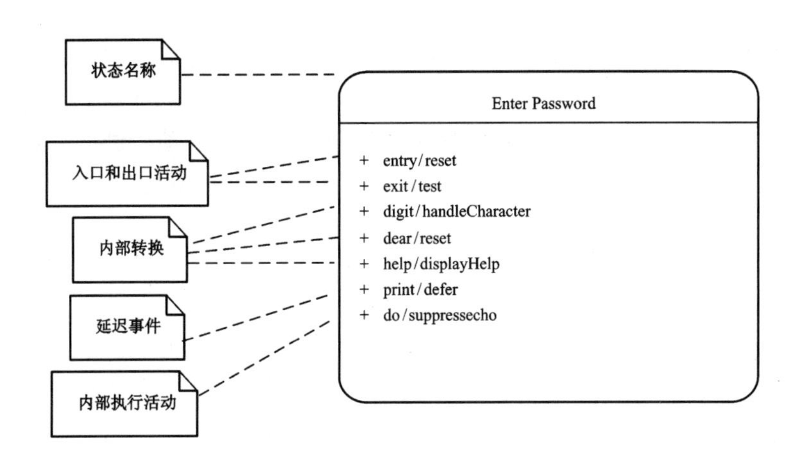

图 14-3　带分栏的状态

中断的。如图 14-4 所示。

例如,咖啡机正在煮咖啡的状态(Brewing),并且可以把行为写在状态内。如图 14-5 所示。

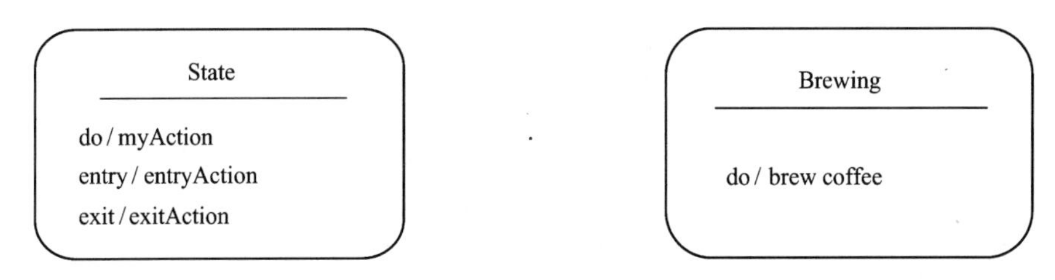

图 14-4　状态的内部行为　　　　图 14-5　状态中 do 的行为细节

内部转换(Internal transition)是对事件做出响应,并执行一个特定的活动,但并不引起状态变化或进入转换、离开转换,用来处理一些不离开该状态的事件。内部转换的表示方法为"rigger[guard]/behavior",并且被列在状态内。

14.1.2　转换(Transition)

转换以箭头显示,描述状态从源状态到目标状态的改变。转换描述(Transition description)描述引起状态改变的情况。完整的转换描述表示法是"触发器[监护条件]/转换行为"(trigger[guard]/behavior),每个元素都可以选择。如图 14-6 所示。

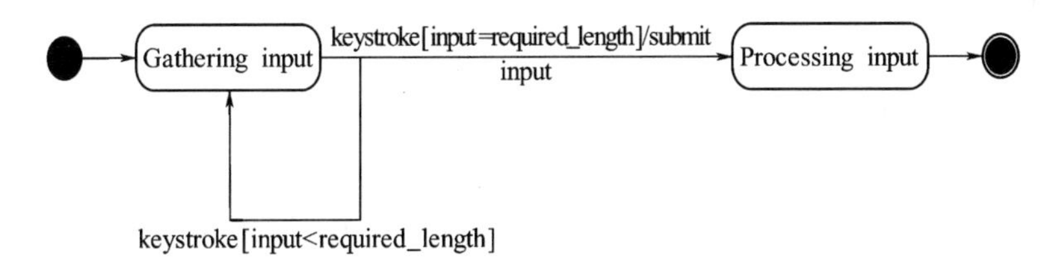

图 14-6　状态图为触发器、监护条件和转换行为之一建模

触发器(Trigger)是能够引起转换的事件,在图 14-6 处理用户输入的系统里,keystroke 触发器可引发系统状态从 Gathering input 改变到 Processing input。

监护条件(Guard)是允许或封锁转换的一个 Boolean 条件。如果条件为真,接受该转换;否则,封锁该转换,停留在原状态。示例中,在按键盘键后,触发器运行,如果该输入少于要求的长度,Guard 可以用来封锁该转换。

转换行为(Transition behavior)是转换发生时所执行的连续活动。例如,状态从 Gathering input 改变到 Processing input 时执行 Submit input 的动作。图 14-6 也显示状态可以转换成自身,即 Self-transition。

14.1.3 伪状态(Pseudo State)

伪状态指在一个状态机中具有状态的形式,同时具有特殊行为的顶点。它是一个瞬时状态,用于构造转换的细节。当伪状态处于活动时,状态机还没有完成从运行到完成的步骤,也不会处理事件。伪状态用来连接转换段,到一个伪状态的转换意味着会自动转换到另一个状态而不需要事件来触发。

伪状态包括初始状态、入口点、出口点、选择和合并、结合和分叉、连接、终止和历史状态。

入口点是状态内的一个外部可见的伪状态,外部转换可以将它作为目标。包含入口点的状态将成为转换的有效目标状态,在 UML 中,用状态符号边框的空心圆表示。出口点也是状态内的一个外部可见的伪状态,外部转换可以将它作为源,它代表状态内的一个终态,在 UML 中,用状态符号边框的十字交叉圆表示。如图 14-7 所示。

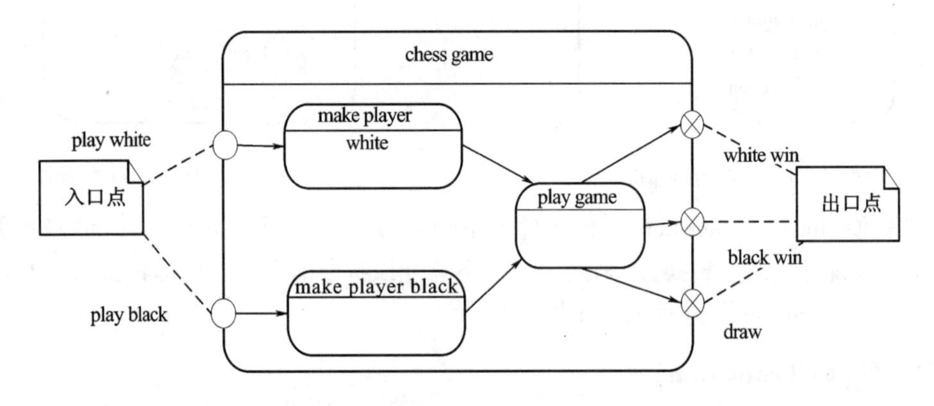

图 14-7 入口点与出口点

选择伪状态用来强调由 Boolean 条件决定接下来执行哪个转换,根据节点后的警戒条件动态计算选择转换路径,在 UML 中用菱形表示,其输出必须包含警戒条件且不能有触发器。合并表示两个或者多个可选的控制路径汇合在一起,在 UML 中用菱形表示。如图 14-8 所示。

分叉和结合伪状态表示分叉成并行状态,然后再结合在一起。在 UML 中用一段粗线表示。如图 14-9 所示。

连接是状态机中表示整体转换为部分的一种伪状态。在 UML 中连接用小的实心圆表示。如图 14-10 所示。

历史伪状态,用于表示退出所属的复合状态后,记录复合状态之前处于活动的子状态。历史伪状态包括浅度历史伪状态和深度历史伪状态。浅度历史伪状态用带字母 H 的圆表示,深度历史伪状态用带字母 H 和 * 的圆表示。

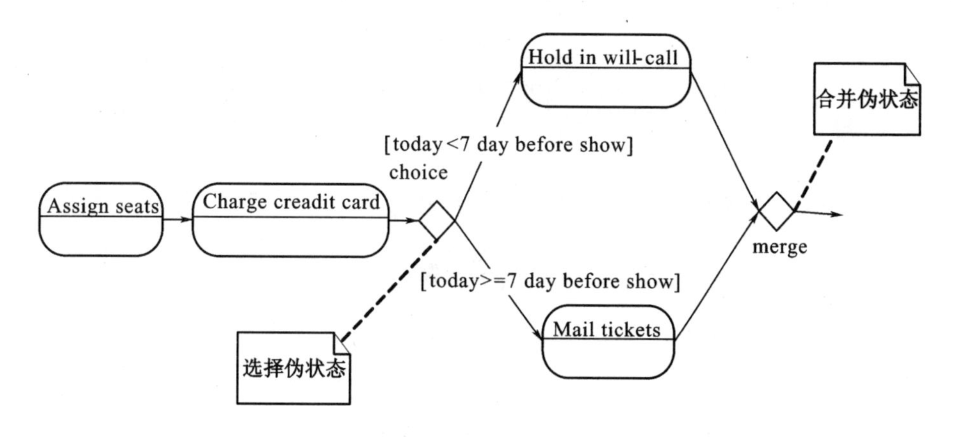

图 14－8　选择伪状态

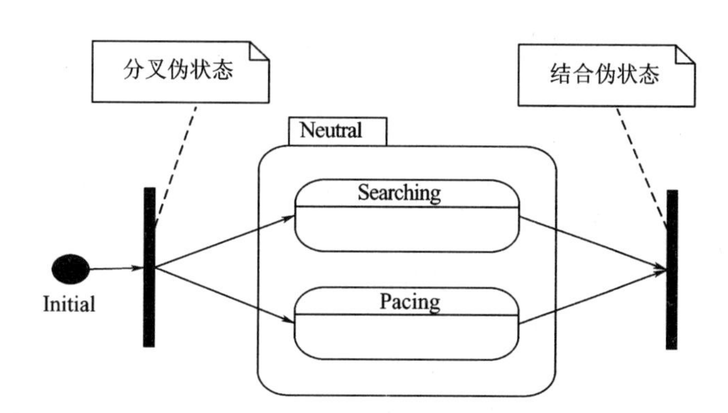

图 14－9　分叉与结合伪状态

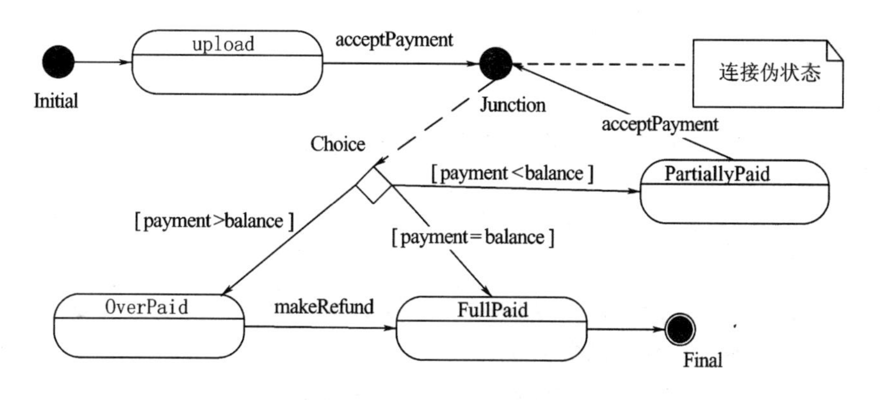

图 14－10　连接伪状态

14.1.4　复合状态

UML 中的复合状态（Composite State）允许并发（Concurrent）的状态，即处在某个状态的对象同时在做一个或多个事情。每个组成状态包含一个或多个状态图的状态，每个图属于一个区域，各区域以虚线分隔，区域内的状态被称为组成状态的子状态。如图 14－11 所示。

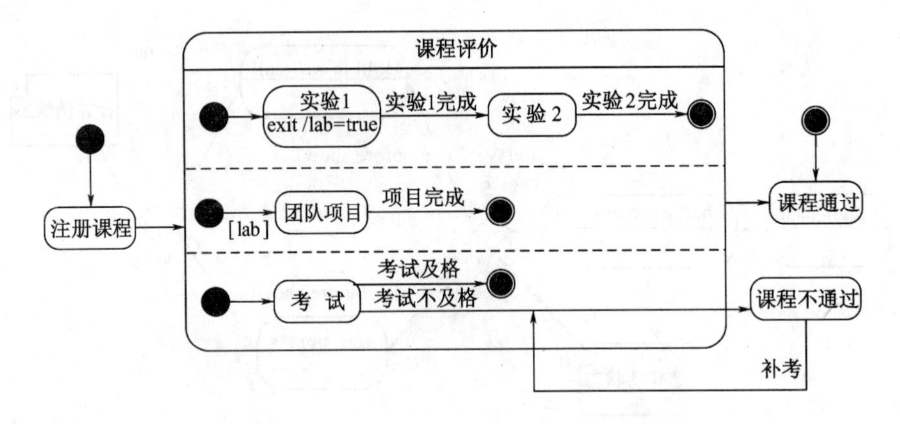

图 14－11　复合状态包含一个或多个状态图

14.2　状态机图的例子

前面已经阐述了状态机图的基本组成，引入了内部转换、状态的进入和退出动作、活动、延迟事件等，最后还介绍了各种符合状态。下面说明绘制状态机图的一般步骤：

（1）抽象主要的状态。

（2）寻找外部事件，以便确定状态之间的转换。

（3）详细描述每个状态和转换。

（4）把简单状态图转换为复合状态图。

这里以购物网站涉及的订单的状态机图构建为例，说明状态机图的绘制过程。

在绘制状态机图时，第一步就是从具体的需求中抽象出主要的状态。对于电子商务网站的订单功能部分，通常订单可以被抽象为对象，以订单为对象对该部分功能进行分析，抽象订单的各个状态，以及有哪些事件触发订单状态的变化。

1. 抽象状态

通过分析订单的功能业务，订单有以下 6 种状态：订单未确认、已取消、被确认、已修改、已付款、已完成。

（1）用户在选购商品后，通过触发订购事件产生订单，用户向服务器提交本次形成的订单，此时订单处于未确认状态。

（2）用户可以浏览保存在服务器端未确认的订单，并且可以进行修改和删除等操作，当触发删除订单事件时，则订单处于已取消状态。

（3）用户在浏览自己的订单列表，确认无误后，可以触发确认订单事件，即不再对订单进行修改，和服务商之间形成了约定，从而可以进入订单的确认状态。

（4）用户可以浏览保存在服务器端未确认的订单，并且可以进行修改，当触发修改订单事件时，则订单处于修改状态。

（5）当订单处于确认状态后，用户就可以触发付款的事件，从而使订单处于已付款的状态。

（6）当服务商处理了该订单，对订单中的商品进行了出库处理，同时客户确认了该订单的商品的到货，则订单将处于完成状态。

2. 确定事件

订单可能处于上述的多种状态，其状态之间转换的事件有以下几种：

(1) 订购商品()：客户订购商品，初始状态到未确认状态的转换。

(2) 取消订单()：客户对处于未确认状态的订单进行取消，从而进入取消状态。

(3) 修改订单()：客户对处于未确认状态的订单进行修改，从而进入已修改状态。

(4) 付款()：客户对处于已确认或已修改状态的订单进行付款操作，从而进入已付款状态。

(5) 发货()：服务商对订单进行处理，发送订单中的货物。

(6) 双方确认()：客户对处于未确认状态的订单进行确认操作，从而进入已确认或者已提交状态。

3. 构建状态机图

现在知道了订单的各个状态，以及分析了订单状态发生改变的外部事件。下面分析状态之间的转换，即确定订单所处的状态及其转换。首先可以使用表格的形式分析状态之间的跳转，然后构建状态机图。

通常可以将抽象出来的各个状态，分别作为表格的横向和纵向的列名，分析各个状态的转换关系，并将转换的事件作为表格的内容，如表 14-1 所列。

表 14-1　事件与状态转换

源目标	未确认	已取消	被确认	已修改	已付款	已完成
未确认	订购商品	取消订单	经双方确认	修改订单		
已取消						
被确认					付款	
已修改					付款	
已付款						已发货
已完成						

由表 14-1 可知，初始状态是客户未做出任何激励的状态，如浏览网页。当客户触发了订购商品()的事件后，状态转换为订单未确认状态；未确认状态可转换为已取消、被确认、已修改三种状态，其转换事件分别为取消订单()、双方确认()、修改订单()；被确认状态和已修改状态可以通过事件付款()转换为已付款状态；最后已发货()事件可以使得已付款状态转换为已完成状态。订单状态如图 14-12 所示。

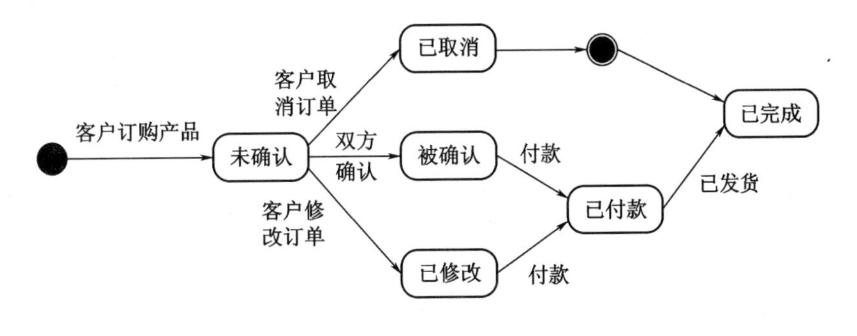

图 14-12　订单状态图

14.3 状态机图应用范围

状态机图的主要应用范围有两种：一种是在对象的生命周期内，对一个对象的整个活动状态建模；另一种是对反应型对象的行为建模。

（1）在实际的应用中，通常状态机图用于描述对象的生命周期中的各个阶段，即描述对象在生命周期内，对象所处的状态及各个状态之间转换的条件。交互图建模是用于描述多个对象之间的协作，从而完成某个功能，而状态机图则是强调单个对象在这个生命周期内的行为模型。

状态机图主要是描述对象所处的状态、描述对象状态的转移条件、产出的行为，以及行为的后果。

（2）针对反应型对象建模的着重点则在于描述对象从一个状态到另外一个状态的转换、转换所需要触发的事件，以及每个状态改变时发生的动作和活动。

14.4 小　结

状态是指在对象生命周期中满足某些条件、执行某些活动或等待某些事件的一个条件和状况，一个状态通常包括名称、进入/退出活动、内部转换、子状态和延迟事件等部分；而状态机图是是用来展示状态与状态之间转换的图。状态机图是用来为对象的状态及造成状态改变的事件建模，主要用于建立对象类或对象的动态行为模型，表现一个对象所经历的状态序列，引起状态或活动转移的事件，以及因状态或活动转移而伴随的动作。

状态机图的基本元素包括初始状态、终止状态、转移、事件、状态和复合状态等。状态机图的主要应用范围有两种：一种是在对象的生命周期内，对一个对象的整个活动状态建模；另一种是对反应型对象的行为建模。本章在介绍状态机图基本知识的基础上也给出了一个简单的示例。

习题 14

14－1　状态的定义是什么？对象的状态和对象的属性有什么区别？

14－2　状态机和状态图有什么区别？

14－3　状态机图由哪些部分组成？

14－4　在状态机图中，自身转换和内部转换的区别是什么？举例说明。

14－5　复合状态可以分为哪两种类型？说明它们之间的主要区别。

14－6　图 14－13 所示是酒店订餐系统中的简化的状态机图，请描述分析该图并描述该图的含义。

14－7　绘制状态机图的一般步骤是什么？举例说明绘制过程。

14－8　在什么情况下采用状态机图建模？说明状态机图、协作图和活动图之间的区别。

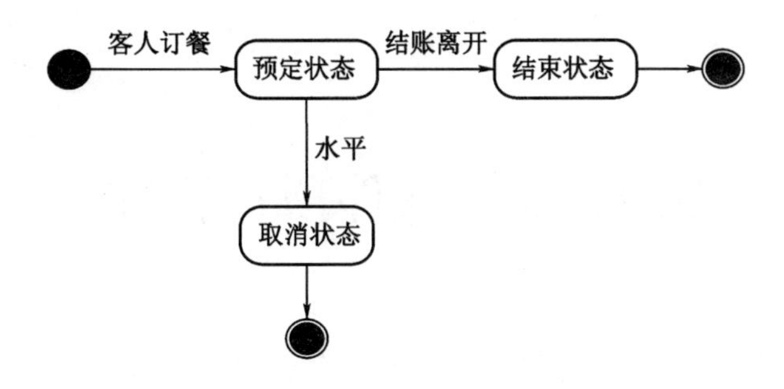

图 14－13　酒店订餐系统状态机图

第 15 章　软件项目管理

软件项目管理是为了使软件项目能够按照预定的成本、进度、质量顺利完成，而对人员(People)、产品(Product)、过程(Process)和项目(Project)进行分析和管理的活动。软件项目管理的根本目的是为了让软件项目尤其是大型项目的整个软件生命周期(从分析、设计、编码到测试、维护全过程)都能在管理者的控制之下，以预定成本按期，按质的完成软件并交付用户使用。而研究软件项目管理是为了从已有的成功或失败的案例中总结出能够指导今后软件开发的通用原则和方法，同时避免重蹈前人的错误。

软件项目管理的提出是在 20 世纪 70 年代中期的美国，当时美国国防部专门研究了软件开发不能按时提交，预算超支和质量达不到用户要求的原因，结果发现 70% 的项目是因为管理不善引起的，而非技术原因。于是软件开发者开始逐渐重视起软件开发中的各项管理。到了 20 世纪 90 年代中期，软件研发项目管理不善的问题仍然存在。据美国软件工程实施现状的调查，软件研发的情况仍然很难预测，大约只有 10% 的项目能够在预定的费用和进度下交付。

据统计，1995 年美国共取消了 810 亿美元的商业软件项目，其中 31% 的项目未做完就被取消，53% 的软件项目进度通常要延长 50% 的时间，只有 9% 的软件项目能够及时交付并且费用也控制在预算之内。

软件项目管理和其他的项目管理相比有相当的特殊性。首先，软件是纯知识产品，其开发进度和质量很难估计和度量，生产效率也难以预测和保证。其次，软件系统的复杂性也导致了开发过程中各种风险的难以预见和控制。Windows 这样的操作系统有 1500 万行以上的代码，同时有数千个程序员在进行开发，项目经理都有上百个。这样庞大的系统如果没有很好的管理，其软件质量是难以想象的。

软件项目管理的内容主要包括如下几个方面：人员的组织与管理，软件度量，软件项目计划，风险管理，软件质量保证，软件过程能力评估，软件配置管理等。这几个方面都是贯穿、交织于整个软件开发过程中的，其中人员的组织与管理主要集中在项目组人员的构成、优化上；软件度量主要是用量化的方法评测软件开发中的费用、生产率、进度和产品质量等要素是否符合期望值，包括过程度量和产品度量两个方面；软件项目计划主要包括工作量、成本、开发时间的估计，并根据估计值制定和调整项目组的工作；风险管理预测未来可能出现的各种危害到软件产品质量的潜在因素并由此采取措施进行预防；质量保证是为了保证产品和服务充分满足消费者要求而进行的有计划、有组织的活动；软件过程能力评估是对软件开发能力的高低进行衡量；软件配置管理针对开发过程中人员、工具的配置、使用提出管理策略。

15.1　软件项目成本管理

随着软件成本在计算机系统总成本中所占的比例越来越大，软件成本的估算已成为可行性研究中的重要内容,直接影响到软件开发的风险。

软件开发成本主要是指软件开发过程中所花费的工作量及相应的代价。它不同于其他物理产品的成本,不包括原材料和能源的消耗,主要是人的劳动的消耗。人的劳动消耗所需代价就是软件产品的开发成本。另一方面,软件产品开发成本的计算方法不同于其他物理产品成本的计算。软件产品不存在重复制造过程,它的开发成本是以一次性开发过程所花费的代价来计算的。因此软件开发成本的估算,应是从软件计划、需求分析、设计、编码、单元测试、组装测试到确认测试,整个软件开发全过程所花费的代价作为依据的。

1. 影响软件成本估算的因素

由于成本估算是软件项目开发管理的重要内容,是可行性研究的重要依据,为了正确进行成本估算,要求充分了解影响成本估算的因素,从而更有效地进行成本估算。影响成本估算的因素主要有:

(1) 软件产品的规模与复杂度。软件产品规模一般分为极大型、超大型、大型、中型、小型和微型。一般情况下,软件的规模越大软件越复杂,软件成本估算就越困难。

(2) 软件开发人员的业务水平。软件开发人员的素质、经验、开发软件的熟练程度直接影响软件的质量和软件的成本。

(3) 开发软件产品所需时间。对确定规模和复杂度的软件存在一个“最佳开发时间”,即完成整个项目的最短时间,选取最佳开发时间来计划开发过程,可以取得最佳的经济效益。一般软件产品开发时间越长成本越高。

(4) 软件开发技术水平。软件开发的技术水平主要指软件开发方法、工具和语言等,技术水平越高,开发周期越短。

(5) 软件可靠性要求。软件开发的可靠性要求越高,成本也就越高。一般根据软件解决问题的特点,要求适度的可靠性。

2. 软件成本的估算方法

对于大型软件项目,要进行一系列的估算处理,主要靠分解和类推的手段进行。基本估算方法分为三类。

1) 自顶向下的估算方法

这种方法是从项目的整体出发,进行类推。即估算人员根据以前已完成同类项目所消耗的总成本(或总工作量),来推算将要开发的软件的总成本(或总工作量),再按比例将它分配到各开发任务中以检验它是否满足要求。

这种方法的优点是估算工作量小,速度快;缺点是对项目中的特殊困难估计不足,估算出来的成本盲目性大,有时会遗漏被开发软件的某些部分。

2) 自底向上的估计法

这种方法是把待开发的软件细分,分别估算出每一个任务所需要的开发工作量,然后将这些工作量累加起来,得到软件开发的总工作量。这是一种常见的估算方法。它的优点是估算各个部分的准确性高;缺点是缺少各项子任务之间相互联系所需要的工作量,还缺少许多与软件开发有关的系统级工作量,如配置管理、质量管理、项目管理等。所以往往估算值偏低,必须用其他方法进行检验和校正。

3) 差别估计法

这种方法综合了上述两种方法的优点,将待开发的软件项目与过去已完成的软件项目进行类比,从其开发的各个子任务中区分出类似的部分和不同的部分。类似的部分按照已经完成的项目进行计算,不同的部分则采用相应的方法进行估算。这种的方法的优点是估算的准确程度高,缺点是不容易明确"类似"的界限。

3. 软件成本的估算模型

软件开发成本估算是依据开发成本估算模型进行估算的。开发成本估算模型通常采用经验公式来预测软件项目计划所需要的成本、工作量和进度数据。还没有一种估算模型能够适用于所有的软件类型和开发环境,因此下面将介绍一些有代表性的软件成本的估算模型。

1) 专家估算模型

专家估算模型是由 Rand 公司提出的,该模型由 n 位专家进行成本估算,每位专家根据系统规格说明书,反复讨论给出 a_i,b_i 和 m_i 的值,其中 a_i 表示估计的最小行数,b_i 表示估计的最大行数,m_i 表示最可能的行数。并按照下式反复估算源代码的期望值 L_i 和期望终值 L,即

$$L_i = \frac{a_i + 4m_i + b_i}{6}, \quad L = \frac{1}{n}\sum_{i=1}^{n} L_i$$

最后,通过与历史资料进行类比,推算出该软件每行源代码所需成本,将估算的源代码行数,乘以推算出的每行源代码所需成本,就得到该软件的成本估算值。

2) IBM 估算模型

1977 年,IBM 公司的 Walston 和 Felix 总结了 IBM 联合系统分部(FSD)负责的 60 个项目的数据,其中各项目的源代码行数从 400 行到 467000 行,开发工作量从 12PM 到 11758PM(PM 表示每人每月),共使用 29 种不同语言和 66 种计算机,利用最小二乘法拟合,得到如下估算公式:

工作量:$E = 5.2 \times L0.91$　　(L 是源代码行数,以 KLOC 计;E 以 PM 计)

项目持续时间:$D = 4.1 \times L0.36 = 14.47 \times E0.35$　　(D 以月计)

人员需要量:$S = 0.54 \times E0.6$　　(S 以人计)

文档数:$DOC = 49 \times L1.01$　　(DOC 以页计)

在此模型中,一条机器指令就为一行源代码,源代码行数不包括程序注释、作业命令、调试程序在内。对于非机器指令编写的源程序,例如汇编语言或高级语言程序,应通过转换系数 = 机器指令条数/非机器语言执行步数,将其转换成机器指令源代码行数来考虑。

IBM 模型是一个静态单变量模型,但不是一个通用的模型。在应用中有时要根据具体实际情况,对模型中的参数进行修改。这种修改必须拥有足够的历史数据,在明确局部的环境之后才能做出。

3) Putnam 估算模型

这是 1978 年 Putnam 提出的模型,是一种动态多变量模型。它是假定在软件开发的整个生存期中工作量有特定的分布。这种模型是依据在一些大型项目(总工作量达到或超过 30 个人年)中收集到的工作量分布情况(图 15 - 1)而推导出来的,但也可以应用在一些较小的软件项目中。

Putnam 模型可以导出一个"软件方程",把已交付的源代码(源语句)行数与工作量和开发时间联系起来。其中,td 是开发持续时间(以年计),K 是软件开发与维护在内的整个生存期所花费的工作量(以人年计),L 是源代码行数(以 LOC 计),Ck 是技术状态常数,它反映出

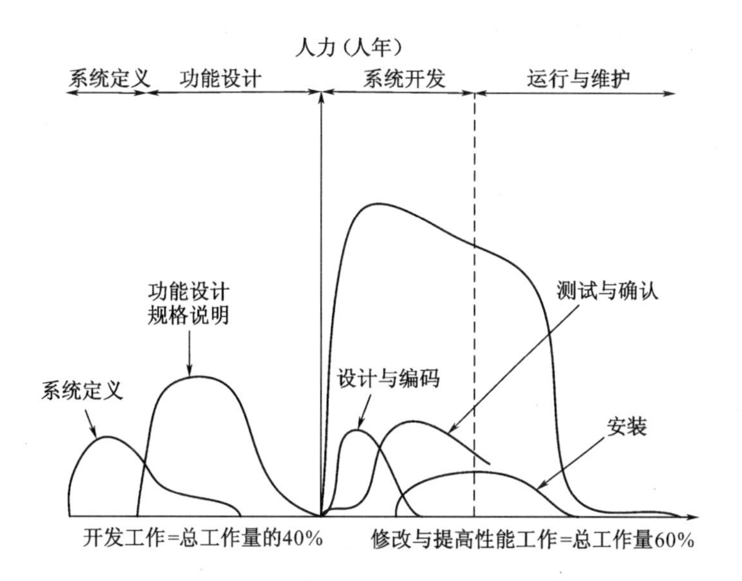

图 15－1　大型项目的工作量分布情况

“妨碍程序员进展的限制”，并因开发环境而异。其典型值的选取如表 15－1 所列。

$$L = Ck \cdot K^{\frac{1}{3}} \cdot td^{\frac{4}{3}}$$

表 15－1　技术状态常数 Ck 的取值

Ck 的典型值	开发环境	开发环境举例
2000	差	没有系统的开发方法，缺乏文档和复审，批处理方式
8000	好	有合适的系统开发方法，有充分的文档和复审，交互执行方式
11000	优	有自动开发工具和技术

4）COCOMO 模型

结构型成本模型（Constructive Cost Model，COCOMO）是由 Boehm 提出的结构型成本估算模型，它由 TRW 公司开发，是一种精确、易于使用的成本估算方法。

COCOMO 模型是一种层次模型，按其详细程度分为：

基本 COCOMO 模型：是一个静态单变量模型，只是将工作量（成本）作为程序规模的函数进行计算。

中间 COCOMO 模型：是一种静态多变量模型，除了工作量以外，还将对产品、硬件、人员及项目属性的主观评价作为“成本驱动因子”加入估算模型中。

详细 COCOMO 模型：除了中间的 COCOMO 模型的因素外，还加入了成本驱动因子对软件开发的每一个过程的影响的评估。

在 COCOMO 模型中，考虑开发环境，软件开发项目的总体类型可分为：组织型（Organic）、嵌入型（Embadded）和介于上述两种软件之间的半独立型（Semidetached）。

组织型：相对较小、较简单的软件项目。开发人员经验丰富、熟悉软件的开发环境，受硬件的约束较少，程序的规模不是很多（<5 万行）。大多数应用软件及老的操作系统、编译系统属此种类型。

嵌入型：此种软件要求在紧密联系的硬件、软件和操作的限制条件下运行，对接口、数据结构、算法要求较高。如航天类的控制系统、大型的操作系统、军事指挥系统属此种类型。

半独立型：对软件要求介于上述两者之间，软件规模和复杂性属于中等以上，最大可达30万行。如大多数事务处理系统，大型数据库系统、生产控制系统属此种类型。

在该模型中使用的基本量有以下几个：DSI(源指令条数)定义为代码或卡片形式的源程序行数。若一行有两个语句，则算做一条指令。它包括作业控制语句和格式语句，但不包括注释语句。KDSI = 1000DSI。MM(度量单位为人月)表示开发工作量。TDEV(度量单位为月)表示开发进度，它由工作量决定。

(1) 基本 COCOMO 模型的估算公式：

$$\mathrm{MM} = a \times \mathrm{DSI}^{b}$$

$$\mathrm{TDEV} = c \times \mathrm{MM}^{d}$$

式中：a,c 表示模型系数；b,d 表示模型指数。a,b,c,d 随开发模型类型不同而取值不同，其取值如表 15－2 所列。利用上面公式，可求得软件项目，或分阶段求得各软件任务的开发工作量和开发进度。

表 15－2　基本 COCOMO 模型参数表

开发模型	a	b	c	d
组织型	2.4	1.05	2.5	0.38
半独立型	3.0	1.12	2.5	0.35
嵌入型	3.6	1.20	2.5	

(2) 中间 COCOMO 模型。对 15 种影响软件工作量的因素 f_i 按等级打分，如表 15－3 所列。此时，工作量计算公式为

$$\mathrm{MM} = a \times \mathrm{KDSI}^{b} \times \prod_{i=1}^{15} f_i$$

表 15－3　影响软件工作量的 15 种因素及 f_i 的取值

工作量因素 f_i		非常低	低	正常	高	非常高	超高
产品因素	软件可靠性	0.75	0.88	1.00	1.15	1.40	
	数据库规模		0.94	1.00	1.08	1.16	
	产品复杂性	0.70	0.85	1.00	1.15	1.30	1.65
计算机因素	执行时间限制			1.00	1.11	1.30	1.66
	存储限制			1.00	1.06	1.21	1.56
	虚拟机易变性		0.87	1.00	1.15	1.30	
	环境周转时间		0.87	1.00	1.07	1.15	
人的因素	分析员能力		1.46	1.00	0.86	0.71	
	应用论域实际经验	1.29	1.13	1.00	0.91	0.82	
	程序员能力	1.42	1.17	1.00	0.86	0.70	
	虚拟机使用经验	1.21	1.10	1.00	0.90		
	程序语言使用经验	1.41	1.07	1.00	0.95		
项目因素	现代程序设计技术	1.24	1.10	1.00	0.91	0.82	
	软件工具的使用	1.24	1.10	1.00	0.91	0.83	
	开发进度限制	1.23	1.08	1.00	1.04	1.10	

这里所谓的虚拟机是指为完成某一个软件任务所使用的硬、软件的结合。

(3) 详细 COCOMO 模型。详细 COCOMO 模型的名义工作量公式和进度公式与中间 COCOMO 模型相同。按分层、分阶段给出工作量因素分级表(类似于表 15-3),针对每一个影响因素,按模块层、子系统层、系统层,有三张不同的工作量因素分级表,供不同层次的估算使用。每一张表中工作量因素又按开发各个不同阶段给出。

例如,关于软件可靠性(RELY)要求的工作量因素分级表(子系统层),如表 15-4 所列。使用这些表格,可以比中间 COCOMO 模型更方便、更准确地估算软件开发工作量。

表 15-4　软件可靠性工作量因素分级表(子系统层)

RELY 级别 \ 阶段	需求和产品设计	详细设计	编码及单元测试	集成及测试	综　合
非常低	0.80	0.80	0.80	0.60	0.75
低	0.90	0.90	0.90	0.80	0.88
正常	1.00	1.00	1.00	1.00	1.00
高	1.10	1.10	1.10	1.30	1.15
非常高	1.30	1.30	1.30	1.70	1.40

15.2　软件项目进度管理

软件项目进度管理是指在软件项目实施过程中,对各阶段的进展程度和项目最终完成的期限所进行的管理,是在规定的时间内拟定出合理且经济的进度计划(包括多级管理的子计划)。在执行该计划的过程中,经常要检查实际进度是否按计划要求进行,若出现偏差,便要及时找出原因,采取必要的补救措施或调整、修改原计划,直至项目完成。其目的是保证项目能在满足其时间约束条件的前提下实现其总体目标。

项目进度管理一般包含项目进度计划的制订和项目进度计划的控制两部分。

1. 项目进度计划的制订

软件开发项目的进度安排有两种考虑方式:

(1) 系统最终交付日期已经确定,软件开发部门必须在规定期限内完成。

(2) 系统最终交付日期只确定了大致的年限,最后交付日期由软件开发部门确定。

对于前一种情形,如果不能按时完成,用户会不满意,甚至还会要求赔偿经济损失,所以必须从交付日期开始往前推,安排软件开发周期中的每一个阶段的工作,适当的时候可以增加开发资源来节省时间;后一种安排能够对软件项目进行细致分析,最好地利用资源,合理地分配工作,而最后的交付日期可以在对软件进行仔细地分析之后再确定下来。

进度安排的准确程度可能比成本估算的准确程度更重要。软件产品可以靠重新定价或者靠大量的销售来弥补成本的增加,但是进度安排的落空,会导致市场机会的丧失,使用户不满意,而且也会导致成本的增加。

在制定进度安排时,要考虑开发人员人数与生产率的关系、任务的并行性、进度计划的制定、进度安排的方法等内容。

1) 软件开发小组人数与软件生产率

在软件开发中,生产效率和开发人数往往是成反比的。一个软件任务由一个人单独开发,生产率最高;而对于一个稍大型的软件项目,一个人单独开发,时间太长。因此软件开发组是必要的。有人提出,软件开发组的规模不能太大,人数不能太多,一般在 2 ~8 人为宜。

对于一个小型软件开发项目,一个人就可以完成整个软件的开发工作。随着软件项目规模的增大,不可能由一个人开发若干年来完成,这时就需要多人共同参与同一软件项目的开发工作,从而形成软件开发小组。但由于软件产品是逻辑产品不是物理产品,当几个人共同承担软件开发项目中的某一任务时,人与人之间必须通过通信来解决各自承担任务之间的接口问题。通信需要花费时间和代价,会引起软件错误增加,降低软件生产率。

如两个人之间需要通信,则在这两人之间存在一条通信路径。如果一个软件开发组有 m 个人,每两人之间存在一条通信路径,则总的通信路径有 $m*(m-1)/2$ 条。假设一个人单独开发软件,生产率是 10000 行/人年。若 6 个人组成一个小组共同开发这个软件,则需要 15 条通信路径。若在每条通信路径上耗费的工作量是 300 行/人年,则组中每人的生产率将降低为:

$$10000 - 15 \times 300/6 = 10000 - 770 = 9250 \text{ 行人年}$$

2) 任务的确定与并行性

当参加同一软件项目的人数不止一人的时候,开发工作就会出现并行情形。图 15 -2 所示为一个由多人参加的软件项目的任务图,图中的 * 表示项目阶段任务的里程碑。

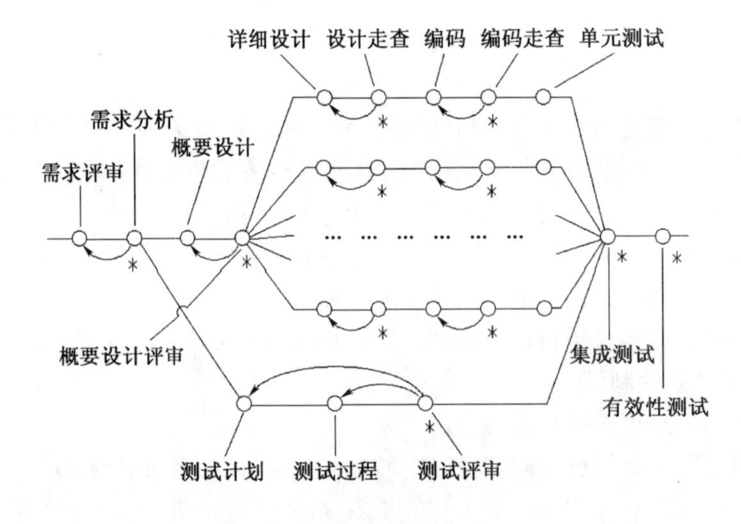

图 15 -2　软件项目的并行性

在软件开发过程中,首先进行项目的需求分析和评审,一旦软件的需求得到确认,并且通过了评审,概要设计(系统结构设计和数据设计)工作和测试计划制订工作就可以并行进行。

如果系统模块结构已经建立,对各个模块的详细设计、编码、单元测试等工作又可以并行进行。待到每一个模块都已经调试完成,就可以对它们进行组装,并进行集成测试,最后进行有效性测试,为软件交付进行确认工作。

在图 15 -2 中可以看到,软件开发过程中设置了许多里程碑。里程碑为管理人员提供了指示项目进度的可靠依据。当一个软件开发任务成功地通过了评审并产生了文档之后,一个里程碑就完成了。

软件工程项目的并行性提出了一系列的进度要求。因为并行任务是同时发生的,所以进度计划必须决定任务之间的从属关系,确定各个任务的先后次序和衔接,确定各个任务完成的持续时间。此外,项目负责人应重点关注构成关键路径的任务,即若要保证整个项目能按进度要求完成,就必须保证关键路径上的这些任务要按进度完成,否则整个项目就会延期。

3) 制订开发进度计划

在制订软件开发进度计划时,有一个简单的规则 40 - 20 - 40 规则,该规则指出在整个软件开发过程中,编码的工作量仅占 20%,编码前的工作量占 40%,编码后的工作量占 40%。

在实际的软件开发中,工作量分配比例必须按照每个项目的特点来决定。一般在计划阶段的工作量很少超过总工作量的 2% ~3%,除非是具有高风险的巨额投资项目。需求分析可能占总工作量的 10% ~25%。花费在分析或原型化上面的工作量应当随项目规模和复杂性成比例地增加。通常把设计评审与反复修改的时间考虑在内,软件设计的工作量为 20% ~25%,编码工作相对来说困难小一些,占总工作量的 15% ~20%,测试和随后的调试工作约占总工作量的 30% ~40%。

进一步由基本 COCOMO 模型可知,开发进度 TDEV 与工作量 MM 的关系为

$$\mathrm{TDEV} = c\mathrm{MM}^{d}$$

如果想要缩短开发时间,或想要保证开发进度,必须考虑影响工作量的那些因素。按可减小工作量的因素取值,表 15 - 5 是利用基本 COCOMO 模型,得出的一个较为准确的进度分配表。

表 15 -5 基于基本 COCOMO 模型的进度分配表

类型	开发阶段	规模(KDSI)				
		微型 <2	小型 8	中型 32	大型 128	特大型 512
组织型	计划与需求	10	11	12	17	
	设计	19	19	19	19	
	编码与单元测试	63	59	55	51	
	组装与测试	18	22	26	30	
半独立型	计划与需求	16	18	20	22	24
	设计	24	25	26	27	28
	编码与单元测试	56	52	48	44	40
	组装与测试	20	23	26	29	32
嵌入型	计划与需求	24	28	32	36	40
	设计	30	32	34	36	38
	编码与单元测试	48	44	40	36	32
	组装与测试	22	24	26	28	30

4) 进度安排的方法

软件项目的进度计划和工作的实际进展情况,通常采用表格工具、图示方法来描述各项任务之间进度的相互依赖关系。图示方法中必须明确标明:各个任务的计划开始时间,完成时间;各个任务完成的标志(如○表示文档编写和△表示评审);各个任务与参与工作的人数,各个任务与工作量之间的衔接情况;完成各个任务所需的物理资源和数据资源。

(1) 一般的表格工具。采用一般常用的表格描述进度直观明了。表 15 -6 是一个需要一年时间完成的软件项目的各项子任务的进度安排表。

表 15-6 进度安排表

任务＼月份	一	二	三	四	五	六	七	八	九	十	十一	十二
需求分析	■	■	■									
总体设计		■	■	■	■							
详细设计				■	■	■						
编码							■	■	■			
软件测试										■	■	■

(2) 甘特图。甘特图(Gantt Chart)是用水平线段表示任务的工作阶段,用垂直线表示当前的执行情况;线段的起点和终点分别对应着任务的开工时间和完成时间;线段的长度表示完成任务所需的时间。在甘特图中,每一任务完成的标准,不是以能否继续下一阶段任务为标准,而是必须交付应交付的文档与通过评审为标准。因此在甘特图中,文档编制与评审是软件开发进度的里程碑。图 15-3 给出了一个具有 5 个任务的甘特图,任务名称分别是 A、B、C、D、E。从甘特图上可以很清楚地看出各子任务在时间上的对比关系。

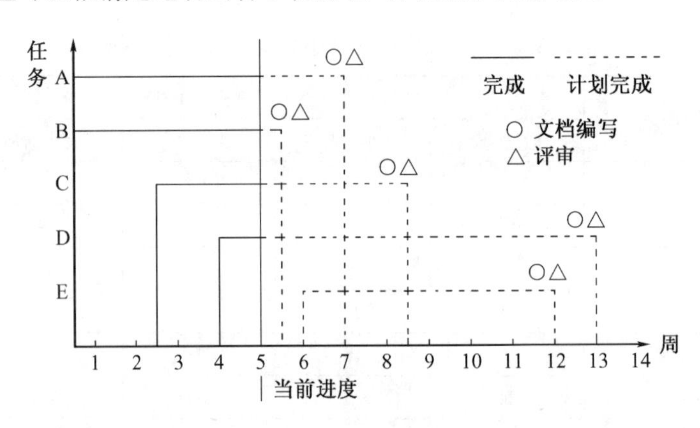

图 15-3 甘特图

甘特图的优点是标明了各任务的计划进度和当前进度,能动态地反映软件开发进展情况;缺点是难以反映多个任务之间存在的复杂的逻辑关系。

2. 项目进度计划的控制

软件项目管理的一项重要工作就是在项目实施过程中进行追踪,对过程进行严格的控制。追踪的方式常用的有以下几种:

(1) 定期举行项目状态会议。在会上,每一位项目成员报告他的进展和遇到的问题。

(2) 评价在软件工程过程中所产生的所有评审的结果。

(3) 确定由项目的计划进度所安排的可能选择的正式的里程碑。

(4) 比较在项目资源表中所列出的每一个项目任务的实际开始时间和计划开始时间。

(5) 非正式地与开发人员交谈,以得到他们对开发进展的客观评价。

上述方式在实际开发中可以综合使用。软件项目管理人员还利用“控制”来管理项目资源、覆盖问题、及指导项目工作人员。如果工作进行得顺利,即项目按进度安排要求且在预算内实施，各种评审表明进展正常且正在逐步达到里程碑，控制可以弱些。但当问题出现的时候，项目管理人员必须实行严格控制以尽可能快地排解问题。在问题被诊断出之后，可以适当地追加一些资源、重新部署人员或者重新调整项目进度。

15.3 软件项目配置管理

配置管理的概念源于美国空军，为了规范设备的设计与制造，美国空军1962年制定并发布了第一个配置管理的标准“AFSCM375 - 1, CM During the Development & Acquisition Phases”。而软件配置管理概念的提出则在20世纪60年代末70年代初，当时加利福利亚大学圣巴巴拉分校的Leon Presser教授在承担美国海军的航空发动机研制合同期间，撰写了一篇名为“Change and Configuration Control”的论文，提出控制变更和配置的概念，这篇论文同时也是他在管理该项目（该项目的开发过程进行过近1400万次修改）的一个经验总结。

软件配置管理（Software Configuration Management, SCM）是一种标识、组织和控制修改的技术。软件配置管理应用于整个软件工程过程，在软件建立时变更是不可避免的，而变更加剧了项目开发的混乱。SCM活动的目标就是为了标识变更、控制变更、确保变更正确实现。SCM的目的是使错误降为最小并最有效地提高生产效率。

软件配置管理，贯穿于整个软件生命周期，它为软件研发提供了一套管理办法和活动原则。软件配置管理无论是对于软件企业管理人员还是研发人员都有着重要的意义。

软件配置的主要任务有软件配置规划、软件变更控制和软件版本控制。

1. 软件配置规划

软件配置规划主要包含设置配置基线、标识配置项和建立配置库。

1）设置配置基线

当需要对软件进行配置管理时，各个阶段中的每一项成果都需要作为配置项进行标识，基线是阶段中所有软件配置项的集合。设置配置基线是实现软件配置管理的基础，可使软件生产获得有效的监控与追踪。实际上，在基于里程碑的工程过程中，配置基线是一个清晰的里程碑标记，可使项目负责人清楚地知道是否达到了里程碑目标。

配置基线一般按照软件的开发阶段进行，对应于需求分析阶段、软件设计阶段和软件实现阶段的配置基线是需求基线、设计基线与产品基线。

需求基线中的配置项有需求规格说明书、系统验收计划等。

设计基线中的配置项有概要设计说明书、详细设计说明书、数据库设计说明书、系统集成计划和单元测试计划等。

产品基线中的配置项有源程序文件、数据文件、数据库脚本、测试数据、可运行系统和使用说明书等。

2）标识配置项

标识配置项是为软件配置中的每个配置项设置一个唯一的标识，以使这些配置项能够被清楚地识别与追踪。

根据软件配置项的内容特征，可分为基本配置项和复合配置项两类。基本配置项具有单一元素特征，如某一份测试计划、某一组测试数据、某一源程序文件、某一数据文件、某一数据表等都属于基本配置项。复合配置项一般由多个元素组成，如某一测试方案、某一组件包、某一个子系统等都属于复合配置项。

为了使诸多配置项能够得到有效管理,通常还需为配置项建立分层目录,以便表示复合配置项中的更小软件配置项。

3）建立软件配置库

软件配置管理需建立开发库、基线库和产品库三个配置库。

(1）开发库(Development Library)。开发库是一个面向开发人员的成果库,这些成果一般是临时的,大多是需进一步完善的半成品。每个开发人员都应有自己的开发库,当开发人员进行开发时,可以从开发库提取开发资源进行系统创建,当开发人员结束开发时可以把新建资源或经过更新的资源保存到开发库中。

通过开发库可以动态跟踪开发人员的工作轨迹或还原开发人员以前的工作情况。有了开发库,可以使开发过程中的软件变更变得容易管理。

(2）基线库(Baseline Library)。基线库是一个面向项目组的成果库,用来保存被确认的基线成果。通常如果开发库中的成果经过评审并得到确认达到了基线标准,就可以将其从开发库移入基线库。

基线库是一个受到严格变更控制的配置库,里面的配置项处于半冻结状态,只有项目配置管理员或项目负责人具有操作权限,并需要经过严格评审才能变更,否则基线库中的内容是不允许改变的。

(3）产品库(Product Library)。产品库是一个面向软件开发机构的成果库,用来保存最终产品。产品库的管理权一般属于软件机构中的配置管理部门,只有该部门的人员才具有操作权限。

当软件开发任务全部完成之后,最终产品中的一切成果,如程序、文档、数据等都需要从基线库移入产品库。产品库处于完全冻结状态,里面的配置项原则上不允许变更。

2. 软件变更控制

变更控制的目的并不是控制变更的发生,而是对变更进行管理,确保变更有序进行。对于软件开发项目来说,发生变更的环节比较多,因此变更控制显得格外重要。

项目中引起变更的因素有两个：一是来自外部的变更要求,如客户要求修改工作范围和需求等;二是开发过程内部的变更要求,如为解决测试中发现的一些错误而修改源码甚至设计。比较而言,最难处理的是来自外部的需求变更。

软件变更控制的步骤是:

(1）提交书面的变更请求,详细说明变更的理由、变更方案、变更的影响范围等。

(2）变更控制机构对变更请求作出全面的评价,如变更的合理性、方案的技术价值与副作用、对其他配置项及整个系统的影响等。

(3）评价结果以变更报告形式提交给变更控制负责人确认。

(4）变更控制负责人执行变更。

上述步骤中,对变更的评价是最重要的一个环节。如果经过评价确认变更代价较小,并且不会影响到系统其他部分,则变更批准;如果变更的代价比较高或变更影响整个系统的结构,则必须慎重地权衡利弊,以确定是否批准变更。

3. 软件版本控制

软件开发过程会产生很多版本,每一版本是有关程序、文档和数据的一次完整收集。软件的多种版本是为了适应不同的操作系统或不同的用户类别对软件的不同要求。软件的不同版本还可用于控制软件进化,开发机构往往通过开发测试版到正式版再到升级版使软件逐步完善。图 15 -4 为例,配置对象 1.0 经过修改成为对象 1.1,又经历了小的修改和变更,产生了版本 1.1.1 和 1.1.2。紧接对版本 1.1 做了一次更新,产生对象 1.2,又持续演变生成了 1.3 和 1.4 版本。同时对对象 1.2 做了一次较大的修改,引出一条新的演变路径,即版本 2.0,版本 2.1。

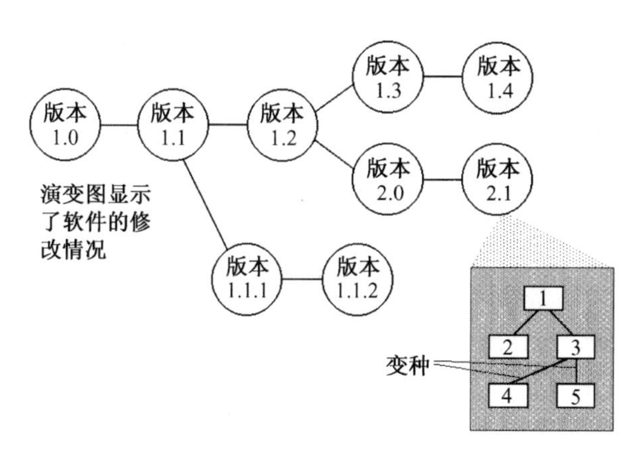

图 15 -4 软件的版本演变

软件版本也需要进行配置管理,否则可能会造成软件开发的混乱。软件版本通过版本号进行标识,并利用版本控制工具进行管理。常用的版本控制工具有 VSS(Visual Source Safe)、CVS(Concurrent Version System)、StarTeam、ClearCase、SVN、SourceAnywhere 等。其中 CVS 的安全性和版本管理功能较强,可以实现异地开发的支持,但 CVS 安装和使用多采用命令行方式,学习难度大,同时不提供对变更管理的功能,对于小型团队,可以采用 CVS 进行管理。ClearCase 功能完善,安全性好,可以支持复杂的管理,但学习曲线和学习成本高,需要集成 ClearQuest 才能完成完整的配置管理功能;StarTeam 很好地平衡了功能性、易用性和安全性,同时集成了版本管理、变更管理和缺陷管理。对大型的团队开发和建立组织级的配置管理体系,建议采用 ClearCase 和 StarTeam 作为配置管理工具。

15.4 软件项目质量管理

软件质量是贯穿软件生存期的一个极为重要的问题,是软件开发过程中所使用的各种开发技术和验证方法的最终体现。因此,在软件生存期中要特别重视软件的质量,以生产高质量的软件产品。

1. 软件质量的定义

关于软件质量的定义,有很多国际或国家标准规,如 ANSI 将软质量定义为“软件质量是软件产品或服务的特性和特征的整体,它取决于满足给定需求的能力”。IEEE 在 ANSI 的基础上,对有关软件质量的标准进行了进一步的定义:

(1) 软件产品具备满足给定需求的特性及特征的总体能力。

(2) 软件拥有所期望的各种属性组合的程度。

(3) 用户认为软件满足它们综合期望的程度。

(4) 软件组合特性可以满足用户预期需求的程度。

我国公布的“计算机软件工程规范国家标准汇编”中关于软件质量的定义与 IEEE 的定义

相同。

2. 软件质量特性

软件质量的质量特性主要有：

（1）功能性。指软件的功能达到它的设计规范和能满足用户需求的程度。功能性反映了所开发的软件满足用户陈述的或蕴含的需求的程度即用户要求的功能是否全部实现了。

（2）可靠性。在规定的时间和条件下，软件所能维持其性能水平的程度。可靠性对某些软件是重要的质量要求，它除了反映软件满足用户需求正常运行的程度，而且反映了在故障发生时能继续运行的程度。

（3）易使用性。指用户学习、操作、准备输入和理解输出的难易程度。它反映了用户软件与用户的友善性。

（4）效率：指在指定的条件下，用软件实现某种功能所需的计算机资源的有效程度。效率反映了在完成功能要求时，有没有浪费资源。

（5）可维护性。指在用户需求改变或软件环境发生变更时，对软件进行相应修改的容易程度。一个易于维护的软件系统应是一个易理解、易测试和易修改的软件，能够在不同软件环境上进行操作。

（6）可移植性：指软件从一个计算机系统或环境转移到另一个计算机系统或环境下的运行能力。

3. 软件质量保证步骤

为保证软件能充分满足用户要求，而进行的有计划、有组织的活动，称为软件质量保证。软件质量保证是一个复杂的系统，它采用一定的技术、方法和工具，以确保软件产品满足或超过在该产品的开发过程中所规定的标准。

软件质量保证是软件工程管理的重要内容，其主要步骤如图 15－5 所示。

（1）Target。以用户要求和开发方针为依据，对质量需求准则、质量设计准则的各质量特性设定质量目标。对各准则的重要程度可以设“特别重要”“重要”“一般”三级。

（2）Plan。设定适合于被开发软件的评测检查项目，与此同时还要研讨实现质量目标的方法或手段。

（3）Do。在开发标准和质量评价准则的指导下，制作高质量的规格说明书和程序。在接受质量检查之前要先做自我检查。

（4）Check。以 Plan 阶段设定的质量评价准则进行评价。算出得分，用质量图的形式表示出来，参看图 15－5。比较评价结果的质量得分和质量目标，看其是否合格。

（5）Action。对评价发现的问题进行改进活动，如果实现并达到了质量目标就转入下一个工程阶段。这样重复“Plan”到“Action”的过程，直到整个开发项目完成。

4. 能力成熟度模型（CMM）

软件开发的风险之所以大，是由于软件过程能力低。其中最关键的问题在于软件开发机构不能很好地管理其软件过程，从而使得一些好的开发方法和技术起不到预期的作用。当然，即使是在这样的机构中，个别软件项目仍能产生高质量的产品，但这是通过特定优秀软件人员的努力，而不是通过重复使用具有成熟软件过程的方法。在没有全机构范围的软件过程的情况下，能否继续成功地开发下一个项目，完全取决于能否留住这些优秀的软件人才。仅仅建立在特定人员上的成功不能为全机构的生产率和质量的长期提高打下基础，必须在建立有效的软件工程实践和管理实践的基础上，坚持不懈的努力，才能不断改进。

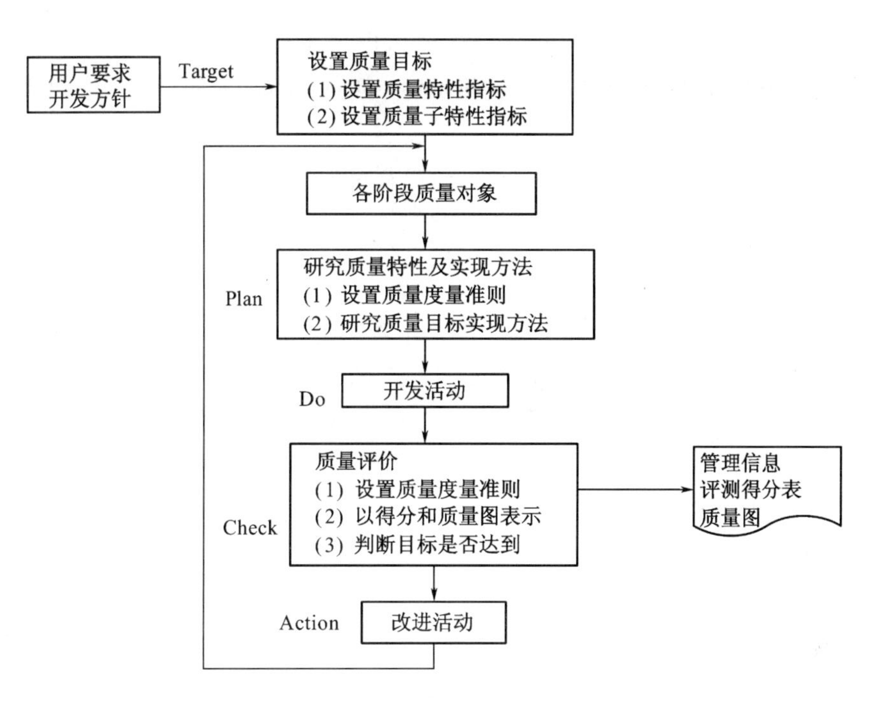

图 15－5　软件质量保证的步骤

对于不同的软件开发机构，在组织人员完成软件项目中所依据的管理策略有很大差别，因而软件项目所遵循的软件过程也有很大差别。在此，用软件机构的成熟度(Maturity)加以区别。表 15－7 给出不成熟的软件机构和成熟的软件机构的比较。

表 15－7　不成熟与成熟软件机构的比较

	不成熟的软件机构	成熟的软件机构
软件过程	由参与开发的人员临时拼凑。有时即使确定了，实际上并不严格执行	建立了软件开发和维护过程。人们对其有较好理解，一切活动均遵循过程的要求进行，做到工作步骤有次序，且有章可循
管理方式	反应型：管理人员经常要集中精力去应付难以预料的突发事件	主动型：软件过程不断改进，产品质量和客户满意程度由负责质量保证的经理全程监控
进度、经费估计	估计不切实际。在进度拖延情况下，不得不降低软件的质量	根据以往项目取得的实践经验确定，因而比较符合实际情况
质量管理	产品质量难以预测。质量保证活动，如质量评审、测试等，常被削弱或被取消	产品质量有保证，软件过程有管理，具有必要的支持性基础设施

在各个软件机构的过程成熟度有着相当大的差别面前，为了做出客观、公正的比较，需要建立一种衡量的标尺。使用这个标尺可以评价软件承包机构的质量保证能力，在软件项目评标活动中，选择中标机构。另一方面，这一标尺也必然成为软件机构改进软件质量，加强质量管理，以及提高软件产品质量的依据。

1984 年在美国国防部的支持下，卡内基美隆大学(Carnegie Mellon University，CMU)成立了软体工程学院(SEI)；于 1986 年 11 月，在 Mitre 公司的协助下，开始发展一套帮助软件开发者改善软件开发流程的流程成熟度架构(Process Maturity Framework,PMF),并于1991年发表了CMM模型,标志着软件质量管理向质量认证迈出了重要一步。1993年接着推出了SEI CMM1.1,目前已发展到CMMI(Capability Maturity Model Integration)能力成熟度模型集成阶段。

CMM的基本思想是,因为问题是由管理软件过程的方法不当引起的,所以新软件技术的运用不会自动提高生产率和利润率。CMM有助于软件开发机构建立一个有规律的、成熟的软件过程。改进的过程将会生产出质量更好的软件,使更多的软件项目免受时间和费用的超支影响。

软件过程包括各种活动、技术和用来生产软件的工具。因此,它实际上包括了软件生产的技术方面和管理方面。CMM策略力图改进软件过程的管理,而在技术上的改进是其必然的结果。软件过程的改善不可能在一夜之间完成,CMM是以增量方式逐步引入变化的。CMM明确地定义了5个不同的"成熟度"等级,如图15-6所示。一个软件开发机构可按一系列小的改良性步骤向更高的成熟度等级前进。

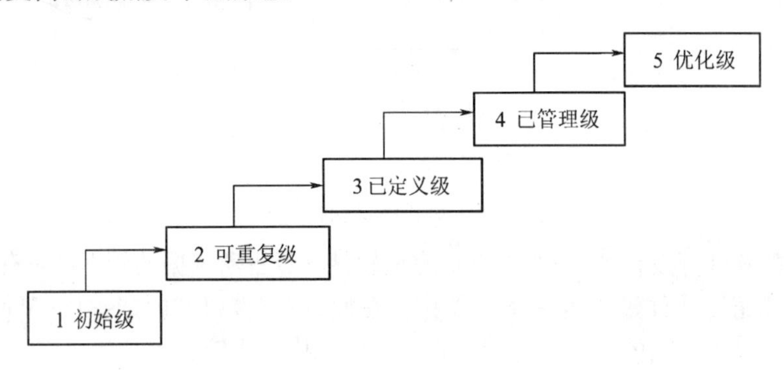

图15-6 软件过程成熟度模型

(1) 初始级(Initial)。处于这个最低级的组织,基本上没有健全的软件工程管理制度。每件事情都以特殊的方法来做。如果一个特定的工程碰巧由一个有能力的管理员和一个优秀的软件开发组来做,则这个工程可能是成功的。然而通常的情况是,由于缺乏健全的总体管理和详细计划,时间和费用经常超支。结果大多数的行动只是应付危机,而非事先计划好的任务。处于成熟度等级1的组织,由于软件过程完全取决于当前的人员配备,所以具有不可预测性,人员变化了,过程也跟着变化。致使要精确地预测产品的开发时间和费用之类重要的项目几乎是不可能的。

(2) 可重复级(Repeatable)。在这一级,有些基本的软件项目的管理行为、设计和管理技术是基于相似产品中的经验,故称为"可重复"。在这一级采取了一定措施,这些措施是实现一个完备过程所必不可缺少的第一步。典型的措施包括仔细地跟踪费用和进度,不像在第一级那样,在危机状态下行动,管理人员在问题出现时便可发现,并立即采取修正行动,以防它们变成危机。关键的一点是,如没有这些措施,要在问题变得无法收拾前发现它们是不可能的。在一个项目中采取的措施也可用来为未来的项目拟定实现的期限和费用计划。

(3) 已定义级(Defined)。在这一级,已为软件生产的过程编制了完整的文档。软件过程的管理方面和技术方面都明确地做了定义,并按需要不断地改进过程,而且采用评审的办法来保证软件的质量。可引用CASE环境来进一步提高质量和产生率。而在第1级过程中,"高技术"只会使这一危机驱动的过程更混乱。

(4) 已管理级(Managed)。一个处于第4级的公司对每个项目都设定质量和生产目标,这两个量将被不断地测量,当偏离目标太多时,就采取行动来修正。利用统计质量控制,管理部门能区分出随机偏离和有深刻含义的质量或生产目标的偏离。统计质量控制措施的一个简单例子是每千行代码的错误率。相应的目标就是随时间推移减少这个量。

(5) 优化级(Optimizing)。一个第5级组织的目标是连续地改进软件过程。这样的组织使用统计质量和过程控制技术作为指导。从各个方面中获得的知识将被运用在以后的项目中,从而使软件过程融入了正反馈循环,使生产率和质量得到稳步的改进。整个企业将会把重点放在对过程进行不断的优化,采取主动的措施去找出过程的弱点与长处,以达到预防缺陷的目标。同时,分析各有关过程的有效性资料,作出对新技术的成本与效益的分析,并提出对过程进行修改的建议。达到该级的公司可自发的不断改进,防止同类缺陷二次出现。

表15-8给出了具有5个等级的软件机构的特征,从表中可以看出CMM为软件的过程能力提供了一个阶梯式的改进框架,它基于以往软件工程的经验教训,提供了一个基于过程改进的框架图,它指出一个软件组织在软件开发方面需要那些主要工作,这些工作之间的关系,以及开展工作的先后顺序,一步一步地做好这些工作而使软件组织走向成熟。CMM的思想来源于已有多年历史的项目管理和质量管理,自产生以来几经修订,成为软件业具有广泛影响的模型,并对以后项目管理成熟度模型的建立产生了重要的影响。尽管已有个人或团体提出了各种各样的成熟度模型,但还没有一个像CMM那样在业界确立了权威标准的地位。但PMI于2003年发布的OPM3以其立体的模型及涵盖范围的广泛有望成为项目管理界的标准。

表15-8 各个等级的软件机构的特征

级别	特　点
1. 初始级	(1) 过程执行杂乱无序。 (2) 管理无章。 (3) 开发项目成效不稳定,产品的性能和质量依赖于个人能力和行为
2. 可重复级	(1) 管理制度化,工作有章可循 (2) 开发工作初步实现标准化。 (3) 变更基线化。 (4) 过程可跟踪。 (5) 新项目计划和管理基于过去实践经验,具有重复以前成功项目的环境和条件
3. 已定义级	(1) 开发过程标准化、文档化。 (2) 完善的培训和专家评审制度。 (3) 技术和管理活动稳定实施。 (4) 项目质量、进度和费用可控制。 (5) 项目过程、岗位和职责均有共同的理解
4. 已管理级	(1) 产品和过程有定量质量目标。 (2) 过程的生产率和质量可度量。 (3) 有过程数据库。 (4) 实现项目产品和过程的控制。 (5) 可预测过程和产品质量趋势,如预测偏差,及时纠正
5. 已优化级	(1) 不断改进过程,采用新技术、新方法。 (2) 有防止缺陷,识别薄弱环节及加以改进的手段。 (3) 可通过反馈取得过程有效性的统计数据并可据此进行分析,改善过程

5. 能力成熟度模型集成(CMMI)

能力成熟度模型集成(Capability Maturity Model Integration,CMMI),是一种过程改进的方法,为组织机构提供了有效过程的基本元素。它可以用于指导跨项目、部门或者整个组织的过程改进。CMMI 是 CMM 模型的最新版本,2001 年 12 月,CMU/SEI 正式发布了 CMMI 1.1 版本,与原有的能力成熟度相比,CMMI 涉及面更广,专业领域覆盖软件工程、系统工程。集成 CMMI 也描述了 5 个不同的成熟度级别。

CMMI 的提出主要是为了解决在项目开发中需要用到多个 CMM 模型的问题,它主要结合了 SW－CMM(用于软件的能力成熟度模型)、SECM(系统工程能力模型)、IPD－CMM(集成产品开发能力成熟度模型),将它们融合到一个统一的改进框架内,为组织提供了在企业范围内的进行过程改进的模型。卡内基梅隆大学软件工程研究所(CMU/SEI)在内的多个来自企业、政府的组织参与了 CMMI 框架的开发。

1) CMMI 模型的表示

每一种 CMMI 模型都有两种表示法,分别是阶段式和连续式。因为在 CMMI 的三个源模型中,SW－CMM 是阶段式模型,EIA－731 是连续式模型,而 IPD－CMM 是一个混合模型,它结合了阶段式和连续式两者的特点。两种表示法在以前的使用中各有优势,都有很多支持者,因此,CMMI 产品开发组在集成这三种模型时,为了避免由于淘汰其中任何一种表示法而失去对 CMMI 支持的风险,并没有选择单一的结构表示法,而是为每一个 CMMI 都推出了两种不同表示法的版本。

不同表示法的模型具有不同的结构。连续式表示法强调的是单个过程域的能力,从过程域的角度考察基线和度量结果的改善,其关键术语是“能力”;而阶段式表示法强调的是组织的成熟度,从过程域集合的角度考察整个组织的过程成熟度阶段,其关键术语是“成熟度”。

尽管两种表示法的模型在结构上有所不同,但 CMMI 产品开发组仍然尽最大努力确保了两者在逻辑上的一致性,两者的需要构件和期望部件基本上都是一样的。过程域、目标在两种表示法中都一样,特定实践和共性实践在两种表示法中也不存在根本性的区别。因此,模型的两种表示法并不存在本质上的不同。组织在进行集成化过程改进时,可以从实用角度出发选择某一种偏爱的表示法,而不必从哲学角度考虑两种表法之间的差异。

阶段式模型也把组织分为 5 个不同的级别:

(1) 初始级。以不可预测结果为特征的过程成熟度,过程处于无序状态,成功主要取决于团队的技能。

(2) 已管理级。以可重复项目执行为特征的过程成熟度。组织使用基本纪律进行需求管理、项目计划、项目监督和控制、供应商协议管理、产品和过程质量保证、配置管理,以及度量和分析。对于已管理级而言,主要的过程焦点在于项目级的活动和实践。

(3) 严格定义级。以组织内改进项目执行为特征的过程成熟度。强调严格定义级的前后一致、项目级的纪律,以建立组织级的活动和实践。

(4) 定量管理级。以改进组织性能为特征的过程成熟度。定量管理级项目的历史结果可用来交替使用,在业务表现的竞争尺度(成本、质量、时间)方面的结果是可预测的。

(5) 优化级。以可快速进行重新配置的组织性能,和定量的、持续的过程改进为特征的过程成熟度。

2) CMMI 的目标和优点

(1) CMMI 的具体目标如下:

① 改进组织的过程,提高对产品开发和维护的管理能力。

② 给出能支持将来集成其他科目 CMM 的公共框架。

③ 确保所开发的全部有关产品符合软件过程改进的国际标准 ISO/IEC15504 对软件过程评估的要求。

(2) 使用在 CMMI 框架内开发的模型具有下列优点:

① 过程改进能扩展到整个组织级。

② 以前各模型之间的不一致和矛盾将得到解决。

③ 既有分级的模型表示,也有连续的模型表示,任组织选用。

④ 原先单方面(例如软件)过程改进的工作可与其他方面(如安全、系统集成等)的过程改进工作结合起来。

⑤ 基于 CMMI 的评估与 ISO/IEC15504 评估结果相一致。

⑥ 节省费用,特别是当要进行多个方面的改进时,以及进行相关的培训和评估时。

⑦ 鼓励组织内各方面之间进行沟通和交流。

3) CMMI 评估

CMMI 产品集中的 CMMI Appraisal Requirement version1. 1 给出了基于 CMMI 的评估中 40 多条需求,提供了一个综合需求集和评估方法的设计限制。根据这些需求集和设计限制,可以开发出相应的基于 CMMI 的评估方法。

CMMI 产品集中还给出了过程改进的标准方法——CMMI 评估方法,这一方法满足全部的 CMMI Appraisal Requirement version 1. 1 需求。组织在进行过程改进时可以参考该方法进行具体实施。

但是,对于一个具体的组织来说,仅仅根据 CMMI 产品中对评估的相应描述来照本宣科是远远不够的。特别是对于一些在过程管理方面还很不成熟的组织,在开展 CMMI 评估的时候更要发挥自身的创造性,灵活运用 CMMI 产品集中所提供的评估方法。根据 CMMI Appraisal Requirement version 1. 1 中的描述,评估可分为三类。

A 类评估: 全面综合的评估方法,要求在评估中全面覆盖评估中所使用的模型,并且在评估结果中提供对组织的成熟度等级的评定结果。

B 类评估: 较少综合,花费也较少。在开始时作部分自我评估,并集中于需要关注的过程域,不评定组织的成熟度等级。

C 类评估: 也称为快估,主要是检查特定的风险域,找出过程中存在的问题。这类评估花费很少,需要的培训工作也不多。

15.5 软件项目风险管理

近几年来软件开发技术、工具都有了很大的进步,但是软件项目开发超时、超支、甚至不能满足用户需求而根本没有得到实际使用的情况仍然比比皆是。软件项目开发和管理中一直存在着种种不确定性,严重影响着项目的顺利完成和提交。但这些软件风险并未得到充分的重视和系统的研究。直到 20 世纪 80 年代,Boehm 比较详细地对软件开发中的风险进行了论述,并提出软件风险管理的方法。Boehm 认为,软件风险管理指的是“试图以一种可行的原则和实践,规范化地控制影响项目成功的风险”,其目的是“辨识、描述和消除风险因素,以免它们威胁软件的成功运作”。

在项目管理中,建立风险管理策略和在项目的生命周期中不断控制风险是非常重要的,项目风险管理包括风险识别、风险估计、风险评估和风险驾驭。

1. 风险识别

风险识别就是要系统地确定对项目计划(包括估算、进度、资源分配)的威胁,通过识别已知的或可预测的风险,就可能设法避开风险或驾驭风险。

1) 风险类型

从宏观上来看,风险可分为项目风险、技术风险和商业风险。

项目风险威胁到项目计划,一旦项目风险成为现实,可能会拖延项目进度,增加项目的成本。项目风险是指潜在的预算、进度、个人(包括人员和组织)、资源、用户和需求方面的问题,以及它们对软件项目的影响。项目复杂性、规模和结构的不确定性也构成项目的估算风险因素。

技术风险威胁到待开发软件的质量和预定的交付时间。如果技术风险成为现实,开发工作可能会变得很困难或根本不可能。技术风险是指潜在的设计、实现、接口、检验和维护方面的问题。此外,规格说明的多义性、技术上的不确定性、技术陈旧、最新技术不成熟也是风险因素。技术风险之所以出现是由于问题的解决比预想的要复杂。

商业风险威胁到待开发软件的生存能力,主要的商业风险有5种,分别是:

(1) 市场风险:开发的软件虽然很优秀但不是市场真正所想要的。

(2) 策略风险:开发的软件不再符合公司的整个软件产品战略。

(3) 销售风险:开发了销售部门不清楚如何推销的软件。

(4) 管理风险:由于重点转移或人员变动而失去上级管理部门的支持。

(5) 预算风险:没有得到预算或人员的保证。

2) 风险项目检查表

识别风险的一种最好的方法就是利用一组提问来帮助项目计划人员了解在项目和技术方面有哪些风险。因此,Boehm建议使用一个"风险项目检查表",列出所有可能的与每一个风险因素有关的提问。一般可从如下几个方面识别已知的或可预测的风险:

(1) 产品规模:与待开发或要修改的软件的产品规模,如估算偏差、产品用户、需求变更、复用软件、数据库等相关的风险。

(2) 商业影响:由管理和市场所附加的约束,如公司收益、上级重视、符合需求、用户水平、产品文档、政府约束、成本损耗、交付期限等有关的风险。

(3) 客户特性:与客户的素质,技术素养、合作态度、需求理解以及开发者与客户定期通信、技术评审、通信渠道有关的风险。

(4) 过程定义:与软件过程定义和组织程度以及开发组织遵循的程度相关的风险。

(5) 开发环境:与用来建造产品的工具,如项目管理、过程管理、分析与设计、编译器及代码生成器、测试与调试、配置管理、工具集成、工具培训、联机帮助与文档等的可用性和质量相关的风险。

(6) 建造技术:与待开发软件的复杂性及系统所包含技术的"新颖性"相关的风险。

(7) 人员数量及经验:与参与工作的软件技术人员的总体技术水平以及项目经验,如优秀程度、专业配套、数量足够、时间窗口、业务培训、工作基础等相关的风险。

3) 全面评估项目风险

下面的问题是通过调查世界各地有经验的软件项目管理者得到的风险数据导出的,这些问题根据它们对于项目成功的相对重要性顺序排列。

(1) 高层的软件和客户的管理者是否正式地同意支持该项目?

(2) 终端用户是否热心地支持该项目和将要建立的系统(或产品)?

(3) 软件工程组和他们的客户对于需求是否有充分的理解?

(4) 客户是否充分地参与了需求定义过程?

(5) 终端用户的期望是否实际?

(6) 项目的范围是否稳定?

(7) 软件工程组是否拥有为完成项目所必须的各种技术人才?

(8) 项目的需求是否稳定?

(9) 项目组是否具有实现目标软件系统的技术基础和工作经验?

(10) 项目组中的人员数量对于执行项目的任务是否足够?

(11) 所有客户是否都一致赞同该项目的重要性并支持将要建立的系统(或产品)?

只要对这些问题的回答有一个是否定的,就应当制定缓解、监控、驾驭的步骤以避免项目失败。项目处于风险的程度直接与对这些问题否定回答的数目成比例。

4) 风险构成和驱动因素

美国空军在一本关于如何识别和消除风险的手册中给出如何标识影响风险构成的风险驱动因素。风险构成有如下几种:

(1) 性能风险:产品是否能够满足需求且符合其使用目的的不确定的程度。

(2) 成本风险:项目预算是否能够维持的不确定的程度。

(3) 支持风险:软件产品是否易于排错、适应及增强的不确定的程度。

(4) 进度风险:项目进度是否能够维持及产品是否能够按时交付的不确定的程度。

每个风险驱动因素对风险构成的影响可以划分为4类:可忽略的、边缘的、危急的、灾难的,如表15-9所列,表中"1"表示未检测出的软件错误或故障所产生的潜在后果,"2"表示没有达到预期的成果所产生的潜在后果。

表15-9 风险驱动因素对风险构成的影响

<table>
<tr><th colspan="2">构成
类别</th><th>性 能</th><th>支 持</th><th>成 本</th><th>进 度</th></tr>
<tr><td rowspan="2">灾难的</td><td>1</td><td colspan="2">不能满足需求将可能导致任务失败</td><td colspan="2">失误而导致成本增加和进度延迟,预计超支在$500k以上</td></tr>
<tr><td>2</td><td>严重退化以至达不到技术性能要求</td><td>无法做出响应或无法支持的软件</td><td>严重资金短缺,很可能超出预算</td><td>无法达到初始运行能力</td></tr>
<tr><td rowspan="2">危急的</td><td>1</td><td colspan="2">不能满足需求将可能使系统性能下降到连任务是否能成功都成了问题。</td><td colspan="2">失误而导致运行延迟或成本增加,预计超支在$100k~$500k</td></tr>
<tr><td>2</td><td>技术性能有些降低</td><td>在软件修改期间有较小的延迟</td><td>资金来源不足,可能超支</td><td>可能推迟达到初始运行能力</td></tr>
<tr><td rowspan="2">边缘的</td><td>1</td><td colspan="2">不能满足需求将会导致次要任务的退化</td><td colspan="2">成本影响或可恢复的进度滑坡,预计超支在$1k~$100k</td></tr>
<tr><td>2</td><td>技术性能有很小的降低</td><td>能够响应软件支持</td><td>有充足的资金来源</td><td>实际可达到的进度</td></tr>
</table>

（续）

构成 类别		性 能	支 持	成 本	进 度
可忽略的	1	不能满足需求可能会造成使用不方便或不易操作的影响		失误对成本或进度的影响很小，预计超支捕获超过＄1k	
	2	技术性能不会降低	容易实施软件支持	可能低于预算	较早达到初始运行能力

2. 风险估计

风险估计又称风险预测，常采用两种方法来估计风险：一种是估计风险发生的可能性或概率；另一种是估计如果风险发生时所产生的后果。通常，风险管理者要与项目计划人员、技术人员及其他管理人员一起，进行4种风险估计活动：建立一个尺度来表明风险发生的可能性；描述风险的后果；估计风险对项目和产品的影响；确定风险的精确度以免产生误解。

另外，要对每个风险的表现、范围、时间做出尽量准确的判断，通常采取不同的分析方法。

1）盈亏平衡分析

盈亏平衡分析（Break - Even Analysis），又称为损益平衡分析，它是根据软件项目在正常生产年份的产品产量或销售量、成本费用、产品销售单价和销售税金等数据，计算和分析产量、成本和盈利三者之间的关系，从中找出它们的规律，并确定项目成本和收益相等时的盈亏平衡点的一种分析方法。在盈亏平衡点上，软件项目既无盈利也无亏损。通过盈亏平衡分析可以看出软件项目对市场需求变化的适应能力。

2）敏感性分析

敏感性分析（Sensitivity Analysis）是考察与软件项目有关的一个或多个主要因素发生变化时对该项目投资价值指标的影响程度。通过敏感性分析，可以了解和掌握在软件项目经济分析中由于某些参数估算的错误或是使用的数据不可靠，而可能造成的对投资价值指标的影响程度，有助于确定在项目投资决策过程中需要重点调查研究和分析测算的因素。

3）概率分析

概率分析（Probability Analysis）是运用概率论及数理统计方法来预测和研究各种不确定因素对软件项目投资价值指标影响的一种定量分析。通过概率分析可以对项目的风险情况作出比较准确的判断。

3. 风险评估

在进行风险评估时，可建立一系列三元组：$[r_i, l_i, x_i]$，其中，r_i 是风险，l_i 是风险出现的可能性（概率），而 x_i 是风险产生的影响。在做风险评估时，应进一步审查在风险估计时所得到的估计的准确性，尝试对已发现的风险进行优先排队，并着手考虑控制或消除可能出现风险的方法。

在做风险评估时常采用的一个非常有效的方法就是定义风险参照水准。对于大多数软件项目来说，性能、支持、成本、进度是典型的风险参照水准，对于成本超支、进度延期、性能降低、支持困难，或它们的某种组合，都有一个水准值，超出它就会导致项目被迫终止。如果风险的某种组合所产生的问题导致一个或多个这样的参照水准被超出，工作就要中止。在软件风险分析的上下文中，一个风险参照水准就有一个单独的点，叫做参照点或崩溃点。在这个点上要进行可接受的判断，看是继续执行项目工作，还是中止它们，如图15－7所示。

如果因为风险的某一组合造成问题，导致项目成本超出和进度延迟，一系列的崩溃点构成一条曲线，超出这条曲线时就会引起项目终止。

实际上，崩溃点能在图上被表示成一条平滑的曲线的情况很少。在多数情况中，它是一个区域，这个区域可能是易变动的区域，在这些区域内想要做出基于崩溃值组合的管理判断往往是不可能的。

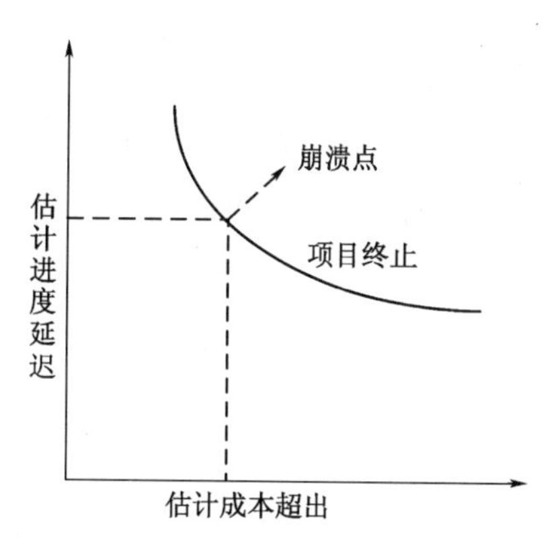

图15－7　风险崩溃点

因此，在做风险评估时，通常按以下步骤执行：

（1）定义项目的各种风险参照水准。

（2）找出在各[r_i，l_i，x_i]和各参照水准之间的关系。

（3）预测一组参照点以定义一个项目终止区域，用一条曲线或一些易变动区域来界定；

（4）预测各种组合的风险将如何影响风险水平崩溃值。

4. 风险驾驭与监控

风险驾驭与监控主要靠管理者的经验来实施，是利用项目管理方法及其他某些技术，如原型法、软件心理学、可靠性等来设法避免或转移风险。风险驾驭和监控活动如图15－8所示。

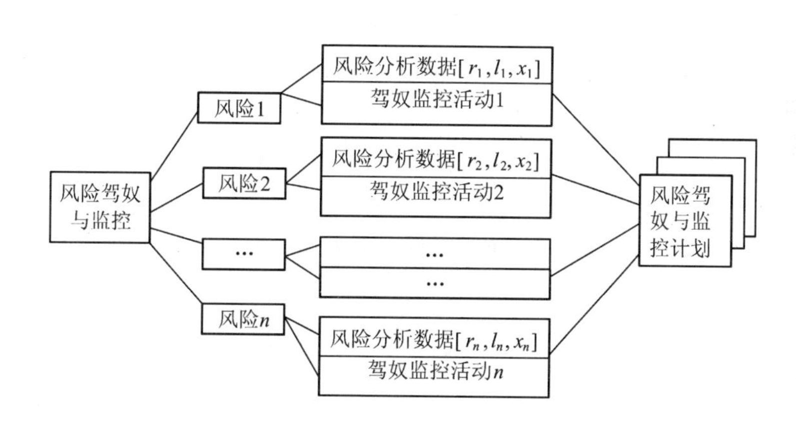

图15－8　风险的驾驭与监控活动

为了执行风险驾驭与监控活动，必须考虑与每一风险相关的三元组（风险描述、风险发生概率、风险影响），它们是构成风险驾驭步骤的基础。例如，假如人员的频繁流动是一项风险r_i，基于过去的历史和管理经验，频繁流动可能性的估算值l_i为0.70，而影响x_i的估计值是：项目开发时间增加15%，总成本增加12%。为了缓解这一风险，项目管理必须建立一个策略来降低人员的流动造成的影响。可采取的风险驾驭步骤如下：

（1）与现有人员一起探讨人员流动的原因，如工作条件差、收入低、人才市场竞争等。

（2）在项目开始前，把缓解这些原因的工作列入管理计划中。

（3）当项目启动时，做好人员流动会出现的准备。采取一些技术以确保人员一旦离开后项目仍能继续。

（4）建立良好的项目组织和通信渠道，以使大家都了解每一个有关开发活动的信息。

（5）制订文档标准并建立相应机制，以保证文档能够及时建立。

（6）对所有工作组织细致的评审，使大多数人能够按计划按进度完成自己的工作。

（7）对每一个关键性的技术人员，要培养后备人员。

这些风险驾驭步骤带来了额外的项目成本。例如，培养关键技术人员的后备需要经济和时间的支持。因此，当通过某个风险驾驭步骤而得到的收益被发现它们的成本超出时，要对风险驾驭部分进行评价，进行传统的成本—效益分析。

对于一个大型的软件项目，可能识别30～40项风险。如果每一项风险有3～7个风险驾驭步骤，那么风险驾驭本身也可能成为一个项目。经验表明，所有项目风险的80%，能够通过20%的已识别风险来说明。在早期风险分析步骤中所做的工作可以帮助计划人员确定，哪些风险属于这20%之内。由于这个原因，某些被识别过、估计过及评价过的风险可以不写进风险驾驭计划中，因为它们不属于关键的20%。

风险驾驭步骤要写进风险缓解、监控和驾驭计划（Risk Mitigation Monitoring and Management Plan，RMMM）。RMMM记录了风险分析的全部工作，并且做为整个项目计划的一部分为项目管理人员所使用。

一旦制订出RMMM且项目已开始执行，风险缓解与监控就开始了。风险缓解是一种问题回避活动，风险监控是一种项目追踪活动，它有以下主要目标：

（1）判断一个预测的风险事实上是否发生了。

（2）确保针对某个风险而制定的风险消除步骤正在合理地使用。

（3）收集可用于将来的风险分析的信息。

多数情况下，项目中发生的问题总能追踪到许多风险。风险监控的另一项工作就是要把“责任”分配到项目中去。

软件项目风险管理是一种特殊的规划方式，当对软件项目有较高的期望值时，一般都要进行风险分析。最成功的的项目就是采取积极的步骤对要发生或即将发生的风险进行管理。对任何一个软件项目，可以有最佳的期望值，但更应该有项目的风险分析。

15.6　软件项目的组织

一个好的软件项目组织是一切软件项目能够顺利进行的必要条件。把参加软件项目的人员有效地组织起来，发挥最大的工作效率，对成功地完成软件项目极为重要。开发组织采用什么形式，要针对软件项目的特点来决定，同时也与参与人员的素质有关，人的因素是不容忽视的参数。

建立项目组织时，一般应注意以下几点：

（1）尽早落实责任：在软件项目工作的开始，就应指定专人负责。

（2）减少接口：一个组织的生产率是和完成任务中存在的通信路径数目成反比的。因此，要有合理的人员分工、好的组织结构、有效的通信，减少不必要的生产率的损失。

（3）责权均衡：软件经理人员所负的责任不应比委任给他的权力还大。

15.6.1 软件项目的组织模式

1. 按课题划分的模式

按课题划分的模式把软件人员按软件项目中的课题组成小组，小组成员自始至终参加所承担课题的各项任务，负责完成软件产品的定义、设计、实现、测试、审查、文档书写，甚至包括维护在内的全过程。

2. 按职能划分的模式

按职能划分的模式把参加开发项目的软件人员按任务的工作阶段划分成若干专业小组。待开发的软件产品在每个专业小组完成阶段加工（即工序）以后，沿工序流水线向下传递。例如，分别建立计划组、需求分析组、设计组、实现组、系统测试组、质量保证组、维护组等。各种文档按工序在各组之间传递。这种模式在小组之间的联系形成的接口较多，但便于软件人员熟悉小组的工作，进而变成这方面的专家。

3. 矩阵形模式

将前两种模式相结合就形成了矩阵形模式。一方面，按工作性质，成立一些专门组，如开发组、业务组、测试组等；另一方面，每一个项目又有它的经理人员负责管理。每个软件人员属于某一个专门组，又参加某一项目的工作。例如，属于维护小组的一个成员，他又参加了某一项目的开发工作，因此他要受到维护组和项目经理的双重领导。矩阵形模式如图15－9所示。

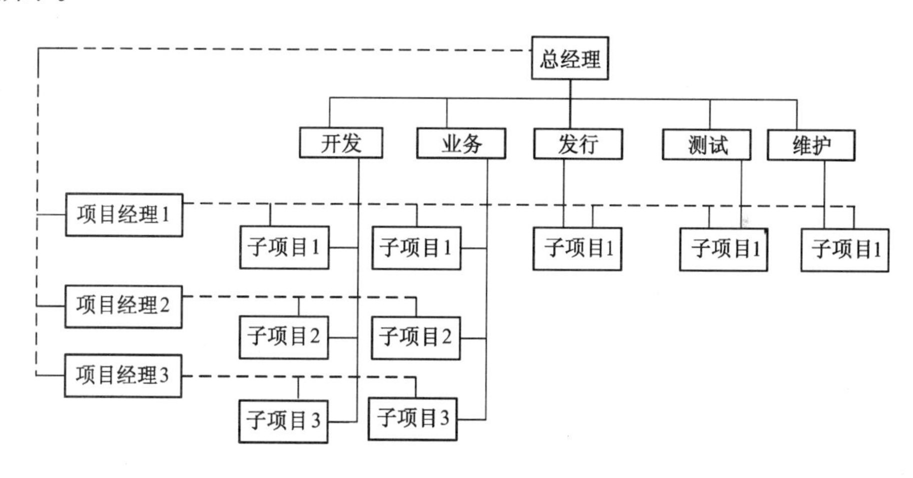

图15－9 矩阵形模式

矩阵形结构的组织具有一些优点：参加专门组的成员可在组内交流，在各项目中取得的经验，有利于发挥专业人员的作用；各个项目有专人负责，有利于软件项目的完成。显然，矩阵形结构是一种比较好的形式。

15.6.2 软件项目组管理机制

1. 民主分权制

民主分权的特点是项目组成员完全平等，享有充分民主，通过协商做出项目决策，如项目计划、任务分配、工作制度、设计方案等，都需要集体协商讨论。

民主形式下也有项目负责人，但不固定，可随时由其他成员替代。由于问题诸多，如项目计划、任务分配、工作制度、设计方案等都需要项目组成员集体讨论，因此项目负责人的核心作用不是很明显，往往只是项目会议的召集者、项目任务的协调者、承接业务的联系人。

民主分权制的优点是：项目组成员的个人能力能够很好表现，项目组成员有较高的工作热情，成员之间有较好的民主交流，并有很好的技术协作。民主形式一般能获得较强的团队凝聚力，可带来较浓厚的学术氛围，有利于开发者能力的培养，有利于技术攻关。

但是，民主形式下成员之间有太多的信息通道，如一个项目有 n 个成员，则可能有的信息通道有 $n(n-1)/2$ 条，这样很多决策往往需要花费很长时间才能意见一致，以致影响项目进度，降低工作效率。

民主形式项目组对成员素质一般有较高的要求。如果项目组成员都经验丰富、技术娴熟，则所承担软件项目往往能比较成功地完成，如果项目组内成员技术水平不高，则由于管理上缺乏核心领导，技术上缺乏权威指导，则软件项目容易失败。

2. 主程序员负责制

主程序员负责制是一种对项目组实施集权控制的管理体制，项目组主要成员有主程序员、后备程序员、资料管理员与一般程序员等，其组织结构如图 15－10 所示。

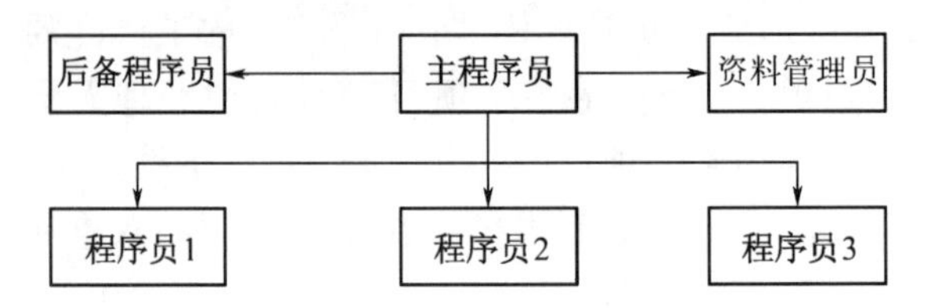

图 15－10　主程序员负责制组织结构

在主程序员负责制组织结构中，主程序员处于绝对核心位置，一般由资深软件工程师担任，负责整个项目计划的制定与实施，负责软件体系结构与接口设计，负责关键部分的程序算法设计，能指导普通程序员完成一般算法的设计和编码工作。

后备程序员是主程序员的助手，能协助主程序员工作，并能在必要时接替主程序员的工作。另外，还需要负责制定测试方案、分析测试结果及其他独立于设计过程的工作。

资料员负责软件成果的归档与软件资源的配置等方面的事务性管理工作。

主程序员负责制的优点是有较严密的组织结构，相比民主分权制，这种管理机制更加规范，项目组成员的任务分工更加明确，项目中各项工作的开展更有条理与次序，因此往往能带来更高的开发效率与开发质量。

主程序员负责制的缺点主要有以下几点：

（1）主程序员负责制对主程序员的依赖程度较高，一旦主程序员离开了项目组，则项目有可能无法继续进行。另外，由于一切工作以主程序员为中心，项目计划、设计方案等都是由主程序员制定的，其他成员只需按部就班地开展工作，缺少发言权，以致项目组成员的创造性受到抑制。

（2）主程序员负责制对主程序员个人能力要求较高，主程序员既要负责项目管理又要解决具体的技术问题，往往给主程序员造成过高的工作负担。

（3）主程序员作为技术专家，一般更加关注技术问题，而容易疏忽管理艺术，以致对其他成员要求比较严格，沟通关心不够，容易影响其他成员的工作积极性。

3. 职业项目经理负责制

职业项目经理是一些经过专门训练与考试认证，具有软件项目管理职业资格的专业软件项目管理人才。

由于主程序员负责制有偏重技术而忽视管理的弊端，现在很多软件项目都采用职业项目经理负责制，以满足项目负责人首先应该是管理者的要求。

但是，职业项目经理大多只负责项目管理，如制订项目计划、分配项目任务、进行项目成本预算、按照里程碑进度计划监控项目进程等，而对于软件技术方面的问题，项目经理由于专业方向限制可能并不精通。这样，有可能导致与项目组其他成员之间出现沟通的障碍，一些技术人员甚至可能把项目经理当外行看，不愿服从项目经理的安排。为了避免这个问题的出现，通常为项目负责人配备一个精通技术的助手，如技术负责人，由其承担原主程序员需要承担的技术任务。职业项目经理负责制的组织结构如图 15－11 所示。

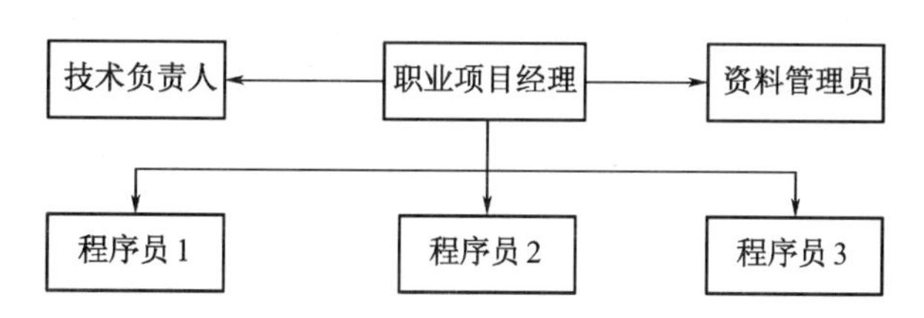

图 15－11　职业项目经理负责制的组织结构

4. 层级负责制

软件系统规模大小不一。对于规模较小的软件系统，一般由 3～5 人的项目小组组成，并可在规定期限内完成开发工作。但对于一些规模较大的软件系统，为了能在规定期限内完成开发工作，则不得不组织几十人的开发团队。然而，项目开发参与的人越多，则成员之间的通信与协作就越困难。通常情况下，一个项目组的人数应限制在 8 人以内，当项目规模很大需要几十人参与时，则应将项目分解成许多小项目，然后再组织多个项目组实施开发工作。

常用的项目分组方法是：将系统按功能分解为若干个具有一定独立性的子系统，然后再按子系统进行项目任务分组，每个项目组只需要完成分配的子系统的开发任务。由此形成的人员管理体制即为层级负责制，层级负责制的组织结构如图 15－12 所示。

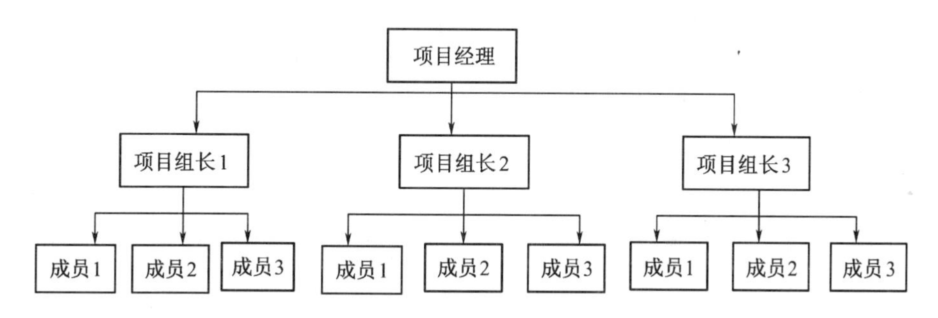

图 15－12　层级负责制组织结构

层级负责制体现出了上级对下级的基于任务分解的指挥控制，下级则基于所分配任务需要对上级负责。因此，项目经理需要将项目任务分配到项目小组，项目组长则需要将承担的小组任务分配到各个成员。

为了减少协调项目组之间因任务协调带来的工作负担，降低各个项目组对外的依赖性，应尽量提高各项目组任务的独立性，使各项目组开发的子系统大多能够独立运行。

另外项目组之间的任务协调还体现在里程碑进程的管理上，整个项目应该有一个整体里程碑进度计划,各项目组依据整体计划制定出各自的里程碑进度计划,以保证局部计划与整体计划的协调。

15.6.3 人员配备

合理的人员配备是成功地完成软件项目的切实保证。所谓合理地配备人员应包括：按不同阶段适时任用人员,恰当掌握用人标准。

一个软件项目完成的快慢,取决于参与开发人员的多少。在开发的整个过程中,多数软件项目是以恒定人力配备的,如图 15－13 所示。

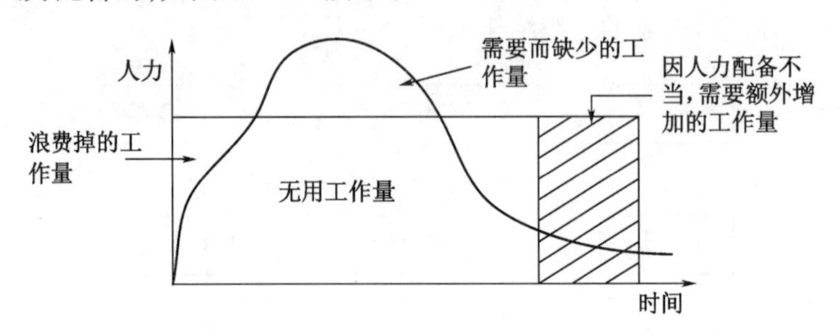

图 15－13 软件项目的恒定人力配备

按此曲线,需要的人力随开发的进展逐渐增加,在编码与单元测试阶段达到高峰,以后又逐渐减少。如果恒定地配备人力,在开发的初期,将会有部分人力资源用不上而浪费掉。在开发的中期(编码与单元测试),需要的人力又不够,造成进度的延误。这样在开发的后期就需要增加人力以赶进度。因此,恒定地配备人力,对人力资源是比较大的浪费。

1. 配备人员的原则

配备软件人员时,应注意以下主要原则：

(1) 重质量：软件项目是技术性很强的工作,任用少量有实践经验、有能力的人员去完成关键性的任务,常常要比使用较多的经验不足的人员更有效。

(2) 重培训：花力气培养所需的技术人员和管理人员是有效解决人员问题的好方法。

(3) 双阶梯提升：人员的提升应分别按技术职务和管理职务进行,不能混在一起。

2. 对项目经理人员的要求

软件经理人员是工作的组织者,他的管理能力的强弱是项目成败的关键。除去一般的管理要求外,他应具有以下能力：

(1) 把用户提出的非技术性的要求加以整理提炼,以技术说明书的形式转告给分析员和测试员。

(2) 能说服用户放弃一些不切实际的要求,以便保证合理的要求得以满足。

(3) 能够把表面上似乎无关的要求集中在一起,归结为“需要什么”,“要解决什么问题”。这是一种综合问题的能力。

(4) 要懂得心理学,能说服上级领导和用户,让他们理解什么是不合理的要求。但又要使他们毫不勉强,乐于接受,并受到启发。

3. 评价人员的条件

软件项目中人的因素越来越受到重视。在评价和任用软件人员时,必须掌握一定的标准。人员素质的优劣常常影响到项目的成败。一个好的开发人员应具有以下方面的能力：

（1）牢固掌握计算机软件的基本知识和技能。
（2）善于分析和综合问题，具有严密的逻辑思维能力。
（3）工作踏实、细致，不靠碰运气，遵循标准和规范，具有严格的科学作风。
（4）工作中表现出有耐心、有毅力、有责任心。
（5）善于听取别人的意见，善于与周围人员团结协作，建立良好的人际关系。
（6）具有良好的书面和口头表达能力。

15.7 软件项目团队管理

项目团队是软件项目中最重要的因素，成功的团队管理是软件项目顺利实施的保证。本节主要介绍项目团队管理的相关内容。

15.7.1 软件项目团队

项目是软件产业的普遍运作方式，对于一个软件项目而言，其开发团队是通过不同的个体组织在一起，形成一个具有团队精神的高效率队伍来进行软件项目开发。软件项目团队包括所有的参与项目和受项目活动影响的人，包括项目发起人、资助人、供应商、项目组成员、协助人员、客户、使用者等。一个软件项目要想不失败乃至获得巨大的成功必须有效地管理项目团队。

软件项目团队的主要特征有：
（1）软件项目团队是一个临时性的团队。
（2）软件项目团队是跨职能的。
（3）在软件项目不同阶段中团队成员具有不稳定性。
（4）软件项目团队成员具有极大的流动性。
（5）软件项目团队年轻化程度较高。
（6）软件项目团队属于高度集中的知识型团队。
（7）员工业绩难以量化考核。
（8）软件项目团队成员非常注重自我。
高效的软件开发团队是建立在合理的开发流程及团队成员密切合作的基础之上，团队成员需共同迎接挑战、有效的计划、协调和管理各自的工作直至成功完成项目目标。

15.7.2 软件项目团队管理

软件项目团队是由软件从业人员构成的，从软件项目定义开始的时刻，软件项目团队管理就随之出现，并作为软件项目管理的重要组成部分在项目管理的过程中起着非常重要的作用。

美国项目管理协会(Project Management Institute，PMI)是目前国际上项目管理领域权威机构之一，它最大的贡献之一就是开放了一套项目管理知识体系《项目管理知识体系指南》(Project Management Body of Knowledge，PMBOK)，它对软件项目团队管理的定义为：最有效地使用参与项目人员所需的各项过程。软件项目团队管理包括针对项目的各个利益相关方展开的有效规划、合理配置、积极开发、准确评估和适当激励等方面的管理工作，目的是充分发挥各利益相关方的主观能动性，使各种项目要素尽可能地适合项目发展的需要，最大可能挖掘人才潜力，最终实现项目目标。

综合来看，软件项目团队管理就是运用现代化的科学方法，对项目组织结构和项目全体参与人员进行管理，在项目团队中开展一系列科学规划、开发培训、合理调配、适当激励等方面的管理工作，使项目组织各方面人员的主观能动性得到充分发挥，以实现项目团队的目标。

1. 软件项目团队管理的任务

软件项目团队管理主要包括团队组织计划、团队人员获取和团队建设三个部分，其组成如图 15－14 所示。

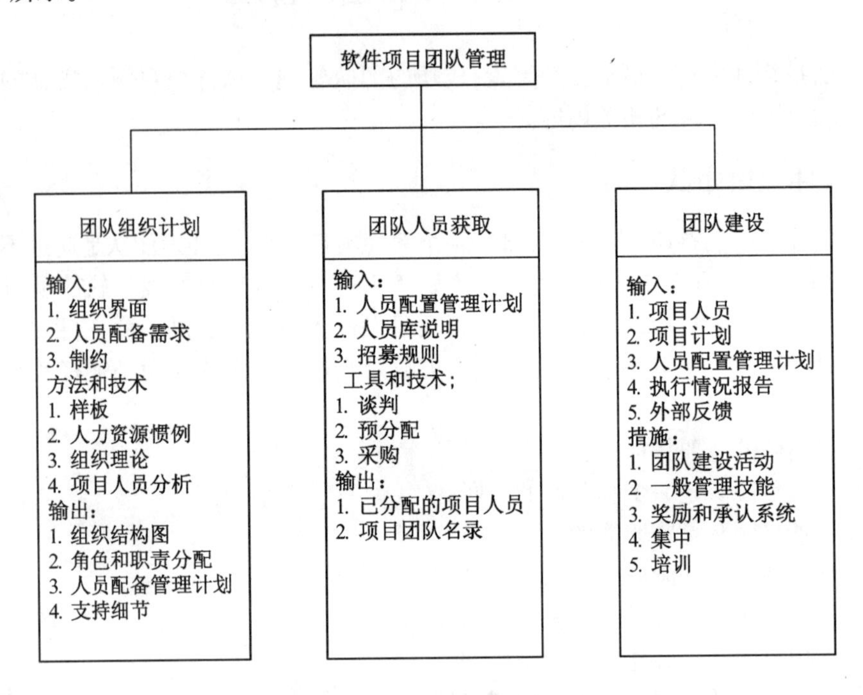

图 15－14　软件项目团队管理的任务

组织计划是指确定、记录与分派项目角色、职责，并对请示汇报关系进行识别、分配和归档。人员获取是指获得项目所需的并被指派到项目的人力资源（个人或集体）。团队建设既包括提高利害关系者作为个人做出贡献的能力也包括提高项目团队作为集体发挥作用的能力。个人的培养（管理能力与技术水平）是团队建设的基础，团队的建设是项目实现其目标的关键。

2. 软件项目团队管理的重要性

软件项目团队管理是软件项目管理中至关重要的组成部分，它是有效地发挥每个参与项目的人员作用的过程。对人员的配置、调度安排贯穿整个软件开发过程，人员的组织管理是否得当，是影响软件项目质量的决定性因素。如果企业要想在软件开发项目上获得成功，就需要认识到项目团队管理的重要性，了解项目团队管理的知识体系及范畴，并将有效的管理理论和方法引入项目管理的过程中，充分发挥项目人员的积极性与创造力来实现企业的目标。

15.7.3　软件项目团队建设

软件项目团队的建设工作包括团队成员的到位和项目内部的组织结构、角色分配和任务分工。团队规划主要有人数要求、技术能力要求、业务能力要求以及各类人员的比例。需要强调的是,必须明确技术能力和业务能力的要求,以及各类人员是否需要通过培训以达到技术能力或业务能力的要求。

组建项目团队需要将项目目标确立为团队的共同目标,按照项目任务明确角色的任务分配。有效的团队应该具备良好的内外沟通关系,团队成员应相互支持。即使招聘了很有能力的人员参加项目,也必须将这些人员组成一个团队一起工作来实现项目目标。项目要获得成功必须依靠整个团队的努力,而不是靠个别非常优秀的员工。

1. 团队合作

团队意识就是团队成员为了团队的整体利益和目标而相互合作、共同努力的意愿与作风。其涵义主要包括以下几个方面:

(1) 在团队与其成员的关系方面,团队意识表现在团队成员对团队的强烈归属感与一体感。

(2) 在团队成员之间的关系上,团队意识表现为成员之间相互协作从而形成有机的整体。

(3) 在成员对团队的事务上,团队意识表现为团队成员对团队事务的尽心尽力和全方位投入。

培养团队成员的团队意识,要遵循团队合作的指导方针来促进团队合作。团队合作的指导方针如表 15-10 所列。

表 15-10 团队合作指导方针

团队领导	团队成员
1. 避免团队目标向政治问题妥协	1. 展示对于个人角色和责任的真实理解
2. 向团队目标显示个人的承诺	2. 展示目标和以事实为基础的判断
3. 不用太多优先级的事物冲淡团队的工作	3. 和其他团队成员有效的合作
4. 公平、公正的对待团队成员	4. 使团队目标优先于个人目标
5. 愿意面对和解决与团队成员不良表现有关的问题	5. 展示投身于任何项目成功所需的努力的愿望
6. 对来自员工的新思想和新信息采取开放的态度	6. 愿意分享信息、感受和产生适当的反馈
	7. 当其他成员需要时给予适当的帮助
	8. 展示对自己的高标准要求
	9. 支持团队的决策
	10. 以为团队的成功奋斗的方式体现带头作用
	11. 对别人的反馈做出积极的反应
	12. 支持团队的决策

2. 团队成员激励

激励是用人的艺术,它通过研究人的行为方式和需求心理来因势利导的激发人的工作热情,改变人的行为表现,提高个人或组织的工作效率。

软件团队中,激励是组织成员个人需要和项目需要的结合,一方面必须考察了解项目成员的需要,进行有针对性的激励;另一方面,必须符合项目发展的需要,进行有目的的激励。马斯洛把人的需求分为 5 个层次:生理需求(衣食住行等)、安全需求(稳定、身体健康、经济富足)、社交需求(亲情、友情、归属感)、尊重需求(地位和自我尊重、认可和感激)、自我实现需求。对于软件人员来说,他们是位于这个层次体系中的最高层,是追求自我实现需求的群体,学习机会的获得、创造能力的发挥是对他们主要的激励因素。对于企业来讲,软件企业的发展需要员工不断学习,勇于创新,并且需要进行充分的团队合作。

3. 团队的学习

团队学习是提高团队绩效,保持其先进性的重要举措,也是项目开发团队成员及其所在组织的共同需要。

软件行业是一个知识迅速更新,开发过程难以管理的高科技行业,对员工进行培训,让他们学习到新的知识具有非常重要的意义。培训不仅可以给企业带来巨大的经济效益,也能够提高员工的自身能力,所以,在这个不学习就会被社会淘汰的时代,员工希望通过自己努力的工作不断战胜自己,也希望自己的组织能够给予支持,以实现其职业目标和职业规划。所以,培训也是提高员工工作热情和效率的重要一环。另外还可以采用学习型组织的形式来进行学习。所谓学习型组织是指通过培养整个组织的学习气氛、充分发挥员工的创造性思维能力而建立起来的一种有机的、高度柔性的、符合人性的、能持续发展的组织。这种组织具有持续学习的能力,具有高于个人绩效总和的综合绩效。

15.8 小　结

本章主要介绍了软件项目成本管理、软件项目进度管理、软件项目配置管理、软件项目质量管理、软件项目风险管理、软件项目的组织和软件项目团队管理等关于软件项目管理方面的一些基础知识和基本内容。

软件开发成本主要是指软件开发过程中所花费的工作量及相应的代价。随着软件成本在计算机系统总成本中所占的比例越来越大,软件成本的估算已成为可行性研究中的重要内容,直接影响到软件开发的风险。对于大型软件项目,要进行一系列的估算处理,常用的估算方法有自顶向下的估算方法、自底向上的估计法、差别估计法。软件开发成本估算是依据开发成本估算模型进行估算的。常用的估算模型有专家估算模型、IBM 估算模型、Putnam 估算模型、COCOMO 模型。

软件项目进度管理是指在软件项目实施过程中,对各阶段的进展程度和项目最终完成的期限所进行的管理,是在规定的时间内,拟定出合理且经济的进度计划。项目进度管理一般包含项目进度计划的制订和项目进度计划的控制两部分。软件项目的进度计划和工作的实际进展情况,通常用表格工具、图示方法(甘特图等)来描述各项任务之间进度的相互依赖关系。项目进度计划的控制常用的方式有:定期举行项目状态会议;评价在软件工程过程中所产生的所有评审的结果;确定由项目的计划进度所安排的可能选择的正式的里程碑;比较在项目资源表中所列出的每一个项目任务的实际开始时间和计划开始时间;非正式地与开发人员交谈,以得到他们对开发进展的客观评价。

软件配置管理(Software Configuration Management, SCM)是一种标识、组织和控制修改的技术。SCM 活动的目标就是为了标识变更、控制变更、确保变更正确实现。SCM 的目的是使错误降为最小并最有效地提高生产效率。软件配置的主要任务有软件配置规划、软件变更控制和软件版本控制。软件配置规划主要包含设置配置基线、标识配置项和建立配置库。变更控制的目的并不是控制变更的发生,而是对变更进行管理,确保变更有序进行。软件版本也需要进行配置管理,否则可能会造成软件开发的混乱。软件版本通过版本号进行标识,并利用版本控制工具进行管理。常用的版本控制工具有 VSS、CVS、StarTeam、ClearCase、SVN、SourceAnywhere 等。

软件质量是软件产品或服务的特性和特征的整体,它取决于满足给定需求的能力。软件质量的特性有功能性、可靠性、易使用性、可维护性和可移植性等。为了保证软件的质量,卡内基美隆大学开发了一套能帮助软件开发者改善软件开发流程的流程成熟度架构,即 CMM 模型。CMM 有助于软件开发机构建立一个有规律的、成熟的软件过程。CMM 明确地定义了 5 个不同的"成熟度"等级,即初始级、可重复级、已定义级、已管理级和优化级。CMMI 是一种过程改进的方法,为组织机构提供了有效过程的基本元素。它可以用于指导跨项目、部门或者整个组织的过程改进。CMMI 也包含 5 个不同的成熟度级别: 初始级、已管理级、严格定义级、定量管理级和优化级。

软件风险管理指的是"试图以一种可行的原则和实践,规范化地控制影响项目成功的风险",其目的是"辨识、描述和消除风险因素,以免它们威胁软件的成功运作"。在项目管理中,建立风险管理策略和在项目的生命周期中不断控制风险是非常重要的,项目风险管理包括风险识别、风险估计、风险评估和风险驾驭。

好的软件项目组织是一切软件项目能够顺利进行的必要条件。软件项目的组织模式有按课题划分的模式、按职能划分的模式和矩阵形模式。软件项目组管理机制有民主分权制、主程序员负责制、职业项目经理负责制和层级负责制。合理的配备人员是成功地完成软件项目的切实保证,配备人员的原则是重质量、重培训和双阶梯提升。

软件项目团队管理是软件项目中最重要的因素。成功的团队管理是软件项目顺利实施的保证。软件项目团队的主要特征有: 软件项目团队是一个临时性的团队;软件项目团队是跨职能的;在软件项目不同阶段中团队成员具有不稳定性;软件项目团队成员具有极大的流动性;软件项目团队年轻化程度较高;软件项目团队属于高度集中的知识型团队;员工业绩难以量化考核;软件项目团队成员非常注重自我。软件项目团队管理主要包括团队组织计划、团队人员获取和团队建设三个部分。

习 题 15

15-1 软件工程管理包括哪些内容?

15-2 如何制订项目进度计划? 项目进度安排的方法有哪些?

15-3 如何控制项目进度计划?

15-4 什么是软件配置管理? 什么是基线? 软件配置管理的主要任务是什么?

15-5 什么是软件质量? 软件质量的特性有哪些?

15-6 简述保证软件质量的步骤。

15-7 什么是能力成熟度模型? 什么是能力成熟度模型集成?

15-8 软件风险管理包含哪些阶段? 风险估计的方法有哪些?

第16章　软件工程新技术

软件工程在经历了过程化的阶段和向面向对象的发展变化之后，又有了新的发展。本章主要介绍再面向对象技术之后软件工程领域研究使用的新技术，包括软件复用技术、计算机辅助软件工程技术及软件过程与标准化。

16.1　软件复用技术

软件复用(Software Reuse)是指在软件开发过程中同一事物不经修改或稍加改动就多次重复使用的过程。软件复用是软件开发中避免重复劳动的一种解决方案，它改变了应用系统的开发“一切从零”开始的模式，而是从已有的工作模式开始，充分利用过去应用系统开发中积累的知识和经验，从而将开发重点集中于应用的特有构成成分。实施软件复用的目的就是要让软件开发工作进行得更快、更好、更省。

16.1.1　软件复用概念及分类

在现实生活中，人们总是试图采用某些已有问题的解决方法来解决相似的新问题，这就是复用的基本思想。软件复用是指重复使用“为了复用目的而设计的软件”的过程。相应地，可复用软件是指为了复用目的而设计的软件。

软件复用可以从多个角度进行考察，目前对软件复用研究的范围很广，可以按复用对象、复用方式和组织方式等多个角度进行分类考察。根据复用的对象，可以将软件复用分为产品复用和过程复用。其中产品复用是指复用已有的软件组件，通过组件集成(组装)得到新系统。而过程复用是指复用已有的软件开发过程，使用可复用的应用生成器来自动或半自动地生成所需系统。过程复用依赖于软件自动化技术的发展，目前只适用于一些特殊的应用领域，而产品复用是目前现实的、主流的途径。

根据对可复用信息进行复用的方式，可以将软件复用区分为黑盒复用和白盒复用。其中黑盒复用是指对目前已有组件不需要作任何修改，直接进行复用，这是最理想的复用方式。而白盒复用是指目前已有的组件并不能完全满足用户需求，需要根据用户需求进行适应性修改后才可使用。其实在大多数应用的组装过程中，组件的适应性修改是必需的。

根据复用的组织方式，将复用可区分为系统化的(或有计划的)复用和个别的复用。在个别的软件复用中，存在一组可复用的组件，应用开发者对它们进行选择和复用。应用开发者的责任包括识别可能进行复用的机会，选择满足要求的组件或经过修改可以满足需要的组件，得到这些组件并利用它们组装成新的应用系统。在系统化的软件复用中，不但存在一组可复用的组件，而且定义了在新的应用系统的开发过程中可复用哪些组件以及如何进行修改。由于一般性地识别、表示和组织可复用信息是非常困难的，因此，系统化的复用将注意力集中于特定的领域，而且在系统化的复用中非常重视软件生命周期中抽象级别较高的产品的复用。

与个别的软件复用相比，系统化的软件复用有利于提高软件的质量和生产率。

16.1.2 软件复用的关键技术和复用粒度

软件复用有三个基本问题，一是必须有可以复用的对象，二是所复用的对象必须是有用的，三是复用者必须清楚如何去使用被复用的对象。软件复用包括两个相关的过程：可复用软件（组件）的开发和基于可复用软件（组件）的应用系统的构造（集成和组装）。解决好上述这几个方面的问题才能真正的成功实现软件复用。

与以上几个方面的问题相联系，实现软件复用的关键技术因素主要包括软件组件技术、领域工程、软件构架技术、软件再工程技术、开放系统技术、软件过程、计算机辅助软件工程技术（CASE）等。除了上述的技术因素以外，软件复用还涉及众多的非技术因素，如：机构组织如何适应复用的需求；管理方法如何适应复用的需求；开发人员知识的更新；创造性和工程化的关系；开发人员的心理障碍；知识产权问题；保守商业秘密的问题；复用前期投入的经济考虑；标准化问题等。实现软件复用的各种技术因素和非技术因素是互相联系的，它们结合在一起，共同影响软件复用的实现。

软件复用的粒度包括代码和设计复制、源代码复用、设计结果的重用、分析结果的重用等。

16.2 计算机辅助软件工程技术

对于计算机辅助软件工程（Computer-Aided Software Engineering，CASE），Rock Evans 曾经给出过这样的定义："CASE 是支持一种或多种系统生命周期活动或使系统生命周期活动自动化的软件包。"CASE 实质上就是辅助软件的开发、生产和软件产品维护的一种计算机软件工具包。CASE 技术使得人们能够在计算机的辅助下进行软件开发，为软件开发的工程化、自动化、智能化打下良好的基础。CASE 工具是指支持系统生命周期中各个阶段所使用的工具，在 CASE 工具辅助下进行软件开发，一方面可以提高软件开发效率，另一方面可以改善软件的质量。

16.2.1 CASE 的基本概念

CASE 是指在软件工程活动中，软件工程师和管理人员按照软件工程的方法和原则，借助于计算机及其软件工具的帮助，开发、维护、管理软件产品的过程。具体地说，CASE 就是一组工具和方法的集合，可以辅助软件开发生命周期各阶段的软件开发。

CASE 涉及面很广，既涉及学术研究领域，又涉及产业领域。从学术研究领域的角度来看，CASE 是多年来在软件开发管理、软件开发方法、软件开发环境和软件工具等方面研究和发展的产物。CASE 把软件开发技术、软件工具和软件开发方法集成到一个统一的框架中，并且吸收了计算机辅助设计（Computer Aided Design，CAD）、软件工程、操作系统、数据库、网络和许多其他计算机领域的原理和技术。因而，CASE 领域是一个应用、集成和综合的领域。从产业领域的角度来看，CASE 是种类繁多的软件开发和系统集成的产品及软件工具的集合。其中，软件工具不是对任何软件开发方法的取代，而是对方法的辅助，其目的是提高软件开发的效率和改善软件产品的质量。

CASE 作为实现计算机辅助软件工程的一种技术或环境,它的目标就是通过统一的数据操纵手段和系统,从多个方向(如实现技术与项目管理),在多个阶段(覆盖了软件生命的整个周期)辅助软件开发人员提高软件产品的质量和数量。所以,CASE 技术使得软件工程化理论在软件开发实践中得到了具体的应用。

16.2.2 CASE 工具与集成 CASE 环境

CASE 技术的发展和其他软件的发展相类似,早期的 CASE 只是一些软件工程不同阶段的单个工具的组合,随着研究的深入和应用的普及,逐步由常用的 CASE 工具发展成为集成的 CASE 工作环境。软件工程人员使用 CASE 工具来协助他们的工作已有 30 年左右的时间了,CASE 工具在这 30 年左右的时间中一直在不断的发展和完善,也由过去单一的功能逐渐发展到现在的集成 CASE 工作平台。实际上,CASE 工具发展所经历的 4 个时期就是 CASE 工具的集成化过程,最后得到的就是集成化的 CASE 工具(I-CASE)。

1. CASE 工具的分类及选择

因为大多数的 CASE 工具仅仅支持软件生命周期过程中的特定活动,因此,按软件过程的活动通常可将 CASE 工具分为以下几类:

(1) 支持软件开发过程的工具,如需求分析工具,需求跟踪工具、设计工具、编码工具排错工具、测试和集成工具等。

(2) 支持软件维护过程的工具如版本控制工具、文档工具、开发信息库工具、再工程工具(包括逆向工程工具、代码重构与分析工具)等。

(3) 支持软件管理和过程的工具如项目计划工具、项目管理工具、配置管理工具、软件评价工具、度量和管理工具等。

虽然单独的软件工程活动的个体 CASE 工具也可以带来很多效益,但是 CASE 的真正能力是需要通过集成来实现。CASE 工具的集成化是 CASE 发展的必然趋势,也是目前众多厂家推出 CASE 环境的主要原因。今天所说的 CASE,不在仅仅指某一个或几个工具,而是指一个可覆盖软件生命周期各个阶段的完整的开发平台。

随着计算机的辅助软件工程技术的不断发展,越来越多的软件组织希望选用适当的 CASE 工具来支持他们的一部分或全部的软件生命周期的过程。因此,按照一定的规范来对 CASE 工具进行评价、选择与采用工作,这是十分必要的,而且也是可行的。国际标准化组织和国际电工委员会发布的 ISO/IEC14102 和 ISO/IEC14471 这两个标准在这方面起到了十分有益的指导作用。

2. CASE 集成的概念

CASE 集成并不是简单意义上的工具集合,它是为了将各个阶段的工具有机地结合在一起,因此在同一个环境下必须有一个合理可行的合作协议,而且要求各个相邻阶段之间的过度不应留有"间隙",也就是应当实现平滑过渡,这样才能使得软件开发人员可以很方便地从一个阶段过渡到下一个阶段。

具体的来讲,CASE 工具的集成主要包括数据集成、界面集成、控制集成和过程集成。

1) 界面集成

界面集成的目的就是使用户能够始终如一地与各种工具交互对话,减轻用户的认知负担,从而提高用户使用 CASE 环境的效率和效果。界面集成的关键是保证用户使用类似的菜单、对话框、标题以及选择项等实现与 CASE 环境的交互,并且保持一致的思维模式。

2）数据集成

数据集成是指将各个工具所用的数据经过整理后组合在一起，提供给各个阶段的工具访问并处理。实现数据集成的目的就是使环境中的数据达到共享的目的，所以要求采用的数据格式必须具有通用性、非冗余性、一致性、同步性和交换性。在 1991 年，IEEE 的 CASE 工具互连的 P1175 标准中提出了 4 种信息共享方式：直接转换方式、基于文件的转换方式、基于通信的转换方式和基于环境的中心库转换方式。其中，效率最高的是基于环境的中心库转换。

3）控制集成

控制集成是指将各个工具的控制部分集成在一起，以便尽可能多地共享整个环境的功能。这样不但可以大大减少系统的开销和使系统的效率更高，而且还可以使用户界面更加友好。

4）过程集成

过程集成是指支持各个工具的软件过程方法要一致，例如，在分析工具里面采用面向对象分析方法，在设计工具里面也应采用面向对象的设计方法。

3. 典型的 CASE 集成环境构成

一个典型的 CASE 集成环境的构成如图 16－1 所示，主要包括支撑环境、支撑方法、中心数据库以及各阶段所使用的具体工具。

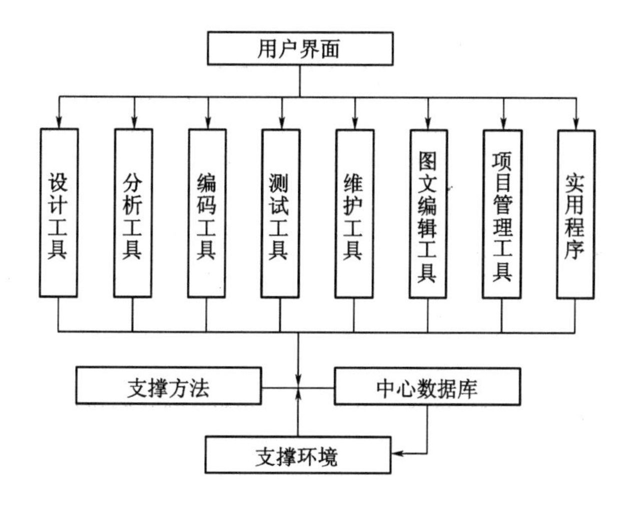

图 16－1　集成化 CASE 环境的构成

1）支撑环境

支撑环境是指 CASE 运行的软硬件环境。支撑环境的不同，决定了系统资源的可利用率的高低，因此，也在一定程度上确定了在不同的环境下 CASE 产品的功能强弱。同样，在同一种支撑环境下，不同 CASE 产品的功能也有所差别，如硬件配置、操作系统版本、网络类型及其版本号（如果使用在网络环境下的 CASE 产品的话）要求等。

2）支撑方法

支撑方法是指 CASE 产品的需求分析工具和设计工具所使用的方法。传统的分析方法采用结构化分析（SA）方法，绝大部分 CASE 产品均支持这种方法及在其基础上改进的类似方法。

3）中心库

每个 CASE 集成环境均有一个中心数据库（Center Database，CDB），又称为公用库、共享库。中心库是 CASE 集成环境的核心，或者说是所有工具均要访问的数据系统，实际是一个信息管理系统，用于存储、检索、追踪和管理整个 CASE 环境的信息，这些信息包括：有关 CASE 集成支撑环境的所有环境信息；包括术语、概念、支持的方法学以及 CASE 集成环境的联机帮助等内容的基本信息；项目管理工具使用的全部信息；CASE 集成环境所提供的一系列可重用或做部分修改后使用的较为典型的模板信息；数据字典、对象定义、对象间任意粒度的相互关系和从属性质，以及在工具和中心库之间为实现数据的全集成而增加的控制机制和元数据管理的集成化数据；项目名称、使用单位、开发单位、经费预算、完成日期、系统资源、模块划分、开发进度、人员分工等其他信息。

中心数据库可以使用数据库管理系统的数据库管理技术作为其基本技术，但它不等同于一个简单的数据库管理系统。

中心数据库 = 信息模型 + 控制功能 + 数据库

所以 CASE 存放信息的中心，相当于整个 CASE 环境的“软件总线”。

研究表明，随着整个软件产业的迅速发展，没有得到有效管理的软件在开发过程中所出现的风险和挑战也将越来越突出。加强软件开发管理，通过控制和追踪软件开发环境中产生的变更，建立规范化、集成化的 CASE 集成环境，已成为软件产业化的必要条件。

16.3 软件过程与标准化

软件过程是软件生命周期中的一系列相关过程，是将用户从需求转化为可执行系统的演化过程所进行的软件工程活动的全体，是用于生产软件产品的工具、方法和实践的集合，又称为软件生存周期过程。软件过程技术的基本思想是：软件开发和维护过程的质量对产品的质量和软件生产率影响很大。软件过程技术的目标就是采用工程化、标准化和形式化的方法来管理软件的开发过程，从而有效地改变目前这种基于手工的软件生产方式，实现大规模的软件生产。软件过程的研究主要是针对软件的生产和管理，不仅要求要有工程观点，还要求具有系统观点、管理观点、运行观点和用户观点。

软件过程是改进软件质量和组织性能的主要因素之一。构筑软件的过程质量决定了软件产品的质量。世界上许多先进国家都制定了软件开发过程所需要遵循的质量标准，目前最具影响力的标准是美国卡内基梅隆大学软件工程研究所提出的软件成熟度模型 CMM 和国际标准化组织制定的 ISO 9000 系列标准。

16.3.1 软件过程及其改进

软件危机是一个世界性的普遍存在的问题，在尝试解决软件危机的过程中，就引入了软件过程管理与软件过程改进的概念。软件过程管理是指把整个软件的生命周期，从原始概念的提出到产品的维护，制订出一个明确合理的工程过程且加以管理。软件过程的管理不同于通常说的软件项目，它包含了更加广泛的内容并涉及到软件项目之外的很多层面。软件过程管理侧重于管理软件项目各个过程的衔接以及项目过程中的各种产物（包括计划、代码、报告等），而软件项目管理则强调对软件开发本身的管理，如项目中所应用的一些软件技术、对项目实施过程中相关人员的安排及相关资源的分配等。软件过程管理就是软件组织进行过程改进的基础，只有经过严格管理的软件过程才有改进的可能性和必要性。

软件过程改进就是在软件过程的一系列活动中，为了更有效地达到优化软件过程的目的所实施的改善或改变其软件过程的活动。软件过程改进是一个循序渐进、螺旋式上升的过程，是提高组织软件能力最重要、最直接的途径，它以软件过程管理为基础，借助于积累的经验，改进组织现有的软件过程，逐步提高组织的软件能力成熟度。主要包括以下几个关键步骤：

(1) 把目前的状态和期望达到的状态作对比，找出它们之间存在的差距。

(2) 确定需要改变哪些差距及需要改变到的程度。

(3) 制订相应的具体实施计划。其中的这个"具体"包括：要有明确的、可以检验的目标，要定出检验成功与否的标准，要有具体的实施办法，指定具体执行计划的人，明确具体的职责和任务，明确执行计划的主要领导或协调者，以负责解决在计划执行中出现的问题，要列出"实施计划"所应用的新技术与新工具以及如何获得这些新技术与新工具。

软件过程如何进行管理与改进，软件界的许多人提出了许多种的方案。其中卡内基梅隆大学的软件工程研究所 CMU/SEI 提出的 SW - CMM 方案较为著名，它是将软件过程的成熟度分为 5 级，分级描述了企业要达到每一个级别所必须要做的工作。企业可以通过使用这个 5 级模型，一级一级地去提高它们的软件开发及生产能力。自 20 世纪 80 年代末以来，SEI 自身也开发了一系列涉及多个学科的 CMM 标准，包括系统工程、软件工程、软件获取、生产力实践及集成产品和过程开发，希望通过这些标准来帮助提高人员、技术和过程的成熟度，有效改善组织整体软件生产能力。

16.3.2 ISO 9000 标准

ISO 9000 是国际标准化组织(ISO)制定的世界上第一套质量管理和质量保证标准，主要目的是为了满足国际贸易中对质量管理和质量保证需要有共同语言和共同准则的需要。1987 年 ISO 首次发布 ISO 9000 系列标准，后来又分别在 1994 年和 2000 年对标准进行了两次修订。我国于 1994 年将 ISO 9000 标准等也采用为国家标准。1994 年版 ISO 标准偏重于制造业的使用，对于软件及服务类产品针对性不强，并且众多的标准过于繁琐，对文件化的强制性要求也过高。2000 版在 1994 版的基础上，从总体结构和原则到具体的技术内容做了全面的修改，在结构上引入"过程方法的模式"，取代 1994 版 ISO 9000 中的 20 个要素，从过程的观点来叙述质量体系，从而克服了 1994 版 ISO 标准偏重于制造业的倾向。

2000 版的 ISO 9000 标准是国家质量技术监督局于 2000 年 12 月 28 日正式批准发布的。2000 版 ISO 9000 标准的主要功能及作用就是要使质量管理实现系统化、规范化和科学化的管理，并且通过建立质量体系及其持续改进，使企业达到高速度的有效运作。2000 版 ISO 9000 标准包括 4 个核心标准、一个辅助标准 ISO 10012 和若干个技术报告，具体情况如表 16 - 1 所列。

其中，2000 版 ISO 9000 族标准中的 4 个核心标准为：ISO 9000《质量管理体系的基本原理和术语》、ISO 9001《质量管理体系要求》、ISO 9004《质量管理体系业绩改进指南》和 ISO 19011《质量管理体系和环境管理体系审核指南》。

表 16-1 ISO 9000 标准体系

核心标准	其他标准	技术报告	小册子
ISO 9000 ISO 9001 ISO 9004 ISO 19011	ISO 10012	ISO 10006 ISO 10007 ISO 10013 ISO 10014 ISO 10015 ISO 10017	质量管理原理—选择和使用指南小型企业的应用

2000 版 ISO 9000 族标准的主要特点描述如下：能适用于各种组织的管理和运作；能够满足各个行业对标准的需求；易于使用、语言明确、易于翻译和理解；减少了强制性的“形成文件的程序”的要求；将质量管理与组织的管理过程联系起来；强调对质量业绩的持续改进；强调持续的顾客满意是推进质量管理体系的动力；与 ISO 14000 系列标准具有更好的兼容性；有利于组织的持续改进；考虑了所有相关方利益的需求。总之，2000 版 ISO 9000 族标准吸收了全球范围内质量管理和质量体系认证实践的新进展和新成果，更好地满足了使用者的需要和期望，达到了修订的目的。与 1994 版 ISO 9000 族标准相比，更科学、更合理、更适用，也更通用了。

16.4 小　结

这一部分主要介绍了软件复用、计算机辅助软件工程、软件工程技术这三方面的内容。其中软件复用是指在软件开发过程中同一事物不经修改或稍加改动就多次重复使用的过程。实施软件复用的目的就是要让软件开发工作进行得更快、更好、更省。软件复用有三个基本问题，一是必须有可以复用的对象，二是所复用的对象必须是有用的，三是复用者必须清楚如何去使用被复用的对象。软件复用包括两个相关的过程：可复用软件(组件)的开发和基于可复用软件(组件)的应用系统的构造(集成和组装)。

计算机辅助软件工程实质上就是辅助软件的开发、生产和软件产品维护的一种计算机软件工具包。这个技术使得人们能够在计算机的辅助下进行软件开发，为软件开发的工程化、自动化、智能化打下良好的基础。CASE 工具是指支持系统生命周期中各个阶段所使用的工具，在 CASE 工具辅助下进行软件开发，一方面可以提高软件开发效率，另一方面可以改善软件的质量。

软件过程技术的基本思想是：软件开发和维护过程的质量对产品的质量和软件生产率影响很大。软件过程技术的目标就是采用工程化、标准化和形式化的方法来管理软件的开发过程，从而有效地改变目前这种基于手工的软件生产方式，实现大规模的软件生产。软件过程的研究主要是针对软件的生产和管理，不仅要求要有工程观点，还要求具有系统观点、管理观点、运行观点和用户观点。世界上许多先进国家都制订了软件开发过程所需要遵循的质量标准，目前最具影响力的标准是美国卡内基梅隆大学软件工程研究所提出的软件成熟度模型 CMM 和国际标准化组织制定的 ISO 9000 系列标准。

习 题 16

16 –1　软件复用的概念、目标是什么？软件复用的方法有哪些？

16 –2　软件复用的粒度有哪些？

16 –3　计算机辅助软件工程 CASE 指的是什么？目前的发展趋势是什么？

16 –4　CASE 集成的目的是什么？典型的 CASE 集成环境包括哪些组成元素？

16 –5　什么是软件过程？

16 –6　软件过程如何改进？

参 考 文 献

[1] 李代平. 软件工程(第2版). 北京：清华大学出版社,2008.
[2] 殷人昆,郑人杰,马素霞,等. 实用软件工程. 北京：清华大学出版社,2012.
[3] 刁成嘉. UML系统建模与分析设计. 北京：机械工业出版社,2009.
[4] 王丽芳,张静,李富萍. 计算机科学导论. 北京：清华大学出版社,2012.
[5] 刘竹林,王素贞. 软件工程实践与项目管理. 西安：西安电子科技大学出版社,2010.
[6] 史济民,顾春华,李昌武,等. 软件工程——原理、方法与应用. 北京：高等教育出版社,2004.
[7] 瞿中,吴渝,常庆丽,等. 软件工程. 北京：机械工业出版社,2011.
[8] 刘冰,赖涵,瞿中,等. 软件工程实践教程. 北京：机械工业出版社,2009.
[9] 薛继伟,张泽宝,石岩. 软件工程导论. 哈尔滨：哈尔滨工业大学出版社,2011.
[10] 宋广军,黎明,杜鹃,等. 软件工程. 北京：北京航空航天大学出版社,2011.
[11] 曾强聪,赵歆. 软件工程原理与应用. 北京：清华大学出版社,2011.
[12] 马俊兰,王文发,马乐荣,等. 西安：西安交通大学出版社,2009.
[13] 田淑梅,廉龙颖,高辉. 软件工程——理论与实践. 北京：清华大学出版社,2011.
[14] 张海藩. 软件工程导论(第5版)[M]. 北京：清华大学出版社,2008.
[15] 郑人杰,马素霞,殷人昆. 软件工程概论[M]. 北京：机械工业出版社,2011.
[16] 刘竹林. 软件工程与实践[M]. 北京：中国水利水电出版社,2010.
[17] 石冬凌,张应博,邹英杰. 软件工程实用教程[M]. 大连：大连理工大学出版社,2009.
[18] 李东生,崔冬华,李爱萍等. 软件工程——原理、方法和工具[M]. 北京：机械工业出版社,2011.
[19] 邓良松,刘海岩,陆丽娜. 软件工程[M]. 西安：西安电子科技大学出版社,2000.
[20] 王少峰. UML面向对象技术教程[M]. 北京：清华大学出版社,2004.